中 国 国 家 标 准 汇 编

532

GB 28387～28406

（2012 年制定）

中国标准出版社　编

中国标准出版社

北　京

图书在版编目(CIP)数据

中国国家标准汇编:2012年制定.532:
GB 28387～28406/中国标准出版社编.—北京:
中国标准出版社,2013.10
ISBN 978-7-5066-7263-4

Ⅰ.①中… Ⅱ.①中… Ⅲ.①国家标准-
汇编-中国-2012 Ⅳ.①T-652.1

中国版本图书馆CIP数据核字(2013)第186349号

中国标准出版社出版发行
北京市朝阳区和平里西街甲2号(100013)
北京市西城区三里河北街16号(100045)

网址 www.spc.net.cn
总编室:(010)64275323 发行中心:(010)51780235
读者服务部:(010)68523946

中国标准出版社秦皇岛印刷厂印刷
各地新华书店经销

*

开本 880×1230 1/16 印张 34.25 字数 1 060 千字
2013年10月第一版 2013年10月第一次印刷

*

定价 220.00 元

出 版 说 明

1.《中国国家标准汇编》是一部大型综合性国家标准全集。自1983年起，按国家标准顺序号以精装本、平装本两种装帧形式陆续分册汇编出版。它在一定程度上反映了我国建国以来标准化事业发展的基本情况和主要成就，是各级标准化管理机构，工矿企事业单位，农林牧副渔系统，科研、设计、教学等部门必不可少的工具书。

2.《中国国家标准汇编》收入我国每年正式发布的全部国家标准，分为"制定"卷和"修订"卷两种编辑版本。

"制定"卷收入上一年度我国发布的、新制定的国家标准，顺延前年度标准编号分成若干分册，封面和书脊上注明"20××年制定"字样及分册号，分册号一直连续。各分册中的标准是按照标准编号顺序连续排列的，如有标准顺序号缺号的，除特殊情况注明外，暂为空号。

"修订"卷收入上一年度我国发布的、被修订的国家标准，视篇幅分设若干分册，但与"制定"卷分册号无关联，仅在封面和书脊上注明"20××年修订-1，-2，-3，……"字样。"修订"卷各分册中的标准，仍按标准编号顺序排列(但不连续)；如有遗漏的，均在当年最后一分册中补齐。需提请读者注意的是，个别非顺延前年度标准编号的新制定的国家标准没有收入在"制定"卷中，而是收入在"修订"卷中。

读者配套购买《中国国家标准汇编》"制定"卷和"修订"卷则可收齐由我社出版的上一年度我国制定和修订的全部国家标准。

3.由于读者需求的变化，自1996年起，《中国国家标准汇编》仅出版精装本。

4.2012年我国制修订国家标准共2 101项。本分册为"2012年制定"卷第532分册，收入国家标准GB 28387～28406的最新版本。

中国标准出版社

2013年8月

目　　录

ICS 37.100.10;85.100
J 87

GB

中华人民共和国国家标准

GB/T 28387.1—2012

印刷机械和纸加工机械的设计及结构安全规则 第1部分:一般要求

Safety requirements for the design and construction of printing and paper converting machines—Part 1:Common requirements

2012-05-11 发布　　2012-10-01 实施

中华人民共和国国家质量监督检验检疫总局
中国国家标准化管理委员会　发布

前言

GB/T 28387《印刷机械和纸加工机械的设计及结构安全规则》分为如下部分：

——第1部分：一般要求；

——第2部分：印刷机、上光机和印前机械；

——第3部分：切纸机；

——第4部分：书籍装订、纸加工和整饰机械；

——第5部分：瓦楞纸板生产机械以及纸板和瓦楞纸板加工设备。

本部分为GB/T 28387的第1部分。

本部分按照GB/T 1.1—2009给出的规则起草。

本部分技术内容与BS EN 1010-1:2004《机械安全　印刷机械和纸加工机械的设计及结构安全规则　第1部分：一般要求》基本一致。

与本部分中规范性引用的国际文件有一致性对应关系的我国文件见附录E。

本部分做了下列编辑性修改：

——为使本标准的每一个部分名称具有一致性，将标准名称修改为《印刷机械和纸加工机械的设计及结构安全规则　第1部分：一般要求》；

——删除了BS EN 1010-1:2004的资料性附录ZA“欧盟标准与欧盟指令98/37/EC基本要求之间的联系”和资料性附录ZB“欧盟标准与欧盟指令94/9/EC基本要求之间的联系”；

——增加了资料性附录E“与本部分中规范性引用的国际文件有一致性对应关系的我国文件”。

本部分由中国机械工业联合会提出。

本部分由全国印刷机械标准化技术委员会(SAC/TC 192)归口。

本部分负责起草单位：北人印刷机械股份有限公司、浙江华岳包装机械有限公司、浙江国威印刷机械有限公司、潍坊华光精工设备有限公司、瑞安市质量技术监督检测院、北京印刷机械研究所。

本部分参加起草单位：青岛瑞普电气有限责任公司、宁波欣达印刷机器有限公司、北京北人富士印刷机械有限公司、上海申威达机械有限公司、广东宏富印刷机械实业有限公司、浙江美格机械有限公司。

本部分主要起草人：张晓前、车文春、林孝国、张文波、朱东瀚、严珠、杨冬梅、王琦、张俊峰、郭华金、郭本侠、郑燕萍、黄耀华、刘国方。

引　言

本部分规定了相关的机械所产生的危险因素、危险情况和事件的范围。

根据C类标准的规定所设计和生产的机器，适用于以下情况：当C类标准与A类或B类标准产生不一致时，优先选择C类标准的有关规定。

印刷机械和纸加工机械的设计及结构安全规则 第1部分:一般要求

1 范围

1.1 GB/T 28387 的本部分规定了各种印刷、纸加工机械和相关一般设备的安全要求,并应与GB/T 28387—2012 中的其他各部分一起使用。GB/T 28387.2—2012～GB/T 28387.5—2012 中的特殊要求优先于 GB/T 28387.1—2012 中的相应要求。本部分涉及在制造商有意的和预知的状态下,使用印刷机械和纸加工机械所有的常见重大危险(见第4章)。

注:本部分中未涉及的机械,在处理相关危险时可采用本部分相应的规定。

1.2 本部分适用于:

——纸张印刷或类似材料印刷的印刷机械,包括丝网印刷机;印刷过程中的准备机械和印刷机械的辅助设备也被视为印刷机械。本部分也适用于纸张、印品、印版和油墨(印刷前后)处理的机械,还适用于印版清洗、质量检查等机械(辅助印刷机械)。

——纸加工机械,即纸张、纸板及类似材料的处理、加工或制成品的机械。

注:类似材料:如纸板、瓦楞纸板、塑料薄膜、铝箔、金属薄板和照相纸。

1.3 本部分不适用于:

——纸张表面加工领域中卷筒纸切纸机和单张纸裁切装置(带有卷绕装置的单张纸裁切设备)(见EN 1034-1:2000、EN 1034-3:1999、prEN 1034-5:2001);

——摩擦式给纸装置的办公型配页机;

——邮件处理机;

——填料打包机(如成形机、填料机和打包机);

——纺织品印刷机。

2 规范性引用文件

下列文件对于本文件的应用是必不可少的。凡是注日期的引用文件,仅注日期的版本适用于本文件。凡是不注日期的引用文件,其最新版本(包括所有的修改单)适用于本文件。

GB 3836.1—2010 爆炸性环境 第1部分:设备 通用要求(IEC 60079-0:2007,MOD)

GB 3836.2—2010 爆炸性环境 第2部分:由隔爆外壳"d"保护的设备(IEC 60079-1:2007,MOD)

GB 3836.3—2010 爆炸性环境 第3部分:由增安型"e"保护的设备(IEC 60079-7:2006,IDT)

GB 3836.4—2010 爆炸性环境 第4部分:由本质安全型"i"保护的设备(IEC 60079-11:2006,MOD)

GB 3836.5—2004 爆炸性气体环境用电气设备 第5部分:正压外壳型"p"(IEC 60079-2:2001,MOD)

GB 3836.6—2004 爆炸性气体环境用电气设备 第6部分:油浸型"o"(IEC 60079-6:1995,IDT)

GB 3836.7—2004 爆炸性气体环境用电气设备 第7部分:充砂型"q"(IEC 60079-5:1997,IDT)

GB 3836.15—2000 爆炸性气体环境用电气设备 第15部分:危险场所电气安装(煤矿除外)

(eqv IEC 60079-14:1996)

GB 4793.1—2007 测量、控制和试验室用电气设备的安全要求 第1部分:通用要求(IEC 61010-1:2001,IDT)

GB 5226.1—2008 机械电气安全 机械电气设备 第1部分:通用技术条件(IEC 60204-1:2005,IDT)

GB 7247.1—2001 激光产品的安全 第1部分:设备分类、要求和用户指南(IEC 60825-1:1993,IDT)

GB 12265.3—1997 机械安全 避免人体各部位挤压的最小间距(eqv EN 349:1993)

GB 12476.2—2010 可燃性粉尘环境用电气设备 第2部分:选型和安装(IEC 61241-14:2004,IDT)

GB/T 15706.1—2007 机械安全 基本概念与设计通则 第1部分:基本术语和方法(ISO 12100-1:2003,IDT)

GB/T 15706.2—2007 机械安全 基本概念与设计通则 第2部分:技术原则(ISO 12100-2:2003,IDT)

GB 16754—2008 机械安全 急停 设计原则(ISO 13850:2006,IDT)

GB/T 17454.1—2008 机械安全 压敏保护装置 第1部分:压敏垫和压敏地板的设计和试验通则(ISO 13856-1:2001,IDT)

GB 17888.1—2008 机械安全 进入机械的固定设施 第1部分:进入两级平面之间的固定设施的选择(ISO 14122-1:2001,IDT)

GB 17888.2—2008 机械安全 进入机械的固定设施 第2部分:工作平台和通道(ISO 14122-2:2001,IDT)

GB 17888.3—2008 机械安全 进入机械的固定设施 第3部分:楼梯、阶梯和护栏(ISO 14122-3:2001,IDT)

GB 17888.4—2008 机械安全 进入机械的固定设施 第4部分:固定式直梯(ISO 14122-4:2004,IDT)

GB 18209.1—2010 机械电气安全 指示、标志和操作 第1部分:关于视觉、听觉和触觉信号的要求(IEC 61310-1:2007,IDT)

GB 18209.2—2010 机械电气安全 指示、标志和操作 第2部分:标志要求(IEC 61310-2:2007,IDT)

GB 18490—2001 激光加工机械 安全要求(eqv ISO 11553:1996)

GB/T 19436.1—2004 机械电气安全 电敏防护装置 第1部分:一般要求和试验(IEC 61496-1:1997,IDT)

GB/T 19436.2—2004 机械电气安全 电敏防护装置 第2部分:使用有源光电防护器件(AOPDs)设备的特殊要求(IEC 61496-2:1997,IDT)

GB 23821—2009 机械安全 防止上下肢触及危险区的安全距离 (ISO 13857:2008,IDT)

GB 25286.1—2010 爆炸性环境用非电气设备 第1部分:基本方法和要求(EN 13463-1:2001,MOD)

GB/T 26118.1—2010 机械安全 机械辐射产生的风险的评价与减小 第1部分:通则(EN 12198-1:2000,IDT)

GB/T 28386—2012 印刷、纸加工、造纸机械和辅助设备的噪声测量方法 准确度等级2和3

EN 563:1994 机械安全 可接触表面温度 确定热表面温度限值的工效学数据(Safety of machinery—Temperatures of touchable surfaces—Ergonomics data to establish temperature limit values for hot surfaces)

EN 574:1996　机械安全　双手操纵装置　功能状况及设计原则(Safety of machinery—Two-hand control devices—Functional aspects—Principles for design)

EN 953:1997　机械安全　防护装置　固定式和活动式防护装置设计与制造一般要求(Safety of machinery—Guards—General requirements for the design and construction of fixed and movable guards)

EN 954-1:1996　机械安全　控制系统有关安全部件　第1部分:设计通则(Safety of machinery—Safety-related parts of control systems—Part 1:General principles for design)

EN 999:1998　机械安全　与人体部位接近速度　相关防护设施的定位(Safety of machinery—The positioning of protective equipment in respect of approach speeds of parts for the human body)

EN 1037:1995　机械安全　防止意外启动(Safety of machinery—Prevention of unexpected start-up)

EN 1050:1996　机械安全　风险评价的原则(Safety of machinery—Principles for risk assessment)

EN 1070:1998　机械安全　术语(Safety of machinery—Terminology)

EN 1088:1995　机械安全　带防护装置的联锁装置　设计和选择原则(Safety of machinery—Interlocking devices associated with guards—Principles for design and selection)

EN 1127-1:1997　爆炸性气体　爆炸防止和防护　第1部分:基本概念和方法(Explosive atmospheres—Explosion prevention and protection—Part 1:Basic concepts and methodology)

EN 1760-2:2001　机械安全　压敏保护装置　第2部分:压敏边和压敏棒的设计和试验通则(Safety of machinery—Pressure sensitive devices—Part 2:General principles for the design and testing of pressure sensitive edges and pressure sensitive bars)

EN ISO 4871:1996　声学　机器和设备噪声发射值的标示和验证（Acoustics—Declaration and verification of noise emission values of machinery and equipment）(ISO 4871:1996)

EN 13463-5:2003　爆炸性环境用非电气设备　第5部分:用构造安全的保护方法“c”(Non-electrical equipment intended for use in potentially explosive atmospheres—Part 5:Protection by constructional safety “c”)

EN 50039:1980　潜在的爆炸性环境用电气设备　本质安全型“i”系统(Electrical apparatus for potentially explosive atmospheres—Intrinsic safety “i”)

EN 61000-6-2:2001　电磁波兼容性(EMC)　第6-2部分:一般标准;工业环境的抗扰(Electromagnetic compatibility (EMC)—Part 6-2:Generic standards; Immunity for industrial environment)

CLC R 044-001:1999　机械安全　对静电产生的可避免危险的指导和建议(Safety of machinery:Guidance and recommendations for the avoidance of hazards due to static electricity)

3　术语和定义

EN 1070:1998 界定的以及下列术语和定义适用于本文件。

3.1

危险部位　danger points

指在机器危险区内由于以下机械部件的运动对人员造成伤害的部位。机械部件有:

——机器部件;

——机器工具或工具部件;

——工件或部件;

——加工中的材料。

注：有危险存在的部位，例如：齿轮、链条、蜗杆传动、V型带、平皮带、订书和捆书装置，连续输送装置的拖拉牵引和支撑构件、辅助轮和飞轮、轴和轴端、滚子、滑板、推杆及类似的部件、工具和压紧装置等。

特殊危险部位：

——挤压和剪切部位；

——缠绕部位；

——内旋卷入部位；

——切断、打孔和冲击部位。

3.2

内旋卷入部位　inrunning nips

指由辊子、滚筒、辊轴旋转所引起的造成人体某部位或整个身体卷入的危险部位。危险存在于下列区域：

a) 有动力或无动力驱动的两个相对旋转辊的表面之间[见图1a)]；

b) 一个旋转的辊子和其邻近的固定部件之间[见图1b)]；

c) 两根同向旋转的不同圆周速度或不同表面性质(摩擦系数)的辊子之间[见图1c)]；

d) 皮带轮和传动皮带、输送带及卷筒纸之间[见图1d)]。

内旋卷入部位还存在于不带动力的、由辊运动驱动的匀墨辊(导纸辊)上。此危险取决于材料类型和强度、包容角、辊速度、惯性等多种因素。

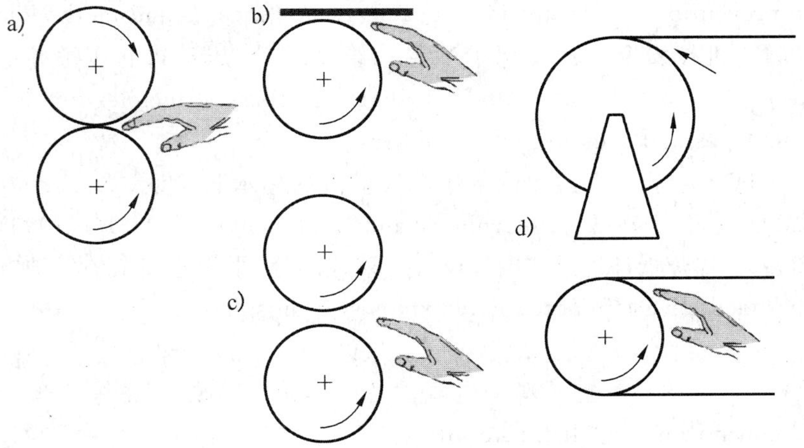

图1　内旋卷入部位的示例

3.3

纸堆升降装置　integrated pile lifting and lowering devices

纸张输纸装置或收纸装置上配备的用于纸堆升降的设备。

3.4

幅面尺寸　format size

机器可印刷或加工的最大纸张尺寸(最大长度×最大宽度)。

3.5

常规进入　routine and regular access

指因生产原因在每个使用设备停止运动后，需要接近的危险部位。

3.6

卷筒型材料　web-type materials

被加工处理的卷筒型的纸、纸板、箔片或类似材料。

3.7

开卷装置 reel unwinding devices

用于卷筒型材料展开的机器部件。

3.8

收卷装置 reel rewinding devices

用于卷筒型材料加工后复卷的机器部件。

3.9

分离部件 separating elements

指在给纸装置上用于进行分离单张纸、空白纸或类似材料的部件。

3.10

凸起的工作场所 raised workplaces

指高出基准面至少 0.5 m 的工作场所。

3.11

偶尔进入的部位 infrequently used access

指不用于生产，而用于调机、排版调整及操作维修时才需要进入的工作场所。

3.12

光滑滚筒/辊 smooth cylinders/rollers

指表面匀称光滑、无划痕、无尖角或无锐边(滚筒或辊)的可旋转物体。

3.13

剩余纸堆监测 residual pile monitoring

指监测输纸装置剩余纸堆的传感器。在机器输送最后一张白纸前停机，以确保对输纸装置上独立部件的安全防护。

3.14

ESPD electro-sensitive protective device

电敏防护装置。

3.15

止-动控制装置 hold-to-run control device

只有按下制动机构才能启动并保持运转，释放机构自动恢复到停止状态的装置。

3.16

可接近的危险区 accessible danger zones

指有防护罩或电敏防护装置的区域，例如：允许整个身体进入的带有安全装置的区域。

4 重大危险目录

4.1 本章包含了本部分中所涉及的所有重大危险，并用危险评估方法判断机器的重大危险，确定消除或减少危险的方法。在进行风险评价时，机器设计者应检查表 1 所列危险是否全面，并考虑与此相关的特殊机器对这些危险情况的适应性。

4.2 设计者、制造商或供货商在使用本部分时，应遵守 EN 1050:1996 标准并考虑如下情况：

——机器预期的使用：包括启动(准备中)、清理和维修，也包括可预见的误操作；

——重大危险的识别。

表1 重大危险、危险区域、安全措施

重大危险	危险区	安全措施:涉及到下列条款		
		本部分	GB/T 15706.1—2007	EN 1050:1996 附录A
机械危险 挤压 剪切 切割或切断 缠绕 吸入 卷入 冲击	产品部位: ——辊子、滚筒、圆盘之间 ——短距离线性运动 ——落地式移动轮 ——旋转手轮 ——制造部件的挤压危险 ——防护装置 ——可触及的危险部位 ——准备、清理、维护和故障排除(制动控制) ——卷筒型材料的安全穿引 ——通道、入口的冲击危险 ——固定刀片 ——旋转工具 ——危险工具的运送 ——输纸和收纸单元(纸堆升降装置) ——卷筒型材料的开卷和收卷单元	 5.2.1.1,5.2.1.2 5.2.1.3 5.2.1.4 5.2.1.5 5.2.1.6 5.2.2 5.2.3.1 5.2.3.2,5.2.3.3,5.2.3.4 5.2.3.5 5.2.12.1.4 5.3.1 5.3.2 5.3.3 5.3.4.3~5.3.4.10 5.3.5	4.2.1	1
机械危险产生于: 质量和稳定性 质量和速度	——稳定性 ——运行中的机器 ——输纸单元,收纸单元	5.2.13.1 5.2.13.2 5.3.4.1,5.3.4.2,5.3.4.11,7.2.5	4.2.2	1
滑倒、绊倒、跌落	工作平台、阶梯、通道、台阶、地面上覆盖物	5.2.12	4.10	19
电气危险 直接或间接接触 热辐射(灼伤)	——电气设备(在电气故障状态下使用设备) ——提供触发装置的停止类别 ——整流驱动器 ——防护等级 ——测量装置	5.2.5.1,5.2.5.7 5.2.5.2,5.2.5.3 5.2.5.4 5.2.5.5 5.2.5.8	4.3	2
高温危险 可能接触引起的灼伤	高温机器部件	5.2.14,7.2.4	4.4	3
噪声危险导致的听力损失 言语交流障碍、听觉信号障碍导致的事故 重读	所有机器	5.2.15,7.2.4	4.5	4

表 1（续）

重大危险	危险区	安全措施：涉及到下列条款		
		本部分	GB/T 15706.1—2007	EN 1050:1996 附录 A
辐射产生的危险：紫外线、激光	带有激光或紫外线的机器	5.2.16，7	4.7	6
因失火和爆炸引发的危险	使用可燃液体或灰尘造成的危险	5.2.4，7.2.4	4.8	7.2
机械设计时忽略人类工效学原则产生的危险	——制动器和显示器的设计 ——安全通道、工作台、狭窄通道、出入口	5.2.7 附录 B，5.2.12.1.1，5.2.12.1.3	4.9	8
不利于身体健康的姿势		5.2.12.1.4 5.2.12.1.5		
制动器的结构、位置或标识不适合	——脚踏板、手柄 ——重力平衡 ——避免刺激反射	5.2.12.2 5.2.2.5 5.2.2.6		
控制系统的故障、失效 安全电路的故障或失效 软件的故障	——装有安全电路的机械 ——导体标识 ——分离式插夹头	5.2.6 5.2.8～5.2.11 5.2.5.6 5.3.5.4		10
电气设备的外部影响	抗电磁干扰	5.2.17		10.3

5 安全要求和/或保护措施

5.1 概述

机器应符合本章的安全要求和/或保护措施，此外，所设计的机器还应符合本部分未涉及而在GB/T 15706 中提及的非重大危险事项规定(例如机架的锐边)。

5.2 印刷机械和纸加工机械的一般要求

5.2.1 危险区的安全防护

5.2.1.1 滚筒、滚柱、圆盘、辊子或类似部件的内旋卷入部位，应通过防护装置或采用符合 GB 12265.3—1997 规定的安全距离进行安全防护。

当靠近导辊时，对整个身体或头部不得接近的危险部位，应规定上肢的安全距离。

防护装置设计应符合下列规定：

a) 为输送材料(例如单张纸、纸堆、卷筒纸或样张)配备开口式或无开口式的防护装置。按照 GB 23821—2009 的规定，确定的安全距离与开口的宽度有关(见图 2)；

根据 5.2.2 的规定，防护装置应与危险动作联锁，或被固定在机器上。当打开联锁装置时，5.2.3 中措施之一应生效。

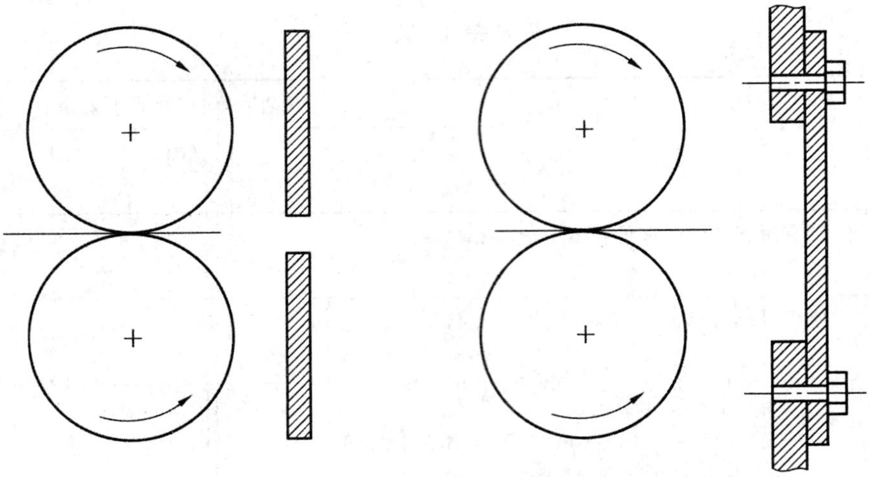

图 2　内旋卷入部位的安全防护

b）　在表面光滑的辊子或滚筒上安装跨越整个工作宽度的安全杠时，安装部位设计要合理。安全杠和表面光滑的滚筒、辊子等机器部件之间的间隙不应超过 6 mm（见图 3）。

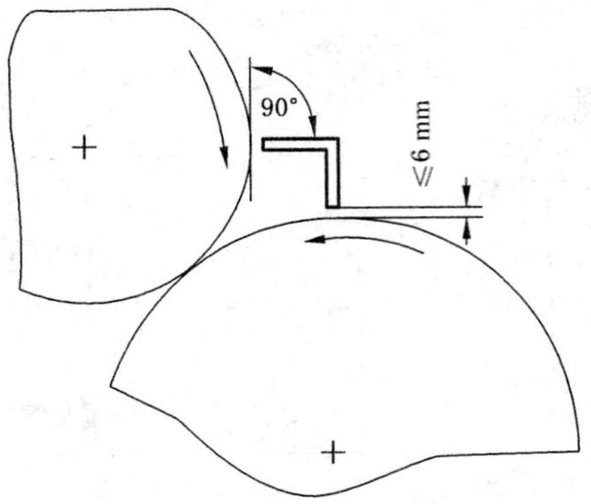

图 3　使用固定安全杠对内旋卷入部位进行安全防护

5.2.1.2　仅当满足 5.2.10.2 的规定时，才允许使用触发装置对内旋卷入部位进行安全防护。

5.2.1.3　如果运动部件和固定部件之间的最大距离不超过 4 mm，则线性的运动是十分安全的。

注：例如，插入印版时，启动或停止构件的运动及装订机、打孔机和书籍装订机上下装置之间的摆动杆和杠杆系统的运动（见图 4）。

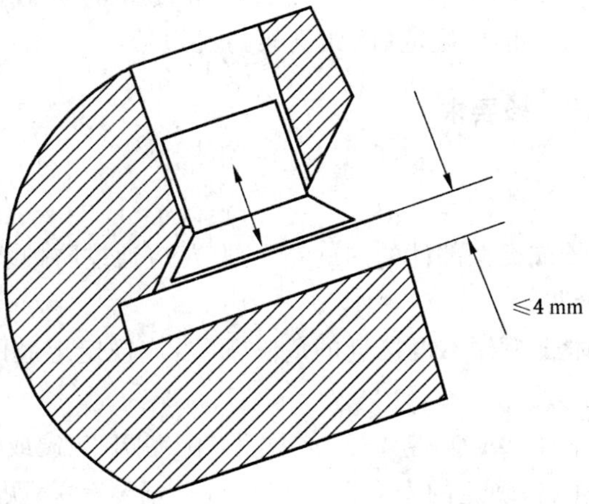

图 4　夹版装置上线性运动示例

5.2.1.4 在动力驱动运转的机器上,对滚轮和地面之间的挤压部位应进行安全防护。例如,通过安装一个固定的护脚板,使其底边与轨道间的距离不超过 15 mm,就可以实现对挤压部位的防护。

5.2.1.5 当机器正常运转时,手轮和曲柄不应自动旋转。例如,在机器运转过程中,应采用压簧将手轮和曲柄脱开。

5.2.1.6 使用说明书中应提醒用户注意,在工作间操作具有可移动部件的机器时,应防止移动部件和建筑物之间对人体产生挤压的危险。

5.2.2 防护装置和联锁装置

5.2.2.1 防护装置应符合 EN 953:1997 的规定。联锁装置应符合 EN 1088:1995 中第 5 章和第 6 章的规定。

机器的停机时间依机型不同而异,宜尽可能短。

对于联锁装置,见 5.2.11(安全限位开关)和 5.2.6(控制系统)。

5.2.2.2 栅栏式防护装置的安全距离应符合 GB 23821—2009 的规定,即:栅栏下边缘和地面之间的距离不超过 200 mm,栅栏上边缘和地面之间的距离不小于 1.4 m。

5.2.2.3 在生产过程或机器设置调整中,需经常打开、移动的防护罩或罩门应与危险运动联锁。不需要经常打开的防护装置应采用固定式防护,当需要移开时只有使用工具打开,这些防护装置也可以与危险运动联锁。

注:包括维修在内需经常移动的防护装置和罩门,每班至少开启一次。为了调整设置,需要开启防护装置和罩门,如:

——供料;

——调整尺寸;

——更换工具;

——调整印版;

——清洗。

5.2.2.4 活动式防护装置的自发性移动不应产生危险,并符合 EN 953:1997 的规定。

5.2.2.5 如果防护装置能够打开,应对因重力下落所造成的危险进行安全防护。这些措施,如:

——重力平衡装置;

——气动弹簧;

——可自动拖住打开部件的闩;

——用止一动控制驱动蜗轮传动装置的运行;

——保证防护装置打开状态下,其重心在转轴后面,并远离转轴。

用于重力平衡的弹簧,设计时应考虑到弹簧失效时关闭动作不应产生任何危险。优选压缩弹簧。

5.2.2.6 需要对生产过程进行观察的地方,应确保在无反射光影响下防护装置可永久清晰地观测到功能部位。例如,使用亚黑色网孔型防护装置,可以满足此规定。

5.2.3 工作过程和维修中设备的调整、清洁、故障排除

5.2.3.1 在无法观察到、且危险动作能被启动的可触及的危险区域,应符合下列规定之一:

——使用栅栏式防护装置进行安全防护,人员不应在防护罩内关闭联锁通道门,或在防护罩外配备一个附加控制装置,且从护罩内无法触及该装置;

——使用电敏防护装置进行安全防护,应在危险部位外面配备一个附加控制装置,且从危险区的任何部位都无法触及,配备的装置应确保仅当人员启动附加控制元件后危险动作才能开始。

5.2.3.2 当打开或移走联锁防护装置,或有人员进入危险部位并且留有未经防护的危险部位时,只有通过下列方法才能启动机器:

a) 止一动控制装置：

1) 最大位移量 25 mm，或最大运行速度 1 m/min；

2) 当上述 1)所规定的极限值将降低机器执行功能，且危险不会显著增加时，则采用 75 mm 的最大位移量或 5 m/min 的最大运行速度。

双手操纵的止一动装置应采用相同的位移量和速度。

任何双手操纵装置都应符合 5.2.8 的规定。如技术上可行，停机路径应尽可能短。

如果在止一动控制期间，联锁装置阻止机器运行，那么打开联锁防护装置后，在不使用选择开关的情况下允许以止一动模式启动机器。

如果机器允许以两种止一动控制模式(带有一个驱动器的止一动控制和双手控制)运行，机器需配备一个选择开关。

b) 手动操作：

允许手动操作机器或机器部件的装置，对其设计时应保障操作者不处在危险当中。

5.2.3.3 在操作止一动控制装置的位置上，应能够观察到危险点和危险区域。

5.2.3.4 采用止一动控制对危险部位进行安全防护时，打开联锁防护装置后，在操作者能够观测到的区域外，当其他联锁防护装置关闭时，才允许以止一动模式启动机器。

5.2.3.5 卷筒型材料穿纸应安全。在动力驱动的穿卷装置上，应配备防护装置防止进入危险部位。

应采取下列措施防止进入危险部位：

——在绳锁式穿纸装置上，应对穿纸绳锁和空转轮之间的内旋卷入部位进行安全防护。在滑轮外配备一个半径至少比滑轮半径大 120 mm 的固定圆盘；

——在带有传送链的动力驱动式条型穿纸装置上，链条和链轮之间的内旋卷入部位应尽可能用防护装置将内旋卷入部位进行防护；

——在止一动控制下，以限定的速度进行穿纸。

5.2.4 防爆和防护

5.2.4.1 潜在的爆炸环境用的电气设备、非电气设备及部件应符合优良工程要求、并依据第Ⅱ组类别设备的要求进行设计和制造，以免产生 EN 1127-1:1997 中 5.3 规定的任何点燃源。应根据 GB 25286.1—2010 中 5.2 的规定评定点燃危险，从而对设备进行类别划分。

5.2.4.2 不使用闪点 55 ℃以下的易燃液体、在操作状态下没有易燃液体喷溅或被加热至闪点以上的机械，不需防爆和防护措施。所有其他机器的设计应符合 EN 1127-1:1997 中附录 A 所述区域的特殊规定。

注 1：印刷机的清洗单元，参见 prEN 1010-2:2001 中 5.6.6。

注 2：操作状态下对易燃液体进行加热，例如，胶片和带有加热槽的印版显影装置。

有关传导性地板材料见 7.2.4 的使用说明要求。

5.2.4.3 电气设备

5.2.4.3.1 气体、蒸汽、雾气及粉尘所引起的爆炸性环境中用的电气设备，其设计应符合 GB 3836.1—2010 的规定。可根据与此有关的 GB 3836.6—2004、GB 3836.5—2004、GB 3836.7—2004、GB 3836.2—2010、GB 3836.3—2010、GB 3836.4—2010 的规定，适当补充或修改。

5.2.4.3.2 应根据 GB 3836.15—2010 中第 5 章的规定，对电气设备进行选型。

5.2.4.3.3 应根据 GB 12476.2—2010 的规定，对电气设备进行选型。

5.2.4.4 非电气设备

5.2.4.4.1 所有用于气体、蒸汽、薄雾及粉尘所引起潜在的爆炸性环境中的非电气设备，应符合

GB 25286.1—2010、EN 13463-5:2003 的规定及相关的用于特殊防燃的规定。

5.2.4.4.2 在任何预期故障或罕见故障中，分别安装在 0 区域或 20 区域内的Ⅱ类 Ga 级或Ⅲ类 Da 级设备，不应包含任何有效点燃源。

5.2.4.4.3 在正常运行或预期故障中，分别安装在 1 区域或 21 区域内的Ⅱ类 Gb 级或Ⅲ类 Db 级设备，不应包含任何有效点燃源。

5.2.4.4.4 在正常运行中，分别安装在 2 区域或 21 区域内的Ⅱ类 Gc 级或Ⅲ类 Dc 级设备，不应包含任何有效点燃源。

5.2.4.5 任何有可能与爆炸性环境接触的 Ma 级、Ga 级、Da 级和 Mb 级、Gb 级、Db 级及 Gc 级、Dc 级非电气设备，其所有部件的最高表面温度应符合 GB 25286.1—2010 中有关的规定。

5.2.4.6 对潜在发热粉尘无法进行有效防护的表面上，所有非电气设备部件的表面温度应低于防尘层最低点燃温度 75 K。

参见 prEN 50281-1-3:2002。

5.2.4.7 制动器和离合器的设计应符合 EN 13463-5:2003 的规定，不能成为点燃源。

5.2.4.8 对所有金属部件进行接地和相互连接，以避免不必要的静电放电。

注：更多信息在 CLC R 044-001:1999 上。

5.2.4.9 用于排放易燃灰尘和其他易燃物质(如纸、塑料等)的软管或管道应具有传导性，且静电接地(阻抗小于 10^6 Ω)。使用说明书中应提供相应的参照说明。

5.2.4.10 用于输送油墨、涂布物质、浸渍材料、胶及排放溶解蒸发气体的软管或管道应具有传导性，且静电接地(阻抗小于 10^6 Ω)。

注：参见 7.2.4 中的说明信息。

5.2.4.11 电动机和用于粘性控制的搅拌机以及与搅拌设备外缘之间的距离应至少为 50 mm(灯笼式联接)，并推荐在轴上安装一个圆盘，用于提高预防效果。

注：此措施防止从搅拌轴溢出的溶剂蒸汽到达电机(见图 5)。

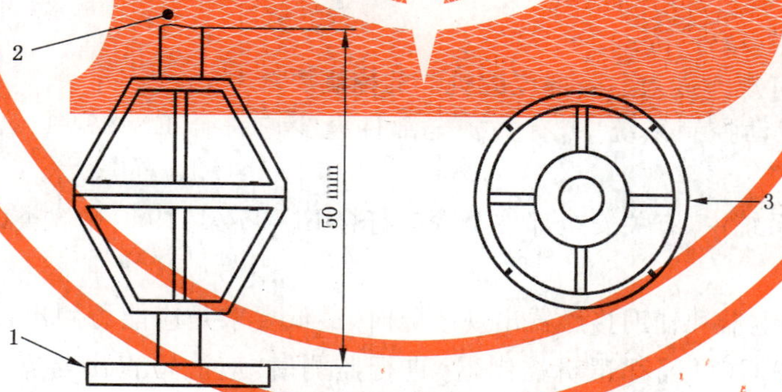

说明：

1——电机；

2——搅拌机；

3——俯视图。

图 5 电机和搅拌机(灯笼式)之间距离

5.2.4.12 油墨、涂层材料、浸渗料或胶料供给槽上循环泵的电机应按 GB 3836.2—2010 中有关点燃防护的规定进行安全防护。安装在泵上的防护电机开关应符合 GB 3836.3—2010 的规定。

5.2.5 电气设备

5.2.5.1 根据 GB 5226.1—2008 的规定，所有电气设备的设计应防止电气危险(例如：电脉冲、燃烧)。考虑下列附加规定，就可符合 GB 5226.1—2008 的要求。

5.2.5.2 根据GB 5226.1—2008中5.3.2a)或5.3.2c)的规定,机器应配备电源切断开关。该装置应具备锁定在不工作位置的手段。当急停控制装置的动作引起欠压跳闸、电源中断时,应配备一个断路器。该断路器应符合GB 5226.1—2008中5.3.2 c)的规定。根据GB 5226.1—2008中5.3.5的规定,无法通过电源切断开关切断的电路,应配备各自的切断装置。

也见5.2.7.5。

5.2.5.3 根据GB 5226.1—2008中9.2.5.4.2的规定,急停装置应设计成既可为0类停机也可为1类停机。用符合5.2.10要求的安全杠对机器上内旋卷入部位进行安全防护,急停功能应为1类停机。

也见5.2.6.1.2。

5.2.5.4 与GB 5226.1—2008中9.2.5.4的规定有所不同,如果出现下述情况,根据GB 5226.1—2008中9.2.2的规定,整流驱动器的急停控制装置所引起的停止为2类停机:

——整流器脉冲堵塞;并且

——电源与编码器、联合控制电路断开。

各自的功能应符合EN 954-1:1996中3类的规定。

5.2.5.5 电气设备和导线的安装应防止由于机械压力或环境影响所造成的危险。电气设备宜符合EN 60529:1991中IP54的规定。

5.2.5.6 对于护罩内(例如开关盒)两端之间的单芯绝缘导线,采用下列方法之一对导线进行区别:

——数字或字母标识;

——颜色标识,符合GB 5226.1—2008中13.2.4的规定;

——导线固定在适当的位置,例如,安装梳状电线。这样当更换电气元件时可以防止导线混淆;

——其他适当的方法。

5.2.5.7 所有电气设备的设计都应按GB 5226.1—2008中18.2～18.6的规定进行测试。计算机系统或电气控制组件的电气控制开关不需按GB 5226.1—2008中18.4的规定进行耐压试验。

5.2.5.8 机器的测量装置应符合GB 4793.1—2007的规定。

5.2.6 控制系统

5.2.6.1 不需定期或有规律进入危险部位的机器的控制要求。

5.2.6.1.1 在液压/气动控制系统中,有关安全部件至少应符合EN 954-1:1996中1类(6.2.2)的规定。

在电气/电子控制系统中,有关安全部件至少应符合EN 954-1:1996中3类(6.2.4)的规定,仅提供单独的主接触器。

控制电路中辅助继电器和辅助接触器出现故障时,最低要求是应能检测出该故障并使危险运动停止。当使用计算机或PLC(可编程逻辑控制器)进行监测时,应能检查出与安全相关的故障,并断开电源。

示例,当使用计算机或PLC时,通过使用并联计算机控制系统或采用触点式断路原则对相关安全信号功能进行监测,就可满足要求。任何故障都应使危险运动停止。

示例,控制系统有关安全部件包括:急停电路、电气联锁电路、止—动控制中位移量或工作速度的限制器。对于安全,也见EN 954-1:1996中的定义。

外部的影响和控制系统有关安全部件的故障可引起危险性动作并造成危险。

示例,根据机器的不同类型,危险运动包括:

——意外启动或速度意外增至生产运行速度;

——在规定动作之后产生意外动作(意外循环动作);

——动作应该停止时,却意外连续进行。

示例:控制系统故障所引起潜在爆炸性气体的积聚,也可产生危险。

注:参见参考文献和IEC 61508。

5.2.6.1.2 对整流器和反相器驱动，控制系统设计应保障在防护装置或安全装置导致停机时，主接触器应断开。此外，使用诸如电气/电子定时器，预设时间过后断开主接触器或采用其他措施，如选择制动扭矩大于电机驱动扭矩的机械制动闸断开主接触器。安全装置，如急停装置、电敏防护装置、联锁装置、触发装置。

停机时，整流器和反相器驱动将能量回馈电路，应采用除脉冲块以外的适当的相关控制措施，确保在常规停机时间内断开主接触器，或采用其他有效措施断开主接触器。止一动控制操作过程中，无需在预报警装置释放时间内断开主接触器(见附录B)。

注：例如，可通过改变电压频率更改整流器和反相器电机的旋转速度。

5.2.6.1.3 急停装置安装具有监测低压状态功能的主接触器时，至少应断开EN 954-1:1996中规定的1类主电源。

注：直接断开急停断路触点，如断开低压脱扣线圈电源。

5.2.6.1.4 操作者视线范围内的单独区域，有相互联锁功能的安全防护装置至少应符合EN 954-1:1996中1类的规定。联锁装置采用计算机控制。

5.2.6.1.5 剩余纸堆监测系统应符合EN 954-1:1996中B类的规定。

5.2.6.2 对常规进入危险部位的机器，应提高控制要求，如切纸机、手动输纸平压印刷机、手动输纸丝网印刷机及手动输纸商标冲切机等。

5.2.6.2.1 在液压/气动控制系统中，有关安全部件至少应符合EN 954-1:1996中3类(6.2.4)的规定。

在电气/电子控制系统中，有关安全部件至少应符合EN 954-1:1996中4类(6.2.5)的规定。主接触器应设置备份，应对主接触器的故障进行监测，出现故障时能够停机。

对限位开关的要求，见5.2.11。

5.2.6.2.2 常规进入危险部位的机器，不应单独使用电气制动系统。电气制动系统应另外配备辅助机械制动装置作为备份。机械制动装置的扭矩应大于整流器和反相器驱动的最大电气驱动扭矩。

注：例如，电气制动可存在于由电路回馈的能量引发制动效果部位的整流器和反整流器上。

5.2.7 指示器、标识、制动器、预报警装置

5.2.7.1 对指示器、标识、制动器的要求，应符合GB 18209.1—2010和GB 18209.2—2010的规定。

5.2.7.2 对全部视线受限、操作者之间通讯交流困难的机器，应配备预报警装置，并在启动机器前发出明显的有声信号，此要求详见附录B的规定。除有声信号外，可配备一个或多个视觉报警装置。

全部视线受限和操作者之间通讯交流困难是指：

——机器长度超过7 m；或

——印刷机上，有一个以上的印刷单元的边框和机器高度，从地面开始测量高度超过1.6 m；或

——在自动平压式机器上，从控制面板的位置看不到排废区域。

在预报警装置操作频繁处，应考虑GB/T 15706.2—2007中5.3的规定。

5.2.7.3 机器上至少应配备一个用于开机和停机的操作元件。在机器上安装一个电源断路器就能达到目的。用于开机或停机的控制开关和其有关操作部件应符合GB 5226.1—2008规定和GB/T 15706.2—2007中3.7.8的规定。

5.2.7.4 为防止意外启动，对启动危险动作的控制开关的操作部件，应进行安全防护。

5.2.7.5 机器应配备用于各种能量类型的单独主控制开关，并符合EN 1037:1995的规定。

5.2.7.6 急停装置应符合GB 16754—2008和GB 5226.1—2008的规定。

5.2.8 双手控制

5.2.8.1 作为安全装置使用的双手控制装置，应满足仅当释放两个制动机构中任一制动机构时，可触

及的危险动作应停止。考虑手的接近速度,在同一时间内危险动作应停止,以确保操作者的安全。EN 999:1998 中规定了基本的手的接近速度。双手控制应符合 GB 5226.1—2008 中Ⅲ型的规定。

5.2.8.2 液压/气动式双手控制装置、电气/电子式双手控制装置应分别符合 EN 574:1996 中ⅢA 型和Ⅲ B型的规定。

5.2.8.3 与 5.2.8.2 不同,对常规进入危险部位进行安全防护的液压/气动式双手控制装置、电气/电子式双手控制装置,应分别符合 EN 574:1996 中Ⅲ B型和Ⅲ C型的规定。

5.2.8.4 在拖曳电缆上用于生产准备或故障排除的双手控制装置,可以采用 5.2.3.4 的规定。在此情况下,不采用 EN 999:1998 的规定。拖曳电缆应有足够的强度,以承受任何可预见的和测量的机械力,并防止导线从连接点中脱落。

5.2.9 电敏防护装置(ESPD)

5.2.9.1 电敏防护装置应符合 GB/T 19436.1—2004 中 2 型及 GB/T 19436.2—2004 的规定。

5.2.9.2 与 5.2.9.1 不同,对常规进入的危险部位进行安全防护的电敏防护装置,应符合 GB/T 19436.1—2004 中 4 型及 GB/T 19436.2—2004 的规定。

5.2.9.3 应按 EN 999:1998 规定的基本的手的接近速度,确定电敏防护装置的正确安装位置。用作启动抑制装置的电敏防护装置不采用 EN 999:1998 的规定。应安装辅助安全设备。

5.2.9.4 电敏防护装置用作防止整个人体进入被安全防护的危险部位时,至少应配有两条光束,高度分别在 400 mm 和 900 mm。

5.2.10 压敏垫、触发装置

5.2.10.1 压敏垫应符合 GB/T 17454.1—2008 的规定,安全杠应符合 EN 1760-2:2001 的规定,还应符合 EN 954-1:1996 中 3 类的规定(见 GB/T 17454.1—2008 中 4.15 或 EN l760-2:2001 中 4.18)。对经常或定期进入的危险部位应有进行安全防护的压敏垫和触发装置,应符合 EN 954-1:1996 中 4 类的规定。

5.2.10.2 触发停止功能后,触发装置的运动行程应大于危险动作的停车行程。

5.2.11 安全限位开关

5.2.11.1 安全限位开关应符合 EN 1088:1995 中第 5 章和第 6 章的规定。

5.2.11.2 如果安全限位开关的构造符合 EN 60947-5-1:1997 的规定,并且安装时符合 GB 5226.1—2008 的规定,就可假定故障不可能发生。对不需经常进入的机器,每个联锁防护装置配备一个限位开关就足够了。

5.2.11.3 通过对电缆进行机械防护,可防止由于开关柜外的导线接触导致的电线短路(例如,位于机架内、管道内)。

5.2.12 工作平台、通道阶梯、过道及凸出的工作平台

5.2.12.1 一般要求

5.2.12.1.1 为了进行操作、准备、定期维护等工作,安全工作平台包括进入安全工作平台的通道或过道,应符合 GB 17888.1—2008、GB 17888.2—2008、GB 17888.3—2008 和 GB 17888.4—2008 的规定。

5.2.12.1.2 工作平台地面应防滑。例如,使用花纹钢板或防滑等级为 R10 级的材料就可以满足 GB 17888.2—2008 的规定。

5.2.12.1.3 过道最小净高应符合 GB 17888.2—2008 的规定。由于结构原因不能满足此规定时,凸出的部位应加注危险警告标识。

5.2.12.1.4 凸出的固定工作平台应有一个明确的工作场所,至少应保障每人 1.5 m^2,在不影响人体

工效学要求的前提下(例如,物品的装卸),其最小宽度应达到1 m。

5.2.12.1.5　通道阶梯的最大倾角应为45°。根据风险评估的结论,可以适当采用其他进入通道的方法。对于不经常使用且无法从阶梯进入的工作台,如果通道高度小于2 m,应使用安全阶梯。

注:风险评估示例参见附录C。

5.2.12.2　进入不常使用的通道平台的额外方法

5.2.12.2.1　示例,为符合人体工效学及身体姿势安全的要求,可采用如下措施:

——能够在基准面部分触及数量足够的扶手;

——移动式平台;

——永久固定式平台和铰链式平台。

5.2.12.2.2　踏板要求(固定式或铰链式)

对于单级踏板,通道平面可为固定式平台或狭窄通道。踏板采用下列尺寸:

正常踏板高度	≤300 mm;
最大踏板高度	500 mm;
踏板最小宽度(单脚)	200 mm;
踏板最小宽度(双脚)	300 mm;
踏板最小进深	300 mm。

对于多级踏板(固定式或铰链式),基准平面的有效宽度最小应达到500 mm。适用的尺寸如下:

顶面踏板最大高度(站立区)	1 200 mm;
中间各踏板最大高度	300 mm;
踏板最小进深	200 mm;
不带栏杆的踏板最大高度	1 200 mm。

踏板处应配有扶手。

用于短时间站立或不常使用的踏板尺寸最小应达到200 mm×200 mm。

5.2.12.2.3　需要安装扶手的位置,扶手尺寸应符合以下规定:

扶手的最小深度	40 mm;
扶手的最小长度	110 mm;
扶手的最小直径	20 mm。

5.2.12.2.4　高度为0.5 m~1.6 m的铰链式工作平台至少应配备一个扶手。铰链式工作平台应易于安装且稳固,能防止意外移动。

5.2.13　稳定性

5.2.13.1　机器的设计和安装应保障不存在不可预见的位置改变,并符合GB/T 15706.2—2007的规定。

例如,可通过下列方法防止不可预见的位置改变:

——合适的机器基座尺寸;

——低重心;

——固定方法;

——合理设计带有轨道装置的轮子组件。

5.2.13.2　活动式机器(带轮子的机器)应进行安全防护,防止意外移动。不带制动的轮子和脚轮的意外移动可发生于下列机器:如小型紫外线烘干机、润版设备、闯纸台、单张纸折页机、铆钉机、书籍装订机和锁线机、捆书机、捆扎打包机、印刷分切机、轮转模切机和联机式组合机(联机生产线)。

防止意外移动的示例,如:

——四个轮子中至少一个轮子;

——两个轮子和两个小脚轮中至少一个小脚轮；

——四个小脚轮中至少两个小脚轮。

可被锁住。

在可能的情况下，应安装自动锁紧装置，例如安装自锁齿轮。

5.2.14 接触高温

机器上可接触的高温部件的表面温度不应高于 EN 563:1994 规定的限定值。

例如，可通过隔离或带有一定距离的防护装置对接触的高温部件进行安全防护。

见 7.2.4 的使用说明信息。

5.2.15 噪声

机器的设计和建造应保证释放的噪声降至最低，特别是在声源处采取措施控制噪声（例如，见 EN ISO 11688-1:1998）。以同类机器的实际噪声排放值为基础评估降低噪声措施是有效的方法（见第 6 章和第 7 章）。

确定噪声量的测量方法应符合 GB/T 28386—2012 的规定。

见 7.2.3 的有关噪声信息。

注：最重要的噪声源示例：

——传动装置（齿轮装置）；

——液压装置；

——空气压缩机、泵；

——排气装置和吹气嘴；

——吸气装置（用于纸屑、切边废料）；

——纸张压痕；

——裁切、模切、纸张折痕、磨纸机；

——滚筒旋转运动；

——挡纸规；

——纸张或纸板与印版的分离。

5.2.16 辐射危险

5.2.16.1 机器内配备的激光设备，应符合 GB 18490—2001 和 GB 7247.1—2001 的规定。这类设备应配备固定式或联锁式防护装置，以防止正常使用机器时，激光辐射量超过 GB 7247.1—2001 规定的 1 类激光辐射的限定值。因修理原因，允许经过培训的人员在无固定式或联锁式防护装置下，对机器进行短时间操作。如果这样的修理工作接触激光辐射量超过 1 类限定值，则应根据 GB 7247.1—2001 的规定，采取辅加的安全措施。

注：激光设备如：激光曝光设备、激光凹印设备、激光裁切设备。

辅加的安全措施是如：正确指导人员使用个人防护设备。

见第 7 章使用信息。

5.2.16.2 机器发出的紫外线辐射量不得超过 GB/T 26118.1—2010 中表 D.1 固定工作场所和偶然工作位置规定的 1 类的限定值。实际的辐射值应根据 GB/T 26118.1—2010 中附录 D.1 和表 D.2 的规定进行确定。

注：紫外线辐射是由诸如紫外线曝光设备和烘干设备发出的。

GB/T 26118.1—2010 中附录 D.1 的 1 类规定值与每天 8 小时的最大暴露时间有关。在测量点位置或操作正常状态下，允许每人所暴露时间小于最大暴露时间。UV-B/C 辐射限定值 1×10^{-3} W/m^2 乘以 $8/t_{exp}$ 倍系数（t_{exp}：单位生产时间）。暴露时间为 1 000 s～8 h 的 UV-A 辐射限定值为 10 W/m^2。

如果暴露时间小于 1 000 s，则辐射限定值等于 10 000 J/m^2 辐射量除以秒为单位的暴露时间。

紫外线曝光设备的最大曝光时间可能较短，例如，在曝光准备阶段由于操作程序原因其所发出的辐射会出现中断（在输送书帖及运行定位时）。

在设计阶段，应避免紫外线辐射产生臭氧的危险。有可能减少臭氧释放的措施有低臭氧紫外线灯管装置或配备排气设备。

5.2.17 抗电磁干扰

符合 EN 61000-6-2:2001 规定的干扰类型的印刷机械和纸加工机械，应有足够的抗电磁干扰性，确保操作安全，无故障危险。印刷机械或纸加工机械制造商在设计、安装和布线时，应考虑零部件供应商的建议，确保任何电磁干扰都不应导致非安全操作和/或危险故障。

5.3 普通设备

5.3.1 固定切刀

5.3.1.1 只要可能，应将固定切刀的刃口保护起来。此要求不适用于横切切纸机的底部切刀。

5.3.1.2 即使不在工作位置，为避免接触，可能倾斜的固定切刀的刃口也应进行保护。

5.3.2 旋转刀具

5.3.2.1 诸如圆裁刀、打孔刀、打孔工具、旋转分切刀具、旋转折纸工具、圆锯等旋转工具的内旋卷入部位或不用于加工的外围区域应加以防护，防止人员接触。优先选用更换刀具时不用拆卸防护的方式，尽可能符合 5.2.1.1 的规定。

5.3.2.2 旋转分切刀具应与刀架牢固固定。

5.3.3 危险工具

安全输送或存储机器的危险工具时，如刀具、设备，应配备能防止其造成伤害事故的防护装置，如刀箱。此要求也用于组装的单独部件。

5.3.4 输纸单元、收纸单元（纸堆升降装置）

5.3.4.1 纸堆升降装置应设计成可承受 1.25 倍最大负荷能力的静态载荷试验，且无永久性变形或明显缺陷。在常规操作下，它应能承受 1.1 倍最大负荷能力的静态载荷试验。

5.3.4.2 在产品幅面大于 2.5 m^2 的纸堆升降装置上，钢链条的断裂强度至少应为许可的静态载荷的 6 倍；在产品幅面小于 2.5 m^2 的纸堆升降装置上，钢链条断裂强度至少应为许可的静态载荷的 3 倍。应以纸张密度至少为 1 400 kg/m^3 和瓦楞纸板密度至少为 200 kg/m^3 为基础计算断裂强度。

5.3.4.3 在产品幅面大于 2.5 m^2 且提升高度大于 1.5 m 的纸堆升降装置上，应配备防护装置，以防止由绳索、链条、支撑螺母或齿轮传动装置出现故障或管路泄漏，引起纸堆台移动距离超过 100 mm。

例如，对螺旋起子，可用一个与支撑螺母同一类型的附加螺母来满足要求。一旦发生断裂或螺纹磨损时，此附加螺母可支持支撑螺母。又例如，对链条（或绳索），当一根链条意外断裂时，可用一根或多根无负载的双链条来接管，并起到工作链条的作用。

此要求不适用于额定为双倍载荷的传动装置，也不适用于那些如管路系统出现泄漏时，纸堆台的下降速度不会加速到正常速度的 1.5 倍的液压或气动传动装置的纸堆升降装置。

5.3.4.4 在产品幅面大于 2.5 m^2 的纸堆升降装置上，托纸板以下区域应通过防护罩或电敏防护装置进行安全防护。不必符合 EN 999:1998 的规定。电敏防护装置应符合 5.2.9.4 的规定。

5.3.4.5 应对托纸板边缘和操作者可站立位置间的危险部位进行安全防护，方法如下：

a) 在产品幅面达 1.0 m^2 的输纸装置和产品幅面达 0.175 m^2 的收纸装置上，允许托纸板自动下降：

——仅下降到操作基面以上 120 mm 的高度；并且

——仅在止—动控制模式下才可降至更低。

危险部位可通过选择下列 b）中措施之一进行安全防护。

b) 产品幅面尺寸达 1.0 m^2 的输纸装置和产品幅面达 0.175 m^2 的收纸装置，应采取以下措施之一来防护纸堆台板暴露的边缘：

——托纸板上安装有复原力无开关的悬伸防护罩，其前缘至少应超出危险边缘 250 mm（见图 6）；

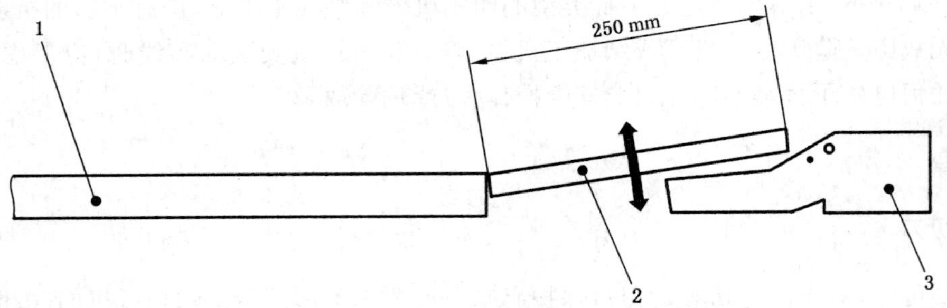

说明：

1——托纸板；

2——悬伸防护罩；

3——脚。

图 6 悬伸防护罩

——托纸板边缘前安装电敏防护装置，不必符合 EN 999:1998 的规定；

——机架和纸堆台板之间垂直投影突出部分的水平距离应为 300 mm，且机架突出部分不应高于地面以上 1.5 m。伸入到安全距离（300 mm）以内的纸堆台的支臂至少应在地面以上 120 mm（见图 7）；

——触发装置；

——距危险部位至少 850 mm 且操作人员可观测到的危险部位处的输纸装置上的止—动控制。

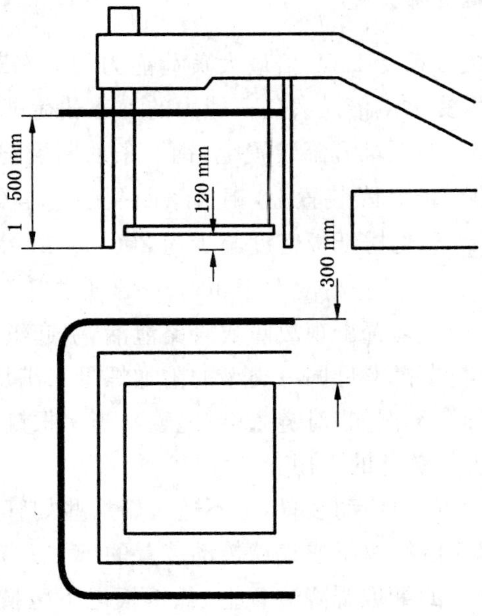

图 7 使用机框的变向部件进行安全防护

c) 在产品幅面大于 2.5 m^2 的输纸和收纸单元上，应采用下列一个或多个安全防护装置对托纸板边缘上的危险部位加以防护：

——防护罩；

——在托纸板边缘前安装电敏防护装置；在输纸和收纸单元上安装电敏防护装置，安装位置距托纸板边缘至少 300 mm。

5.3.4.6 当输纸或收纸单元上设置了工作平台或狭窄通道时，应对工作平台或狭窄通道与托纸板边缘之间的危险部位进行安全防护。例如，可采用下列措施之一实现：

——托纸板边缘与平台边缘之间的垂直最小距离为 120 mm；

——托纸板边缘前安装电敏防护装置，不必符合 EN 999:1998 的规定；

——机架外缘和托纸板边缘之间垂直投影的水平距离为 300 mm，且机架凸出部分不应高于工作平台或狭窄通道以上 1.5 m；

——触发装置。

5.3.4.7 单张纸输纸和收纸单元上，对纸堆或托纸板的向上运动导致的挤压或剪切部位应进行安全防护。例如，可采用下列措施之一进行安全防护：

——符合 GB 12265.3—1997 规定的安全距离；

——触发装置；

——防护装置；

——止—动控制。

5.3.4.8 输纸装置上分离头的设计，应保障在运动时不产生危险。从纸堆底部输送剩余纸张时，可通过输纸装置上的剩余纸堆监测对其进行安全防护。

对用于不同幅面的输纸装置侧面外部的分离头的危险部位，应进行安全防护。

从纸堆顶部输送纸张时，如果吸纸嘴与纸堆顶部之间采用了安全距离或吸纸嘴只在弹簧力作用下下降接触纸堆，就可满足规定。

5.3.4.9 应对在生产过程中可触及到分离头装置上的危险部位进行安全防护，罩住整个分离头仅在底部留有开口的防护罩(见图 8)。

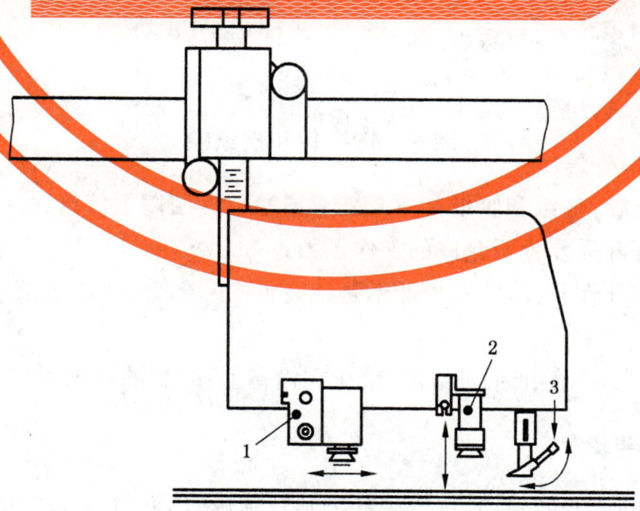

说明：

1——递纸嘴；

2——分纸嘴；

3——压纸脚。

图 8 分离头的运动

对分离头之外的运动部件(例如递纸嘴、分纸嘴)造成的危险部位,应用下列措施之一进行安全防护:

——生产过程中可触及的运动部件(例如递纸嘴)之间的距离至少为 25 mm;

——部件只靠具有无危险、很小力量的弹簧来移动(例如压纸脚、分纸嘴);

——危险部位(剪切危险和挤压危险)应用防护装置进行防护。

分离头的传动轴应完全封闭。

5.3.4.10 对输纸系统的输纸轮和接纸轮上的内旋卷入部位应进行安全防护(见图 9)。例如,可采用下列方法:

——使用 25 mm 抬升量;

——轮宽在 25 mm 以内,使用 15 mm 的抬升量;或

——采用符合 5.2.1.1b)规定的防护装置。

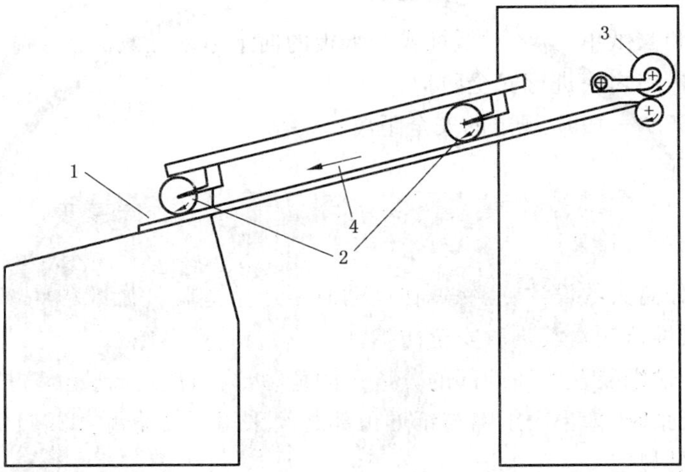

说明:

1——输纸台;

2——输纸轮;

3——接纸轮;

4——输纸方向。

图 9 输纸轮和接纸轮

5.3.4.11 在纸堆升降装置(输纸和收纸装置)上,应清楚地标明以下信息:

a) 气动驱动式纸堆升降装置所允许的工作压力;

b) 液压驱动式纸堆升降装置,因动力源不是该装置的一部分,应标明该装置所允许的工作压力;

c) 最大负荷;

d) 幅面尺寸大于 2.5m^2 的纸张应给出“禁止在设备上移动”的标识。

5.3.5 卷筒纸开卷和收卷装置

5.3.5.1 卷筒纸的开卷和收卷装置中,皮带带动纸卷外圆旋转(见图 10),如果皮带和料卷之间的压力超过 300 N,应用联锁防护装置或栅栏式防护罩对料卷和皮带之间危险部位进行安全防护。如果由机器速度导致的、且压力小于或等于 300 N 的危险,也可进行安全防护。

传动皮带导辊上的内旋卷入部位,应配备防护装置进行安全防护(见图 11)。

5.3.5.2 在开卷装置和收卷装置上,应采用带有接近反应(触发装置、压敏垫、电敏防护装置)的防护装置或安全装置,对料卷和压力辊、料卷和支承辊之间的内旋卷入部位进行安全防护。所选的安全装置对

各种直径的料卷均应有效，且保证从侧面不应接近内旋卷入部位。这种安全防护要求还包括对面向机器的内旋卷入部位的安全防护，只要纸卷变小时（在复卷过程开始时）或压辊直径较小时，人体被拉入的危险就始终存在。

有关触发装置、压敏垫的规定见 5.2.10；有关电敏防护装置的规定见 5.2.9。

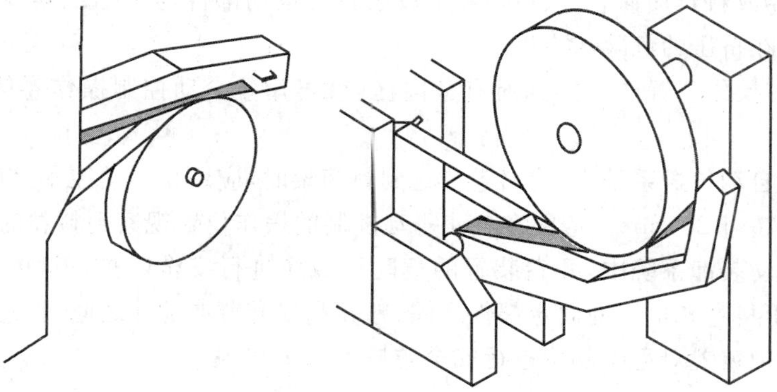

图 10　带传动

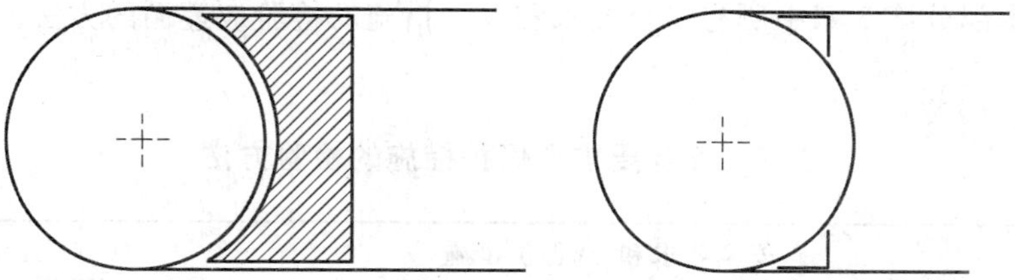

图 11　带传动中内旋卷入部位的安全防护

5.3.5.3　使用无轴的开卷和收卷装置，圆锥夹具的设计应保障仅在止一动控制模式下才可将其插入。控制开关的安装位置，应保障在开卷和收卷装置上的止一动控制处，能观察到圆锥夹具和料卷之间的危险部位。止一动速度不应超过 5 m/min[见 5.2.3.2a)2)]。

自动装载料卷见 5.3.5.11。

5.3.5.4　应配备措施，防止提升料卷后圆锥夹具意外分离。例如，仅能在最大速度 2 m/min 的止一动控制模式下，或双手操纵装置，或在离开料卷装载位置后，用诸如压敏装置的联锁装置，防止圆锥夹具意外分离。

在开卷和收卷过程中，应防止圆锥夹具分离。例如，在收卷过程中，通过电子联锁装置来防止锥体分离。控制要求应符合 5.2.6.1 的规定。

5.3.5.5　在无轴的开卷和收卷装置上，应确保只有在圆锥夹具全部插入后，才可启动无轴开卷和收卷单元。例如，用压敏装置对圆锥夹具的位置进行监控就能确保此要求。

5.3.5.6　在无轴的开卷和收卷装置上，应防止因料卷直径过小而被弹出的危险。

例如，可采用下列措施之一进行预防：

——低速更换料卷；

——防止料卷直径降至供应商规定的最小料卷限度以下；

——在开卷装置上配备合适的安全装置。

5.3.5.7　如果提升臂和机架之间的危险部位可通过机器结构设计或安全防护进行避免，那么只有在止一动控制模式下提升臂才准许移动。控制开关的安装位置，应保证在启动位置可以观察到机器的危险部位。止一动速度不应超过 5 m/min[见 5.2.3.2a)2)]。

5.3.5.8　在开卷和收卷装置上，如果旋转料卷端面与固定部件或提升臂之间的安全距离小于25 mm，应进行安全防护。

5.3.5.9　在带有移动部件卷筒纸架、卷筒纸粘接装置、转台等装置上，所有存在挤压危险的部位都应按GB 12265.3—1997的规定进行安全防护或按GB 23821—2009的规定配备防护装置。

诸如提升臂、料卷或料卷加速装置、裁切和上胶装置等运动部件与诸如机器墙板、连接杆或地面等固定部分之间可能存在挤压的危险。

作为选择，只要在操作位置能观察到所有危险区，就可用止—动控制操作卷筒纸架和卷筒纸粘接装置。

5.3.5.10　在料卷半自动传送系统中，将料卷传送到料筒架时，应用止—动控制，以最大速度20 m/min进行。停车路径不应超过200mm。应能在各止—动控制的操作位置观察到料卷的整个传送路径。

5.3.5.11　在料卷自动装卸系统中，开卷装置的危险区域应进行安全防护，例如，采用电敏防护装置。例如，危险区域存在于料卷和机器的固定部件之间、料卷和提升臂或地面之间、料卷和圆锥夹具之间。

有关使用电敏防护装置对危险部位进行安全防护见5.2.9.4。

6　安全要求和/或保护措施的检验

表2中规定了本部分第5章中所有安全要求和保护措施的检验应遵循的方法。还包含了本部分涉及的其他条款。

表2　安全要求和保护措施的检验方法

条款	安全要求和/或保护措施	A	B	C[a]	D
5.1　概述					
5.2　印刷机械和纸加工机械的一般要求					
5.2.1.1	内旋卷入部位的防护装置	√	√	√	—
5.2.1.2	使用触发装置对内旋卷入部位进行安全防护	√	—	√	—
5.2.1.3	4 mm以下线性运动的安全防护	√	√[c]	√	—
5.2.1.4	地面上电动轮运行的安全防护	√	—	√	—
5.2.1.5	旋转手轮的安全防护	√	√	√	—
5.2.1.6	机器部件挤压部位的相关信息	√	—	√	—
5.2.2.1	防护装置的要求	√	√	—	—
5.2.2.2	栅栏式防护装置的安全距离	√	—	√	—
5.2.2.3	固定式和联锁式防护装置的要求；联锁式防护装置的选择标准	√	√	—	—
5.2.2.4	动力驱动的活动式防护装置的要求	√	√	—	—
5.2.2.5	重力跌落的安全防护	√	√	—	—
5.2.2.6	充分可见的要求	√	√	—	—
5.2.3.1	可触及的危险区的安全防护	√	√	—	—
5.2.3.2	防护装置打开下的止—动控制	√	√	—	—
5.2.3.3	止—动控制下观察危险部位	√	√	√	—
5.2.3.4	可观察到危险部位的联锁	√	—	—	—

表 2（续）

条款	安全要求和/或保护措施	A	B	C[a]	D
5.2.3.5	卷筒纸穿纸	√	√	√	—
5.2.4.1	选择适用的设备进行防爆防护	√	—	—	√
5.2.4.2	闪点高于 55 ℃的防爆防护	√	—	—	√
5.2.4.3	电气设备的防爆防护	√	—	—	√
5.2.4.4	非电气设备的防爆防护		—	√	√
5.2.4.5	表面温度限制的防爆防护	√	—	√	√
5.2.4.6	表面温度限制的防爆防护	√	—	√	√
5.2.4.7	制动器和离合器点燃源的预防	√	—	√	—
5.2.4.8	静电的预防	√	—	√	√
5.2.4.9	排气软管和管道的防爆防护	√	—	√	√
5.2.4.10	排气软管和管道的防爆防护	√	—	√	√
5.2.4.11	泵的防爆防护	√	—	—	√
5.2.4.12	泵的防爆防护	√	—	—	√
5.2.5.1	电气设备上有关电气危险的要求	√	√	—	√
5.2.5.2	提供切断装置	√	√	—	√
5.2.5.3	急停装置	√	—	—	√
5.2.5.4	整流驱动器	√	—	—	√
5.2.5.5	预防机械压力或环境影响产生的危险，对电气设备和导线的要求	√	—	—	√
5.2.5.6	单芯绝缘导线的识别要求	√	—	—	—
5.2.5.7	保护接地、绝缘电阻、耐压、残余电压测试和功能测试	√	√	√	—
5.2.5.8	测量装置的要求	√	√	—	√
5.2.6	控制系统的要求	√	√	—	√
5.2.7	指示器、显示器、控制开关、启动报警装置的要求	√	√	√	—
5.2.8	双手操纵装置的要求	√	√	√	√
5.2.9	电敏防护装置的要求	√	√	√	√
5.2.10	压敏垫、触发装置的要求	√	√[c]	√	√
5.2.11	安全限位开关的要求	√	√	—	√
5.2.12	工作平台、通道阶梯、过道和凸出的工作台的要求	√	√	√	—
5.2.13	稳定性要求	√	√	—	—
5.2.14	接触高温部件的防护	√	—	√	—
5.2.15	噪声辐射的防护	—	—	√[d]	√[d]
5.2.16	辐射危险的防护（激光、紫外线）	—	—	—	—
5.2.17	抗电磁干扰	—	—	√	√

表 2（续）

条款	安全要求和/或保护措施	A	B	C[a]	D
5.3	普通设备				
5.3.1	固定切刀的安全防护	√	√	—	—
5.3.2	旋转刀具的安全防护	√	—	—	—
5.3.3	机器的危险工具的安全输送和存储	√	—	—	—
5.3.4	输纸单元、收纸单元(纸堆升降装置)				
5.3.4.1	输纸和收纸单元的稳定性	√	√	√	√
5.3.4.2	钢链条强度要求	√	—	—	√
5.3.4.3	链条及绳索断裂的防护措施	—	√	√	√
5.3.4.4	托纸板以下危险区的安全防护	√	√	√	—
5.3.4.5	托纸板和地面之间危险部位的安全防护	√	√	√	—
5.3.4.6	托纸板边缘和狭窄通道、工作台之间危险部位的安全防护	√	√	√	—
5.3.4.7	托纸板向上运动过程中危险部位的安全防护	√	√	√	—
5.3.4.8	分离部件上危险部位的安全防护	√	√	—	—
5.3.4.9	分离头装置上危险部位的安全防护	√	—	√	—
5.3.4.10	输纸轮和接纸轮上内旋卷入部位的安全防护	√	√	√	—
5.3.4.11	装置上的标识	√	—	—	—
5.3.5	卷筒纸开卷和收卷装置				
5.3.5.1	料卷和传送带、传送带导辊之间内旋卷入部位的安全防护	√	√	√[b]	—
5.3.5.2	压力辊、支承辊和料卷之间的内旋卷入部位的安全防护	√	√	—	—
5.3.5.3	止—动控制下插入圆锥夹具	√	√	√	—
5.3.5.4	料卷提升时的安全措施	√	√	—	√
5.3.5.5	插入圆锥夹具下启动机器	√	√	—	—
5.3.5.6	未缠绕的料辊弹出时的安全防护	√	—	√	—
5.3.5.7	提升臂和机架之间的危险部位的安全防护	√	√	√	—
5.3.5.8	提升臂和料卷端面之间的内旋卷入部位的安全防护	√	√	√	—
5.3.5.9	卷筒纸架、粘接装置和转台上挤压部位的防护	√	√	√	—
5.3.5.10	料卷半自动传送系统	√	√	√	—
5.3.5.11	料卷自动装卸系统	√	√	√	—

注：A 表示目测。目测是用目视的方法检查设备及组装部件的特征及性能能否满足使用规定。
B 表示功能测试。功能测试是检查具有某种功能的部件在规定的条件下是否具有这种功能。
C 表示测量。测量是使用测量仪器检查某项规定是否在所规定的范围之内。
D 表示绘图和计算。绘图和计算用于检查部件的设计特性是否满足特定的规定。

[a] 根据 GB 23821—2009 的规定，滚筒表面的防护装置和内旋卷入部位之间的安全距离为 1 0mm(见图 12)。
[b] 力值测量：使用弹簧系数为 25 N/mm 的仪器测量压力最大值。
[c] 功能测试方法：用一根具有低压缩性的试验指触动脱扣设备(安全设备)，试验指不应被卷入危险活动或被挤压。试验指的之间宜为 15 mm。
[d] 按下列内容对安全要求和措施进行核实：根据 GB/T 28386—2012 决定噪声释放值如工作站的声压级和声功率级，并根据 EN ISO 4871：1996 所得值为双数。

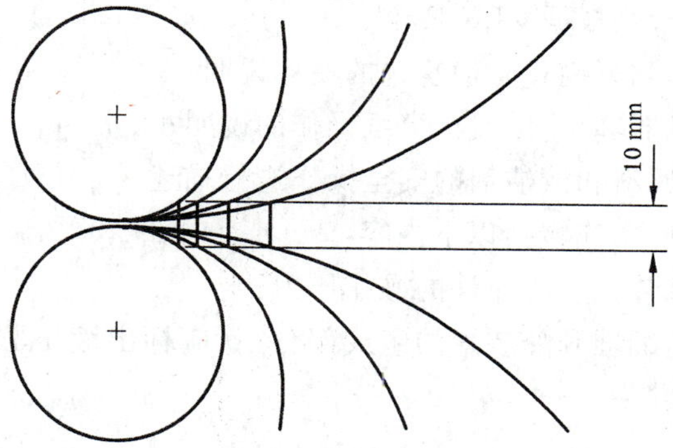

图 12 内旋卷入部位安全距离的测量

7 使用信息

7.1 机器标识的最低要求

7.1.1 应随机器提供符合 GB/T 15706.1—2007 中 5.4 规定的标识、符号和警告清单：

——制造厂的名称和地址；

——制造年份；

——型号名称；

——系列号；

——参数信息(如电压、电流、功率等)。

7.1.2 带有激光装置的机器上应标明装置的类别，并按 GB 7247.1—2001 的规定在指定处加上警示标识。

7.1.3 根据 GB/T 26118.1—2010 的规定，具有最低类别 1 的紫外线辐射机器，应按 GB/T 26118.1—2010 的规定注明类别号及辐射类型。

7.1.4 如果机器部件表面温度高于 65 ℃，且未采取隔离或附加的防护装置进行安全防护，则应在机器上额外提供警示标识。

7.2 使用说明书

7.2.1 应按照 GB/T 15706.2—2007 中 6.5 的规定，编写机器的使用说明书。

7.2.2 每台机器应至少配有符合 7.1 规定内容在内的使用说明书，其基本规范应符合 GB/T 15706.2—2007 中 6.5.1 的规定。

注：使用说明书的结构参见附录 D。

7.2.3 噪声的要求应符合附录 F 的规定。使用说明书应给出机器的噪声值，并提供 GB/T 28386—2012 有关噪声测量方法的参考内容及确定机器噪声测量值所依据的基础。

7.2.4 除以上规定外，使用说明书必要时应增加附加说明：

a) 应提供防止意外接触表面温度超过 65 ℃的机器部件的防护措施；

b) 应指明机器上适宜安装吸废设备的位置，防止有害气体、雾气和灰尘的排放，同时要指明机器所需的吸气量；

c) 应说明即使采取各种安全措施也无法排除的遗留风险，还应强调需要进行专门培训以及应当采取的人员防护措施(例如，穿戴手套、防护衣、听力保护等)；

d) 对预测使用在具有潜在的爆炸性气体环境中的设备，应给出所有信息及使用说明；

e) 使用闪点低于 55 ℃的可燃液体的机器，使用说明书应指出：在危险区区域 1 以外 1.0 m 范围

内的地板应具有传导性(根据 CLC R 044-001:1999);

f) 应给出具有适当操作和可调式防护装置的使用说明;

g) 使用卷筒料工作的机器,应给出安全穿纸操作的说明;

h) 对危险性粉尘、使用原料和清洁剂的安全操作进行描述。

7.2.5 纸堆升降装置使用说明书应包括以下内容:

a) 气动驱动式纸堆升降装置上所允许的操作压力;

b) 只要压力生成器不是纸堆升降装置的组成部分,就应标出液压驱动式纸堆升降装置所允许的操作压力;

c) 最大负荷量;

d) 幅面尺寸大于 2.5 m^2 的纸张应给出“禁止在设备上移动”的标识。

附　录　A
（资料性附录）
印刷机械和整饰机械区域的分类（涉及 5.2.4）

EN 1127-1:1997 规定了会引起爆炸的危险状况的鉴别方法，并具体说明了符合安全要求的设计及结构措施。

它包含了分类、区域及用于不同区域的设备之间的关系。

EN 60079-10:2001 给出了对气体和蒸汽危险环境采用通风方法进行控制和分类的信息。

prEN 50281-1-3:2002 给出了存有粉尘危险区的分类信息。

以下为根据机器放置位置及通风状况，对不同的机器进行分区的示例：

A.1　卷筒纸轮转凹版印刷机

区域 1：印刷单元两侧机架之间的印刷区域。

印刷单元之间高度达 2 m 的维护通道，包括侧面机架之间的区域。

墨斗区域、印刷单元储油墨区域、与机器连接的存储箱区域及周围 500 mm 距离内的区域。

卷筒型材料区域及周围 250 mm 距离内的区域，涉及到可承印的最大印刷宽度的纸张，直到烘干机烘道入口处，但最大长度的卷筒型材料印品为 2 m 的区域。

A.2　单张纸轮转式凹版印刷机

区域 1：印刷单元内两侧机架之间的区域，例如带有墨斗、版滚筒、中间墨辊和刚完成的印品区域。

墨斗区域：指与墨斗辊轴线成直角方向以半径 1.0 m 和轴端以半径 500 mm 向四周扩展的区域。

A.3　卷筒纸转轮柔版印刷机、壁纸印刷机

区域 1：通过辊的半径和长度确定、但不超过 500 mm 的墨斗区域。

在印刷单元与地面之间由印刷单元危险区直接投影产生的区域。

与机器相连的印刷单元的油墨容器区域及周围半径 500 mm 内的区域。

卷筒型材料周围半径 250 mm 内的区域，涉及到最大印刷宽度的纸张，从卷筒型材料进入第一印刷单元的入口处到烘干机烘道的入口处，包括排气管和通风管在内，或到卷筒型材料离开最后一个印刷单元之后 500 mm 处。

A.4　用于单张、卷筒纸和立体印刷的丝网印刷机

区域 1：丝网印版或周围半径 500 mm 内的区域，及此区域垂直投影至地面的区域。

储存箱周围半径 500 mm 内的区域。

单张或卷筒型材料印品周围半径 250 mm 内的区域，涉及到最大印刷幅面的纸张，从印刷机出口处直到烘干机的烘道入口处，或到长度为 2 m 的区域。

A.5 轮转和平台式薄膜印刷机

区域 1:印刷台周围半径在 500 mm 内、及此区域垂直投影至地面的区域。

储存箱周围半径 500 mm 内的区域。

卷筒型材料印品周围半径 250 mm 内的区域，涉及到最大印刷宽度的纸张，从印刷机出口处到烘干机的烘道入口处。

A.6 用于印刷人造革和胶片的机器

区域 1:印刷单元两侧机架之间的印刷单元区域。

墨斗区域:与机器相连的印刷单元内油墨容器区域和存储箱周围半径 500 mm 内的区域。

卷筒型材料周围半径 250 mm 内的区域，涉及到最大印刷宽度的纸张，直到卷筒型材料进入烘干机烘道的入口处，但最大长度的卷筒型材料印品为 2 m 的区域。

A.7 使用闪点低于 55 ℃的易燃液体的冲洗机和清洗机

区域 0:机器内部。

区域 1:机器周围半径 5.0 m 内的区域，及此区域垂直投影向下至地面和向上至机器以上 1.5 m 高的区域。

A.8 带有到地面的封闭侧架的辊式涂布单元

区域 1:辊式涂布机中辊式涂布单元两侧机架之间的区域。

包括两侧机架之间的区域，辊式涂布单元的宽 2 m 和高 2 m 的维修通道。

用于涂布、浸润和材料上胶的区域，与辊式涂布机连接的存储器区域和储存箱周围半径 500 mm 内的区域。

卷筒型材料周围半径 250 mm 内的区域，涉及到最大涂布宽度的纸张，可延伸至卷筒型材料进入烘干机烘道的入口处，但最大长度的卷筒型材料涂布印品为 2 m 的区域。

A.9 带有缺口或不到地面的侧架的辊式涂布机

区域 1:用于涂布、浸润和材料上胶，且半径等于辊的长度，但四周不超过 500 mm 的墨斗区域。

由辊式涂布单元危险部位产生的垂直投影的区域，从辊式涂布机以下至地面之间的区域。

与机器连接的存储器区域和存储箱周围半径 500 mm 内的区域。

卷筒型材料周围半径 250 mm 内的区域，涉及到最大涂布宽度的纸张，从卷筒型材料进入第一个辊式涂布单元的入口处，到卷筒型材料进入烘干机烘道的入口处，或到离开最后一个辊式涂布单元之后 500 mm 处。

附　录　B
（规范性附录）
声响报警装置

声响报警装置应满足下列要求：

B.1　应用

预警装置应在启动机器前发出清晰的声响信号。

B.2　控制装置排列

控制电路的设计应保障在启动机器前，发出长达1 s～3 s的声响信号（报警时间）。从信号发出动作起，至少间隔3s（等待时间）后才可通过同一控制部件重复动作或另一个控制部件启动机器。等待时间消逝或终止前一个运行模式后（不连续运行模式），在无前面所述的信号（释放时间）下，可在0 s～12 s内启动机器。释放时间开始与等待时间终止时，或以点动模式的机器的运行被终止时，不应超过6 s就可启动机器。

在释放时间消逝后、或控制部件停止或急停控制装置停止后，当给出预警装置警告信号后，才可运行机器。

无中心预警系统（用于各工作场所的信号装置）应优先考虑。

B.3　时间图

见图B.1。

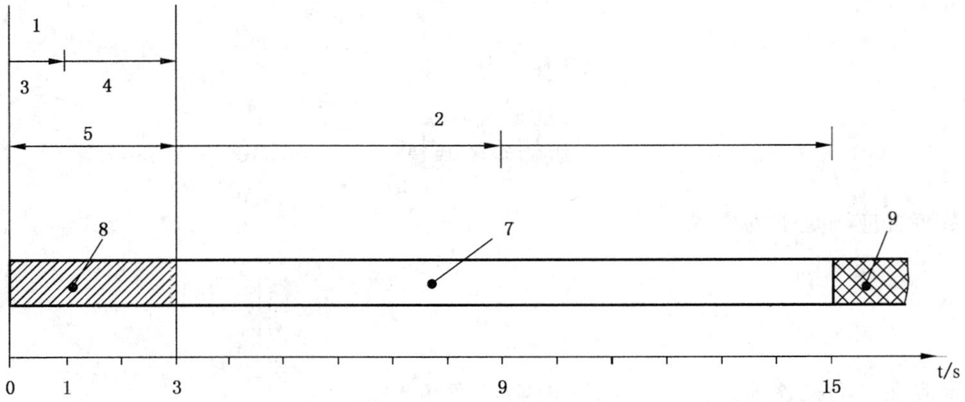

停止或连续运行后启动机器

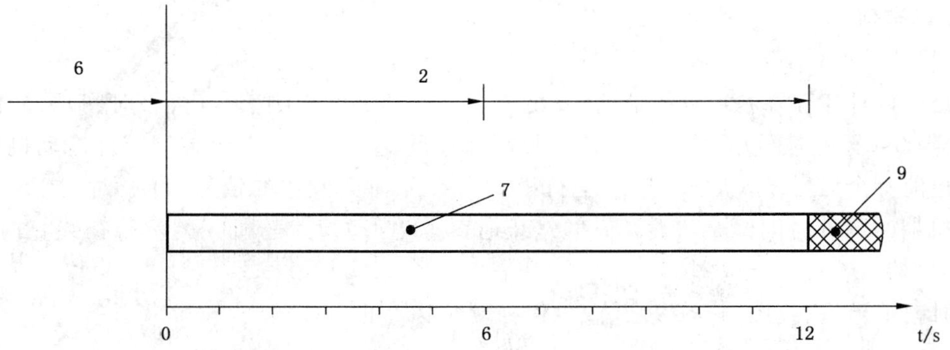

止—动控制模式后启动机器

说明：

1——报警时间；

2——释放时间；

3——最小值；

4——最大值；

5——等待时间；

6——机器以止—动控制模式运行；

7——可以启动机器(释放时间)；

8——不可以启动机器；

9——无前面所述信号的止—动控制下，机器既不可启动也不可运行。

图 B.1　时间图：启动机器

附 录 C
（资料性附录）
通道阶梯倾角的相关危险分析

为了通向高出的工作场所，通道阶梯的倾角最大为45°。如果空间不足，无法安装阶梯，允许存在下列例外：

——评估值 $E \leqslant 6$ 时：

——倾角为46°～60°、两侧配备有扶手的固定阶梯；

——评估值 $E \leqslant 3$ 时：

——倾角为46°～74°的固定阶梯；

——评估值 $E \leqslant 2$ 和 $E_2=0$ 时：

——倾角为75°～90°固定阶梯。

评估值 E 为按表C.1、表C.2得到的评估值 E_1、E_2 和按表C.3得到的附加值 A_1 和 A_2 的总和：

$E=E_1+E_2+A_1+A_2$

表 C.1 按使用频率的评估值 E_1

使用频率	评估值 E_1
每周少于一次	1
每周不超过一次	2
每日不超过一次	3
每日超过一次	4

表 C.2 按携带物品的评估值 E_2

携带物品	评估值 E_2[a]
手中没有物品	0
轻的物品（≤5 kg ）	1
质量适中的物品（≤10 kg）	2
较重的物品（>10 kg）	3
[a] 当携带物品的高度小于1.6 m时，数值 $E_2=0$。	

表 C.3 附加值 A_1 和 A_2

附加条件	附加值 A_1、A_2
携带大件物品	$A_1=1$
携带物品的高度>3 m	$A_2=1$

附 录 D
（资料性附录）
使用说明书的编写示例

D.1 机器相关信息

——制造厂或供货商的名称及地址；
——系列或型号名称；
——性能数据、噪声数据；
——机器使用说明（预期使用）；
——对机器工作场所的规定；
——其他。

D.2 安全相关信息

——显示安全装置和措施的机器简图或剖面图；
——忽略安全措施所导致的危险；
——常规安全操作；
——操作者安全信息；
——非预期使用；
——其他。

D.3 机器运输、处理和贮存的相关信息

——安全措施；
——机器尺寸和重量；
——其他。

D.4 安装、试车、拆卸

——机器装配和安装；
——分部试车；
——安装和固定条件；
——操作、定期检修和维护所需空间；
——允许的环境条件；
——机器与动力供应接线的说明；
——其他。

D.5 机器使用的相关信息

——手动操纵的说明；

——防护装置的安装、调整和操作说明；
——有关遗留风险的信息；
——有关禁用部件和操作错误的信息；
——故障检测及修理说明；
——有关人员防护设备使用的相关说明。

D.6 机器维护相关信息

——检查的种类和频率；
——防护措施（部件、润滑油）；
——备件；
——故障排除；
——其他。

附　录　E
（资料性附录）
与本部分中规范性引用的国际文件有一致性对应关系的我国文件

表 E.1 给出了与本部分中规范性引用的国际文件有一致性对应关系的我国文件。

表 E.1　与本部分中规范性引用的国际文件有一致性对应关系的我国文件

<table>
<tr><th colspan="2">中国标准</th><th rowspan="2">国际标准
（一致性对应关系）</th><th rowspan="2">欧洲标准
（一致性对应关系）</th></tr>
<tr><th>标准编号</th><th>标准名称</th></tr>
<tr><td>GB 23821—2009</td><td>机械安全　防止上下肢触及危险区的安全距离</td><td>ISO 13857:2008,IDT</td><td rowspan="2">EN 294:1992</td></tr>
<tr><td>×</td><td>×</td><td>EN ISO 13857:2008 代替了 EN 294:1992</td></tr>
<tr><td>GB 12265.3—1997</td><td>机械安全　避免人体各部位挤压的最小间距</td><td>×</td><td>eqv EN 349:1993</td></tr>
<tr><td>GB 16754—2008</td><td>机械安全　急停　设计原则</td><td>ISO 13850:2006,IDT</td><td rowspan="3">EN 418—1992</td></tr>
<tr><td>GB 16754—1997</td><td>机械安全　急停　设计原则</td><td>eqv ISO 13850:1996</td></tr>
<tr><td>×</td><td>×</td><td>ISO 13850:1996 与 EN 418:1992 有对应关系</td></tr>
<tr><td>GB/T 18153—2000</td><td>机械安全　可接触表面温度　确定热表面温度限值的工效学数据</td><td>×</td><td>eqv EN 563:1994</td></tr>
<tr><td>GB/T 19671—2005</td><td>机械安全　双手操纵装置　功能状况及设计原则</td><td>ISO 13851:2002,MOD</td><td rowspan="2">EN 574:1996</td></tr>
<tr><td>×</td><td>×</td><td>ISO 13851:2002 等同采用 EN 574:1996</td></tr>
<tr><td>GB/T 8196—2003</td><td>机械安全　防护装置　固定式和活动式防护装置设计与制造一般要求</td><td>ISO 14120:2002,MOD</td><td rowspan="3">EN 953:1997</td></tr>
<tr><td>×</td><td>×</td><td>ISO 14120:2002 等同采用 DIN EN 953:1997</td></tr>
<tr><td>×</td><td>×</td><td>DIN EN 953:1997 等同采用 EN 953:1997</td></tr>
<tr><td>GB/T 16855.1—2008</td><td>机械安全　控制系统有关安全部件　第 1 部分:设计通则</td><td>ISO 13849-1:2006,IDT</td><td rowspan="3">EN 954-1:1996</td></tr>
<tr><td>GB/T 16855.1—2005</td><td>机械安全　控制系统有关安全部件　第 1 部分:设计通则</td><td>ISO 13849-1:1999,MOD</td></tr>
<tr><td>×</td><td>×</td><td>ISO 13849-1:1999 等同采用 EN 954-1:1996</td></tr>
</table>

表 E.1（续）

中国标准		国际标准 （一致性对应关系）	欧洲标准 （一致性对应关系）
标准编号	标准名称		
GB/T 19876—2005	机械安全　与人体部位接近速度相关防护设施的定位	ISO 13855:2002,MOD	EN 999:1998
×	×	ISO 13855:2002 等同采用 DIN EN 999:1998	
×	×	DIN EN 999:1998 等同采用 EN 999:1998	
GB/T 19670—2005	机械安全　防止意外启动	ISO 14118:2000,MOD	EN 1037:1995
×	×	ISO 14118:2000 等同采用 DIN EN 1037:1996	
×	×	DIN EN 1037:1996 等同采用 EN 1037:1996	
GB/T 16856.1—2008	机械安全　风险评价　第1部分：原则	ISO 14121-1:2007,IDT	EN 1050:1996
×	×	ISO 14121 与 EN 1050:1994 有对应关系	
GB/T 16856—1997	机械安全风险评价的原则	eqv EN 1050:1994	
GB/T 18831—2002	机械安全　带防护装置的联锁装置　设计和选择原则	ISO 14119:1998,MOD	EN 1088:1995
×	×	ISO 14119:1998 等同采用 DIN EN 1088:1996	
×	×	DIN EN 1088:1996 等同采用 EN 1088:1996	
GB 25285.1—2010	爆炸性环境　爆炸预防和防护　第1部分:基本原则和方法	EN 1127-1:1998,NEQ	EN 1127-1:1997
GB/T 17454.2—2008	机械安全　压敏保护装置　第2部分:压敏边和压敏棒的设计和试验通则	ISO 13856-2:2005,IDT	EN 1760-2:2001
×	×	—	
GB/T 14574—2000	声学　机器和设备噪声发射值的标示和验证	eqv ISO 4871:1996	EN ISO 4871:1996
×	×	EN ISO 4871:1996 等同采用 ISO 4871:1996	
GB 18490—2001	激光加工机械　安全要求	eqv ISO 11553:1996	EN 12626:1997
×	×	BS EN ISO 11553-1—2005 代替了 EN 12626:1997	
GB 25286.1—2010	爆炸性环境用非电气设备　第1部分:基本方法和要求	×	EN 13463-1:2001,MOD

表 E.1（续）

中国标准		国际标准 （一致性对应关系）	欧洲标准 （一致性对应关系）
标准编号	标准名称		
GB 25286.5—2010	爆炸性环境用非电气设备　第5部分:结构安全型“C”	×	EN 13463-5:2003,MOD
GB 3836.1—2010	爆炸性环境　第1部分:设备通用要求	IEC 60079-0:2007,MOD	EN 50014:1999
GB 3836.1—2000	爆炸性气体环境用电气设备　第1部分:通用要求	eqv IEC 60079-0:1998	
×	×	BS EN 60079-0:2009 等同采用 IEC 60079-0:2007	
×	×	BS EN 60079-0:2004 代替 EN 50014:1999	
—	—	IEC 60079-6:2007	EN 50015:1998
GB 3836.6—2004	爆炸性气体环境用电气设备　第6部分:油浸型“o”	IEC 60079-6:1995,IDT	
×	×	BS EN 60079-6:2007 等同采用 IEC 60079-6:2007	
×	×	BS EN 60079-6:2007 代替了 EN 50015:1998	
—	—	IEC 60079-2:2007	EN 50016:1995
GB 3836.5—2004	爆炸性气体环境用电气设备　第5部分:正压外壳型“p”	IEC 60079-2:2001,MOD	
×	×	BS EN 60079-2:2007 等同采用 IEC 60079-2:2007	
×	×	BS EN 60079-2:2004 代替了 EN 50016:1995	
—	—	IEC 60079-5:2007	EN 50017:1998
GB 3836.7—2004	爆炸性气体环境用电气设备　第7部分:充砂型“q”	IEC 60079-5:1997,IDT	
×	×	BS EN 60079-5:2007 等同采用 IEC 60079-5:2007	
×	×	BS EN 60079-5:2007 代替了 EN 50017:1998	
GB 3836.2—2010	爆炸性环境　第2部分:由隔爆外壳“d”保护的设备	IEC 60079-1:2007,MOD	EN 50018:2000
GB 3836.2—2000	爆炸性气体环境用电气设备 第2部分:隔爆型“d”	eqv IEC 60079-1:1990	
×	×	BS EN 60079-1:2007 等同采用 IEC 60079-1:2007	
×	×	BS EN 60079-1:2004 代替了 EN 50018:2000	

表 E.1（续）

中国标准		国际标准（一致性对应关系）	欧洲标准（一致性对应关系）
标准编号	标准名称		
GB 3836.3—2010	爆炸性环境　第 3 部分：由增安型“e”保护的设备	IEC 60079-7:2006,IDT	EN 50019:2000
GB 3836.3—2000	爆炸性气体环境用电气设备 第 3 部分：增安型“e”	eqv IEC 60079-7:1990	
×	×	BS EN 60079-7:2007 等同采用 IEC 60079-7:2006	
×	×	BS EN 60079-7:2003 代替了 EN 50019:2000	
GB 3836.4—2010	爆炸性环境　第 4 部分：由本质安全型“i”保护的设备	IEC 60079-11:2006,MOD	EN 50020:1994
GB 3836.4—2000	爆炸性气体环境用电气设备 第 4 部分：本质安全型“i”	eqv IEC 60079-11:1999	
×	×	BS EN 60079-11:2007 等同采用 IEC 60079-11:2006	
×	×	BS EN 60079-11:2007 代替了 EN 50020:1994	
—	—	IEC 61241-14:2007	EN 50281-1-2:1999
GB 12476.2—2010	可燃性粉尘环境用电气设备　第 2 部分：选型和安装	IEC 61241-14:2004,IDT	
GB 12476.2—2006	可燃性粉尘环境用电气设备　第 1 部分：用外壳和限制表面温度保护的电气设备　第 2 节：电气设备的选择、安装和维护	IEC 61241-1-2:1999,IDT	
×	×	IEC 61241-14:2004 等同采用 BS EN 61241-14:2004	
×	×	BS EN 61241-14:2004 代替了 EN 50281-1-2:1999	
—	—	IEC 60079-14:2007	EN 60079-14:1997
GB 3836.15—2000	爆炸性气体环境用电气设备　第 15 部分：危险场所电气安装(煤矿除外)	eqv IEC 60079-14:1996	
×	×	BS EN 60079-14:2008 等同采用 IEC 60079-14:2007	
GB 5226.1—2008	机械电气安全　机械电气设备　第 1 部分：通用技术条件	IEC 60204-1:2005,IDT	EN 60204-1:1997
×	×	DIN EN 60204-1:2007 修改采用 IEC 60204-1:2005	
×	×	IEC 60204-1:1997 等同采用 EN 60204-1:1997	

表 E.1（续）

中国标准		国际标准（一致性对应关系）	欧洲标准（一致性对应关系）
标准编号	标准名称		
GB 7247.1—2001	激光产品的安全　第1部分：设备分类、要求和用户指南	IEC 60825-1:1993,IDT	EN 60825-1:1994
×	×	IEC 60825-1:2007 等同采用 EN 60825-1:2007	
GB/T 17799.2—2003	电磁兼容　通用标准　工业环境中的抗扰度试验	IEC 61000-6-2:1999,IDT	EN 61000-6-2:2001
×	×	IEC 61000-6-2:2005 等同采用 EN 61000-6-2:2005	

注1：“—”表示没有对应的国家标准编号或名称或没有对应的国际标准。

注2：“×”表示不必填写内容。

附 录 F
（规范性附录）
EN 292-2:1991 的附录 A 中 1.7.4f)的内容

操作说明书应给出下列关于机械发射经空气传播的噪声信息。或是其实际噪声值，或是根据对同类机械测量所得的值：

——当工作位置的等效连续 A 计权声压级超过或不超过 70 dB(A)时，均应标明；

——当工作位置的 C 计权峰值发射声压级超过 63 Pa(130 dB 相当于 20 μPa)时，应标明；

——当工作位置的等效连续 A 计权声压级超过 85 dB(A)时，应给出机械发射的声功率级。

当机器非常大时，可标明机器周围某一特定位置的等效连续声压级，而不用声功率级。

声压级应采用最适合于机器的方法测量。

制造厂应指明测量期间机器的运行条件和所采用的测量方法。

当工作位置不确定或不能确定时，声压级应在距机器周边外 1 m，距地面或脚踏板高度 1.6 m 的地方测量。应指明测量的位置和最大声压值。

参 考 文 献

[1] IEC 61508-1:1998 Functional safety of electrical/electronic/programmable electronic safety-related systems—Part 1:General requirements

[2] IEC 61508-2:2000 Functional safety of electrical/electronic/programmable electronic safety-related systems—Part 2: Requirements for electrical/electronic/programmable electronic safety-related systems

[3] IEC 61508-3:1998 Functional safety of electrical/electronic/programmable electronic safety-related systems—Part 3:Software requirements

[4] IEC 61508-4:1998 Functional safety of electrical/electronic/programmable electronic safety-related systems—Part 4:Definitions and abbreviations

[5] IEC 61508-5:1998 Functional safety of electrical/electronic/programmable electronic safety-related systems—Part 5:Examples of method for the determination of safety integrity levels

[6] IEC 61508-6:2000 Functional safety of electrical/electronic/programmable electronic safety-related systems—Part 6:Guidelines on the applications of IEC 61508-2 and IEC 61508-3

[7] IEC 61508-7:2000 Functional safety of electrical/electronic/programmable electronic safety-related systems—Part 7:Overview of techniques and measures

[8] ISO 10075-1:1991 Ergonomic principles related to mental workload—Part 1:General terms and definitions

[9] ISO 10075-2:1996 Ergonomic principles related to mental workload—Part 2:Design principles

[10] EN 286-1:1998 Simple unfired pressure vessels designed to contain air or nitrogen—Part 1:Design, manufacture and testing

[11] EN 457: 1992 Safety of machinery—Auditory danger signals—General requirements, design and testing

[12] EN 547-1:1996 Safety of machinery—Human body measurements—Part 1:Principles for determining the dimensions required for openings for whole body access into machinery

[13] EN 547-2:1996 Safety of machinery—Human body measurements—Part 2:Principles for determining the dimensions required for access openings

[14] EN 547-3: 1996 Safety of machinery—Human body measurements—Part 3: Anthropometric data

[15] EN 614-1:1995 Safety of machinery—Ergonomic design principles—Part 1: Terminology and general principles

[16] EN 614-2: 2000 Safety of machinery—Ergonomic design principles—Part 2: Interactions between the design of machinery and work tasks

[17] EN 626-1: 1994 Safety of machinery—Reduction of risks to health from hazardous substances emitted by machinery—Part 1:Principles and specifications for machinery manufacturers

[18] EN 626-2: 1996 Safety of machinery—Reduction of risks to health from hazardous substances emitted by machinery—Part 2:Methodology leading to verification procedures

[19] EN 811:1996 Safety of machinery—Safety distances to prevent danger zones being reached by the lower limbs

[20] EN 842:1996 Safety of machinery—Visual danger signals—General requirements, design

and testing

[21] EN 894-1:1997 Safety of machinery—Ergonomic requirements for the design of displays and control actuators—Part 1:General principles for human interactions with displays and control actuators

[22] EN 894-2:1997 Safety of machinery—Ergonomic requirements for the design of displays and control actuators—Part 2:Displays

[23] prEN 894-3:2000 Safety of machinery—Ergonomic requirements for the design of displays and control actuators—Part 3:Control actuators

[24] EN 982:1996 Safety of machinery—Safety requirements for fluid power systems and their components—Hydraulics

[25] EN 983:1996 Safety of machinery—Safety requirements for fluid power systems and their components—Pneumatics

[26] prEN 1005-1:2001 Safety of machinery—Human physical performance—Part 1:Terminology and definitions

[27] prEN 1005-2:1998 Safety of machinery—Human physical performance—Part 2:Manual handling of objects associated with machinery

[28] prEN 1005-3:2001,Safety of machinery—Human physical performance—Part 3:Recommended force limits for machinery operation

[29] prEn 1010-2:2001 Safety of machinery—Safety require ments for the design and lonstruction of printing and paper converting machines—Part 2:Printing and varnishing machines including prepress machinery

[30] EN 1012-1:1996 Compressors and vacuum pumps—Safety requirements—Part 1:Compressors

[31] EN 1034-1:2000 Safety of machinery—Safety requirements for the design and construction of paper making and finishing machines—Part 1:Common requirements

[32] EN 1034-3:1999 Safety of machinery—Safety requirements for the design and construction of paper making and finishing machines—Part 3:Winders and slitters,plying machines

[33] prEN 1034-5:2001 Safety of machinery—Safety requirements for the design and construction of paper making and finishing machines—Part 5:Sheeters

[34] EN 1539:2000 Dryers and ovens in which flammable substances are released from coating materials—Safety requirements

[35] EN ISO 11688-1:1998 Acoustics—Recommended practice for the design of low-noise machinery and equipment—Part 1:Planning (ISO/TR 11688-1:1995)

[36] prEN 50281-1-3:2002 Equipment for use in the presence of combustible dust—Part 1-3:Classification of areas where combustible dusts are or may be present

[37] EN 60079-10:2001 Electrical apparatus for explosive gas atmospheres—Part 10:Classification of hazardous areas(IEC 60079-10:2002)/Note:Endorsement notice

[38] EN 60529:1991 Degrees of protection provided by enclosures (IP code)

[39] EN 60947-5-1:1997 Low-voltage switchgear and controlgear—Part 5-1:Control circuit devices and switching elements—Electromechanical control circuit devices

ICS 37.100.10;85.100
J 87

中华人民共和国国家标准

GB/T 28387.2—2012

印刷机械和纸加工机械的设计及结构安全规则　第2部分：印刷机、上光机和印前机械

Safety requirements for the design and construction of printing and paper converting machines—Part 2: Printing machines, varnishing machines and pre-press machinery

2012-05-11 发布　　2012-10-01 实施

中华人民共和国国家质量监督检验检疫总局
中国国家标准化管理委员会　发布

前　言

GB/T 28387《印刷机械和纸加工机械的设计及结构安全规则》分为如下部分：

——第1部分：一般要求；

——第2部分：印刷机、上光机和印前机械；

——第3部分：切纸机；

——第4部分：书籍装订、纸加工和整饰机械；

——第5部分：瓦楞纸板生产机械以及纸板和瓦楞纸板加工设备。

本部分为GB/T 28387的第2部分。

本部分按照GB/T 1.1—2009给出的规则起草。

本部分技术内容与BS EN 1010-2:2006《机械安全　印刷机械和纸加工机械的设计及结构安全规则　第2部分：印刷机、上光机和印前机械》基本一致。

与本部分中规范性引用的国际文件有一致性对应关系的我国文件见附录A。

本部分做了下列编辑性修改：

——为使本标准的每一个部分名称具有一致性，将标准名称修改为《印刷机械和纸加工机械的设计及结构安全规则　第2部分：印刷机、上光机和印前机械》；

——删除了BS EN 1010-2:2006的资料性附录ZA“欧盟标准与欧盟指令98/37/EC基本要求之间的联系”和资料性附录ZB“欧盟标准与欧盟指令94/9/EC基本要求之间的联系”；

——增加了资料性附录A“与本部分中规范性引用的国际文件有一致性对应关系的我国文件”。

本部分由中国机械工业联合会提出。

本部分由全国印刷机械标准化技术委员会(SAC/TC 192)归口。

本部分负责起草单位：上海电气集团印刷包装机械有限公司、北人印刷机械股份有限公司、松德机械股份有限公司、江苏昌昇集团股份有限公司、东莞恒晖彩印机械厂有限公司、陕西北人印刷机械有限责任公司、潍坊华光精工设备有限公司、宁波欣达印刷机器有限公司、北京印刷机械研究所。

本部分参加起草单位：江西中景集团有限公司、北京北人富士印刷机械有限公司、青岛瑞普电气有限责任公司、辽宁大族冠华印刷科技股份有限公司、威海印刷机械有限公司、哈尔滨三环印刷包装机械有限责任公司、江西通达印刷机有限公司、北京贞亨利印刷机械有限公司、顺德胜江丝网印刷机械有限公司、上海紫明印刷机械有限公司。

本部分主要起草人：张耀宗、陈海萍、张晓前、张幸彬、何凡、朱企耀、平瑶、张文波、张俊峰、严珠、杨冬梅、徐文英、郭华金、王琦、杜玉梅、万涛涛、赵旭、张仲勇、冯昌伦、梁伟标、周勤甫。

引　言

本部分规定了附加的安全要求和 GB/T 28387.1—2012 中没有提及到的规定。

本部分规定了相关的机械所产生的危险因素、危险情况和事件的范围。

根据 C 类标准的规定所设计和生产的机器，适用于以下情况：当 C 类标准与 A 类或 B 类标准产生不一致时，优先选择 C 类标准的有关规定。

印刷机械和纸加工机械的设计及结构安全规则 第2部分:印刷机、上光机和印前机械

1 范围

GB/T 28387的本部分规定了印刷机、上光机和印前机械及辅助设备的安全要求,本部分应与GB/T 28387.1—2012一起使用,以共同确定在按制造商预定的条件下使用印刷机、上光机和印前机械及辅助设备时的所有重大危险(见第4章)。

本部分未涉及由机器的噪声所引发的危险。这些危险基本包括在GB/T 28387.1—2012中。

本部分适用于:

——印前机械(用于生产原稿和印版的机械和装置):

- 用于生产胶片和印版的曝光设备;
- 用于胶片和印版显影的设备;
- 用于清洗印版的机器;
- 用于折弯印版的机器;
- 用于胶片和印版打孔的机器;
- 用于裁切胶片和印版的机器;
- 用于生产凹印版材的机器;
- 扫描仪。

——印刷机和上光机:

- 打样机;
- 单张纸印刷机和上光机,包括数字印刷机;
- 卷筒纸平版印刷机和上光机,包括数字印刷机;
- 丝网印刷机。

——辅助设备:

- 滚筒和辊子清洗装置;
- 连续工作的烘干装置;
- 喷粉装置;
- 供墨和润湿装置的辅助装置;
- 自动夹紧印版装置;
- 印版、辊子和刮墨刀清洗设备;
- 纸堆翻转机;
- 测量和控制装置。

本部分不适用于承印物为纺织物的高压清理装置和丝网印刷机。

2 规范性引用文件

下列文件对于本文件的应用是必不可少的。凡是注日期的引用文件,仅注日期的版本适用于本文

件。凡是不注日期的引用文件,其最新版本(包括所有的修改单)适用于本文件。

GB 4028—2008 外壳防护等级(IP 代码)(IEC 60529:2001,IDT)

GB 4943—2001 信息技术设备的安全(eqv IEC 60950:1999)

GB 5226.1—2008 机械电气安全 机械电气设备 第1部分:通用技术条件(IEC 60204-1:2005,IDT)

GB 7247.1—2001 激光产品的安全 第1部分:设备分类、要求和用户指南(IEC 60825-1:1993,IDT)

GB 12265.3—1997 机械安全 避免人体各部位挤压的最小间距(eqv EN 349:1993)

GB/T 15706.1—2007 机械安全 基本概念与设计通则 第1部分:基本术语和方法(ISO 12100-1:2003,IDT)

GB/T 15706.2—2007 机械安全 基本概念与设计通则 第2部分:技术原则(ISO 12100-2:2003,IDT)

GB 17888.4—2008 机械安全 进入机械的固定设施 第4部分:固定式直梯(ISO 14122-4:2004,IDT)

GB 23821—2009 机械安全 防止上下肢触及危险区的安全距离(ISO 13857:2008,IDT)

GB/T 28387.1—2012 印刷机械和纸加工机械的设计及结构安全规则 第1部分:一般要求

EN 378-1:2000 制冷系统和热泵 安全和环境要求 第1部分:基本要求、定义、分类和选择准则(Refrigerating systems and heat pumps—Safety and environmental requirements—Part 1: Basic requirements, definitions, classification and selection criteria)

EN 954-1:1996 机械安全 控制系统有关安全部件 第1部分:设计通则(Safety of machinery—Safety related parts of control systems—Part 1: General principles for design)

EN 999:1998 机械安全 与人体部位接近速度 相关防护设施的定位(Safety of machinery—The positioning of protective equipment in respect of approach speeds of parts for the human body)

prEN 1010-2:2003 机械安全 印刷机械和纸加工机械的设计及结构安全规则 第2部分:印刷机、上光机和印前机械(Safety of machinery—Safety requirements for the design and constraction of printing and paper converting machines—Part 2: Printing and varnishing machines induding pre-press machinery)

EN 1050:1996 机械安全 风险评价的原则(Safety of machinery—Principles for risk assessment)

EN 1088 机械安全 与保护装置相连的锁紧装置 设计和选择的原则(Safety of machinery—Interlocking devices associated with guards—Principles for design and selection)

EN 1127-1:1997 爆炸性气体 爆炸防止和防护 第1部分:基本概念和方法(Safety of machinery—Principles for risk assessment)

EN 1539:2000 释放可燃物质的干燥机和烤箱 安全要求(Dryers and ovens, in which flammable substances are released—Safety requirements)

3 术语和定义

GB/T 15706.1—2007 和 GB/T 28387.1—2012 界定的以及下列术语和定义适用于本文件。

3.1

酒精定量装置 alcohol dosing equipment

调节平版印刷机润版液中酒精含量的装置。

3.2

打样机　proofing presses

用于印刷少量印件，通常用于上版之前进行印刷质量评估的机器，其输纸和收纸方式为手动。

3.3

自动夹紧印版装置　automatic plate clamping devices

在自动或半自动印版换版过程中用来紧固印版的装置。

3.4

曝光设备　exposing equipment

把感光材料曝光来生成图像的装置，感光材料如：原稿或者印版等。

3.5

单张纸印刷机和上光机　sheet-fed printing presses and varnishing machines

承印物（纸张、纸板、胶片、金属片或类似材料）为单张纸规格，用于印刷、打码和/或上光的机器，包括打样机。打码机和上光机或可整合成印刷机或可作为独立的机器使用，纸张可用输纸机（自动或手动）或附加在开卷装置上的裁单张机来输送。

3.6

喷粉装置　powder spraying devices

用于单张纸印刷机收纸单元对已印刷的材料喷粉的装置。

3.7

印版　printing forms

用于存储需印刷的图像（图片和文本）并把油墨传递到承印物（例如印刷金属版、印刷滚筒、丝网）上从而印刷图像的版基材料。

3.8

印版清洗设备　washing equipment for printing forms

在印刷机外部清洗印版的机器（例如：网版清洗设备）。

3.9

印版折弯机　printing forms bending machines

印版被夹紧在印刷机上之前，把印版折弯的机器。

3.10

印刷台　printing table

容纳印刷过程中待印承印物的工作台（如在几类丝网印刷机上）。

3.11

原稿　master copy

可复制的、制版所用图像的拷贝件。

3.12

连续式烘干装置　continuous flow drying devices

对印刷之后的承印物进行烘干的装置（例如通过热风、红外线或紫外线辐射）。

3.13

数字印刷机　digital printing press

用于专业印刷、以数字形式存储数据并印刷图像的印刷机（如：在机器上完成感光滚筒或胶片的曝光）。

3.14

表格印刷机　forms printing press

能使用卷筒型材料进行连续表格类等印品的单色或多色印刷，并对纸带进行折子式折页或收卷到卷轴上的机器。除印刷部分外，这种机器一般还附加有冲孔、打输送孔、横向垄线、纵向垄线和折子式折页等装置。

3.15

印前机械　pre-press machinery

用于生产原稿和/或印版的机器和设备。

3.16

卷筒纸轮转印刷机和上光机　web-fed rotary printing presses and varnishing machines

用于在卷状承印物(例如纸卷、薄膜卷)上印刷、打号码和/或上光的机器。

3.17

旁路功能　bypass function

旁路顺序　bypass sequence

通过控制系统中与安全相关的部件对一个(或多个)安全功能进行的暂时的、限时的控制。

3.18

单张纸印刷机收纸区域的进入高度　access height in the sheet-fed press delivery zone

进入收纸区域的最大开口在叼纸牙排的下方，在进入平面(地面、固定的工作平台或脚踏板)和机器固定零件的下边缘(如固定的防护装置、固定的盖板、固定零件如挡纸板)之间测量其高度(见图3)。

3.19

丝网印刷机　screen printing press

利用编织材料的印版(丝网)，允许部分油墨穿透网版实现印刷的机器。使用刮墨刀片挤压油墨，使其透入网孔落在下方承印物上。仅在“印刷”部分网孔可以渗透油墨，由此获得所需印刷的图像。丝网印刷的承印物可为片状基底、卷状基底或硬质基底。

根据印刷过程中单独步骤的自动化程度，丝网印刷机可分为：

——半自动型(手动输送和取出承印物)；

——四分之三自动型(手工输送承印物，自动输出承印物)；

——全自动型(自动输送和取出承印物)。

平型网版印刷机按照其设计结构可分为：

——盖式印刷单元，以固定的印刷平台进行水平移动或倾斜退回为印刷原理(承印物手动放置在印刷单元下的工作台上)；

——短冲程式印刷单元(承印物置于可移动的送料台上作为印刷平台；承印物置于固定的送料台上，由网夹系统送入印刷部位)；

——可移式印刷单元，附有固定的刮墨刀单元和支撑滚筒，承印物由网夹系统送入印刷单元(滚筒式丝网印刷机)。

3.20

网框　screen frame

用于安装印刷用丝网的框架。

3.21

丝网印刷机的印刷台　printing basis of screen printing presses

向上支撑印版的表面。可以是平版(印刷平台)或旋转滚筒。

3.22

刮墨刀单元　doctor blade unit

用刮墨刀片挤压丝网印版靠紧承印物，并将印刷油墨通过网版的开口区域转移到承印物上，同时刮除网版上多余油墨的单元。它包括刀片固定器和刀片。

3.23

丝网印刷机的印刷单元　printing unit of screen printing presses

指丝网印版和刮墨刀单元。

3.24

纸堆翻转器　pile turners

将纸堆翻转的装置。用于单张纸印刷机中翻转已印刷过的纸堆里的纸张以便进一步加工，例如，第二次的背面印刷。

3.25

凹版滚筒雕刻机　engraving machines for gravure cylinders

凹版印刷中，在印版上雕刻图文的机器，在印刷过程中雕刻部分用于储存油墨。

3.26

报纸印刷机　newspaper printing presses

主要为印刷报纸而设计和制造的机器。

3.27

印刷机辅助装置　auxiliary devices for printing presses

在印刷机上用于生产过程的内置或附加的装置。

3.28

使动装置　enabling device

为了在止—动控制下开启机器，除了操作至少一个驱动器或使动装置外还应操作的驱动装置。只要释放止—动控制或本装置的任一控制，机器运转就会立即停止。

3.29

辊/滚筒的清洗装置　roller/cylinder washing devices

配套在印刷机内用来清洗滚筒和辊的装置，如墨辊、橡皮滚筒、压印滚筒、印版滚筒。

3.30

滚筒式丝网印刷机　cylinder screen printing presses

由印刷滚筒沿着网版转动来引导承印物(单张式)完成印刷的单张丝网印刷机。

3.31

ESPD electro-sensitive protective device

电敏防护装置。

3.32

网纹辊　knurl rollers

表面有深度不超过 1 mm 的凹穴，且无尖角或锐边的辊子。

4 重大危险目录

4.1 本章包含了本部分中所涉及的所有重大危险(有关噪声见 GB/T 28387.1—2012)，并用风险评价方法判断机器的重大危险，确定消除或减少危险的方法。在进行危险评估时，机器设计者应检查表 1 所列危险是否全面，并考虑与此相关的特殊机器对这些危险情况的适应性。

4.2 设计者、制造商或供货商在使用本部分时，应遵守 EN 1050:1996 的规定并考虑如下情况：

——机器预期的使用：包括启动(准备中)、清理和维修，也包括可预见的误操作；

——重大危险的识别。

表 1 重大危险、危险区域、安全措施

重大危险	危险区	安全措施:涉及到下列条款		
		本部分	GB/T 15706.1—2007	EN 1050:1996 附录 A
机械危险 挤压 剪切 裁切或切断 卷入 吸入 冲击	印前机械		4.2	1
	——辊子和滚筒之间的内旋卷入部位	5.2.8		
	——雕刻工具与印版滚筒之间的内旋卷入部位	5.2.9		
	——雕刻机卡盘爪吸入危险	5.2.9		
	——印版折弯设备	5.2.10,5.2.11,7.1.1.2		
	——印版打孔设备	5.2.12		
	单张纸印刷机和上光机			
	——收纸牙排装置、辊子、滚筒、打孔工具、进料口	5.3.1		
	——清洁和开机准备时联锁防护装置后的内旋卷入部位	5.3.2		
	——润湿装置、上光装置、输墨装置	5.3.4,5.3.5		
	——单张纸收纸装置	5.3.8～5.3.10,7.1.2.2		
	——单张纸收纸装置	5.3.11		
	——纸板印刷与金属板印刷材料进给	5.3.12, 7.1.2.4		
	——闯纸板、自动幅面尺寸设置上的吸纸头	5.3.13		
	——纸堆更换装置	5.3.14		
	——有动力装置的活动式防护装置	5.3.16		
	——胶印打样机的上/下部位	5.3.17		
	卷筒纸平版印刷机和上光机			
	——辊子和滚筒上的内旋卷入部位、进料口	5.4.2,5.4.3		
	——清洁和开机准备时联锁防护装置后的内旋卷入部位	5.4.4		
	——有动力装置的活动式防护装置	5.4.5		
	——润湿装置、上光装置、输墨装置	5.4.8,5.4.9		
	——自动幅面尺寸设置、转向杆区域	5.4.10,7.1.3.1		
	——滚筒传送架	5.4.12,5.4.13		
	——折页单元	5.4.14		
	——材料进给	5.4.15		
	——料卷	5.4.16		
	——卷筒纸开卷装置	5.4.17		
	——防护装置开启时的表格印刷	5.4.18,7.1.3.3		
	——辊子,导辊	5.4.19		
	——数字印刷机	5.4.21		

表 1（续）

重大危险	危险区	安全措施：涉及到下列条款		
		本部分	GB/T 15706.1—2007	EN 1050:1996 附录 A
	丝网印刷机			
	——印刷机组、印刷平台	5.5.2,7.1.4.5		
	——续纸台，叼纸牙系统	5.5.3		
	——刮墨刀片/网框	5.5.4,5.5.5		
	——刮墨刀片/网框	5.5.6		
	——输纸装置、收纸装置	5.5.7		
	——圆压式丝网印刷机上的网框	5.5.8		
	——压印滚筒	5.5.9		
	印刷机和上光机上的辅助装置	5.6		
	喷粉装置	5.6.4		
	输墨和润湿单元上的辅助装置			
	——制冷装置	5.6.5.3		
	版夹装置	5.6.6		
	纸堆翻转			
	——负载提升装置	5.6.8.1		
	——液压、气压提升装置	5.6.8.2		
	测量和控制装置	5.6.9		
滑倒、绊倒、跌落	单张纸印刷机和上光机		4.10	19
	——可触及的防滑性差的地板	5.3.21		
元器件的喷出	印前机械			1.1.4
	——曝光设备上的安全护罩	5.2.3		
热危险	连续式烘干装置		4.4	3
接触造成灼伤	——表面温度	5.6.3.6		
电气危险	印前机械		4.3	2
直接或间接接触	——电气设备	5.2.1		
热辐射(灼伤)	印前机械		4.7	6
辐射危险	——紫外线曝光设备	5.2.4		
紫外线辐射、激光	——激光曝光设备	5.2.5		
	单张纸印刷机和上光机			
	——激光曝光设备	5.3.18		
	卷筒纸印刷机和上光机			
	——激光曝光设备	5.3.15,5.4.22		
	连续式烘干装置			
	——紫外线辐射	5.6.3.7		

表 1（续）

重大危险	危险区	安全措施:涉及到下列条款		
		本部分	GB/T 15706.1—2007	EN 1050:1996 附录 A
材料和物质使用过程中产生的危险,加工过程、机器操作过程中材料和物质的挥发 有害物接触或吸入产生的危险 流体、气体、烟雾、粉尘	印前机械 ——液体物质的装载和排放 ——溶剂所在区域、溶剂挥发、灰尘 单张纸印刷机和上光机 ——墨粉 ——飞墨 卷筒纸印刷机和上光机 ——纸粉 滚筒和辊子的清洗装置 ——清洗装置 ——清洗剂的填充 ——清洗装置 连续式烘干装置 ——紫外线烘干机 输墨和润湿装置上的辅助装置 ——酒精定量装置 印版、辊子和刮墨刀的清洗装置	 5.2.6 5.2.7,7.1.1.1 5.3.19 5.6.3.9,7.1.6.3 5.4.20 5.6.2.2,7.1.5.1 5.6.2.3 5.6.2.4 5.6.3.8 5.6.5.1,5.6.5.2, 7.1.7.2 5.6.7.1	4.8	7.1
火灾和爆炸的危险	卷筒纸印刷机和上光机 ——用于清除纸粉的风机 丝网印刷机 滚筒和辊子的清洗装置 ——清洗装置 连续式烘干装置 ——与清洗装置连在一起的连续式烘干装置 ——集成连续式烘干装置 ——承印物 输墨和润湿装置上的辅助装置 ——酒精定量装置 印版、辊子和刮墨刀的清洗装置	 5.4.20 5.5.1,7.1.4.1 5.6.2.1,7.1.5.1 5.6.3.1,5.6.3.2, 5.6.3.4,7.1.6.1 5.6.3.3 5.6.3.5 5.6.5.2,7.1.7.1 5.6.7.2,5.6.7.3	4.8	7.2

表 1（续）

重大危险	危险区	安全措施：涉及到下列条款		
		本部分	GB/T 15706.1—2007	EN 1050:1996 附录 A
机械设计时忽略人机工程学原则产生的危险	单张纸印刷机和上光机		4.9	8
	——止—动控制	5.3.6		
	——单元之间的阶梯	5.3.7		
	——重机器部件的安装和拆卸	5.3.15,7.1.2.1		
	——通道、楼梯、工作平台	5.3.20,5.3.22		
	——可触及的底板	5.3.21		
	卷筒纸印刷机和上光机			
	——止—动控制	5.4.6		
	——重机器部件的安装和拆卸	5.4.11		
	——通道、楼梯、工作平台	5.4.22～5.4.26		
	——活动的工作平台	5.4.27		
控制系统的故障、失灵 安全电路的故障或失灵	印前机械	5.2.2,5.3.3		10
	单张纸印刷机和上光机	5.3.9.1.2,5.3.9.1.3		
	卷筒纸印刷机和上光机	5.4.7		
	丝网印刷机	5.5.10		
	输墨和润湿装置上的辅助装置			
	——酒精定量装置	5.6.5.1		

5 安全要求和/或保护措施

5.1 概述

机器应符合本章的安全要求和/或保护措施，此外，所设计的机器还应符合本部分未涉及而在 GB/T 15706—2007 中相关的非重大危险事项的规定(例如机架的锐边)。

还应符合 GB/T 28387.1—2012 的一般要求。

5.2 印前机械

5.2.1 印前机械的电气设备应符合 GB/T 28387.1—2012 中 5.2.5 的要求。

以下机器例外：

——仅用于原稿、胶片和印版曝光生产的机械；

——符合 GB 4943—2001 标准范围的机械；

——确保不用于纸品印刷或纸品加工领域的机械。

对于此类机器，电气设备的设计可按照 GB 4943—2001 中关于电气危险(如燃烧或电击)预防要求和电气设备符合 GB 4208—2008 中关于 IP23 防护等级的规定进行。

与 GB 28387.1—2012 的 5.2.5.2 规定不同的是，可按照 GB 5226.1—2008 中的 5.3.2d)或 5.3.2e)的规定，将印前机械与电源切断开关安装在一起。

5.2.2 印前机械的电气/电子控制系统的部件应符合 GB/T 28387.1—2012 中 5.2.6.1 的规定。

印版生产机械和设备的电气/电子控制系统部件可按照 EN 954-1:1996 中的 1 类进行设计，而不必与 GB/T 28387.1—2012 的 5.2.6.1 相符。按照 GB 7247.1—2001 的分类，属于防止激光辐射 3B 类或 4 类的安全装置的联锁装置，其控制系统的设计应符合 EN 954-1:1996 中 3 类的规定。

5.2.3 有可能因照明设备破裂而引起人身伤害的曝光设备，其外层应安装由耐热材料所制成的防护屏，这层防护装置不应对曝光设备产生压力。

如果防护屏在常温下操作时机械强度达标，则防护屏本身是耐热的。如果防护屏的爆炸是不可预期的，甚至随着温度的升高材料会发生膨胀，它不应对曝光设备产生任何压力。

5.2.4 在紫外线曝光设备上，紫外线辐射极限值应符合 GB/T 28387.1—2012 中 5.2.16.2 的规定。

5.2.5 在激光设备上，激光辐射极限值应符合 GB/T 28387.1—2012 中 5.2.16.1 的规定。

5.2.6 应提供适当的设施确保显影液和定影液以及阿拉伯胶液安全装填与排出。适当的设施包括液体泵、输液套管接头或漏斗、导流阀、带盖子的可移动式容器等。

5.2.7 对于有可预见危险的印前机器应提供适宜的设施(如抽排装置)，防止接触或吸入危险物质，如溶剂、挥发溶剂和粉尘。使用说明书应包含所要求的任何人身防护措施的说明。

使用说明书的相关规定见 7.1.1.1。

5.2.8 在印前机械上，辊子和滚筒之间的内旋卷入部位应按照 GB/T 28387.1—2012 中 5.2.1.1 的规定进行安全防护。但如果辊子仅由其自身压力固定且该压力不超过 50 N 时，安全防护也已足够。

5.2.9 在雕刻凹印滚筒的雕刻机上，凹印滚筒和雕刻工具之间的内旋卷入部位应有以下防护措施：

——给凹印滚筒安装联锁安全装置进行防护；

——安装固定安全装置，安全装置和凹印滚筒的间隙不应超过 6 mm。

凹印滚筒转动导致的卷入危险应进行安全防护，防护措施如下：

——给凹印滚筒安装联锁安全装置进行防护；

——使用表面平滑、包括滚筒固定装置和驱动元件的滚筒；

——用固定式或联锁安全装置对各卷入部位单独进行防护。

注：例如，卡盘爪可能会导致卷入危险。

5.2.10 手上粘的铜屑会对皮肤和眼睛造成危险，该遗留风险应在使用说明书中予以说明。

使用说明书的相关规定见 7.1.1.2。

5.2.11 在印版折弯机上，应对折弯单元的运动部位进行安全防护。可采取以下防护措施：

——按照 GB/T 28387.1—2012 中 5.2.1.1a)的规定进行防护；

——按照 GB/T 28387.1—2012 中的 5.2.8.1，5.2.8.2 和 5.8.4 的规定采用双手操纵。

机器的控制系统应符合 GB/T 28387.1—2012 中 5.2.6.1 的规定。

对于印版折弯机，如果管道破裂失压造成挤压危险，且挤压力大于 500 N 时，折弯装置的起重缸应有安全止回阀。

5.2.12 在印版打孔装置上，应对打孔工具的运动部位进行安全防护。可采取以下防护措施：

——按照 GB 23821—2009 的规定设计固定打孔工具开口宽度，并且；

——按照 GB/T 28387.1—2012 中 5.2.1.1a)的规定对打孔工具驱动组件进行安全防护。

5.3 单张纸印刷机和上光机(丝网印刷机除外)

5.3.1 本章适用于符合胶印、数字印刷、凹印、柔印或凸版印刷原理的单张纸印刷机。其基本结构见图 1。对于丝网印刷机，见 5.5。

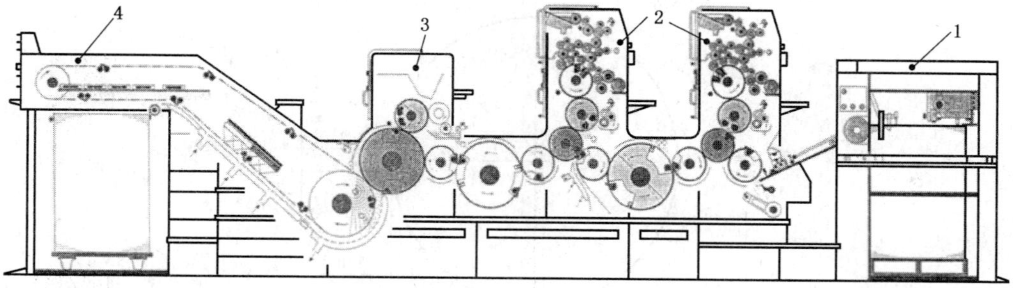

说明：

1——输纸机；

2——印刷单元；

3——上光单元(可选配置)；

4——收纸机。

图 1　符合胶印、数字印刷、凹印、柔印或凸版印刷原理的单张纸印刷机基本结构

辊子、滚筒、打码和打孔工具的内旋卷入部位，以及叼纸装置、传纸系统、曝光装置、测量和控制装置的卷吸、挤压、剪切部位，应按照 GB/T 28387.1—2012 中 5.2.1.1a)的规定进行安全防护。而平滑滚筒和辊子之间的内旋卷入部位的安全防护则不同，可按 GB/T 28387.1—2012 中 5.2.1.1b)的规定进行防护。

注："光滑"滚筒/辊子的定义，见 GB/T 28387.1—2012 中的 3.13。

从安全位置向危险位置移动时，应按表 2 给出的限定范围使定位传感器接通，打开安全装置(机器停止)。否则，应采用带防护锁定的联锁装置。

表 2　联锁安全装置的限定值

防护装置开口部位与危险部位之间的安全距离"sr"	可以使用传感器改变状态时，防护装置最大开口程度"e"
sr<80 mm	e≤30 mm
80 mm≤sr<500 mm	e≤40 mm
500 mm≤sr<850 mm	e≤80 mm
sr≥850 mm	e≤160 mm

如果有危险的运转不能在定位传感器接通至少 10 s 内停止，同样需使用带防护锁定的联锁装置。

5.3.2　联锁防护装置打开后，可直接接近的滚筒与机器之间的内旋卷入部位，以及需要在开机时经常操作(如清洁和设置，或更换印版)的区域，应按照 GB/T 28387.1—2012 中 5.2.10 尽最大可能使用安全脱开装置。安全脱开装置应满足 EN 954-1:1996 中的 3 类要求，联锁系统的设计应符合 GB/T 28387.1—2012 中 5.2.10.2 规定的停机路径的要求。安全脱开装置和滚筒的间距的设计应保证从安全脱开装置后面不能接近滚筒而受到伤害。

由于安全脱开装置会阻止操作人员接近滚筒，所以在小规格胶印机上进行诸如换版操作等动作时，不能使用安全脱开装置。

光滑滚筒和辊子上的槽深不应超过 4 mm、槽宽不应超过 8 mm 且无尖角或锐边。辊子和滚筒(见图 2)之间的内旋卷入部位，应按照 GB/T 28387.1—2012 中 5.2.1.1.b)进行防护。滚筒间隙应尽可能小。

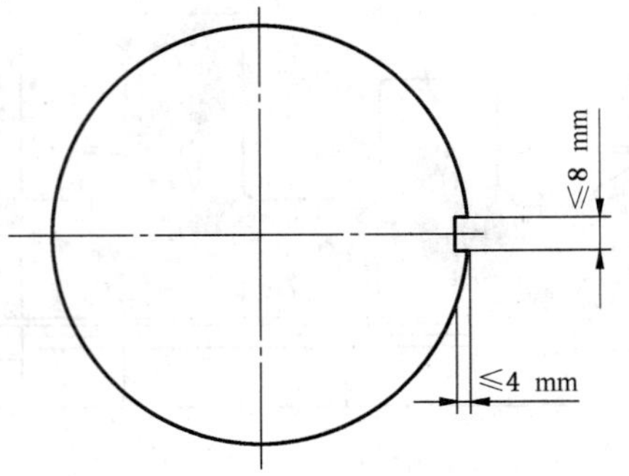

图 2 滚筒、辊子

如果不是所有的危险点都按照 GB/T 28387.1—2012 中 5.2.1.1b)的规定采用了安全脱开装置或防护装置,那么,应按照 GB/T 28387.1—2012 中 5.2.3.2a)1)的规定,在限定最大位移量为 25 mm 或最高运转速度为 1 m/min 的情况下,用止一动控制方式启动单张纸印刷机和上光机。另一种情况是,按照 GB/T 28387.1—2012 中 5.2.3.2a)2)的规定,在限定最大位移量为 75 mm 或最大运行速度为 5 m/min,且未防护的滚筒的内旋卷入部位或传纸系统上的危险部位不能被接近时,可用止一动控制装置启动机器。在这种情况下,机器不应开启连续运行。

本部分所指的“滚筒”包括印版滚筒、橡皮滚筒、压印滚筒或传纸滚筒。墨辊和水辊等不包括在滚筒的含义中。“传纸系统”是指,如叼纸牙系统、传纸滚筒。“直接接近”是指,跌倒后能直接触及内旋卷入的部位,或在进行调整、清洗工作位置的附近产生的内旋卷入部位。

小规格的单张纸印刷机,可无动力驱动运行。

例如,通过自动夹紧执行元件(非止一动控制)开启机器并连续运行。在连续运行减速时,将滚筒定位在预定的位置上。

5.3.3 机器控制系统应符合 GB/T 28387.1—2012 中 5.2.6.1 的规定。

5.3.4 关闭润湿、上光或输墨装置的联锁防护装置时,如果确认此时没有可接近的危险部位,则可启动水斗辊、上光辊或计量辊。此情况也同样适用于柔版印刷机的导墨辊。关闭联锁防护装置时,不应使印刷机重新启动运行。

为了防止出现上光油、润湿剂或柔版印刷单元中的油墨干涸造成的故障,要求能够单独启动任何一个上光辊、墨斗辊、水斗辊或计量辊。

5.3.5 在每个印刷单元和上光单元,以及输纸与收纸运行位置都应安装急停按钮。急停按钮的使用不应导致墨辊、水辊和上光辊运行的停止,而这需要相应的操作规范并且所有的危险都能得到防护,例如:

——不能接近墨斗辊和传墨辊之间的内旋卷入部位;

——水斗辊与上光辊之间的所有内旋卷入部位应采用固定式防护装置。

这一点应在使用说明书上说明。

5.3.6 制动器应符合 GB/T 28387.1—2012 中 5.2.7.1 的规定。正、反点动的止一动控制应以避免误操作发生为设计原则。例如,通过选择“反点动”控制按钮或使用不同的界面就可以实现。

5.3.7 对于幅宽不超过 750 mm 的单张纸平版印刷机,一定条件下可与 GB/T 28387.1—2012 中的 5.2.12 要求不同,可在机组(印刷机组、上光机组、收纸装置)之间的平台上设置一个用于上下的单个踏板,需满足的条件如下:

——地面或狭小通道与平台之间的高度差不超过 750 mm;并且

——踏板的纵深长度最小为 250 mm,宽度最小为 300 mm;并且

——踏板安装在地板或通道和平台之间高度的二分之一位置处；并且

——需安装合适的扶手。

5.3.8 在单张纸收纸区域中，应采用固定式或联锁式防护装置，对从上部和侧面无意识地接近收纸牙排系统运动部件的行为进行防护。这样的防护装置应至少延伸到收纸牙排系统的下边缘。伸入到防护装置的下方(如为了取样张或在纸堆中放置楔块)所造成的任何遗留风险，都应在使用说明书中指出(见7.1.2.2)。

5.3.9 在单张纸收纸部分，所有可能进入的侧面都应采取措施防止人体进入旋转收纸牙排系统区域：

——进入高度“h”≥800 mm(见图3)的位置；

——需要人体全身每周至少一次进入的区域。只有当人体全身进入该区域才能进行印刷准备和清理工作的情况下，才允许人体全身进入。

5.3.9.1 只有一个进入平面的机器应使用电敏防护装置对人体全身进行安全防护。

5.3.9.1.1 电敏防护装置的光束应按表3的规定进行排列。

注：对有多个进入平面的机器上的电敏防护装置光束的排列见5.3.9.1.4。

安全防护最主要的目的是防止机器的意外启动，因此光束的排列不必满足EN 999:1998中对光束和旋转收纸牙排系统之间水平距离的相关要求。另外，由于机器的外部轮廓、收纸纸堆台和纸堆本身都能阻止人体自由进入危险区域，因此不需考虑停机时间。

使用说明书中遗留风险的有关规定，见7.1.2.3。

表3 与进入高度 h 相关的电敏防护装置的配置

进入高度 h	与进入高度 h 相关的电敏防护装置的配置		
	光束1[a]	光束2[b]	光束3[c]
$h \leq 1\,200$ mm	300 mm	不适用的[d]	比 h 低 400 mm ($h-400$)
1 200 mm < $h \leq 1\,500$ mm	300 mm	在光束1和光束3之间的中心	比 h 低 400 mm ($h-400$)
h >1 500 mm	300 mm	700 mm	1 100 mm

[a] 从进入平面或从固定的或摆动的工作平台上测量；由于空间的要求，可设置公差为±35 mm。

[b] 如果光束1和光束3之间的距离大于500 mm，则光束立处于光束1和光束2之间。

[c] 最大高度为1 100 mm。

[d] 在5.3.9.1.2中描述的旁路功能要求这三种光束是用于进入侧面的安全防护。光束3应使用于进入高度为1 200 mm以下的中间位置，或者介于上部和底部光束之间的中间位置。

单位为毫米

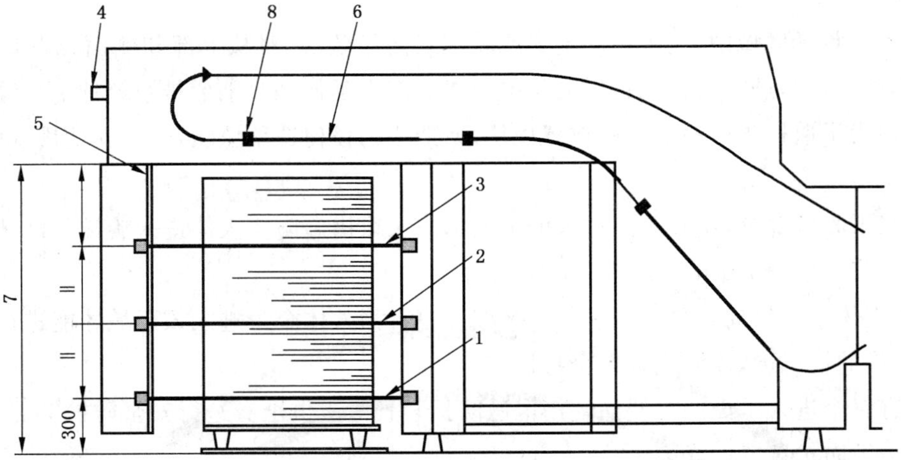

说明：
1——光束 1；
2——光束 2；
3——光束 3；
4——复位按钮 ；
5——取样接纸；
6——纸张；
7——进入高度 h；
8——叼纸牙系统。

图 3　收纸区的进入高度

5.3.9.1.2　为了抽取样张、在纸堆中插入楔块、整理纸堆、移动纸堆、移出整个纸堆，包括插入空的垛纸板和辅助设备的处理(如叉车)等功能，对于单个旁路功能只有满足以下条件时，可在有限的时间内使单个或多个光束旁路。即：单个光束旁路的持续时间不应超过 20 s。超时后，被旁路的光束应自动恢复。

只有满足以下 a)～e)所列的条件，才有可能使单个光束旁路。使用说明书的相关规定见 7.1.2.3。

a)　用于取样的旁路功能

应只允许用取样装置取走样张区域中的顶部光束旁路（见图 3 中 3)，其条件是：

——纸张传输中；并且

——进入收纸部分时所有侧面的光束都有效。

为了检测走纸、取样装置以及相关的信号处理，只需单信号处理即可，例如使用电子控制系统。

b)　用于纸堆插入楔块和整理纸堆的旁路功能

通过按下各自侧面的按钮能使一条顶部光束旁路(见图 3 中 3)，应满足以下要求才能进入：

——设置 3 条光束对可进入的侧面进行安全防护；并且

——所有可进入侧面的光束都有效。

当旁路功能有效且主传动装置处于静止状态时，应防止机器启动。

c)　用于插入空垛纸板和辅助设备处理的旁路功能

通过按下各自进入侧面的按钮使一条最底部的光束旁路(见图 3 中 1)，应满足以下要求才行：

——设置 3 条光束对可进入的侧面进行安全防护；并且

——副纸堆支架(如托架、木制堆纸板、不停车收纸卷帘)或等效装置阻止物体进入危险区；并且

——所有可进入侧面的顶部光束、中部光束和底部光束都是有效的；并且

——纸堆台板最大提升高度为 120 mm。

对于上面所提及的光束，如果辅助设备或类似的设备连接在一个具有独立启动器的安全开关上，则需开启电动联锁防护装置，这一辅助设备在运行中会自动启动安全开关。安全开关的控制系统应符合 EN 954-1：1996 中 3 类的规定。

注：由于需要从印刷机上卸下那些可在多台印刷机上通用的金属杆或木板组成的辅助设备，所以不能使用带有独立启动部件编码的人身安全开关。

d) 用于移出纸堆的自动旁路功能

纸堆被移出的那一侧的光束应能旁路，但是从收纸部分的纸堆顶部开始的安全防护区域内到收纸区应能进行检测。

例如，可在收纸区内电敏防护装置后面使用一个传感器（如超声波、光束或者类似的设备）对纸堆的移动方向进行检测。传感器不应轻易被操纵，这项要求可通过对传感器的适当设置或信号真实性的检测等方式来实现。例如，根据单通道原理通过电子控制系统将其与控制系统联系起来。

e) 用于插入空垛纸板和辅助设备运行的手动旁路功能

通过按下各自移出侧面的“纸堆移出”按钮，使纸堆移出那一侧的光束旁路，应满足以下要求才行：

——机器处于运行状态；并且

——纸堆台板最大提升高度为 120 mm；并且

——自上次移出纸堆和上次断开/故障后，已经走过纸且已经检测到了走纸；并且

——设置 3 条光束来安全防护可进入的侧面；并且

——所有可进入的侧面的所有顶部、中间和最底部的光束在整个过程中都是有效的。

旁路功能应满足以下要求：

——使移出纸堆一侧的底部光束旁路（图 3 中 3），最长持续时间为 20 s；

——在这段时间内传感器能检测纸堆移出，并将移出一侧的光束旁路，最长持续时间为 20 s；

——在这段时间（最长 20 s）以后，应确保光束 2 和光束 3（图 3 中 2 和 3）能自动恢复；

——允许最底部的光束（图 3 中 1）旁路，且它的最长持续时间为 20 s，以便插入空垛纸板；

——在这段时间（最长 20 s）内，通过再次启动“纸堆移出”按钮，可再次使最底部的光束旁路，且又一次持续最长时间 20 s（图 3 中 1）；

——当最大极限的旁路时间过后，最底部的光束（见图 3）应能自动恢复。

5.3.9.1.3 旁路功能的启动（自动触发或按下按钮）应采用黄色指示灯来警告操作者。旁路的终止能用黄色灯闪烁显示。光束的中断应用红色警示灯显示，用绿色指示灯来主监控没有被旁路的安全防护功能。指示灯应放置在每个进入侧。控制系统中的集成可以是单通道的，例如，采用电子控制系统。

5.3.9.1.4 在有多个进入平面的机器上（例如，有活动工作平台的机器），应为每个进入平面（见图 4 和图 5）设置符合 5.3.9.1.1～5.3.9.1.3 中规定的安全防护措施。

注：图 4 为有两个进入平面的示例，一个为地面，一个为工作平台，这要求能在足够高度为每个进入侧面都提供光束。图 5 为第二种有铰接式工作平台进入平面的示例，它要求在进入侧的所有进入平面应增加光束以便于安全防护。

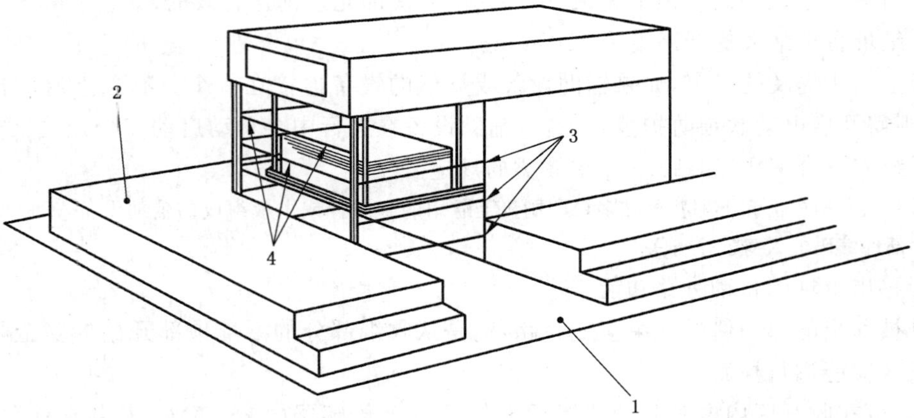

说明：
1——进入平面 1(例如纸堆出口区)；
2——进入平面 2(例如工作平台、狭小通道)；
3——平面 1 的光束；
4——平面 2 的光束。

图 4 没有铰接平台的几个进入平面

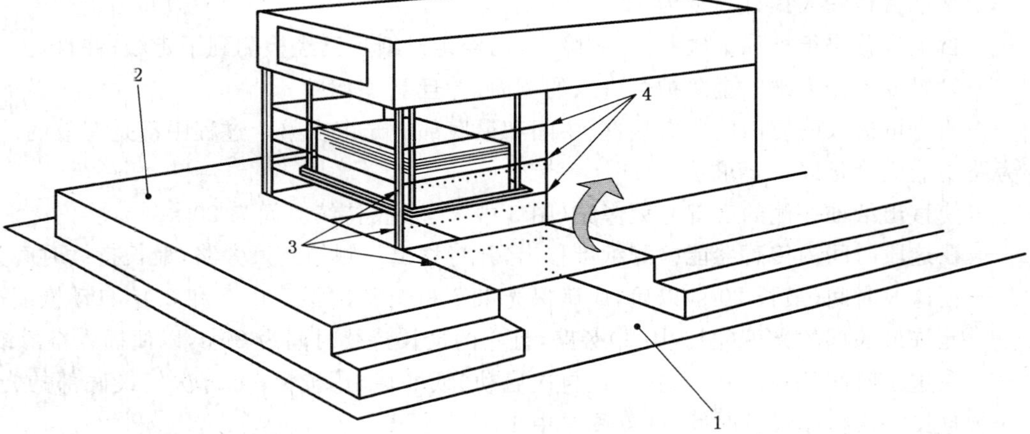

说明：
1——进入平面 1(例如纸堆出口区)；
2——进入平面 2(例如工作平台、狭小通道)；
3——平面 1 的光束；
4——平面 2 的附加光束。

图 5 有铰接平台的几个进入平面

5.3.9.2 当要用另一符合 5.3.9.1 规定的安全防护方法来替代电敏防护装置时，可用下列方法之一实现对人体进入的安全防护：

——固定式和联锁式防护装置；
——压敏垫；
——激光扫描仪。

在下述操作条件下人体接近收纸牙排系统被视为是安全的：

——当收纸系统通过离合器与传动机构分离时，再次合上离合器并重新启动不应导致危险运动。

——当纸堆台板处于上升位置或副收纸装置或类似装置正在进入时，收纸系统危险区域的进入高度不超过 160 mm。

——当机器正在走纸并且纸堆台板处于上升位置或副收纸装置（纸架、挡板、隔板）或类似装置正在进入时，接近高度在主纸堆台板或副纸堆台板的上方不超过 300 mm。纸堆台板的检测位置：或者在收纸牙排系统下方的插入点上，或者当下降行程最后到达 160 mm 时。如果没有附加的安全措施，则机器无法从静止状态重新启动。

——通过在叼纸牙系统的下方安装水平的光电开关来防止机器重新启动。单个光束的间距不应超过 40 mm。光栅应符合 EN 999:1998 的规定，其他安全防护装置应符合 5.3.9 的规定。

若上述条件都不具备，则不准许在没有防止接近危险区域的附加防护装置的情况下操作收纸装置。

例如，如果副收纸装置在 160 mm 的下降过程中位置开关没有检测到，则应通过附加的安全装置例如光电开关来防止接近危险区域，或者停止牙排系统的运动。

5.3.9.3 当防护整个人体进入危险区域的安全装置中有一个开启时，只有通过复位按钮才能进行危险运动的操作。复位按钮应放置在操作者可观察到的全部危险区、且从危险区里面触碰不到该复位按钮的位置。此要求是复位按钮应置于距收纸机架轮廓的底部边缘（但不低于）至少 400 mm 的危险区域外（见图 6）。

在开启电敏防护装置后（例如，通过给机器通电），只有启动复位按钮后才可以开启机器。

若安全防护装置（如激光扫描器）已确保检测到处在危险区内的人员，则不要按复位按钮。

说明：

1——放置复位按钮允许区域；

2——放置复位按钮不准许区域。

图 6 复位按钮的位置

按下复位按钮不应导致机器的自动启动。只有在复位按钮的位置能观察到所有的危险区时，才允许按下复位按钮启动主纸堆和副纸堆系统运行。

在有多个可进入平面的机器上（例如设备安装在一个上升的平台上），若不能从这些区域中的某一位置上完全观察到所有危险区，应设置附加复位按钮，允许使动功能作用于各自的危险区。

5.3.10 （根据 5.3.9 的规定），印刷机上的进入高度（在收纸侧）≥800 mm 时，应设置安全防护装置——应根据 GB/T 28387.1—2012 中 5.3.4.5 的规定，对纸堆台板进行安全防护，同样在收纸侧对进入到纸堆台板以下的区域和用于降低纸堆的其他装置的区域进行安全防护。采用的防护装置或危险区域安全防护装置通过 5.3.9.1 描述的电敏防护装置实现。同样，光束的排列应考虑 GB/T 28387.1—

2012 中 5.2.9.4 的规定。如果操作者能够识别危险区,也可把止—动控制视作一个安全防护措施。5.3.9.1.2 中规定的旁路功能也包括对纸堆台系统下面的危险区域进行安全防护。

5.3.11 在单张纸印刷机的收纸装置和带有纸堆台的上光装置上,因生产原因不能按照 GB/T 28387.1—2012 中 5.3.4.5 的要求对纸堆质量小于 500 kg 时进行安全防护时,应按 GB 12265.3—1997 的要求,在纸堆台板的下边缘与地面之间留有 50 mm 的空隙来防止对脚趾的挤压。此外,纸堆台的下降运行只能按印刷机连续操作方式进行,或以止—动控制方式进行。由于稳定性的原因,驱动轮应设置得尽量远离纸堆台板的中心。

5.3.12 对于使用印刷纸板、金属板或其他非柔性材料的单张纸印刷机,由于生产的原因,GB 23821—2009 不能适用其输纸区域。在这种情况下,输送材料的缝隙高度应尽可能小,不应超过 20 mm。潜在的遗留风险应在使用说明书中说明(见 7.1.2.4)。

在单张纸柔性版印刷机上,侧规与机器侧面之间的输纸打开处,应使用可调式或自动可调式防护装置。

5.3.13 若没有挤压头部或身体躯干的危险,自动幅面调整操作可在无附加安全措施条件下以不大于 0.5 m/min 的速度进行。否则,只能用止—动控制进行幅面调整。止—动控制的位置应使操作者能够清晰地观察到危险部位。

例如,自动幅面调整可用于调整纸张侧规或吸气头位置。

附加安全措施包括:

——固定式或联锁式防护装置;

——触发装置的配备;

——安全距离符合 GB 23821—2009 的规定和最小安全距离符合 GB 12265.3—1997 的规定;

——力的限制。

5.3.14 进行纸堆转换时,在纸堆转换装置、纸堆升降装置、纸堆和固定的机器部件之间会造成挤压危险,应进行安全防护。可采取以下方法之一:

——采用符合 GB/T 28387.1—2012 中 5.2.1.1.a)规定的固定式或联锁式防护装置;

——采用符合 GB/T 28387.1—2012 中 5.2.9.1 规定的电敏防护装置;

——采用符合 GB 12265.3—1997 规定的安全距离和间隙;

——采用符合 GB/T 28387.1—2012 中 5.2.3.2a)2)规定的止—动控制;

——采用符合 GB/T 28387.1—2012 中 5.2.10 规定的触发装置。

触发装置应符合 EN 954-1:1996 中 3 类的规定。

5.3.15 操作者每天需要装、卸起重负荷至少为 25 kg 的机器部件的地方,应配备适当的提升装置。

重的机器部件是指如网纹辊、印版滚筒等。对于较低位置的机器部件,如果不利的身体姿势造成难以抬起机器部件时,也应使用提升装置。

有关使用说明见 7.1.2.1。

5.3.16 由动力驱动的活动式防护装置不应产生危险,为此,防护装置的动力应限制为:

a) 对尖锐部位,最大为 50 N;

b) 对平面部位,最大为 150 N。

5.3.17 在平台胶印打样机上,应对活动的上部单元、固定的下部单元或印刷台之间的内旋卷入部位进行安全防护。可用触发装置或电敏防护装置进行防护。

触发装置应符合 GB/T 28387.1—2012 中 5.2.10 和 EN 954-1:1996 中 3 类的规定。

电敏防护装置应符合 GB/T 28387.1—2012 中 5.2.9.1 的规定。安全装置应能及时停止上部装置的运行,从而避免造成任何伤害。不需要满足 EN 999:1998 中规定的手的接近速度。

根据 GB/T 28387.1—2012 中 5.2.1.1 的规定,应对活动的上部单元和固定的下部单元的墨辊和水辊之间的内旋卷入部位进行安全防护。

5.3.18　对于激光曝光设备，激光辐射量应符合 GB/T 28387.1—2012 中 5.2.16.1 的规定。

5.3.19　在使用机器时，应当使用对身体无害的印刷墨粉(调色剂)。当危害不可避免且会造成人身伤害时，应配备合适的粉尘分离和过滤设备的抽出系统，并且应在全封闭的系统上应用。

例如，在数字印刷机中使用印刷墨粉(调色剂)。

对于使用机器的任何限制应在使用说明书中指明(见 7.1.2.6)。

5.3.20　工作平台、过道和狭小通道应符合 GB/T 28387.1—2012 中 5.2.12 的规定。

机器狭小通道宽度至少应为 0.5 m。安装高度超过 0.3 m 的狭小通道应提供足够的进出途径。

两个不同工作面高度差不超过 1.6 m 时，如果符合下列条件，可不要求使用脚踏板：

——各自的水平面不需要采用任何辅助手段以进行生产；并且

——在该水平面下不需要进行操作。

在这种条件下，应在扶手和工作地底板之间安装过渡护栏。

5.3.21　在通道面积不超过 18 000 mm^2、最大宽度为 90 mm，并且在距最近的跌落边缘(如通道楼梯)至少 200 mm 的情况下，允许将防滑性能差的板材(如玻璃)安装在能够使操作者观察生产过程的通道地面上。并对此板材的负荷进行计算或测试，以证实对面积 50 mm×50 mm 的板材中心施加 1 500 N 的静态负荷时板材不会损坏。

5.3.22　因空间原因不能满足 2 m 的通行高度时，凸出的部位应做防护并加注危险标识。

5.4　卷筒纸印刷机和上光机

5.4.1　概述

本条适用于遵循平版印刷、数字印刷、凹版印刷、柔性版印刷或凸版印刷原理的卷筒纸印刷机。基本构造见图 7。

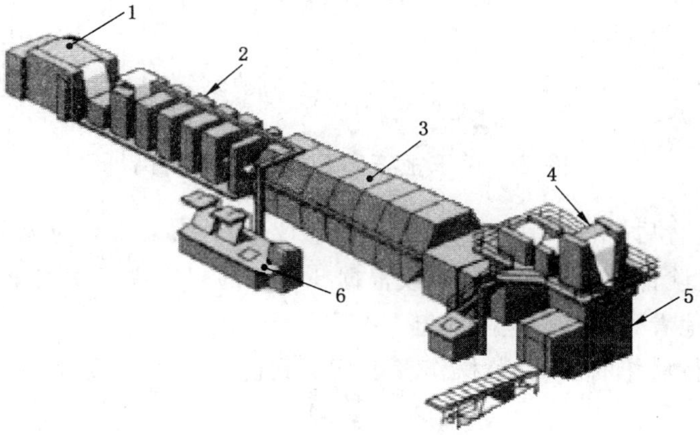

说明：

1——开卷单元；

2——印刷单元；

3——连续式烘干装置；

4——折页机构；

5——折页单元；

6——控制台。

图 7　用于商业印刷的卷筒纸平版印刷机的基本构造

5.4.2　辊子和滚筒处的内旋卷入部位，折页单元、后续加工单元、曝光装置、测量和控制装置上的吸入、挤压和剪切部位，印版滚筒和橡皮滚筒上的夹紧元件和固定面之间的危险点，都应按 GB/T 28387.1—2012 中 5.2.1.1a)的规定进行安全防护。

当防护装置从安全位置移动到可到达的位置探测并将位置探测器激活时(停机),如果防护装置的开口宽度不符合表2(见5.3.1)的规定,应安装带防护锁的联锁防护装置。

如果危险运行不能在位置探测器激活10 s内停止,需使用带防护锁的联锁防护装置。

5.4.3 与5.4.2的规定不同,对光滑辊和滚筒、凸出的辊、带有槽深不大于4 mm、槽宽不大于8 mm且无尖角或锐边的辊和滚筒(见图2)的内旋卷入部位,应按GB/T 28387.1—2012中5.2.1.1a)的规定进行防护。滚筒间距应尽可能的小。

此安全防护要求也适用于滚筒间距不大于19 mm的报纸平版印刷机(见图8)。应尽量将滚筒间距控制在12 mm以下。

与GB/T 28387.1—2012的规定不同,滚筒或辊子与防护装置间的间隙不宜超过4 mm。如果由于幅面尺寸(防护装置的偏离)或无技术可行性等原因使得这个间隙不能小于4 mm时,则根据滚筒或辊子的离合动作此间隙可为6 mm。

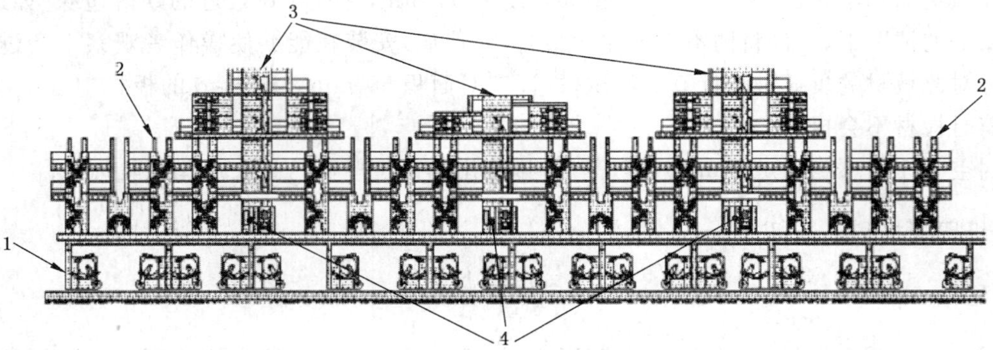

说明:

1——开卷单元;

2——印刷单元;

3——折页机构;

4——折页单元。

图8 用于报纸印刷的平版印刷机

5.4.4 开启联锁防护装置后,根据GB/T 28387.1—2012中5.2.3.2a)的规定,机器只能在止—动控制下启动,除非所有的危险部位通过触发装置或根据5.4.3的规定进行了安全防护。启动止—动控制时应使操作者能够清晰地看到所有的危险部位。

在用止—动控制进行操作的位置,若操作者观察不到内旋卷入部位,则应采取以下措施进行安全防护:

——采用符合GB/T 28387.1—2012中5.2.1.1b)规定的防护装置;或

——在卷筒纸平版印刷机两橡皮滚筒之间卷出侧设置电气联锁的活动式安全杠,以确保安全杠处在机器反向运动之前的防护位置上。

在纸卷路径可变的机器上,对橡皮滚筒之间反向运动的内旋卷入部位采取上述防护措施往往不可行,此时应在止—动控制下采用以下安全防护措施进行反向运动:

——止—动速度不超过3 m/min;并且

——滚筒运转不超过1.2转;并且

——卷入部位附近有带机械闭锁装置的停车控制部件或急停装置;并且

——采用听得到的独特的声音警告信号;并且

——在内旋卷入部位的附近,可看到警告期内的红色警告灯闪烁,在止—动控制下红色警告灯持续发光,并不应被遮挡。

5.4.5 由动力驱动的活动式防护装置不应产生危险。为此,防护装置的使用动力应限制为:

a) 对尖锐部位,最大为 50 N;

b) 对平面部位,最大为 150 N。

5.4.6 制动器应符合 GB/T 28387.1—2012 中 5.2.7 的规定。用于正、反点动的止一动控制在设计时应避免错误的驱动。例如,可以通过选择“反点动”控制按钮或选择其他不同的界面来实现。

5.4.7 机器的控制系统应符合 GB/T 28387.1—2012 中 5.2.6.1 的规定。

5.4.8 如果保证此时没有靠近危险部位,可以关闭墨路、水路或上光装置的联锁防护装置,使水辊、上光墨斗辊或计量辊转动。这也适用于柔性版印刷机上的墨斗辊。关闭联锁防护装置不应导致印刷机的重启。

在柔性版印刷单元中,为了防止上光油、润湿剂、油墨耗尽,需要重启墨辊、上光墨斗辊或水辊。墨斗辊或计量辊可配备独立的驱动。

5.4.9 在开卷单元区域、每个印刷过程的印刷单元和上光单元、折页单元区域、收纸单元以及裁切单元区域,应安装急停按钮。墨辊、水辊以及上光墨斗辊和计量辊因操作原因需要运行时,如果所有的危险部位都得到了防护,使用急停按钮不应引起墨辊、水辊以及上光墨斗辊和计量辊的运行停止,也就是:

——即使在墨斗向下翻转时,墨斗辊之间的内旋卷入部位仍不可触及;或

——所有水辊和上光墨斗辊以及计量辊的内旋卷入部位都用联锁防护装置进行了安全防护,也可能是与固定防护装置一起防护。

相关要求应在使用说明书中指出(见 7.1.3.2)。

5.4.10 当有危险存在时,可在无附加安全措施条件下以不大于 0.5 m/min 的速度进行自动幅面调整操作。但若有挤压头部或身体躯干的危险,则只能用止一动控制进行幅面调整。止一动控制的位置应使操作者能够清晰地观察到危险部位。

附加安全措施包括:

——固定式或联锁式防护装置;

——触发装置;

——符合 GB 23821—2009 规定的安全距离和 GB 12265.3—1997 规定的最小安全距离;

——力的限制。

幅面设置装置的转向杆区域,应提供单独的急停装置,可让转向杆自动停止。停止按钮应易于识别。

5.4.11 由于操作的原因,操作者每人需要定期装、卸起重负荷至少 25 kg 机器部件的地方,应配备适当的提升装置。重的机器部件例如:网纹辊、印版滚筒。对于较低位置的机器部件,如果不利的身体姿势造成难以抬起机器部件时,也应使用提升装置。

见 7.1.3.1 的有关使用说明。

5.4.12 运输滚筒的工具应能防止倾斜及运输中的意外事故,见(GB/T 28387.1—2012 中 5.2.13.2 的规定)。采用手工运输时,应配备扶手。

在工具上的滚筒应采取以下措施防止脱落:

——牢固的支撑;或

——安全卡盘。

拆卸印版滚筒时,只有运输到终点才可解除机械安全防护。

5.4.13 当运输工具是自动驱动且滚筒是自动装卸时,对固定的和活动的部件之间的危险点应采取下列措施之一进行安全防护:

——使用触发装置和/或电敏防护装置;

——使用 GB/T 28387.1—2012 中 5.2.3.2 规定的止一动控制,并且操作者能在止一动控制的操作位置上观察到危险点;

——安全防护 GB/T 28387.1—2012 中 5.2.3.5 所述的危险区。

5.4.14 在折页单元开始运转进入生产时，因生产的原因(例如为了清除废纸)需按下止—动按钮，则在不停机状态下打开联锁防护装置的持续时间最长为 15 s，并且只允许折页速度最大为 8 m/min。当松开止—动按钮且防护装置仍打开时，危险运动应在最短的时间内停止。只要几个防护装置独立的止—动按钮被持续按下，这一原则就适用。

按钮的信号处理、印刷速度的减慢和时间的限制应符合 prEN 1010-2:2003 中 5.2.6.1.1 的规定。

5.4.15 如果在卷筒纸平版印刷机上的卷筒纸输送到印刷单元区域时，与 GB 23821—2009 的规定不符，那么在间隙宽度大于 20 mm 且小于 30 mm 时的安全距离应为 200 mm。

5.4.16 卷筒纸运行穿过通道时，其经过的高度最小应为 2 m。若因建筑结构原因达不到要求，且有伤害脸部和颈部的危险时，应对卷筒纸的边缘用带有黑色和黄色的警告标志的防护装置进行安全防护。

5.4.17 在开卷单元的自动纸卷装卸区上，应使用符合 GB/T 28387.1—2012 中 5.3.5.11 规定的电敏防护装置进行安全防护，当料卷芯或未缠绕的卷芯输送穿过电敏防护装置防护的区域时，该装置可在下列情况下关闭(对于关闭参见 EN 61496-1:1997)：

——在开卷单元中，在不高于最大纸卷直径 50 mm 的高度位置上配备一个附加的电敏防护装置(见图 9 中的 3)，只要电敏防护装置的光束被阻断，例如，在插入料卷或拆卸卷芯时，因有人进入危险区(见图 9)造成阻断光束，所有的危险运动就能立即停止；

——在开卷单元中应提供触手可及的急停装置，急停装置也能停止自动上卷操作。

单位为毫米

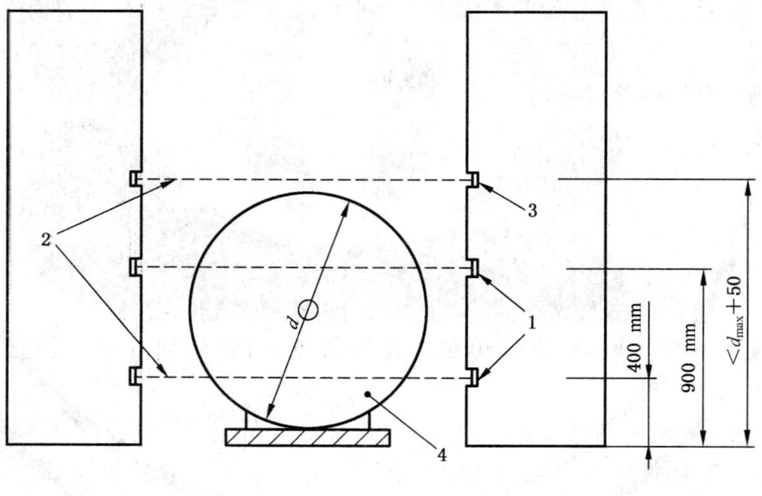

说明：

1——电敏防护装置；

2——电敏防护装置光束；

3——附加的电敏防护装置；

4——纸卷。

图 9 开卷单元，自动上卷

5.4.18 在表格印刷机上，因生产的需要，在防护装置打开时用双手操纵装置启动机器且速度可高于 10 m/min 的情况应可实现，需要满足下列要求：

——根据 GB/T 28387.1—2012 中 5.2.3.6 的规定进行联锁；

——选用选择开关；

——在生产情况下止—动速度尽可能的低。

有关使用说明见 7.1.3.3。

5.4.19 表面特性和圆周线速度相同的同向旋转辊子，不会产生内旋卷入危险(见图 10)。存在于导向辊与机器固定部件的内旋卷入部位，应按照 GB/T 28387.1—2012 中 5.2.1.1 的规定进行安全防护。

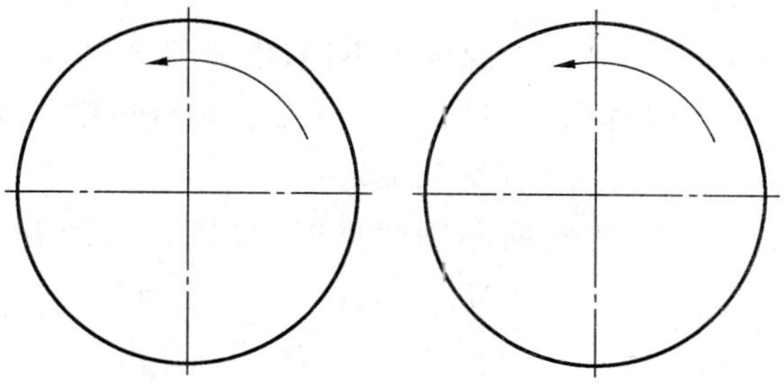

图 10　同向旋转的辊子

5.4.20　用于清洁纸粉的排风扇的安装应与除尘器在同一侧。应安装一警告信号用于提示需要清除垃圾箱内的尘埃。

5.4.21　对于卷筒型承印物上印刷的数字印刷机，5.3.15～5.3.17 同样适用。

5.4.22　对于工作平台、通道、狭小通道的要求应符合 GB/T 28387.1—2012 中 5.2.12 的规定。

5.4.23　机器狭小通道宽度至少应达到 0.6 m。对于安装高度超过 0.3 m 的狭小通道应提供足够的进出途径。

如果不同高度之差不超过 1.6 m，则在下列条件下不需要踏板：

——各自的水平面下不要求采用任何辅助手段以进行生产，并且

——在该水平面下不需要进行操作。

在此种情况下，过渡护栏应安装在手扶栏杆和工作地底板之间。

5.4.24　对于单独的阶梯，平台至少要长 800 mm。由于旧建筑空间限制造成使用场所不足，允许平台的最小长度为 600 mm。

5.4.25　对于不常使用的高度不超过 2 m 的工作场所，无法使用阶梯或活动阶梯时，按照 GB 17888.4—2008 中 4.4.1.1 和 4.4.1.2 的规定，可以使用固定式直梯。

如果这种工作场所位于印刷塔的前面、中间或后面，可以设置脚踏板和过渡护栏。

带扶手的护栏在设计时应当保证其内部和上面可以清洗，以便自由出入。

5.4.26　因空间的原因造成通道高度达不到 2 m 时，凸出的部位应做防护并加注危险标识。

5.4.27　如果机器与平台之间的间隙不超过 200 mm(见图 11)，那么在机器侧面的固定机器单元之间配备的移动式手工操作平台，不需要任何跌落防护。对于高度超过 1.5 m、间隔超过 70 mm 的平台，应配备挡脚板作为最低保护措施。

单位为毫米

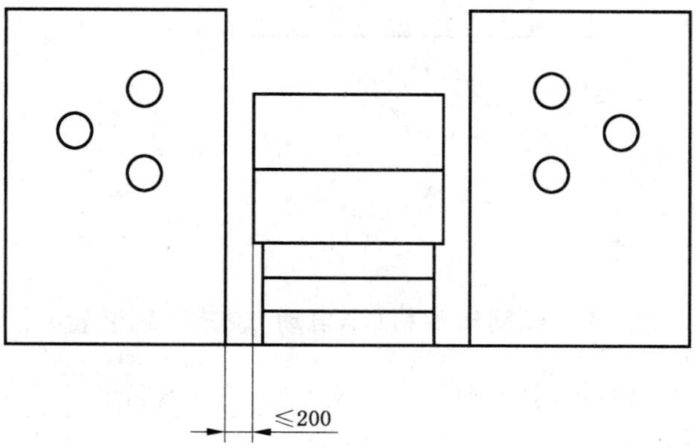

图 11　移动式平台

5.5 丝网印刷机

5.5.1 与 GB/T 28387.1—2012 中 5.2.4.2 的规定不同，在丝网印刷机上不需采取防爆措施，即使在使用闪点为 40 ℃～55 ℃的丝网印刷油墨时，只要保证工作区域内的空气流通通畅，就不必采取防爆措施。在使用说明书中应指明空气流通要通畅(见 7.1.4.1)。

若在机器上使用闪点低于 40 ℃的丝网印刷油墨时，应符合 GB/T 28387.1—2012 中 5.2.4 的规定。

见 7.1.4.1 的使用说明。

5.5.2 在印刷单元和机架(工作台)或印刷主体之间造成挤压的部位应进行防护(见图 12)。防护可采用下列方法之一：

a) 触发装置：
此装置应确保每次进入网框和印刷台之间的间隙时都执行保护操作，并可防止越过该装置的危险动作。该装置的最大操作力(动态的)应为 300 N；

b) 电敏防护装置：
此装置应符合 EN 999:1998 中对手的接近速度的规定，同时不能在两个相邻光束之间穿过机器或造成该装置失效；

c) 网框的闭合力：
网框的闭合力应限制在不会造成危险的范围。若没有尖锐边缘造成的挤压危险，则无危险的最大闭合力应为 300 N；

d) 固定防护装置：
机器上可安装使用固定式防护装置，例如，在机器不需要进行输纸和装填油墨的一侧，应符合 GB 23821—2009 的规定。

其他因缺少屏障或使用了较小屏障而引起的危险应在使用说明书中描述(见 7.1.4.5)。

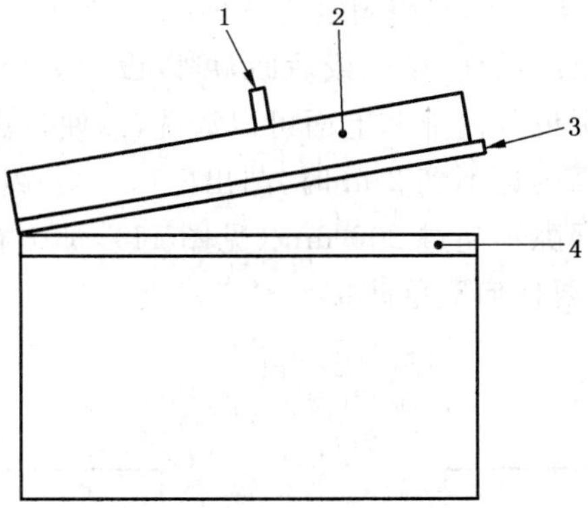

说明：
1——刮墨刀；
2——丝网印刷机网框；
3——触发装置；
4——工作台。

图 12 丝网印刷机(半自动、铰链印刷装置)

5.5.3 在具有短冲程印刷单元的丝网印刷机上，应对活动式进料台和印版夹紧装置造成的挤压、剪切和碰撞部位进行附加安全防护装置。

对活动式工作台造成的碰撞危险，应采取以下措施之一进行安全保护：

——用联锁防护装置(例如安全杠)防止进入危险区(进料活动区域)。联锁防护装置的安装位置应方便在工作台退到最终位置后进行解除。工作台和安全杠之间的最小距离应为120 mm。

——在活动式印刷平台前采用安全杠，其位移应比印刷平台的停止路径长。

——处于危险区或接近危险区时用压敏垫进行防护。

对机架和工作台之间造成的挤压和剪切危险应采用下列措施之一进行安全防护：

——印刷台和机架的重叠；

——用衬板覆盖防止接近（衬板和工作台下边缘的最小距离不超过6 mm）；

——符合GB 12265.3—1997规定的最小距离。

活动印版夹紧装置和固定机器部件的挤压和剪切危险应采取下列措施之一进行安全防护：

——符合GB 12265.3—1997规定的最小距离；

——防护装置；

——作用在活动部件上的最大限制力为150 N。

5.5.4 应对刮墨刀和网框之间的挤压部位进行防护。调整挡规，确保刮墨刀与网框之间的最小距离为25 mm。使用不同尺寸的网框时，使用说明书中应对挡规的正确调整加以说明（见7.1.4.3）。

5.5.5 应对刮墨刀运动造成的挤压危险进行防护。刮墨刀和机器固定部件之间的安全距离应符合GB 23821—2009的规定。因操作原因刮墨刀不能下降时，应对刮墨刀与印刷台或印刷滚筒之间能造成挤压的部位进行安全防护，例如，在使用说明书中应对所存在的遗留风险进行警告（见7.1.4.4）。刮墨刀提升的距离应尽可能的短。

如果丝网印刷机上手动进行油墨补充，则刮墨刀与印刷台或印刷滚筒之间的挤压部位通常不必防护。

5.5.6 当需要进入网框与工作台之间（例如，为了清理网版）时，应在5.5.2所述措施之外再安装一个控制元件，此控制元件启动时可避免意外启动机器。

使用说明书应注明，先启动控制元件后，再进行清洗操作（见7.1.4.2）。

5.5.7 丝网印刷机上的自动输纸和收纸系统应符合GB/T 28387.1—2012中5.3.4的规定。

5.5.8 在滚筒式丝网印刷机上，可移动式网框和固定机器部件之间的挤压点需要进行安全防护（见图13）。可采用以下措施实现：

——符合GB 12265.3—1997规定的最小距离；或

——联锁防护装置；或

——电敏防护装置。

电敏防护装置应覆盖整个机器（不含输纸和收纸），包括传动面及操作面。应符合EN 999:1998的规定。电敏防护装置应能以穿过、覆盖和环绕方式的光束进行防护。应符合GB 23821—2009的规定。在生产过程中装填油墨时，允许电敏防护装置旁路限时（最大2 min）（旁路，参见EN 61496-1）。

当电敏防护装置旁路时，产生的其他危险应在使用说明书指出（7.1.4.6）。

5.5.9 在滚筒式丝网印刷机上，应对印刷滚筒上的内旋卷入部位进行安全防护。可采用以下措施实现：

——联锁防护装置；或

——采用印版（网版）进行防护。

当印版被当作防护手段时，需有附加的保护措施，例如，提升或移走印版。这些附加措施可以是电动联锁的，印版被提升的过程中，应按GB/T 28387.1—2012中5.2.3.2的规定用止—动控制使滚筒旋转。

5.5.10 控制系统的安全相关部件至少应符合GB/T 28387.1—2012中5.2.6.1的规定。触发装置应符合GB/T 28387.1—2012中5.2.10.1、5.2.10.2的规定。每个操作位置应安装急停装置。

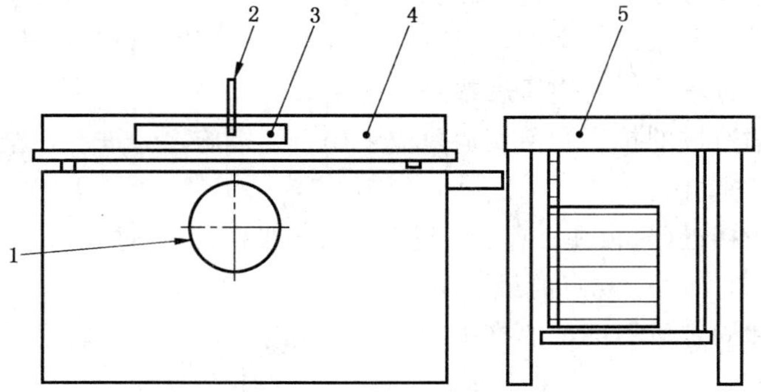

说明

1——印刷滚筒；

2——刮墨刀；

3——网框；

4——固定机器部件；

5——单张纸输纸机。

图 13 滚筒式丝网印刷机

5.5.11 与 5.5.10 中的规定不同，手工输送承印物到印版和印刷台之间的丝网印刷机，应满足以下的规定：

——与网框和印刷台的闭合运动相关的控制系统安全部件，应符合 GB/T 28387.1—2012 中 5.2.6.2 的规定；

——自动停机装置除了应符合 5.5.8 的规定外，还应符合 EN 954-1:1996 中 4 类的规定；

——电敏防护装置应符合 GB/T 28387.1—2012 中 5.2.9.2 的规定。

有一些半自动和四分之三自动的丝网印刷机靠手工输送在印版与印刷台之间的承印物。

5.6 印刷机与上光机的辅助装置

5.6.1 概述

装在印刷机组和上光机组内、用于防止接近内置的危险部位、起固定式防护装置作用的辅助装置，只有借助工具才能拆下。然而，当此设备需要频繁拆下或进行生产准备时(见 GB/T 28387.1—2012 中 5.2.2.3)，应按照 EN 1088 的规定，使用行程开关将装置的防护位置与所有危险运动进行电气联锁。

注：防止接近危险点的辅助装置可装在机器内部，例如，当从一侧拆下位于单张纸印刷机烘干模块的收纸端的连续式烘干装置时，就允许接近收纸牙排的危险部位。

当机器没安装辅助装置时，可以让制造商提供安全装置并装在缺少辅助装置的位置。

当辅助装置安装在印刷机和上光机上时，印刷机和上光机上的急停控制按钮应能对辅助装置起作用。同时，辅助装置的急停控制也能停止印刷机与上光机的危险运动。

与 GB/T 28387.1—2012 中 5.2.5.2 的规定不同的是，印刷机与上光机的辅助装置可代替符合 GB 5226.1—2008 中 5.3.2d)或 5.3.2e)规定的切断装置。

控制系统的安全相关部件至少应符合 GB/T 28387.1—2012 中 5.2.6.1 的规定。安全杠应符合 GB/T 28387.1—2012 中 5.2.10.1 和 5.2.10.2 的规定。在每个危险运动可能发生的操作位置上应安装急停装置。

5.6.2 滚筒和辊子清洗装置

5.6.2.1 在安装了滚筒和辊子自动清洗装置的印刷机上，如果满足了下列条件，就不必因使用了清洗剂(喷洒该溶剂时没有达到爆炸浓度)而采取防爆保护措施：

——清洗剂闪点至少为 55 ℃,且无雾气产生;或

——清洗剂闪点至少为 40 ℃,且每个印刷机组每次清洗循环的清洗剂用量不超过 0.08 L。

使用说明书上应指出正确调整清洗参数的重要性以及存在的危险隐患(见 7.1.5.1)。

5.6.2.2 清洗设备应可调节,确保防止溶剂挥发,从而避免接触或吸入溶剂。

使用说明书上应指出正确调整清洗参数的重要性以及存在的危险隐患(见 7.1.5.1)。

5.6.2.3 应确保往溶剂箱里填充清洗剂的操作安全。若要满足此要求,则溶剂箱的设计应保证一人就能填充清洗剂且不会发生溅出或溢出的危险。检查清洗装置的填充液面高度(箱体溶液指示器、液面观察镜、足够大的填充口等),避免在填充时清洗剂从箱内溢出。

5.6.2.4 当拆卸清洗装置时,在整个拆卸过程中应关闭供给清洗液的管路,防止清洗剂从管路中泄漏。应使用自锁软管接头。

5.6.3 连续式烘干装置

5.6.3.1 当连续式烘干装置与滚筒和辊子自动清洗装置安装在同一台印刷机上时,应防止在清洗过程中释放出的溶剂蒸气和雾气被烘干装置加热时产生爆炸的危险。该要求通过以下方法满足：

——按 EN 1539:2000 中 5.7.2 的规定,在设计连续式烘干装置时应考虑溶剂蒸气和雾气。或

——将清洗和烘干装置联锁。只有在烘干器温度处于无危险状态且能防止烘干装置的启动直到易燃溶剂蒸气无爆炸危险时,才能开始清洗操作。或

——烘干装置的进料口被密封以防止溶剂蒸气进入。或

——按照 EN 1127-1:1997 中 6.2.3.3 的规定,并依次按照 GB/T 28387.1—2012 中 5.2.4.5、5.2.4.8、5.2.4.11 和 5.2.6.1.1 的规定,将蒸汽/空气混合浓度稀释到 50%以下,以减少爆炸的危险。

5.6.3.2 当连续式烘干装置与滚筒和辊子自动清洗装置安装在同一台印刷机上时,应防止清洗装置在加热升温时由于溶剂泄漏造成的引燃危险。该要求通过以下方法满足：

——采用牢固耐用的软管和连接装置,避免 EN 1127-1:1997 中 6.2.3.2 所描述的泄漏;或

——清洗装置和软管安装后应保证:万一出现泄漏时,溶剂不能到达连续式烘干装置。

牢固耐用的软管和连接装置,是指永久性安装、尺寸适宜,软管的材料适合溶剂的使用。

使用说明书中应指出防止溶剂渗入烘干装置的区域(见 7.1.6.2)。

5.6.3.3 印刷机和上光机中的连续式烘干装置,因油墨烘干或上光过程中有易燃物质挥发,应符合 EN 1539:2000 中 5.7.2 的规定。如果油墨和/或上光油的安全数据表所示的爆炸极限"不适用"时,不应发生易燃物的挥发现象。如果为了满足要求要使用此油墨和/或上光油,应在使用说明书中指出(见 7.1.6.1)。

在凹印机、丝网印刷机和热溶剂型柔性版印刷机的烘干过程中,会出现溶剂型油墨中易燃物质的挥发。当然,在使用由承印物吸收的商业胶印油墨(例如,用冷固型油墨)时,不会发生这种情况。

5.6.3.4 在连续式烘干装置上,应避免承印物把滚筒和辊子自动清洗装置中的溶剂传送出来,导致易燃物质排放而造成的任何危险。

在单张纸印刷机上,可用以下方法满足要求:将滚筒和(或)辊子清洗装置与纸张传送系统进行电气联锁,这样在清洗过程中就防止了纸张的传送,且只有在滚筒充分干燥后纸张的传送才能重新开始。

在装有连续式烘干装置的卷筒纸平版印刷机上进行清洗时,对橡皮布清洗和/或其他操作输入的控制值应高于正常输入控制值,由于可燃性物质会进入烘干装置,这时应进行强制通风,流量(排气量)进行正确设置以适应最大允许浓度,设置值可高于现有正常控制数值(见 EN 1539:2000 中 5.7.2.1.1)。

5.6.3.5 应防止承印物被连续式烘干装置点燃。可通过停止印刷和用气刀或挡板将承印物(例如,纸张)与辐射源分开从而降低烘干装置的温度来实现。

5.6.3.6 连续式烘干装置部件如果可接近，其表面温度不应超出 GB/T 28387.1—2012 中 5.2.14 规定的限值。如果连续式烘干装置部件在打开联锁装置后是可接近的，且温度超过限值，则应提供危险警示。

5.6.3.7 紫外线连续式烘干装置应按照 GB/T 28387.1—2012 中 5.2.16.2 的规定，防止紫外线辐射造成的任何危险。在单张纸印刷机的收纸区域，最大曝光时间 t_{exp}应为 4 h 并作为计算的基础。

5.6.3.8 对于紫外线连续式烘干装置，应防止任何由臭氧造成的危险。可采用低臭氧辐射装置或配备排气系统进行防护。排气系统设计应尽可能使其直接作用在辐射源。紫外线灯应在排放系统启动后才能运行。

应对排气系统功能进行监视，也就是，当排气系统发生故障时，承印物输送系统应自动停车(例如，单张纸印刷机上输送装置)或停止印刷(例如，在卷筒纸平版印刷机上)。当承印物被烘干后，应确保烘干装置自动停止运行。用于监视排气系统功能的控制系统至少应符合 EN 954-1:1996 中 1 类的规定。

5.6.3.9 在配有紫外线干燥系统的印刷机上，正常使用下应排除油墨雾气的危险。如不能杜绝，应采用技术措施，如油墨雾气排气系统进行防护。

使用说明书中的相关规定见 7.1.6.3。

注：油墨雾气的产生取决于所用印刷油墨的性质。

5.6.4 喷粉装置

在印刷过程中应确保印刷用粉的安全填充。找准填料孔，确保不会触及机器的危险部位。

5.6.5 输墨及润湿单元的辅助装置

5.6.5.1 作为润湿单元辅助装置的酒精定量装置，应配备使用户能将润版液中的酒精浓度限制在印刷工艺所需百分比内的装置。若酒精定量装置的配备能使正常操作时润版液中的酒精浓度最大不超过 15%(Vol)，则定量装置和印刷机区域就不必采取防爆保护措施。控制润版液中的最大酒精浓度的所有电动/电子系统应符合 GB/T 28387.1—2012 中 5.2.6.1 的规定。应确保在控制系统出现故障时，润版液中的酒精浓度不超过 20%(Vol)。

5.6.5.2 在酒精定量装置上应采取适当的措施，防止浓缩酒精泄漏和溢出到非防爆区域内，这些措施包括使用收集槽或将酒精排放到润版液中。浓缩酒精泄漏或溢出可涉及区域内安装的设备、保护系统和部件应符合 GB/T 28387.1—2012 中 5.2.4.5、5.2.4.8、5.2.4.9 和 5.2.4.11 的规定。在安装酒精容器时，应确保酒精容器不会倒下，并对酒精容器和连接酒精容器与定量装置的软管进行安全保护，以防损坏。若由于在现场使用了用户自备特定的酒精容器而没能安装随机提供的酒精容器设备时，则在使用说明书中应对正确安装酒精容器进行指导说明。要防止酒精容器倒下，例如将其固定在箱体中。

使用说明书应指明，立刻清除溢出酒精以防止爆炸(7.1.7.1)。使用说明书还应说明吸入溢出酒精产生的健康隐患(7.1.7.2)。

5.6.5.3 输墨和润湿单元的辅助装置中的制冷装置应符合 EN 378-1:2000 的规定。

5.6.6 印版夹紧装置

应对自动印版夹紧装置的运行进行安全防护。可采用以下措施之一：

——采用符合 GB/T 28387.1—2012 中 5.2.1.1a)规定的固定式或联锁式防护装置；

——采用符合 GB/T 28387.1—2012 中 5.2.10 规定的触发装置；

——采用符合 GB/T 28387.1—2012 中 5.2.9.1 规定的电敏防护装置；

——将操作力限制在无危险范围内；

——活动部件和固定部件之间的最大间隙为≤4 mm(见 GB/T 28387.1—2012 中 5.2.1.3)。

5.6.7 印版、辊子和刮墨刀的清洗设备

5.6.7.1 为使操作人员不受来自印版、辊子和刮墨刀的外部清洗装置所使用的清洗剂排放物的危险伤

害，应对它们进行防护。可采用以下一个或多个措施：

——在可能的情况下，使用无危害性溶剂，使用说明书中应做醒目警告；

——采用封闭式清洗设备；

——为加料口设置带防护锁的联锁防护装置，使得只有在烘干过程完成后加料口才能打开；

——排放溶剂蒸气。

例如，有害物质和潜在的爆炸性气体会对操作者造成伤害。

5.6.7.2 对于印版、辊子和刮墨刀的外部清洗设备上使用了闪点低于55 ℃的溶剂的部位，和那些由于喷洒清洗剂而存在爆炸危险的部位，清洗装置内的所有零件都应是导电且静电接地的(阻抗<10^6 Ω)。

若清洗设备上只能使用闪点高于55 ℃的溶剂，则应在使用说明书中说明(见7.1.8)。

5.6.7.3 若在印版、辊子和刮墨刀的外部清洗设备上使用了闪点低于55 ℃的溶剂，应按照EN 1127-1：1997中6.2.3.3的规定，预防溶剂泄漏造成的危险，例如泄漏或在抽吸过程中的漏出。可采用合适的收集槽来防止溶剂向非防爆区域渗透。

5.6.8 纸堆翻转装置

5.6.8.1 在纸堆翻转装置上(见图14)，应对地面和起重部件(叉车、纸堆台板、垛纸板)之间的挤压部位进行安全防护：

a) 当将止一动控制作为一种安全防护措施时，在止一动控制模式下纸堆下降的最高速度为5 m/min。在止一动控制位置与起重部件之间应有足够的安全距离，或采取对下肢的防护装置来防止无意识地进入危险区。在止一动控制位置上操作者应能观察到危险部位。若处在最低位置上的纸堆高度包括起重部件在内不超过1.4 m，则在纸堆远端的危险部位就被认为是在操作者的视线范围之内。

b) 用来防护在地面与起重部件之间有挤压部位的危险区的电敏防护装置应符合GB/T 28387.1—2012中5.2.9.1和5.2.9.4的规定。当下降速度不超过5 m/min时，不必考虑与EN 999：1998相符的手的接近速度。

5.6.8.2 在纸堆翻转装置的液压和气动提升装置上，如果发生由于软管破裂或泄漏而造成的提升装置不受控制的重力跌落，则提升缸上应直接设置一个安全止回阀。

5.6.8.3 纸堆在垂直或水平位置上时，提升装置才能开启。

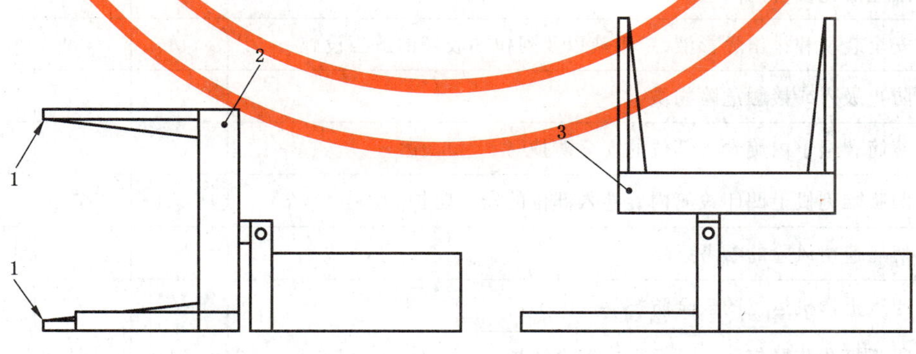

说明：

1——纸堆传送架；

2——提升装置；

3——提升装置位于水平位置。

图14 纸堆翻转装置

5.6.8.4　提升装置的最大载荷量应能达到静态载荷的1.25倍，而不出现永久性变形或明显缺陷。在正常操作条件下最大载荷量应能达到1.1倍的动态测试。在纸堆升降装置上，套筒滚子链条的断裂强度应至少是允许的静态载荷的4倍。使用说明书中应说明该装置所允许的最大载荷量(见7.1.9)。

5.6.8.5　急停按钮不仅应在止一动控制模式的纸堆翻转装置上安装，操作者控制的每个位置都应安装。

5.6.9　测量与控制装置

应对印刷机与上光机上的控制与测量装置的活动部位与固定部件之间的挤压和剪切点进行安全防护。可通过如下措施实现：

——采用符合GB 12265.3—1997规定的安全距离；或

——限制操作力在安全范围内；或

——采用符合GB/T 28387.1—2012中5.2.9.1规定的电敏防护装置，或采用符合GB/T 28387.1—2012中5.2.1.1b)规定的防护装置。

6　安全要求和/或保护措施的检验

表4中规定了第5章中所有安全要求和保护措施的检验应遵循的方法，还包含了涉及的其他条款。

表4　安全要求和保护措施的检验方法

条款	安全要求和/或保护措施	A[a]	B[b]	C[c]	D[d]
5.1　概述					
5.2　印前机械					
5.2.1	电气设备的要求	√	√	—	—
5.2.2	电气/电子控制系统的要求	√	√	—	√
5.2.3	曝光设备的安全屏蔽要求	√	√	—	—
5.2.4	紫外线曝光设备的限值	—	√	√	—
5.2.5	激光曝光设备的限值	—	√	√	—
5.2.6	安全装填和排出显影液、定影液以及阿拉伯胶液的适当设施	√	√	—	—
5.2.7	防止吸入或接触危险物质	√	√	—	—
5.2.8	滚筒和辊子内旋卷入部位的安全防护	√	√	√	—
5.2.9	凹版雕刻机上凹印滚筒内旋卷入部位的安全防护	√	√	√	—
5.2.10	切屑遗留风验的参考	—	—	—	—
5.2.11	印版折弯机运行的安全防护	√	√	—	—
5.2.12	印版打孔装置打孔工具运行的安全防护	√	√	√	—
5.3　单张纸印刷机和上光机					
5.3.1	叼纸牙、传输系统和控制系统的内旋卷入部位、剪切和挤压点的安全防护	√	√	—	—
5.3.2	清洗和印前准备中滚筒内旋卷入部位的安全防护	√	√	√	—
5.3.3	控制要求	√	√	—	√

表 4（续）

条款	安全要求和/或保护措施	A[a]	B[b]	C[c]	D[d]
5.3.4	润湿和上光单元的安全防护	√	√	—	—
5.3.5	输墨、润湿和上光单元急停作用	√	√	—	—
5.3.6	防止误启动的正、反点动的止—动控制	√	√	—	—
5.3.7	台阶的要求	√	√	√	—
5.3.8	收纸牙排系统的安全防护	√	√	—	—
5.3.9	接近输纸装置的安全防护	√	√	√	—
5.3.9.1.1	光束的安全防护	√	√	√	√
5.3.9.1.2	旁路的要求	√	√	√	√
5.3.9.1.3	旁路指示器	√	√	—	—
5.3.9.1.4	几种接近的措施	√	√	—	—
5.3.9.2	采用其他措施的安全防护	—	—	—	—
5.3.10	纸堆高于 800 mm 以上输纸托板以下区域的安全防护	√	√	√	—
5.3.11	输纸托板和地面间挤压部位的安全防护	√	√	√	—
5.3.12	印刷纸板和金属板印刷的输送缝隙的最大宽度	√	√	√	—
5.3.13	自动幅面调整装置的要求	√	√	√	—
5.3.14	纸堆转换装置危险区的安全防护	√	√	—	—
5.3.15	重机器部件适宜的提升装置	—	—	√	—
5.3.16	动力驱动的活动式防护装置的要求	√	√	√	—
5.3.17	胶印打样机上可活动的上部和固定的下部之间的内旋卷入部位的安全防护	√	√	√	—
5.3.18	激光辐射的极限值	—	—	√	—
5.3.19	印刷粉末的防护	√	√	√	—
5.3.20	工作平台、阶梯、通道、狭小通道的要求	√	—	√	—
5.3.21	台阶/阶梯台阶的最大高度	√	√	√	—
5.3.22	通道上张贴危险警示标识	√	—	√	—
5.4　卷筒纸印刷机和上光机					
5.4.2	辊子和滚筒之间内旋卷入部位、挤压部位、剪切部位的安全防护	√	√	√	—
5.4.3	光滑滚筒之间内旋卷入部位的安全防护	√	√	√	—
5.4.4	防护装置开启时对止—动控制的要求	√	√	√	—
5.4.5	动力驱动活动式防护装置的要求	√	√	—	—
5.4.6	防止误启动的正、反点动的止—动控制	√	√	—	—
5.4.7	控制要求	√	√	—	—
5.4.8	油墨、湿润和上光单元的防护装置	√	√	—	—
5.4.9	油墨、湿润和上光单元的急停作用	√	√	√	—
5.4.10	自动幅面设置的要求	√	√	√	—

表 4（续）

条款	安全要求和/或保护措施	A[a]	B[b]	C[c]	D[d]
5.4.11	重机器部件适宜的提升装置	√	√	—	—
5.4.12	滚筒运输的要求	√	√	—	—
5.4.13	自动运输的要求	√	√	√	—
5.4.14	折页机的止—动控制要求	√	√	√	—
5.4.15	材料输送的最大开口宽度和安全距离	√	√	√	—
5.4.16	通道上对卷料锐边的安全防护	√	√	√	—
5.4.17	自动装载未开卷纸卷的安全防护	√	√	√	—
5.4.18	表格印刷机的止—动控制要求	√	√	—	—
5.4.19	辊子和固定机器部件之间内旋卷入部位的安全防护	√	√	√	—
5.4.20	排风扇和除尘器的要求	√	√	—	—
5.4.21	数字印刷机的要求	√	√	√	—
5.4.22	工作平台、阶梯、通道、狭小通道的要求	√	√	√	—
5.4.23	机器狭小通道的要求	√	—	√	—
5.4.24	单独阶梯工作平台的最小长度	√	—	√	—
5.4.25	阶梯台阶的最大高度	√	—	√	—
5.4.26	通道上张贴危险警示标识	√	√	√	—
5.4.27	可移动操作平台的要求	√	√	√	—
5.5　丝网印刷机					
5.5.1	防爆措施	√	—	√	—
5.5.2	网框/打印平台之间挤压部位的安全防护	√	√	√[e]	√
5.5.3	可移动输纸台和夹紧元件危险部位的安全防护	√	√	√	—
5.5.4	刮墨刀/网框之间挤压部位的安全防护	√	√	√	—
5.5.5	刮墨刀移动时危险部位的安全防护	√	√	√	—
5.5.6	无意识启动的预防	√	√	—	—
5.5.7	自动输纸与收纸装置系统的要求	√	√	√	—
5.5.8	滚筒式丝网印刷机的网框和固定部件间挤压部位的安全防护	√	√	√	—
5.5.9	丝网滚筒上内旋卷入部位的安全防护	√	√	—	—
5.5.10	控制要求	√	√	—	√
5.5.11	印版和丝网印刷台之间手工输纸的控制要求	√	√	—	√
5.6　印刷机和上光机的辅助装置					
	用于印刷机和上光机内的装置的要求	√	√	√	—
5.6.2　滚筒和辊子清洗装置					
5.6.2.1	防爆措施	√	—	√	√
5.6.2.2	防止溶剂挥发	√	√	—	—

表 4（续）

条款	安全要求和/或保护措施	A[a]	B[b]	C[c]	D[d]
5.6.2.3	溶剂箱的适当设计	√	√	—	—
5.6.2.4	防止溶剂无意识的散发	√	√	—	—
5.6.3　连续式烘干装置					
5.6.3.1	滚筒和辊子清洗装置被加热的防爆措施	√	√	√	—
5.6.3.2	泄漏时的防爆措施	√	√	—	—
5.6.3.3	易燃物质挥发的防爆措施	√	—	—	√
5.6.3.4	承印物把滚筒和辊子自动清洗装置中的溶剂传送出来时的防爆措施	√	√	—	—
5.6.3.5	承印物被点燃的安全防护	√	√	√	—
5.6.3.6	防止接触加热部件的措施	√	√	√	—
5.6.3.7	防止紫外线辐射的安全措施	√	√	√	—
5.6.3.8	防止臭氧危险的措施	√	√	√	—
5.6.3.9	排除飞墨	√	—	—	—
5.6.4　喷粉装置					
	安全填充粉末	√	√	—	—
5.6.5　输墨和润湿单元的辅助装置					
5.6.5.1	定量设备的防爆措施	√	√	√	—
5.6.5.2	防止泄漏和溢出的保护	√	√	—	—
5.6.5.3	冷藏装置的要求	√	√	—	—
5.6.6　印版夹紧装置					
	印版夹紧装置运转的安全防护	√	√	√	—
5.6.7　印版、辊子和刮墨刀的清洗设备					
5.6.7.1	清洗剂的排放	√	√	√	—
5.6.7.2	防爆措施	√	—	√	√
5.6.7.3	防止泄漏的防护装置	√	√	—	—
5.6.8　纸堆翻转装置					
5.6.8.1	载荷提升装置和地板之间挤压部位的安全防护	√	√	√	—
5.6.8.2	液压、气压提升装置的安全止回阀	√	√	—	√
5.6.8.3	防止载荷提升装置开启的安全防护	√	√	—	—
5.6.8.4	载荷提升装置、钢链条的要求	—	√	√	—
5.6.8.5	急停按钮的布置	√	√	—	—
5.6.9　测量与控制装置					
	挤压和剪切部件的安全防护	√	√	√	—

注：A 表示目测。B 表示功能测试。C 表示测量。D 表示绘图校核和计算方法。

[a] 目测是用目视的方法检查设备及元件的特征、性能是否满足使用要求。

[b] 功能测试是检查具有某种功能的部件在规定条件下是否具有这种功能。

[c] 测量是使用测量仪器检查某项规定是否在所规定的范围内。

[d] 绘图校核和计算方法用于检查元件的设计特性是否满足特定规定。

[e] 力值测量：使用弹簧系数为 25 N/mm 的仪器测量压力最大值。

7 使用信息

7.1 使用说明书

7.1.1 印前机械

7.1.1.1 使用说明书应指出使用相应的人员防护装备，以有效防止接触溶剂挥发物或粉尘。

7.1.1.2 对于可以雕刻铜滚筒的雕刻机，其使用说明书应警示接触铜屑对皮肤和眼睛造成的危险。例如，用接触过铜屑的手揉拭眼睛，存在对眼睛造成伤害的危险。

7.1.2 单张纸印刷机和上光机

7.1.2.1 对于需经常安装或者拆卸、每人提升负荷最少 25 kg 的机器部件，使用说明书应要求用户采用适宜的提升和运输设备。

7.1.2.2 使用说明书应对进入收纸区域内防护装置下面存在的遗留风险向用户提出警告。

7.1.2.3 在收纸区域使用电敏防护装置时，应在使用说明书中说明存在的遗留风险，包括下面状况：

——有意识地使旁路顺序失效发生的危险；

——人员在产品或机器挡住视线的区域内活动；

——旁路功能有意识的使用和禁止使用(顶部和底部的电敏防护装置)；

——越过电敏防护装置或在电敏防护装置下面通过；

——当人员处在收纸区域之内，按一复位按钮并启动(或重新启动)保护区内的电敏防护装置时。

7.1.2.4 对于也可在印刷纸板或金属板上印刷的单张纸印刷机，当输纸区域不符合 GB 23821—2009 的规定时，使用说明书应将所存在的遗留风险向用户提出警告。

7.1.2.5 如果启动急停控制装置不能停止墨辊、水辊和上光辊的运行，使用说明书应提供如何停止这些辊子运行的信息。

7.1.2.6 对于使用墨粉(调色剂)的机器，当无法采取措施消除此类墨粉产生的危险时，使用说明书应规定使用无害的色粉。

7.1.3 卷筒纸印刷机和上光机

7.1.3.1 对于需经常安装或者拆卸、每人提升负荷最少 25 kg 的机器部件，使用说明书应说明要求用户提供适宜的提升和运输设备。

7.1.3.2 如果启动急停控制装置不能停止墨辊、水辊和上光辊的运行，使用说明书应提供如何停止这些辊子运行的信息。

7.1.3.3 由于生产需要打开防护装置，用双手控制装置以大于 10 m/min 的速度启动表格印刷机时，使用说明书应包含有以下警告：对于操作双手控制装置的人员，应确保危险区内没有第二个人，然后才能开始止一动操作。

7.1.4 丝网印刷机

7.1.4.1 使用说明书应指明允许使用的油墨、上光油、清洗液和溶剂(允许的闪点)，并提供对安装现场充分通风的说明。

7.1.4.2 使用说明书应指出，在进入网框与工作台之间(例如清理网版)以前，应防止机器被意外启动，例如，启动了一个选择开关。

7.1.4.3 在使用不同尺寸网版的时候，使用说明书应包括对挡规调整以使刮墨刀与网框之间的距离不小于 25 mm 的说明。

7.1.4.4 因操作原因不能对刮墨刀与网框或工作台之间的挤压部位进行防护，使用说明书应对存在的遗留风险(如装填油墨的危险)向用户提出警告。

7.1.4.5 使用说明书应对在网版外部使用刮墨刀或安装小尺寸网版所形成的遗留风险向用户提供警告。

7.1.4.6 使用说明书应描述补充上光油和油墨时启动电敏防护装置旁路时所形成的遗留风险。

7.1.5 自动滚筒和辊子清洗装置

使用说明书应详细说明设置清洗参数的要求，以便不会产生溶剂挥发，具体情况取决于使用的清洗剂。例如，这些参数可以是清洗液的压力、清洗辊和毛刷的旋转速度、清洗过程的时间。溶剂挥发能导致爆炸或损害健康的危险。

7.1.6 连续式烘干装置

7.1.6.1 使用说明书应包含限制某些类型的油墨和上光油的使用，以避免爆炸的危险。

7.1.6.2 使用说明书应包含不准许把溶剂放在连续式烘干装置所在的区域内(如在手动清洗滚筒或辊子的过程中)避免爆炸危险的警告。

7.1.6.3 紫外线连续式烘干装置的使用说明书，应指明避免紫外线油墨和紫外线上光油的雾气聚集，并指明需要排气装置来排除雾气。

7.1.7 酒精定量装置

7.1.7.1 用户自备特定的酒精定量装置，制造商不需随机提供时，使用说明书应包括正确组装酒精定量装置的说明。使用说明书还应指出立刻清除溢出的酒精。

7.1.7.2 使用说明书应说明吸入溢出的酒精产生的健康隐患信息。

7.1.8 印版、辊子和刮墨刀的清洗设备

如果印版、辊子和刮墨刀的清洗设备只能使用闪点高于 55 ℃的清洗剂，该要求应在使用说明书中注明。

7.1.9 纸堆翻转装置

使用说明书应明确说明翻转装置的最大载荷量。

附 录 A
（资料性附录）
与本部分中规范性引用的国际文件有一致性对应关系的我国文件

表 A.1 给出了与本部分中规范性引用的国际文件有一致性对应关系的我国文件。

表 A.1　与本部分中规范性引用的国际文件有一致性对应关系的我国文件

国家标准		国际标准（一致性对应关系）	欧洲标准（一致性对应关系）
标准编号	标准名称		
GB 23821—2009	机械安全　防止上下肢触及危险区的安全距离	ISO 13857:2008,IDT	EN 294:1992
×	×	EN ISO 13857:2008 代替了 EN 294:1992	
GB 12265.3—1997	机械安全　避免人体各部位挤压的最小间距	×	eqv EN 349:1993
GB/T 16855.1—2008	机械安全　控制系统有关安全部件　第 1 部分:设计通则	ISO 13849-1:2006,IDT	EN 954-1:1996
GB/T 16855.1—2005	机械安全　控制系统有关安全部件　第 1 部分:设计通则	ISO 13849-1:1999,MOD	
×	×	ISO 13849-1:1999 等同采用 EN 954-1:1996	
GB/T 19876—2005	机械安全　与人体部位接近速度相关防护设施的定位	ISO 13855:2002,MOD	EN 999:1998
×	×	ISO 13855:2002 等同采用 DIN EN 999:1998	
×	×	DIN EN 999:1998 等同采用 EN 999:1998	
GB/T 28387.1—2012	印刷机械和纸加工机械的设计及结构安全规则　第 1 部分:一般要求	×	EN 1010-1:2004,MOD
GB/T 28387.2—2012	印刷机械和纸加工机械的设计及结构安全规则　第 2 部分:印刷机、上光机和印前机械	EN 1010-2:2006,MOD	prEN 1010-2—2003
GB/T 16856.1—2008	机械安全　风险评价　第 1 部分:原则	ISO 14121-1:2007,IDT	EN 1050:1996
×	×	ISO 14121 与 EN 1050:1994 有对应关系	
GB/T 16856—1997	机械安全风险评价的原则	eqv EN 1050:1994	
GB/T 18831—2002	机械安全　带防护装置的联锁装置　设计和选择原则	ISO 14119:1998,MOD	EN 1088:1996
×	×	ISO 14119:1998 等同采用 DIN EN 1088:1996	
×	×	DIN EN 1088:1996 等同采用 EN 1088:1996	
GB 25285.1—2010（没替换,文本没上传,2011.9.1 实施）	爆炸性环境　爆炸预防和防护　第 1 部分:基本原则和方法	EN 1127-1:1998,NEQ	EN 1127-1:1997

表 A.1（续）

国家标准		国际标准 （一致性对应关系）	欧洲标准 （一致性对应关系）
标准编号	标准名称		
GB 5226.1—2008	机械电气安全　机械电气设备　第1部分：通用技术	IEC 60204-1:2005,IDT	EN 60204-1:1997
×	×	DIN EN 60204-1:2007 修改采用 IEC 60204-1:2005	
×	×	IEC 60204-1:1997 等同采用 EN 60204-1:1997	
GB 4208—2008	外壳防护等级(IP代码)	IEC 60529:2001,IDT	EN 60529:1991
×	×	EN 60529:1991 + A1:2000 等同采用 IEC 60529:1989	
×	×	IEC 60529:1989 与 EN 60529:1991 有对应关系	
—	—	IEC 60825-1:2007	EN 60825-1:1994
GB 7247.1—2001	激光产品的安全　第1部分：设备分类、要求和用户指南	IEC 60825-1:1993,IDT	
×	×	EN 60825-1:2007 等同采用 IEC 60825-1:2007	
—	—	IEC 60950-1:2005	EN 60950-1:2001
GB 4943—2001	信息技术设备的安全	eqv IEC 60950:1999	
×	×	EN 60950-1:2006 等同采用 IEC 60950-1:2005	

注1：“—”表示没有对应的国家标准编号或名称。
注2：“×”表示不必填写内容。

参 考 文 献

[1] EN 61496-1:1997 机械安全 电敏防护装置 第1部分:通用要求和测试(IEC 61496-1:1997)

ICS 37.100.10;85.100
J 87

中华人民共和国国家标准

GB/T 28387.4—2012

印刷机械和纸加工机械的设计及结构安全规则 第4部分：书籍装订、纸加工和整饰机械

Safety requirements for the design and construction of printing and paper converting machines—Part 4: Bookbinding, paper converting and finishing machines

2012-05-11 发布　　2012-10-01 实施

中华人民共和国国家质量监督检验检疫总局
中国国家标准化管理委员会　发布

前　　言

GB/T 28387《印刷机械和纸加工机械的设计及结构安全规则》分为如下部分：

——第 1 部分：一般要求；

——第 2 部分：印刷机、上光机和印前机械；

——第 3 部分：切纸机；

——第 4 部分：书籍装订、纸加工和整饰机械；

——第 5 部分：瓦楞纸板生产机械以及纸板和瓦楞纸板加工设备。

本部分为 GB/T 28387 的第 4 部分。

本部分按照 GB/T 1.1—2009 给出的规则起草。

本部分技术内容与 BS EN 1010-4:2004《机械安全　印刷机械和纸加工机械的设计及结构安全规则　第 4 部分：书籍装订、纸加工和整饰机械》基本一致。

与本部分中规范性引用的国际文件有一致性对应关系的我国文件见附录 B。

本部分做了下列编辑性修改：

——为使本标准的每一个部分名称具有一致性，将标准名称修改为《印刷机械和纸加工机械的设计及结构安全规则　第 4 部分：书籍装订、纸加工和整饰机械》；

——增加"(见图×)"在 3.16、5.2.2、5.2.4.1、5.2.9、5.3.1、5.3.1.19.2、5.3.2、5.3.4、5.3.5、5.4.2.1；

——增加了资料性附录 B"与本部分中规范性引用的国际文件有一致性对应关系的我国文件"；

——删除了 BS EN 1010-4:2004 的资料性附录 ZA"欧盟导则与本标准的关系"。

本部分由中国机械工业联合会提出。

本部分由全国印刷机械标准化技术委员会(SAC/TC 192)归口。

本部分负责起草单位：北人集团公司、上海电气集团印刷包装机械有限公司、浙江国威印刷机械有限公司、青岛美光机械有限公司、德阳市利通印刷机械有限公司、北京印刷机械研究所。

本部分主要起草人：李英敏、王树人、林孝国、王加水、黄永生、严珠、杨冬梅、韩晓良、王堂彦。

引　言

本部分规定了附加的安全要求和GB/T 28387.1—2012中没有提及到的规定。

本部分规定了相关的机械所产生的危险因素、危险情况和事件的范围。

根据C类标准的规定所设计和生产的机器，适用于以下情况：当C类标准与A类或B类标准产生不一致时，优先选择C类标准的有关规定。

印刷机械和纸加工机械 的设计及结构安全规则 第4部分：书籍装订、纸加工和整饰机械

1 范围

GB/T 28387的本部分规定了书籍装订、纸加工和整饰机械的安全要求，本部分应与GB/T 28387.1—2012一起使用，以共同确定在按制造商预定的条件下使用书籍装订、纸加工和整饰机械时的所有重大危险（见第4章）。本部分中的特殊要求优先于GB/T 28387.1—2012中的相应要求。

本部分未涉及由机器的噪声所引发的危险。这些危险基本包括在GB/T 28387.1—2012中，但本部分规定了像折页机、生产信封机和卫生产品机的一些降噪措施。

本部分适用于：

——书籍装订机械：

- 订书、铆钉、打眼机和订装机；
- 骑马订书机；
- 配页机；
- 无线胶订机；
- 打孔机；
- 书芯压平机；
- 压书机 ；
- 单张纸折页机；
- 书籍生产线；
- 书芯扒圆起脊机；
- 书背加衬上堵头机；
- 上封皮机；
- 封皮压痕成型机。

——纸加工机械：

- 信封机；
- 卫生产品生产机；
- 插页机；
- 计数堆积机；
- 纸张压痕机。

——纸张整饰机械：

- 涂布机；
- 复合机。

2 规范性引用文件

下列文件对本文件的应用是必不可少的。凡是注日期的引用文件，仅注日期的版本适用于本文件。

凡是不注日期的引用文件,其最新版本(包括所有的修改单)适用于本文件。

GB 12265.3—1997 机械安全 避免人体各部位挤压的最小间距(eqv EN 349:1993)

GB 17799.4—2001 电磁兼容 通用标准 工业环境中的发射标准(IEC 61000-6-4:1997,IDT)

GB 23821—2009 机械安全 防止上下肢触及危险区的安全距离(ISO 13857:2008,IDT)

GB/T 28386 印刷、纸加工机械、造纸机械和辅助设备的噪声测量方法 准确度等级2和3(GB/T 28386—2012)

GB/T 28387.1—2012 印刷机械和纸加工机械的设计及结构安全规则 第1部分:一般要求

GB/T 28387.2—2012 印刷机械和纸加工机械的设计及结构安全规则 第2部分:印刷机、上光机和印前机械

EN 292-1:1991 机械安全 基本概念与设计通则 第1部分:基本术语方法学(Safety of machinery—Basic concepts, general principles for design—Part 1: Basic terminology, methodology)

EN 292-2:1991+A1:1995 机械安全 基本概念设计通则 第2部分:技术原则和规范(Safety of machinery—Basic concepts, general principles for design—Part 2: Technical principles and specifications)

EN 626-1:1994 机械安全 减小由机械排放的危害性物质对健康的风险 第1部分:用于机械制造商的原则和规范(Safety of machinery—Reduction of risks to health from hazardous substances emitted by machinery—Part 1: Principles and specifications for machinery manufacturers)

EN 626-2:1996 机械安全 减小由机械排放的危害性物质对健康的风险 第2部分:产生验证法程序的方法学(Safety of machinery—Reduction of risks to health from hazardous substances emitted by machinery—Part 2: Methodology leading to verification procedures)

EN 954-1:1996 机械安全 控制系统有关安全部件 第1部分:设计通则(Safety of machinery—Safety-related parts of control systems—Part 1: General principles for design)

EN 1010-3:2002 机械安全 印刷机械和纸加工机械的设计及结构安全规则 第3部分:切纸机(Safety of machinery—Safety requirements for the design and construction of printing andpaper converting machines—Part 3: Cutting machines)

EN 1050:1996 机械安全 风险评价原则(Safety of machinery—Principles for risk assessment)

EN 1070:1998 机械安全 术语(Safety of machinery—Terminology)

EN 1539:2000 释放易燃物质 烘干机和烤箱 安全要求(Dryers and ovens in which flammable substances are released—Safety requirements)

EN ISO 4871 声学 机器和设备噪声发射值的标示和验证(Acoustics—Declaration and verification of noise emission values of machinery and equipment)(ISO 4871:1996)

3 术语和定义

EN 1070:1998 和 GB/T 28387.1—2012 界定的以及下列术语和定义适用于本文件。

3.1

订书、铆钉、打眼和订装机 stitching, riveting, eyeletting and attaching machines

使用工具的动力机器,用于:

——通过金属物质连接材料;或

——将金属物质牢固地固定在材料上。

3.2

多头骑马订书机 gang stitchers

装订折制好的纸张的机器。装订时,叼牙将书帖取出,并将书页打开骑放在传送链上完成书背装订

（见图 1）。

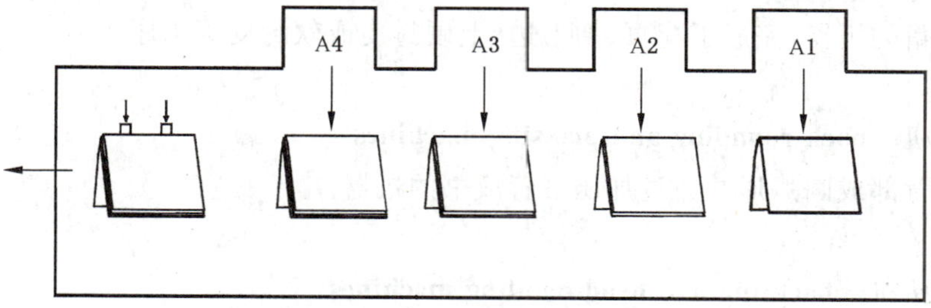

说明：

A1～A4——叼牙。

图 1 骑马订书机工作原理

3.3

配页机 gathering machines

将折制好的书帖配齐成册的机器。叼牙将书帖取出并按照页码顺序在传送带上码放（见图 2）。

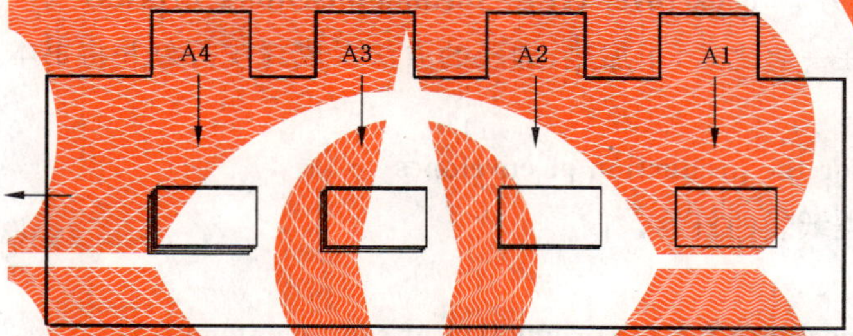

说明：

A1～A4——叼牙。

图 2 配页机工作原理

3.4

无线胶订机 perfect binders

用于自动加工成册（软封皮）或书贴（硬封皮）的机器。其工序包括在预加工的书背上施胶、将折页纸或单张纸配集成册或成为书贴、并将书或书贴切插入背面或侧面涂过胶的书封内。

3.5

纸张打孔机 paper drills

用来给成沓的纸张打孔的机器。

3.6

书芯压平机 book signature presses

用来压平书帖的机器。以手工方式将书帖送入和定位，以机动方式压平。

3.7

压书机 book presses

书籍经装订后为确保尺寸恒定性而用来压书的机器。

3.8

单张纸折页机 sheet folding machines

将单张印张进行单次折页或多次折页的机器。包括裁切、打孔和压折痕。

3.9

书籍生产线　book production lines

是自动生产书籍的机器,完成了配页、切书边、上硬封皮或软封皮等工序。

3.10

书芯扒圆起脊机　back rounding and pressing machines

是用来使书芯背部成圆弧形并通过加压书背成书的机器。

3.11

书背加衬上堵头机　backling and head banding machines

在书籍自动生产过程中,利用给书背上胶、粘纱布、粘书背纸和堵头布的方法,生产圆背或平背书的机器。

3.12

上封皮机　cash-in machines

将圆脊或平脊书芯装入硬封皮或软封皮中的机器。方法是通过在书芯正面和反面的衬页上施胶将书芯粘合在封皮的内侧。

3.13

封皮压痕成型机(压力)　book cover crease forming machines(presses)

在书芯和封皮粘合在一起之后,用加热、加压的方法形成封皮折痕并将书本加压成型的机器。

3.14

信封机　machines for the production of envelopes

生产信封和其他种类纸袋的机器。

3.15

卫生产品生产机　machines for the production of sanitary items

生产卫生产品的机器。有卫生纸、薄棉纸和无纺布等材料,例如:纸巾、餐巾纸、卫生棉塞等。

3.16

插页机　inserting machines

按照预先确定的位置插装如单页、杂志页印品及报纸或杂志加页等印刷产品的机器(例如:卷筒纸轮转印刷机的插页机)(见图 3)。

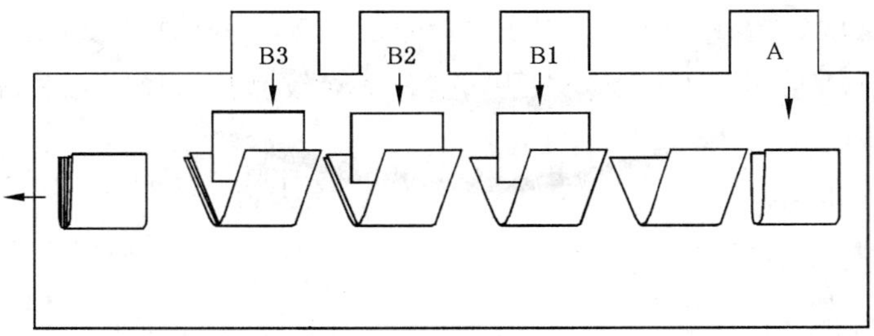

说明:

A——书芯供给装置;

B1～B3——用于插入印张的给纸单元。

图 3　插页机的工作原理

3.17

计数堆积机　counter-stackers

用来计数堆放单页、书籍、杂志或报纸等材料的机器。

3.18

纸张压痕机　paper embossing machines

利用滚筒对纸张表面进行压痕的机器。

3.19

纸张整饰机械　paper finishing machines

用来在纸张或类似材料如厚纸板、瓦楞纸板、塑料薄膜、锡箔、金属纸和照相纸制成的承印物上施加液体或固体涂布材料的机器。纸张整饰机种类有涂布机和复合机。

3.19.1

涂布机　coaters

用来将液体材料(如:胶、上光液、油墨)按预定厚度涂布到纸张或类似材料的承印物表面的一种加工机器。利用刮墨刀片或两辊间间缝(给料间隙)施涂料。

3.19.2

复合机　laminators

将固体材料(如:箔、纸)附着在承印物上的一种纸品整饰机器。

4　重大危险目录

4.1　本章包含了本部分中所涉及的所有重大危险(有关噪声见 GB/T 28387.1—2012),并用风险评价方法判断机器的重大危险,确定消除或减少危险的方法。在进行风险评价时,机器设计者应检查表1所列危险是否全面,并考虑与此相关的特殊机器对这些危险情况的适应性。

4.2　设计者、制造商或供货商在使用本部分时,应遵守 EN 1050:1996 的规定并考虑如下情况:

——机器预期的使用:包括启动(准备中)、清理和维修,包括可预见的误操作;

——重大危险的识别。

表1　重大危险、危险区域、安全措施

重大危险	危险区域	安全措施:涉及到下列条款		
		本部分	EN 292-1:1991	GB/T 28387.1—2012
机械危险 挤压 剪切 切削或切断 缠绕 冲击	防护装置开启位置	5.1.2	4.2.1	5.2.2.3
	单独机器之间的接口	5.1.5,附录A		
	订书、铆钉、打眼和订装机			
	——工具之间	5.2.1.1～5.2.1.3		5.2.8
	多头骑马订书机			
	——给纸台	5.2.2.1～5.2.2.3		5.3.4.8,5.2.6.1.5
	——装订部分	5.2.2.4		
	——纸张厚度控制装置	5.2.2.5		
	——传送链条	5.2.2.7		
	——防护装置打开时启动机器	5.2.2.8,7.1.7		
	——切书机	5.2.2.10		

表 1（续）

重大危险	危险区域	安全措施：涉及到下列条款		
		本部分	EN 292-1:1991	GB/T 28387.1—2012
机械危险 挤压 剪切 切削或切断 缠绕 冲击	配页机			
	——给纸	5.2.3.1～5.2.3.3		5.3.4.8
	——手工配页、传送链	5.2.3.4		5.2.10.2
	——配页装置(传送装置)	5.2.3.5		
	——防护装置打开时启动机器	5.2.3.7		
	无线胶订机			
	——书夹	5.2.4.1		
	——上胶辊	5.2.4.2		5.3.4.8
	——供封皮	5.2.4.8		
	——收书单元	5.2.4.9		
	——防护装置打开时启动机器	5.2.4.11,7.1.2.2		
	——铣书背刀	5.2.4.12,7.1.2.1		
	打孔机			
	——钻头	5.2.5.1		
	——钻头/卡盘爪	5.2.5.2		
	书芯压平机			
	——夹紧板/夹料	5.2.6		
	压书机			
	——压板	5.2.7.1,5.2.7.2		5.2.10.2
	——压板/机器附件	5.2.7.3		
	单张纸折页机			
	——折页辊的折叠滚筒区	5.2.8.1		
	——裁切、折痕、打孔单元	5.2.8.2		
	——折页刀	5.2.8.3		
	——防护装置打开时启动机器	5.2.8.4		
	书籍生产线			
	——进料口	5.2.9.1		
	——预热、传送装置	5.2.9.2		
	——压书部分	5.2.9.3		
	——上胶部分	5.2.9.4		
	——贴纱布部分	5.2.9.6		
	——上堵头布部分	5.2.9.7		5.2.1.1b)
	——封皮输送	5.2.9.8		5.3.4.8

表 1（续）

重大危险	危险区域	安全措施：涉及到下列条款 本部分	EN 292-1:1991	GB/T 28387.1—2012
机械危险	——折制封皮部分	5.2.9.9		
挤压	——上封皮部分	5.2.9.10		
剪切 切削或切断	——防护装置打开时启动机器	5.2.9.11,7.1.7		
缠绕 冲击	书芯扒圆起脊机			
	——传送皮带、传送链条、给纸口的内旋卷入部位	5.2.10.1		
	——粘页部分	5.2.10.2		
	——预加热	5.2.10.3		
	——预成型、书脊扒圆、压书部分	5.2.10.5		
	书背加衬上堵头布机			
	——送书口、传送带	5.2.11.1		
	——上胶部分、胶辊	5.2.11.2		
	——贴纱布部分	5.2.11.4		
	——上堵头布部分	5.2.11.5		
	——压书部分	5.2.11.6		
	上封皮机			
	——送书挡书板	5.2.12.1		
	——封皮输送装置	5.2.12.2		5.3.4.8
	——折制封皮部分	5.2.12.3		
	——成型部分	5.2.12.4		
	——上封皮、上胶部分	5.2.12.6		
	——压书部分	5.2.12.7		
	——收书单元、收书口	5.2.12.8		
	封皮压痕成型机			
	——送封和输送口	5.2.13.1		
	——粘页部分，传送装置	5.2.13.2		
	——压书部分	5.2.13.3		
	——防护装置打开时启动机器	5.2.13.5,7.1.7		
	信封机			
	——卷筒纸开卷单元	5.3.1.1		5.3.5
	——给纸台	5.3.1.2		5.3.4.8
	——印刷单元	5.3.1.3.1,5.3.1.3.2		5.2.1.1
	——横向和纵向压折痕机	5.3.1.4.1,5.3.1.4.2		5.3.2.1
	——表格裁切部分	5.3.1.5		

表 1（续）

重大危险	危险区域	安全措施：涉及到下列条款		
		本部分	EN 292-1:1991	GB/T 28387.1—2012
机械危险 挤压 剪切 切削或切断 缠绕 冲击	——导辊	5.3.1.6.1,5.3.1.6.2		
	——切窗口部分	5.3.1.7		
	——窗口材料传送部分	5.3.1.8.1～5.3.1.8.4		5.2.1.1
	——刮胶单元	5.3.1.9.1,5.3.1.9.2		5.2.1.1
	——分切单元	5.3.1.10.1～5.3.1.10.3		
	——折制封底部分	5.3.1.11.1,5.3.1.11.2		5.2.1.1
	——传送轴	5.3.1.12.1,5.3.1.12.2		5.2.1.1.b)
	——摆轮	5.3.1.13.1,5.3.1.13.2,7.1.3.1		
	——胶辊单元	5.3.1.14.1～5.3.1.14.4,7.1.3.3		5.2.1.1
	——热风烘干装置	5.3.1.15.1,5.3.1.15.2		
	——分离辊前的排列部分	5.3.1.16		5.2.1.1
	——排列部分	5.3.1.17		5.2.1.1
	——折翼封口部分	5.3.1.18		
	——圆盘式收信封	5.3.1.19.1,5.3.1.19.2		
	——防护装置打开时启动机器	5.3.1.20.1,7.1.7 5.3.1.20.2,7.1.4.1		5.2.3.4
	卫生产品生产机			
	——卷筒纸开卷单元	5.3.2.1.1～5.3.2.1.4		5.3.5.1
	——平凸压印部分	5.3.2.2.1,5.3.2.2.2		5.2.1.1
	——纵向分切部分	5.3.2.3		5.3.2
	——纵向折页部分	5.3.2.4		
	——分切装置上排废装置	5.3.2.5		
	——计数和传送部分	5.3.2.6		
	——产品检测部分	5.3.2.7		5.2.1.1
	——收纸单元	5.3.2.8.1,7.1.4.2		
	——防护装置打开时启动机器	5.3.2.9.1,7.1.7 5.3.2.9.2,7.1.4.1		
	插页机			
	——给纸	5.3.3.1,5.3.3.2		5.3.4.8
	——传送装置/驱动元件	5.3.3.3		
	——防护装置打开时启动机器	5.3.3.5,7.1.5		
	计数堆积机			
	——传送皮带上的内旋卷入部位	5.3.4.1		
	——废品分离器	5.3.4.2		

表 1（续）

重大危险	危险区域	安全措施：涉及到下列条款		
		本部分	EN 292-1：1991	GB/T 28387.1—2012
机械危险 挤压 剪切 切削或切断 缠绕 冲击	——转台	5.3.4.3		
	——收书单元	5.3.4.4		
	——能量存储(气动系统)	5.3.4.5		
	纸张压痕机			
	——卷筒纸穿纸装置	5.3.5.2		5.2.3.5
	——卷筒纸开卷、复卷单元	5.3.5.3		5.3.5
	——导辊	5.3.5.4		5.2.1.1
	——张紧辊	5.3.5.5		
	——压凸辊/反压辊间的内旋卷入部位	5.3.5.6		
	——反压辊的运行	5.3.5.7,7.1.5		5.2.3.2a)2)
	——旋转刀	5.3.5.9		
	涂布机			
	——卷筒纸穿纸装置	5.4.1.2		
	——卷筒纸开卷、复卷单元	5.4.1.3		5.3.5
	——导辊	5.4.1.4		
	——给料间隙	5.4.1.5		
	——涂布单元	5.4.1.8		
	——辊的闭合或脱开	5.4.1.9		
	——传送皮带上的内旋卷入部位	5.4.1.10		
	——连续式烘干装置	5.4.1.13.2		
	——整机	5.4.1.13.5,5.4.1.13.6,7.1.6.3		
	金属箔复合			
	——卷筒纸开卷、复卷单元	5.4.2.1.1		5.3.5
	——手动给纸	5.4.2.1.2		
	——导辊	5.4.2.1.3,5.4.2.1.4		5.2.1.1
	——复合辊的闭合和脱开动作	5.4.2.1.5		
	——复合辊的内旋卷入区域	5.4.2.1.6		5.2.1.1
	——裁切单元	5.4.2.1.8		
	涂胶复合			
	——卷筒纸穿纸装置	5.4.2.2.2		
	——卷筒纸开卷、复卷单元	5.4.2.2.3		5.3.5
	——给纸、收纸单元	5.4.2.2.4		5.3.4
	——传送皮带内旋卷入	5.4.2.2.5		
	——导辊	5.4.2.2.6		5.2.1.1

表 1（续）

重大危险	危险区域	安全措施：涉及到下列条款		
		本部分	EN 292-1:1991	GB/T 28387.1—2012
机械危险 挤压 剪切 切削或切断 缠绕 冲击	——抗撕拉纸带	5.4.2.2.7		
	——旋转刀	5.4.2.2.8		5.3.2
	——传送辊	5.4.2.2.9		
	——上胶单元	5.4.2.2.10		
	——复合辊	5.4.2.2.11,5.4.2.2.12		5.2.3.2a)2)
	——裁单张装置	5.4.2.2.13		
	——压紧皮带	5.4.2.2.14,5.4.2.2.15		5.2.1.1a)
	——挡块、传送带	5.4.2.2.16		
	——翻转皮带	5.4.2.2.17		
避免直接或可能发生危险的位置	多头骑马订书机	5.2.2.6,5.2.2.9		5.2.7.2
	配页机	5.2.3.6,5.2.3.8		5.2.7.2
	无线胶订机	5.2.4.10,5.2.4.13		
	单张纸折页机	5.2.8.6		
	书籍生产线	5.2.9.12,5.2.9.13		5.2.7.2
	书芯扒圆起脊机	5.2.10.6		
	书背加衬上堵头布机	5.2.11.7		
	上封皮机	5.2.12.9		
	封皮压痕成型机	5.2.13.6		
	信封机	5.3.1.21,5.3.1.23		5.2.7.2
	卫生产品生产机	5.3.2.11,5.3.2.12		5.2.7.2
	插页机	5.3.3.4,5.3.3.6		
	计数堆积机	5.3.4.6		
	纸张压痕机	5.3.5.1,5.3.5.10		5.2.7.2
	涂布机	5.4.1.1,5.4.1.14		5.2.7.2
	金属箔复合	5.4.2.1.9		
	涂胶复合	5.4.2.2.19		
电气危险直接或间接接触	所有电气设备	5.1.3	4.3	5.2.5
高温危险 由于可能接触引起的灼伤	无线胶订机		4.4	
	——热熔胶的胶锅	5.2.4.6		5.2.14
	书籍生产线			
	——预加热部分	5.2.9.2,7.1.8		
	书芯扒圆起脊机			
	——预加热	5.2.10.4,7.1.8		
	书背加衬上堵头布机			
	——热熔胶	5.2.11.3,7.1.8		5.2.14
	上封皮机			
	——加热成型部件	5.2.12.5,7.1.8		

表 1（续）

重大危险	危险区域	安全措施：涉及到下列条款		
		本部分	EN 292-1:1991	GB/T 28387.1—2012
高温危险 由于可能接触引起的灼伤	封皮压痕成型机 ——加热的压痕成型板	5.2.13.4,7.1.8		5.2.14
	信封机 ——热气喷嘴、机器发热部分	5.3.1.15.3		5.2.14
	纸张压痕机 ——热压凸辊	5.3.5.8,7.1.8		
	涂布机 ——高温液体原料 ——连续式烘干装置	5.4.1.6 5.4.1.13.4		5.2.14
	金属箔复合 ——加热的复合辊	5.4.2.1.7		5.2.14
噪声危险 例如导致听力受损(耳聋)	单张纸折页机 信封机 卫生产品生产机	5.2.8.5 5.3.1.22 5.3.2.10	4.5	
紫外线、激光辐射造成的危险	无线胶订机 ——烘干装置辐射(紫外线、高频烘干装置)	5.2.4.7	4.7	5.2.16.2
因失火和爆炸引发的危险	卫生产品生产机	5.3.2.5	4.8	
	涂布机	5.4.1.11,5.4.1.13.1, 7.1.6.2,5.4.1.13.3		
	涂胶复合	5.4.2.2.18		5.2.4
来自处理和加工过程中所用材料或由这些材料散发出来的物质造成的危险 因接触、吸入有害液体、气体、雾气及灰尘导致的危险	无线胶订机 ——聚胺酯热熔胶	5.2.4.3～5.2.4.5, 7.1.2.3	4.8	
	书籍生产线 ——热熔胶	5.2.9.5		
	涂布机 ——有害的物质	5.4.1.7,7.1.6.1		
因机器设计中忽视人类功效学的原则而导致的危险	订书机、铆钉机、打眼和订装机 ——调整	5.2.1.2	4.9	

表 1（续）

重大危险	危险区域	安全措施：涉及到下列条款		
		本部分	EN 292-1:1991	GB/T 28387.1—2012
不利于身体健康的操作姿势	书籍生产线 ——填充胶液	5.2.9.4		
控制系统中的失效、误动作 安全电路中相关的失效和故障	控制全部机器系统	5.1.4		5.2.6.1
	订书机、铆钉机、打眼和订装机	5.2.1.1,5.2.1.4		5.2.6
	配页机	5.2.3.1,5.2.3.4		5.2.6.1.5,5.2.10.1
	无线胶订机	5.2.4.8		5.2.6.1.5
	纸张打孔机	5.2.5.2		5.2.8
	卫生产品生产机 喷水切刀	5.3.2.8.2		5.2.6.2.1
	插页机、纸堆监测装置	5.3.3.1		5.2.6.1.5

5 安全要求和/或保护措施

5.1 概述

5.1.1 机器应符合本章的安全要求和/或保护措施，此外，所设计的机器还应符合本部分未涉及而在 EN 292-1:1991、EN 292-2:1991+A1:1995 中相关的非重大危险事项的规定（例如机架的锐边）。

还应符合 GB/T 28387.1—2012 的一般要求。

5.1.2 按照 GB/T 28387.1—2012 中 5.2.2.3 的规定，须经常移动的或进行开机准备时的防护装置，应将其与危险动作互锁。

5.1.3 电气设备应符合 GB/T 28387.1—2012 中 5.2.5 的规定。

5.1.4 相关安全控制电路应符合 GB/T 28387.1—2012 中 5.2.6.1 的规定。

5.1.5 由多机组组装在一起形成一个带有总控制系统的集成线（生产线），应符合附录 A.1 的规定。

5.2 书籍装订机

5.2.1 订书机、铆钉机、打眼和订装机（手工给帖）

5.2.1.1 在订书机、铆钉机、打眼和贴装机上的工具之间应避免危险发生或采用安全防护（见图 4）。

使用下列防护措施：

——工具打开位置彼此间的最大距离保持为 4 mm；或

——保证移动式工具的闭合力小于 50 N；如果闭合力较大，应采用传感装置监控，闭合之间确实没有人时才可闭合。

例如，这类传感装置的功能以工件和人体的不同电阻为基准或者以两者不同厚度为基准。控制系统应至少符合 EN 954-1:1996 附录 B 的规定。

危险区域的安全防护应满足下列条件之一：

——通过开口触及的安全距离应符合 GB 23821—2009 中表 4 中的规定；或

——只有在双手操作控制下才能启动机器，双手操控装置应符合 GB/T 28387.1—2012 中 5.2.8

的规定，机器应配备支撑工件的固定装置。

5.2.1.2 由于操作原因，手工给帖的平订机、骑马订书机(见图4和图5)以及混合装订机应配备活动式防护装置。在使用活动式防护装置时，应符合GB/T 28387.1—2012中5.2.2.4的规定。

平订机的活动式防护装置应能延伸到产品表面，骑马订书机的活动式防护装置应能延伸到订座下部。

机器应附带有防护装置的调整说明，可通过带有图示和尺寸数据来注明。例如：根据特定装订厚度来确定安全防护装置的调整。

更多使用信息应符合使用说明中7.1.1的规定。

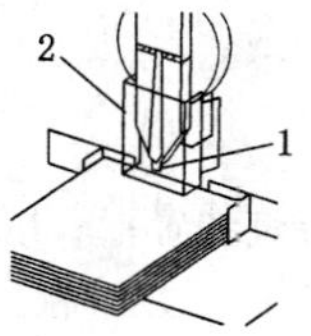

说明：

1——上部工具；

2——护罩。

图4 平订机

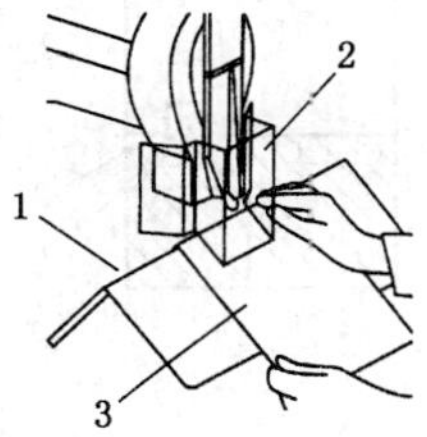

说明：

1——鞍形台的上边缘；

2——护罩；

3——工件。

图5 骑马订书机

5.2.1.3 只有在双手操控装置下才可启动机器，应符合GB/T 28387.1—2012中5.2.8的规定，机器应配备支撑工件的固定装置；

在危险区域外，如果工件的外形或尺寸要求操作者用双手拿住工件或工件需要单手拿住时，应提供一个止—动操作控制装置代替双手操控装置来启动机器。

5.2.1.4 相关的安全控制电路，应符合GB/T 28387.1—2012中5.2.6的规定。

5.2.2 多头骑马订书机(见图6)

5.2.2.1 当多头骑马订书机盛帖斗由人工给料时，搭页装置各独立单元危险部位应按照GB/T 28387.1—2012中5.3.4.8的规定进行安全防护，危险隐患监控系统应符合GB/T 28387.1—2012中5.2.6.1.5的规定进行设计。

5.2.2.2 自动搭页的盛帖斗采用隧道式防护装置并保持与最近危险部位550 mm距离，可代替5.2.2.1中的规定。

5.2.2.3 搭页装置应配备固定式或与危险动作互锁的防护装置。

在单张纸搭页位置(传送链条的侧边)，为了防止从传送链条的侧边直接接近危险部位，应对搭页装置进行安全防护。由于功能原因(如要使用空气漩涡)(见图7)，使得传送链条不能被全部包裹，那么传送链条侧边的防护装置的下边缘应延伸到尽可能低的位置。

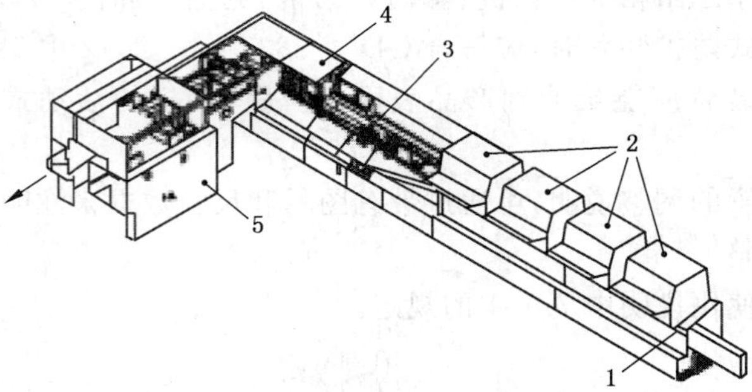

说明：

1——传送链；

2——搭页装置；

3——厚度控制装置；

4——装订装置；

5——切书机（三面切）。

图 6 多头骑马订书机

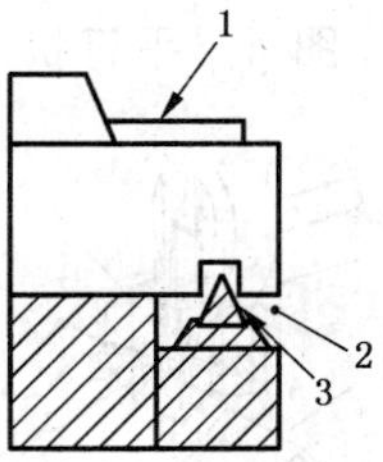

说明：

1——手动搭页；

2——搭页装置的下部；

3——传送链条。

图 7 搭页装置

5.2.2.4 装订部分的危险区域应在操作面安装与危险动作互锁的防护装置进行防护，否则应安装固定式或与危险动作互锁的防护装置。装订单元内旋卷入侧的开口处应通过弹性材料进行充分防护(例如:毛刷)。

5.2.2.5 纸张厚度控制辊内旋卷入部位(见图 8)，应选用下列之一防护措施：

——最大夹紧力为 50 N;或

——至少有 20 mm 的移位量;或

——护罩。

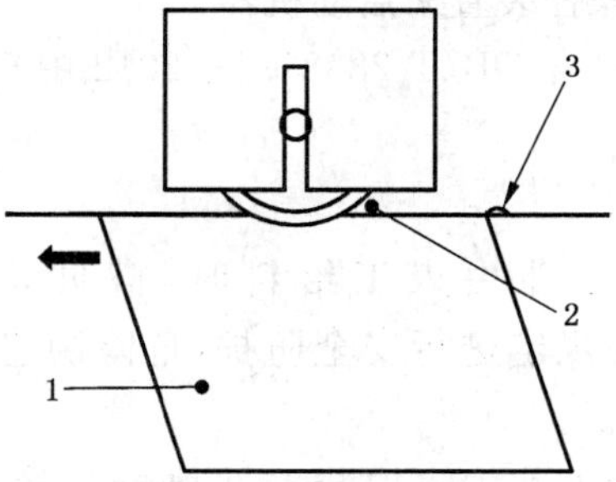

说明：

1——书帖；

2——内旋卷入部位；

3——叼牙。

图 8 纸张厚度控制辊

5.2.2.6　多头骑马订书机应提供启动预警装置，并应符合 GB/T 28387.1—2012 中 5.2.7.2 的规定。

5.2.2.7　在传送链条叼纸牙排和机器固定部件之间需要至少 25 mm 的安全距离。

5.2.2.8　启动一台止—动速度超过 10 m/min 且其联锁防护装置处于开启位置的机器，只有通过双手控制且应满足以下要求才行：

——受限视野区域和互相联锁应符合 GB/T 28387.1—2012 中 5.2.3.4 的规定；

——为该类运行提供选择开关；

——按照操作程序要求，止—动操作速度应是可用的最低速度。

更多使用信息应符合使用说明中 7.1.7 的规定。

5.2.2.9　应提供带有急停按钮的急停系统，急停按钮位于每个主控面板上。在自动给纸装置区域内应每间隔 5 m 装有一个急停按钮。

5.2.2.10　切书机安全防护，按 EN 1010-3:2002 中 5.5 的规定。

当互锁防护装置打开时，只有通过双手控制才可启动机器进行调整。双手控制的操作，只允许一次裁切循环。

5.2.3　配页机

5.2.3.1　手工给纸配页装置，应对给纸装置和机器固定部件之间的危险部位进行防护，按照 GB/T 28387.1—2012 中 5.3.4.8 的规定。残留纸堆监测系统应符合 GB/T 28387.1—2012 中 5.2.6.1.5 的规定进行设计。

5.2.3.2　对于给纸部件不能使用并且机器不能被停下来这种情况，应提供最大尺寸规格的空白纸板代替空白页以对独立零件的危险区域进行防护，纸板应确保机器不会因残留纸堆监测系统而停止。

5.2.3.3　盛书帖斗的自动给纸装置，应安装距危险部位 550 mm 的隧道式防护装置，可代替 5.2.2.1 的规定。

5.2.3.4　为了对手工给帖装置上危险部位进行防护，应对传送链条和机器各固定部件之间保留最小 25 mm 的距离。

如果不能保留最小距离，按照 GB/T 28387.1—2012 的 5.2.10.1(3 类)和 5.2.10.2 的规定，采用安全杠断电进行防护。

给帖装置中，手工给帖可触及的危险部位应采用长度至少为 300 mm 的固定式或互锁式隧道防护装置进行安全防护(见图 9 中 2)。

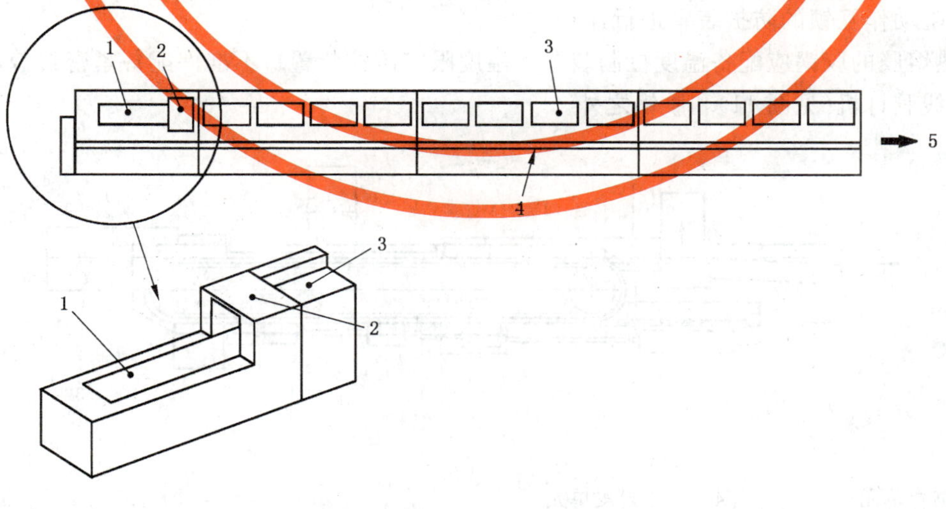

说明：

1——手工给帖；

2——隧道式护罩；

3——自动给帖装置；

4——配页装置(传送装置)；

5——机器运行方向。

图 9　配页机(平面图)

5.2.3.5 配页装置上的危险部位(传送装置)(见图9中4)应采用固定式或与危险动作互锁的防护装置进行防护。

5.2.3.6 配页机应安装启动预警装置,应符合GB/T 28387.1—2012中5.2.7.2的规定。

5.2.3.7 启动一台止—动速度超过10 m/min且其联锁防护装置处于开启位置的机器,只有通过双手控制且应满足以下要求才行:

——受限视野区域和互相联锁应符合GB/T 28387.1—2012中5.2.3.4的规定;

——为该类运行提供选择开关;

——按照操作程序要求,止—动操作速度应是可用的最低速度。

更多使用信息应符合使用说明中7.1.7的规定。

5.2.3.8 至少在每个主控面板上应安装急停系统提供的急停按钮。在自动给纸装置区域内应每间隔5 m装有一个急停按钮。

5.2.4 无线胶订机

5.2.4.1 书夹板之间(见图10)、书夹与支架之间及压封皮时的危险部位应采用固定式或与危险动作互锁的防护装置进行保护。按照GB 23821—2009中表4规定的开口防护安全距离。

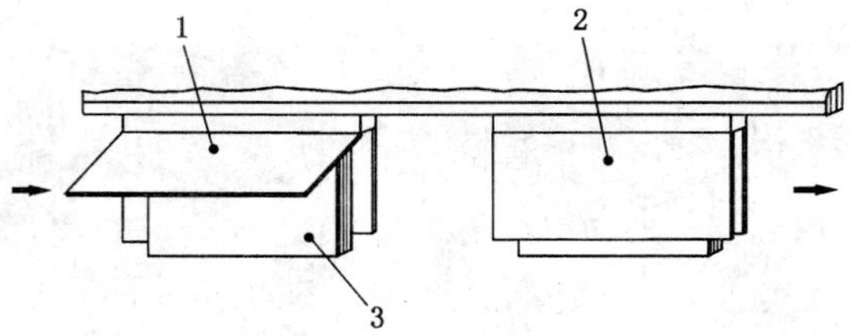

说明:

1——打开的书夹板;

2——闭合的书夹板;

3——书帖。

图10 书夹板

5.2.4.2 上胶装置(上胶辊、涂胶装置)和书背之间或书夹和机器各固定部件之间的危险部位,采用固定式或与危险动作互锁的防护装置进行保护。

5.2.4.3 热熔胶的胶锅应配备温度控制装置和温度限定监控装置。不准许配备紧密封盖,任何热熔气体应排出无线胶订机(见图11)和胶锅之外。

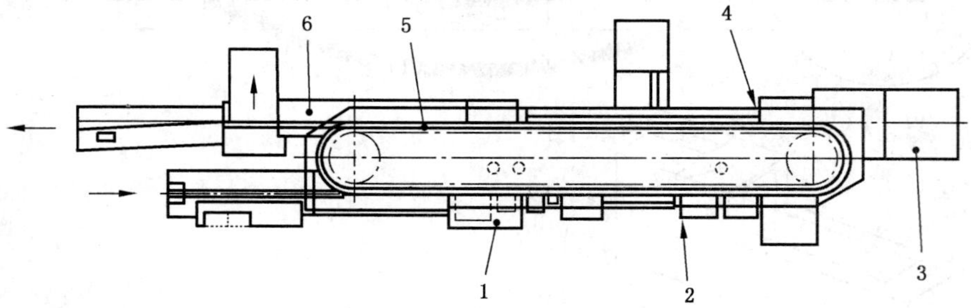

说明:

1——铣书背单元;　　4——压封皮单元;

2——上胶单元;　　5——书夹;

3——供封皮;　　6——收书部分。

图11 无线胶订机(平面图)

5.2.4.4 使用聚氨酯热熔胶订书的无线胶订机的设计应能保障在整个加工过程(预热、加工、清洗)中机器不会排放出异氰酸盐气体。如果异氰酸盐蒸汽和异氰酸盐湿剂被抽出则应符合 EN 626-1:1994 和 EN 626-2:1996 的规定。

抽气装置的具体规定应用于供胶型功能,在设计上胶装置(槽、喷嘴)和无线胶订机的规格型号和布局时应给予特殊考虑。废气应在不危害环境的情况下从屋顶排出。排放的最小气体量不应小于 500 m^3/h。

使用向内排气循环过滤系统时应通过测定聚乙烯蒸汽和异氰酸盐的含量改进其功效以确保周围空气内此物质含量未达到有害程度。

5.2.4.5 在移动无线胶订机的胶锅或清洗胶锅时,在聚乙烯蒸汽不能被彻底排除的地点,操作人员应佩戴过滤面罩对所存在的危险进行安全防护。

在处理聚氨酯热熔胶时,在泼溅危险不能被完全避免的场合,操作人员应佩戴适当的保护眼镜和合适的手套进行安全防护。

使用说明书中的更多信息以及操作聚氨酯时的危险隐患,见 7.1.2.3 的规定。

5.2.4.6 热熔胶锅的高温表面应符合 GB/T 28387.1—2012 中 5.2.14 的规定,采用护罩阻止人体接触。

5.2.4.7 使用紫外线烘干装置的机器按照 GB/T 28387.1—2012 中 5.2.16.2 中对散发紫外线辐射限定值的要求。高频烘干装置的规定限值应符合 GB 17799.4—2001 中 9 的规定。

5.2.4.8 供封装置的分离部件上的危险部位应进行安全防护并符合 GB/T 28387.1—2012 中 5.3.4.8 的规定。残留纸堆监控装置,应符合 GB/T 28387.1—2012 中 5.2.6.1.5 的规定。

装有自动供封皮装置的机器要求采用隧道式防护装置并保持与最近危险部位 550 mm 的距离,可代替 5.2.2.1 中的规定。

5.2.4.9 确保收书时不会触及无线胶订机(夹板)的危险部位。收书部位应安装固定式或互锁式防护装置进行安全防护。距危险区域的安全距离至少应保持在 550 mm。

5.2.4.10 机长为 7 m 或更长的无线胶订机,应安装启动预警装置,应符合 GB/T 28387.1—2012 中 5.2.7.2 的规定。

5.2.4.11 启动一台止—动速度超过 10 m/min 且其联锁防护装置处于开启位置的机器,只有通过双手控制且应满足以下要求才行:

——受限视野区域和互相联锁应符合 GB/T 28387.1—2012 中 5.2.3.4 的规定;

——为该类运行提供选择开关;

——按照操作程序要求,止—动操作速度应是可用的最低速度。

如果需要无线胶订机在调试过程中手动供封皮,当防护装置开启时,可使用止—动操作装置以最高 10 m/min 的速度启动机器。

更多使用信息应符合使用说明中 7.1.2.2 的规定。

5.2.4.12 当书夹部分的互锁防护装置打开时,不准许使装订生产线的铣书背刀立即停止,应采用下列措施:

——利用附加防护装置,(例如铣书背刀上的活动式防护装置推至开启状态;铣书背刀前安装立式防护装置)尽可能防止人体接触铣书背刀部分;

——在铣书背刀附近贴有警告标识。

更多使用信息应符合使用说明中 7.1.2.1 的规定。

5.2.4.13 每间隔 5 m,在每个主控面板上应安装急停系统提供的急停按钮。

5.2.5 打孔机

5.2.5.1 单头手工绫纸打孔机应使用止—动操作装置(手或脚控制的)或手动控制钻头行程或工件行

程。当止—动操作装置(手或脚控制的)断开时,钻头或工件应能退回其原来的起始位置。

应配置一套牢固地固定产品的压紧装置(见图 12),同时要防止人员意外触及。压紧装置和夹爪之间的距离至少为 25 mm(见图 12)。

5.2.5.2 多头打孔机上夹爪和钻头间的危险区域应采用下列措施进行安全防护:

——与危险动作互锁的防护装置(见图 12 中 5);或

——符合 GB/T 28387.1—2012 中 5.2.8 规定的双手控制装置。

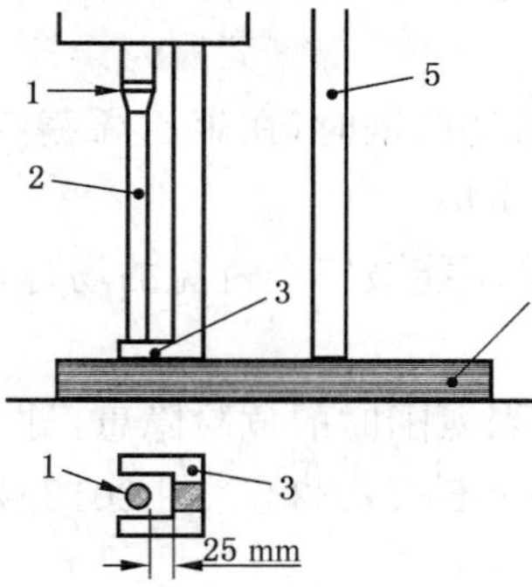

说明:

1——夹爪;

2——钻头;

3——压紧装置;

4——材料;

5——护罩。

图 12 打孔机

5.2.6 书芯压平机

书芯压平机(见图 13)的动压板通过止—动操作装置,才可向书芯方向活动(危险部位在动压板和插入的书芯之间或动压板和插入的中间压板之间)。

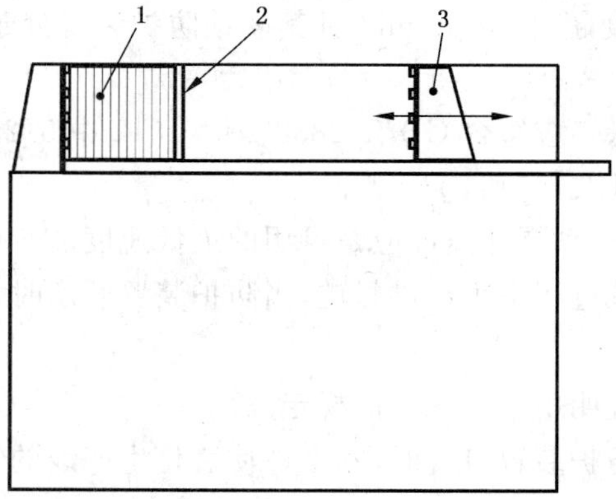

说明:

1——书芯;

2——中间压板;

3——动压板。

图 13 书芯压平机

5.2.7 压书机

5.2.7.1 在移动压板和固定压板(见图 14)或移动压板和成型杆之间的所有危险部位都应进行安全防

护。如果是自动移动，可采用安全杠进行防护。触碰安全杠应停止压板向上移动。自动停机装置应满足 GB/T 28387.1—2012 中 5.2.10.1 和 5.2.10.2 的规定。

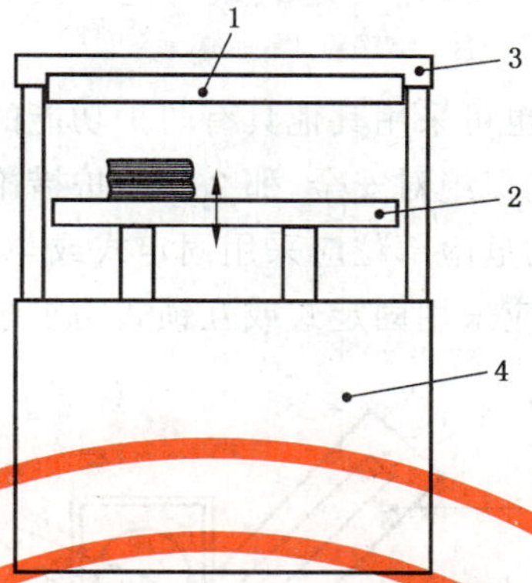

说明：

1——自动停机装置；

2——动压板；

3——静压板；

4——护罩。

图 14 压书机

5.2.7.2 配备了多个压板且各压板均能单独移动的压书机上应对动压板之间的危险部位采用固定式、抗弯式防护装置进行附加安全防护。该防护装置表面宜光滑且不带槽(见图 15 中 4)。

护罩和动压板之间的间隙不准许超过 6 mm。

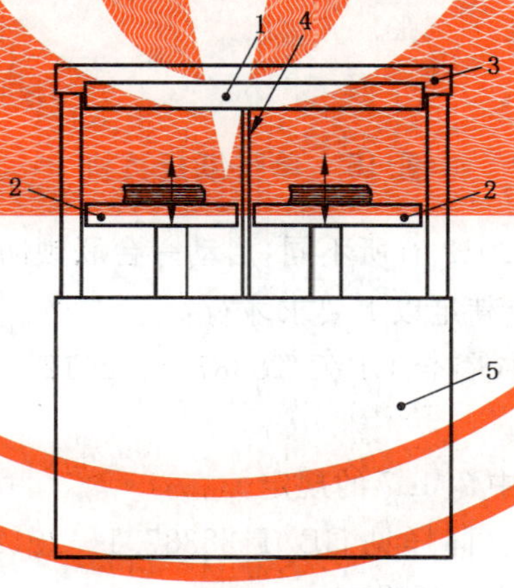

说明：

1——断电安全杠；

2——动压板；

3——静压板；

4——防护装置；

5——护罩。

图 15 两个动压板的压书机

5.2.7.3 动压板(底部)和机器护罩之间的危险部位可采用 120 mm 的最小距离进行安全防护，应符合 GB 12265.3—1997 的规定。

5.2.7.4 在操作侧应安装急停装置提供的急停按钮。

5.2.8 单张纸折页机(见图 16)

5.2.8.1 折页辊间的内旋卷入部位应采用固定式或与危险动作互锁的防护装置进行保护,应符合GB/T 28387.1—2012 中 5.2.1.1 的规定。

调试工作应在防护装置外进行,也可采用其他具有防护功能的安全防护装置。

如栅栏板作为防护装置使用可确保绝对安全,那么此防护措施是允许的。

5.2.8.2 裁切、折痕和打孔单元上的危险部位应采用固定式或与危险动作互锁的防护装置进行防护。

5.2.8.3 折页刀和折辊间挤压部位应采用固定式或互锁式防护装置进行防护。

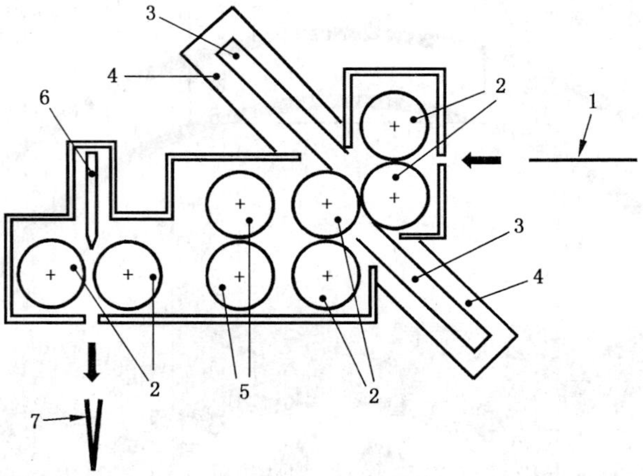

说明:

1——未折纸张;
2——折辊;
3——栅栏板;
4——防噪密封;
5——裁切压痕装置;
6——折刀;
7——已折纸张。

图 16 单张纸折页机

5.2.8.4 由于与 GB/T 28387.1—2012 有所不同,启动一台联锁防护装置处于开启状态并以生产速度运行的机器,只有通过双手控制且应满足以下要求才行:

——受限视野区域和互相联锁应符合 GB/T 28387.1—2012 中 5.2.3.4 的规定;

——为该类运行提供选择开关。

更多使用信息应符合使用说明中 7.1.7 的规定。

5.2.8.5 折页机上应采取降噪措施(同样见 GB/T 28387.1—2012),例如:通过安装隔音护罩。通过在上下栅栏上安装隔音护罩可以适当降低噪声。

5.2.8.6 在各主控面板上应安装急停装置提供的急停按钮。

5.2.9 硬皮书籍生产线(见图 17)

5.2.9.1 给纸输送装置进料开口处任何危险部位都应被预防,按照 GB 23821—2009 中表 4 规定的安全距离设计输送进料口。

5.2.9.2 预加热装置上的预热辊和传送装置危险部位应采用固定式或与危险动作互锁的防护装置进行防护。

互锁防护装置打开后,在所有能够接触预加热装置的地方,均应在其附近贴上高温部件的图文警告标识。

更多使用信息应符合使用说明中 7.1.8 的规定。

5.2.9.3 书芯扒圆起脊机的危险区域(压书板、传送装置所造成的危险部位)应采用固定式或与危险动作互锁的防护装置进行防护。

5.2.9.4 上胶装置上的危险部位(上胶辊之间、书帖和上胶辊之间的内旋卷入部位)应采用固定式或与危险动作互锁的防护装置进行防护,应符合 GB/T 28387.1—2012 中 5.2.1.1a)的规定。

在正式生产运行过程中添加胶液应确保安全,例如通过上胶管路系统或从防护装置外部进行添加也可以。

5.2.9.5 在使用热熔胶的地方,胶锅应配备温度控制和温度限制监测。

5.2.9.6 纱布切刀的裁切装置和贴纱布辊子所造成的剪切和挤压危险,应采用固定式或与危险动作互锁的防护装置进行防护。应符合 GB/T 28387.1—2012 中 5.2.1.1b)对辊子的内旋卷入部位(纱布开卷装置)进行的安全防护。

5.2.9.7 贴背脊条和堵头纱布装置的裁切、挤压部位、堵头布刀和旋转切刀造成的裁切危险,应采用固定式或与危险动作互锁的防护装置进行防护。应符合 GB/T 28387.1—2012 中 5.2.1.1b)对辊子(开卷装置)间的内旋卷入部位进行的安全防护。

5.2.9.8 封皮供给装置的各独立单元和传送装置之间的危险部位,应按照 GB/T 28387.1—2012 中 5.3.4.8 的规定进行安全防护。

5.2.9.9 折制封皮和扒圆装置的挤压部位(例如导轨、传送装置造成的危险部位)应采用固定式或与危险动作互锁的防护装置进行防护。

5.2.9.10 上封皮装置的挤压部位和剪切部位(例如传送装置、导轨所致的危险部位)应采用固定式或与危险动作互锁的防护装置进行防护。

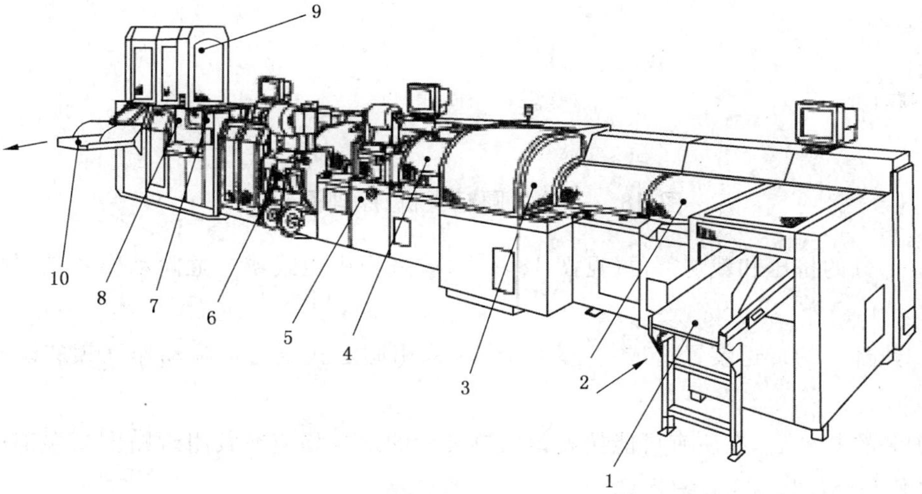

说明:

1——供给带;

2——预加热装置;

3——书芯扒圆起脊装置;

4——上胶装置;

5——贴纱布装置;

6——贴背脊条和堵头纱布装置;

7——供封皮装置;

8——折制封皮和扒圆装置;

9——上封皮装置;

10——传送带。

图 17 硬封皮书籍生产线

5.2.9.11 启动一台止—动速度超过 10 m/min 且其联锁防护装置处于开启位置的机器,只有通过双手控制且应满足以下要求才行:

——受限视野区域和互相联锁应符合 GB/T 28387.1—2012 中 5.2.3.4 的规定;

——为该类运行提供选择开关;

——止—动速度为程序要求的最低速度且不超过 20 m/min。

更多使用信息应符合使用说明中 7.1.7 的规定。

注：由于循环生产线上的止—动控制装置速度不同，而机械持续速度导致各元件在不同工序阶段的运行速度加快。

5.2.9.12 在各主控操作台上应安装急停按钮。

5.2.9.13 书籍生产线应安装启动预警装置，并符合 GB/T 28387.1—2012 中 5.2.7.2 的规定。

5.2.10 书芯扒圆起脊机(见图 18)

5.2.10.1 对送入书帖与收书传送带的内旋卷入部位进行安全防护。应防止从送书口或收书口进入到机器任何危险部位。送书、收书口处至危险部位的安全距离应至少保持在 550 mm。

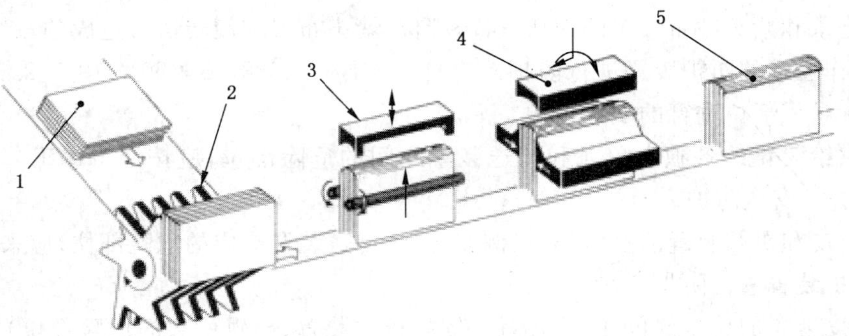

说明：

1——送入书帖；

2——粘页部分；

3——成型；

4——书脊扒圆和压书；

5——收书。

图 18 书芯扒圆起脊机(原理图)

5.2.10.2 粘页部分的挤压和裁切部位(见图 18 中 2)应采用固定式或与危险动作互锁的防护装置进行防护。

5.2.10.3 预加热部分的传送装置造成的危险部位应采用固定式或与危险动作互锁的防护装置进行防护。

5.2.10.4 防护装置打开后，在所有可能接触预加热装置的地方均应在其附近贴上高温部件的图文警告标识(见 GB/T 28387.1—2012 中 5.2.14)。

更多使用信息应符合使用说明中 7.1.8 的规定。

5.2.10.5 预加热成型、扒圆和压书芯部分的挤压部位(见图 18 中 3 和 4)应采用与危险动作互锁的防护装置进行防护。

5.2.10.6 在各主控面板上应安装急停按钮。

5.2.11 书背加衬上堵头布机

5.2.11.1 由垂直传送皮带传送书帖的过程中，对送书部分的传送带间的内旋卷入部分应安装隧道式防护装置进行防护。隧道送书口处和内旋卷入部位之间的安全距离应至少为 550 mm。

5.2.11.2 上胶部分(见图 19 中 1 和 3)的上胶辊之间的内旋卷入部位应采用固定式或与危险活动互锁的防护装置进行防护，并符合 GB/T 28387.1—2012 中 5.2.1.1 的规定。

5.2.11.3 采用固定式或移动式防护装置来阻止与机器高温部件接触，应符合 GB/T 28387.1—2012

中 5.2.14 的规定。防护装置打开后，所有可能接触胶锅的地方均应在其附近贴上高温部件的图文警告标识。

更多使用信息应符合使用说明中 7.1.8 的规定。

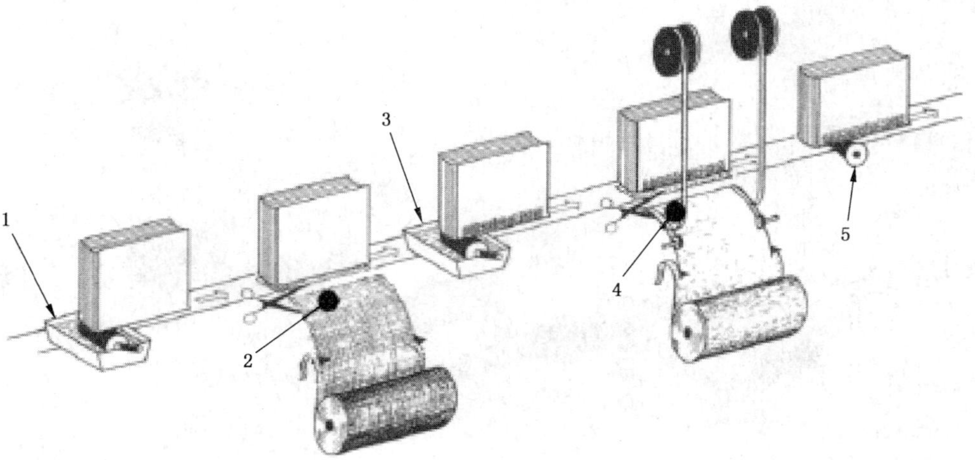

说明：

1——上胶部分；

2——粘纱布部分；

3——上胶部分；

4——上堵头布部分；

5——反向压书部分。

图 19　书背粘布、纸和堵头布机

5.2.11.4　纱布切刀的裁切部位(见图 19 中 2)应采用固定式防护装置进行防护。上胶装置(开卷装置)的内旋卷入部位应按照 GB/T 28387.1—2012 中 5.2.1.1 的规定进行安全防护。

5.2.11.5　上堵头布部分(见图 19 中 4)的切刀的裁切区域以及纱布开卷装置的旋转刀区域均应采用固定式防护或与危险动作互锁的防护装置进行防护。

5.2.11.6　反向压书部分的危险区域(见图 19 中 5)应采用固定式或与危险动作互锁的防护装置进行防护。

5.2.11.7　在各主控面板上应安装急停装置提供的急停按钮。

5.2.12　上封皮机(见图 20)

5.2.12.1　送书部分的挡书板和机器固定部件之间的危险部位应采用固定式或与危险动作互锁的防护装置进行防护。送书和收书开口处的安全距离应至少为 550 mm。

5.2.12.2　封皮输送装置和各独立单元的危险部位应进行安全防护，应符合 GB/T 28387.1—2012 中 5.3.4.8 的规定。

5.2.12.3　折封皮部分辊子的内旋卷入部位(见图 20 中 3)应采用固定式或与危险动作互锁的防护装置进行防护。

5.2.12.4　成型加热装置的挤压和内旋卷入部位(见图 20 中 4)应采用固定式或与危险动作互锁的防护装置进行防护。

5.2.12.5　互锁防护装置打开后，在所有能够接触到预加热装置的地方均应在其附近贴上高温部件的图文警告标识(见 GB/T 28387.1—2012 中 5.2.14)。

更多使用信息应符合使用说明中 7.1.8 的规定。

5.2.12.6 上封皮部分的挤压部位(见图20中6)和上胶部分的内旋卷入部位(见图20中5)应采用固定式或与危险动作互锁的防护装置进行防护。

5.2.12.7 反向压书部分(见图20中7)的内旋卷入部位和挤压部位应采用固定式或与危险动作互锁的防护装置进行防护。

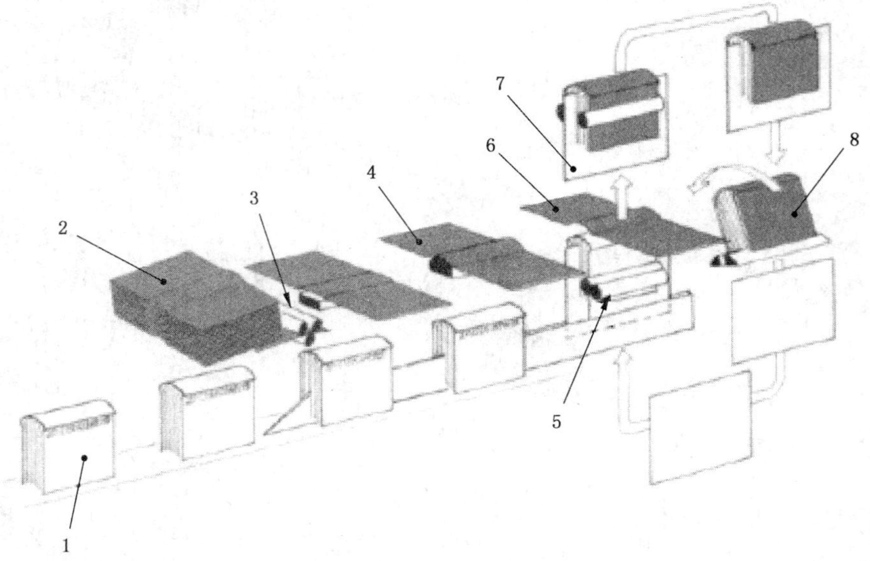

说明：

1——送书芯部分；
2——送封皮部分；
3——折封皮部分；
4——成型部分；
5——上胶部分；
6——上封皮部分；
7——反向压书部分；
8——收书。

图20 上封皮机(原理图)

5.2.12.8 收书传送(见图20中8)挤压和裁切部位应采用固定式或与危险动作互锁的防护装置进行防护。收书口距最近的危险部位的安全距离至少应为550 mm。

5.2.12.9 在每个主控面板上应提供急停按钮。

5.2.13 封皮压痕成型机(压力型)

5.2.13.1 送书封和收书封传送皮带在送书封口、收书封口处,不准许操作者进入机器内部任何危险部位(见图21中1～6)。当设计送书封开口和收书封开口时,至少应留出550 mm的安全距离。

5.2.13.2 粘单页机构(见图21中3)粘单页和送书装置处存在的挤压部位应采用固定式或与危险动作互锁的防护装置进行防护。

5.2.13.3 压书部分上的挤压位置(例如:书和压痕装置之间)应采用固定式或与危险动作互锁的防护装置进行防护(见图21中4)。

5.2.13.4 在容易接近的封皮压痕成型装置的高温部件附近应粘贴高温部件警告标识(见GB/T 28387.1—2012中5.2.14),并安装互锁式防护装置(见GB/T 28387.1—2012中5.2.14)。

更多使用信息应符合使用说明中7.1.8的规定。

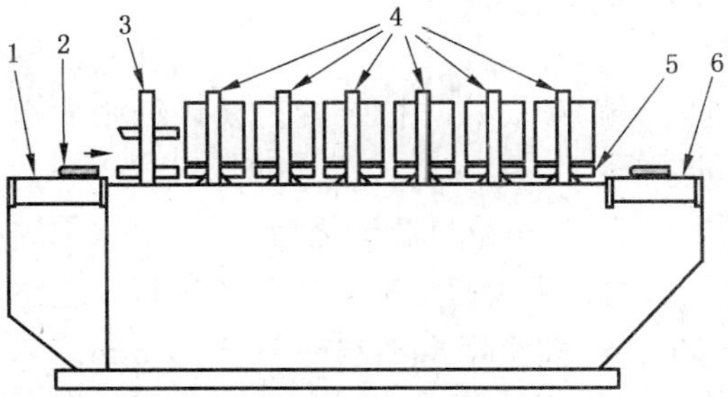

说明：

1——送封皮皮带；　　4——压书部分；

2——书芯；　　5——压痕成型导轨；

3——单页上胶部分；　　6——收书皮带。

图 21　封皮压痕成型机

5.2.13.5　启动一台止一动速度超过 10 m/min 且其联锁防护装置处于开启位置的机器，只有通过双手控制且应满足以下要求才行：

——受限视野区域和互相联锁应符合 GB/T 28387.1—2012 中 5.2.3.4 的规定；

——为该类运行提供选择开关；

——止一动速度为程序要求的最低速度且不超过 20 m/min。

更多使用信息应符合使用说明中 7.1.7 的规定。

注：如果止动速度过低，机器内的书将会被引燃。

5.2.13.6　在每个主控面板上应安装急停装置提供的急停按钮。

5.3　纸张加工机

5.3.1　信封机（见图 22）

5.3.1.1　卷筒纸架应符合 GB/T 28387.1—2012 中 5.3.5 的规定。

5.3.1.2　给纸机应符合 GB/T 28387.1—2012 中 5.3.4.8 的规定。

5.3.1.3　印刷部分

5.3.1.3.1　印刷部分的内旋卷入部位应采用固定式或与危险动作互锁的防护装置进行防护，应符合 GB/T 28387.1—2012 中 5.2.1.1 的规定。

防护装置打开后，只有满足以下要求时印刷滚筒及压印滚筒才允许继续运行：

印刷滚筒及压印滚筒间的内旋卷入部位应采用固定防护装置进行安全防护，按照 GB/T 28387.1—2012 中 5.2.1.1.b)的规定。为测量印刷滚筒和压印滚筒间的距离，防护装置两侧开口最大宽度为 35 mm 和最大高度为 20 mm。不能达到 GB 23821—2009 规定的安全距离时应以警告标识进行提示，根据最大滚筒的圆周将速度限制在 6 m/min。

更多使用信息应符合使用说明中 7.1.3.4 的规定。

注 1：当机器处于停车状态，为精确设定印刷滚筒和压印滚筒之间的距离需要在护挡板开口处借助量规。

注 2：在互锁防护装置打开后，为了防止滚筒上的油墨干涸，辊/滚筒需要继续转动。

5.3.1.3.2　按下急停按钮后，在满足 5.3.1.3.1 中第二段的规定时，允许印刷滚筒和压印滚筒继续转动。

5.3.1.4　横向和纵向压折痕装置

5.3.1.4.1　横向压折痕装置的内旋卷入部位和裁切部位应采用与危险动作互锁的防护装置进行安全防护。

5.3.1.4.2 纵向压折痕装置上的旋转刀安全防护，应符合 GB/T 28387.1—2012 中 5.3.2.1 的规定。

5.3.1.5 表格裁切装置

切刀危险位置应采用与危险动作互锁的防护装置。设计纸张输送口与收纸口的安全距离应符合 GB 23821—2009 中表 4 的规定。

5.3.1.6 传动导辊(例如：在表格裁切、切窗口装置之后)

5.3.1.6.1 导辊间的内旋卷入部位应采用固定式防护装置进行安全防护。纸张输送导轨的操作面，给纸、收纸口处高度不准许大于 10 mm，安全距离不准许小于 15 mm。

在不拆除防护装置的情况下，应当可以通过移动纸张导轨对机器进行故障检查。

5.3.1.6.2 在收纸侧，为了考虑如果纸的规格改变或卷筒纸断裂要移走纸，同时避免防护装置和导辊间形成新的内旋卷入，防护装置向下应至少达到导辊高度的一半。

5.3.1.7 切窗口部分

切窗口部分的切刀的危险区域应采用与危险动作互锁的防护装置。设计纸张输送口和收纸口安全距离应符合 GB 23821—2009 中表 4 的规定。

5.3.1.8 窗口材料输送部分和开卷

5.3.1.8.1 内旋卷入部位应采用固定式或与危险动作互锁的防护装置进行防护，应符合 GB/T 28387.1—2012 中 5.2.1.1 的规定。当设计材料输送口时应符合 GB 23821—2009 中表 4 给出的安全距离。

5.3.1.8.2 开卷辊应被设计成一个表面光滑的辊以便没有隐患和缠绕的危险。

5.3.1.8.3 开卷传纸区域的轴和轴承间的内旋卷入部位应采用与危险动作互锁的防护装置进行安全防护，应符合 GB/T 28387.1—2012 中 5.2.1.1 的规定。

5.3.1.8.4 卷筒纸自动接纸刀的裁切和挤压区域应采用固定式或与危险动作互锁的防护装置进行防护。

5.3.1.9 上胶单元

5.3.1.9.1 在上胶单元的胶辊间的内旋卷入部位应采用与危险动作互锁的防护装置，应符合 GB/T 28387.1—2012 中 5.2.1.1 的规定。

5.3.1.9.2 可升降的上胶装置应采用自锁装置使其安全牢固地固定在提升位置。例如，这些锁紧装置可能是门闩或自锁轴。

5.3.1.10 分切部分

5.3.1.10.1 切刀间的危险区域应采用固定式或与危险动作互锁的防护装置。

5.3.1.10.2 分切辊应采用固定式或与危险动作互锁的防护装置。输纸口的设计应符合 GB 23821—2009 中表 4 的规定。

5.3.1.10.3 分切辊上的输送口不能按照 GB 23821—2009 中表 4 规定的安全距离进行设计是为了满足可靠地传送纸张的要求，随后的机器零件的开口尺寸应尽可能的小，如技术上可行，安全距离应尽可能的大。

注：通常要防止直接接触随后的机器零件。

5.3.1.11 折封底部分

5.3.1.11.1 折封底辊的内旋卷入部位应采用固定防护或与危险动作互锁的防护装置进行防护，应符合 GB/T 28387.1—2012 中 5.2.1.1 的规定。输送口不能按照 GB 23821—2009 中表 4 规定的安全距离进行设计，开口尺寸应尽可能的小，如技术上可行，安全距离应尽可能的大。

5.3.1.11.2 收信封口的设计应符合 GB 23821—2009 中表 4 规定的安全距离。

5.3.1.12 传送辊

5.3.1.12.1 传送辊间的内旋卷入部位应采用固定式防护装置进行安全防护，应符合 GB/T 28387.1—2012 中 5.2.1.1b)的规定。

5.3.1.12.2　在传送辊直径小于 40 mm 时，传送辊与固定件至少应有 10 mm 的距离，内旋卷入部位就可以被有效的防护。

5.3.1.13　摆轮

5.3.1.13.1　摆轮和机器各部件之间的危险部位应采用固定式防护装置。若两单独摆轮间存在间隙，那么摆轮的表面应光滑以减少卷入的危险。

注：摆轮是用于错开(分开)信封的。

5.3.1.13.2　导纸板支架和摆轮间的最小距离为 25 mm 时可避免形成内旋卷入。在此措施不可行处应装有安全杠。手指一旦被卷入到导纸板支架和交错轮间，就会触碰安全杠。

更多使用信息应符合使用说明中 7.1.3.1 的规定。

5.3.1.14　涂胶辊单元

5.3.1.14.1　涂胶辊的内旋卷入部位应采用固定式或与危险动作互锁的防护装置进行防护。应符合 GB/T 28387.1—2012 中 5.2.1.1 的规定。输送口不能按照 GB 23821—2009 中表 4 规定的安全距离进行设计，开口尺寸应尽可能的小，如技术上可行，安全距离应尽可能的大。

注：要防止直接进入上述部件(刷胶辊)的内旋卷入部位。

5.3.1.14.2　计量辊和槽辊间(见图 23)的内旋卷入部位应采用固定式或与危险动作互锁的防护装置进行防护，并符合 GB/T 28387.1—2012 中 5.2.1.1 的规定。在使用刮刀代替计量辊处，刮刀和槽辊之间的内旋卷入部位可设计为通过安排刮刀，使它与槽辊表面形成接近 90°角，刮刀离开间距不大于 4 mm，即使当刮刀被撤回时(见图 24)。

5.3.1.14.3　槽辊和涂胶辊(见图 23 和图 24)间的内旋卷入部位应采用固定式或与危险动作互锁的防护装置进行防护，并符合 GB/T 28387.1—2012 中 5.2.1.1 的规定。

5.3.1.14.4　如果对所有危险部位采取了安全防护措施，启动急停按钮，计量辊和槽辊应继续转动。

注：为防止胶液干涸需要计量辊和槽辊继续转动。

更多使用信息应符合使用说明中 7.1.3.3 的规定。

5.3.1.15　热风烘干装置

5.3.1.15.1　皮带间的内旋卷入部位应采用固定式或与危险动作互锁的防护装置进行防护。

5.3.1.15.2　电动操作倾斜喷嘴上的挤压部位应采用固定式或与危险动作互锁的防护装置进行防护。

5.3.1.15.3　在可能触及到高温部件的地方应符合 GB/T 28387.1—2012 中 5.2.14 的规定。

5.3.1.16　定位装置前的分离辊

内旋卷入部位应采用固定式或与危险动作互锁的防护装置进行防护，应符合 GB/T 28387.1—2012 中 5.2.1.1 的规定。输送口不能按照 GB 23821—2009 中表 4 规定的安全距离进行设计，开口尺寸应尽可能的小，如技术上可行，安全距离应尽可能的大。

注：通常要防止直接进入上述部件(分离辊)的内旋卷入部位。

5.3.1.17　定位装置

内旋卷入部位应采用固定式或与危险动作互锁的防护装置进行防护，应符合 GB/T 28387.1—2012 中 5.2.1.1 的规定。

5.3.1.18　折封翼部分

在两个折封翼辊间的内旋卷入部位应采用固定式或与危险动作互锁的防护装置进行防护。输送口不能按照 GB 23821—2009 中表 4 规定的安全距离进行设计，开口尺寸应尽可能的小，如技术上可行，安全距离应尽可能的大。

注：通常要防止直接进入机器部件(传送辊)的内旋卷入部位。

5.3.1.19　分离盘输送装置

5.3.1.19.1　分离盘和位于盘前的辊子间的内旋卷入部位的安全防护：

a)　安装侧挡规使其遮挡内旋卷入部位，从而防止手指进入。除此之外，应在两外侧的分离盘上安

装固定式防护装置以防止从周围意外进入危险部位；或

注：分离盘的布局通常情况下是为了防止其意外进入内旋卷入部位。

b) 与危险动作互锁的防护装置覆盖着分离盘，对于加工最大规格尺寸所需最大宽度收封口的分离盘，其收封口的高度不应超过 220 mm。收封口和分离盘的安全距离不应小于 550 mm。

5.3.1.19.2 分离盘和收信封台间的内旋卷入部位应进行安全防护。可通过以下方法例如：

——两部件间的最小安全距离为 25 mm；或

——当向下施力大于 50 N 时，合叶折板平面至少应 25 mm 宽(见图 25)。

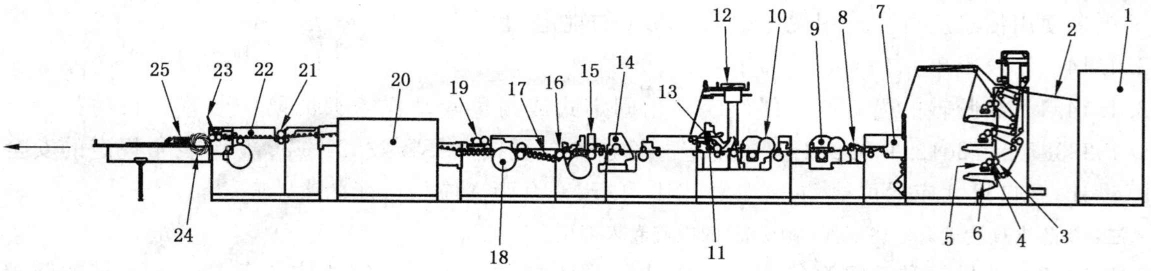

说明：

1——开卷单元；
2——卷筒纸；
3——支撑辊；
4——印刷滚筒；
5——压印滚筒；
6——印刷装置；
7——横向压折痕部分；
8——纵向压折痕部分；
9——表格切割部分；
10——窗口切割部分；
11——窗口材料传送部分；
12——窗口材料开卷单元；
13——刮胶单元；
14——切割分离部分；
15——扇形辊；
16——封底折页部分；
17——橡皮传送辊；
18——交错轴；
19——胶辊单元；
20——热风烘干装置；
21——分离辊；
22——对校部分；
23——封箴折痕部分；
24——分离磁盘收信封；
25——信封。

图 22 信封机

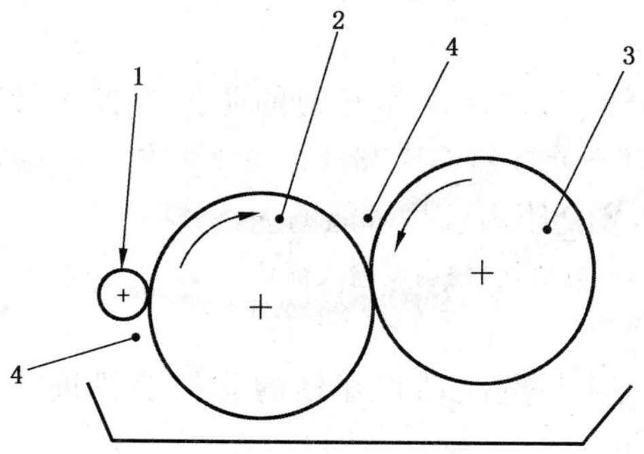

说明：

1——计量辊；
2——槽辊；
3——涂胶辊；
4——内旋卷入部位。

图 23 带有计量辊的涂胶辊装置

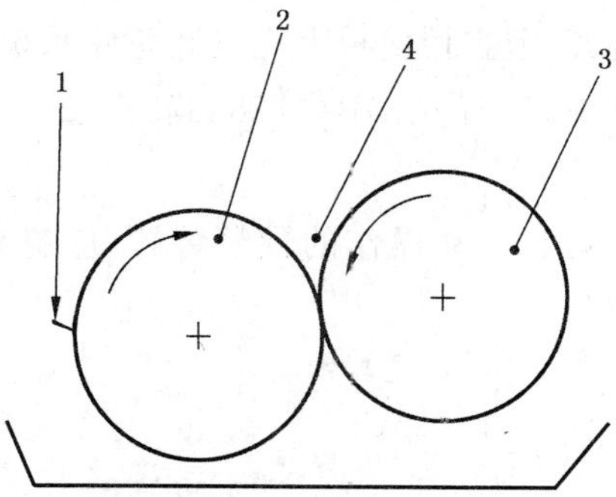

说明：
1——刮刀；
2——槽辊；
3——涂胶辊；
4——内旋卷入部位。

图 24 槽辊上带有刮刀的涂胶辊装置

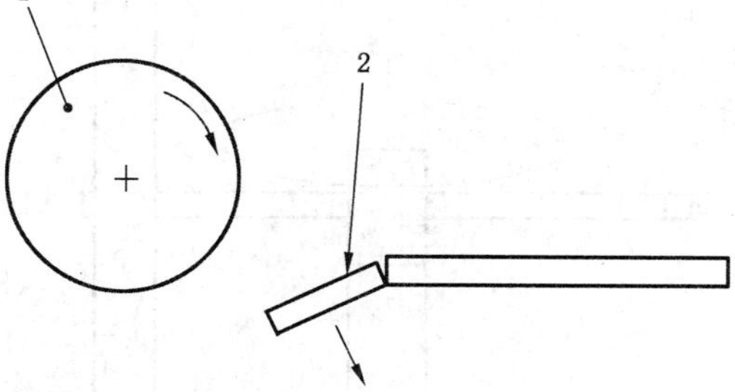

说明：
1——分离盘；
2——合叶折板。

图 25 合叶折板

5.3.1.20 互锁防护装置处于打开状态下启动机器

5.3.1.20.1 启动一台止—动速度超过 10 m/min 且其联锁防护装置处于开启位置的机器，只有通过双手控制且应满足以下要求才行：

——受限视野区域和互相连锁应符合 GB/T 28387.1—2012 中 5.2.3.4 的规定；

——为该类运行提供选择开关；

——按照操作程序要求，止—动操作速度应是可用的最低速度。

更多使用信息应符合使用说明中 7.1.7 的规定。

5.3.1.20.2 使用频闪观测器进行故障排查和检修时，在联锁防护装置处于开启状态下，开启机器仅可在止—动控制下且应满足以下要求才行：

——受限视野区域和互相联锁应符合 GB/T 28387.1—2012 中 5.2.3.4 的规定；

——为该类运行提供选择开关；

——时间控制最大限定为 2 min；

——按照操作程序要求，止—动操作速度应是可用的最低速度。

更多使用信息应符合使用说明中7.1.3.2的规定。

5.3.1.21 最远间隔5 m,至少在每个主控面板上应安装急停系统提供的急停按钮。

5.3.1.22 机器上应使用降噪措施(同样见GB/T 28387.1—2012),例如:隔音罩,特别是在折页装置上,避免对人体健康产生危害。

5.3.1.23 制信封机应当提供带有止—动操作的预警装置,应符合GB/T 28387.1—2012中5.2.7.2的规定。

5.3.2 卫生产品生产机

5.3.2.1 卷筒纸开卷单元

5.3.2.1.1 在传送皮带和卷筒料间的内旋卷入部位应进行安全防护,应符合GB/T 28387.1—2012中5.3.5.1的规定。

5.3.2.1.2 为防止开卷传动皮带意外脱落,应在提升臂上配备皮带安全调节检测装置。

5.3.2.1.3 开卷装置的水平转台(见图26)只有通过人工移动或止—动操作装置,才允许以5 m/min的最大速度移动。

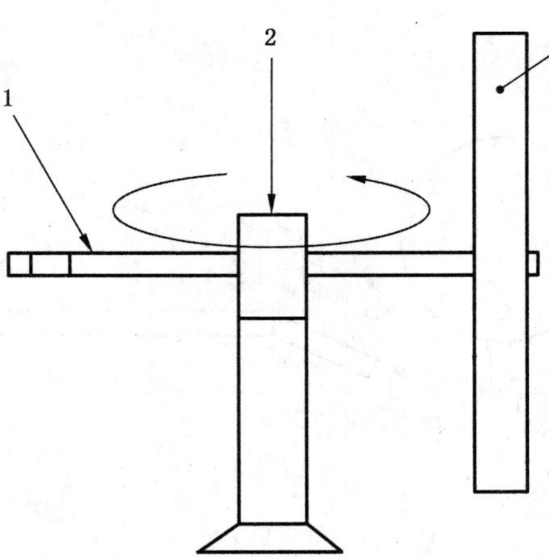

说明:

1——开卷装置;

2——旋转轴;

3——物料卷轴。

图26 水平转台

5.3.2.1.4 生产运行中,浮动辊和限位挡块之间的距离至少应为120 mm,限位挡块应有软垫衬纸。

5.3.2.2 压平和压凸部分

5.3.2.2.1 张力控制辊之间和上下压平辊之间的内旋卷入部位应采用固定式或与危险动作互锁的防护装置进行防护,并符合GB/T 28387.1—2012中5.2.1.1的规定。此规定同时也适用于上张力控制辊与机器各固定部件之间或下平滑辊与机器各固定部件之间的内旋卷入部位。给纸和收纸口应按照GB 23821—2009中表4规定的安全距离进行设计。

5.3.2.2.2 压凸辊之间的危险部位应采用固定式防护装置或互锁防护装置进行安全防护。给纸和收纸开口按照GB 23821—2009中表4给出的安全距离进行设计。

5.3.2.3 纵向分切部分

轮转刀安全防护应符合GB/T 28387.1—2012中5.3.2的规定。

5.3.2.4　纵向折页部分

自动样式设定仅在最大速度为 3 m/min 的止—动控制下是可能的。止—动控制的操作点应可以观测到危险部位。

5.3.2.5　裁切装置上的排废装置

排废的传输应符合 GB/T 28387.1—2012 的规定。

5.3.2.6　计数和传送部分

内旋卷入部位和挤压部位应采用固定式或与危险动作互锁的防护装置进行防护。

5.3.2.7　产品检测部分

皮带的内旋卷入部位应采用固定式或与危险动作互锁的防护装置进行防护，并符合 GB/T 28387.1—2012 中 5.2.1.1 的规定。输送口不能按照 GB 23821—2009 中表 4 规定的安全距离进行设计，开口尺寸应尽可能的小，如技术上可行，安全距离应尽可能的大。固定防护装置应能阻止意外进入危险部位。

5.3.2.8　收纸单元

5.3.2.8.1　在使用带锯的机器上，收纸侧的带锯裁切边应采取以下方法进行防护：

——从收纸口处测量，安全距离为 550 mm 的隧道式防护装置；

——根据幅面尺寸可以调节通道的高度和宽度。

更多使用信息应符合使用说明中 7.1.4.2 的规定。

5.3.2.8.2　为了保障能够安全进入喷水切刀处进行故障排除和维护，与喷水切刀安全和供水中断有关的控制系统应按照 GB/T 28387.1—2012 中 5.2.6.2.1 的规定进行调整，以便增加控制要求。

5.3.2.9　启动机器时要保证互锁防护装置处于开启状态。

5.3.2.9.1　启动一台止—动速度超过 10 m/min 且其联锁防护装置处于开启位置的机器，只有通过双手控制且应满足以下要求才行：

——受限视野区域和互相联锁应符合 GB/T 28387.1—2012 中 5.2.3.4 的规定；

——为该类运行提供选择开关；

——按照操作程序要求，止—动操作速度应是可用的最低速度。

更多使用信息应符合使用说明中 7.1.7 的规定。

5.3.2.9.2　使用频闪观测器进行故障排查和检修时，启动一台止—动速度超过 10 m/min 且其联锁防护装置处于开启位置的机器，仅可在止—动控制下且应满足以下要求才行：

——受限视野区域和互相联锁应符合 GB/T 28387.1—2012 中 5.2.3.4 的规定；

——为该类操作提供选择开关；

——时间控制最大限定为 2 min；

——按照操作程序要求，止—动操作速度应是可用的最低速度。

更多使用信息应符合使用说明中 7.1.4.1 的规定。

5.3.2.10　降噪措施(同样见 GB/T 28387.1—2012)尤其是裁切装置和折页装置应采取降噪措施。例如使用隔音箱，以避免对人体健康造成伤害。

5.3.2.11　最远相隔 5 m，在每个主控制面板上应提供急停按钮。

5.3.2.12　卫生产品生产机(见图 27)应提供一个启动报警装置，按照 GB/T 28387.1—2012 中 5.2.7.2 的规定。

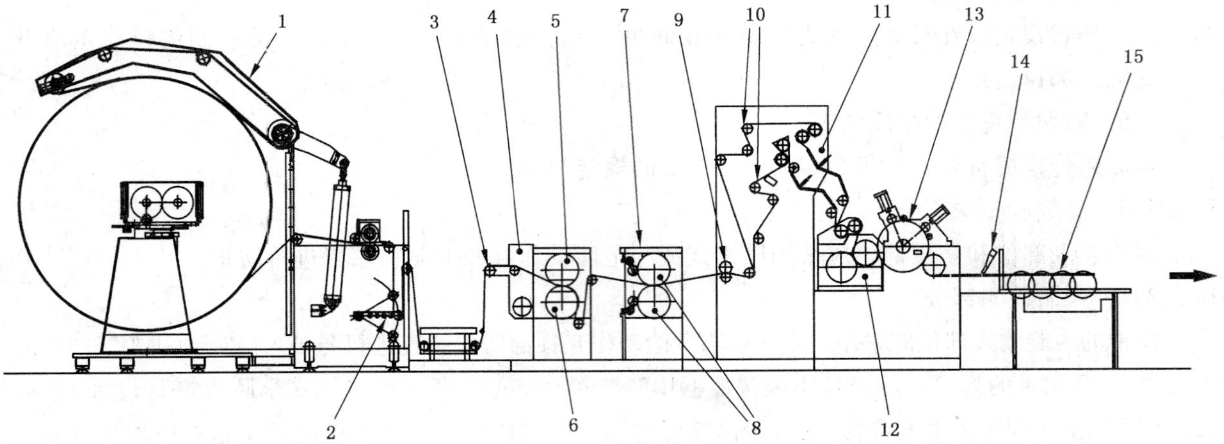

说明：

1——开卷单元；
2——浮动辊；
3——张力辊；
4——压平部分；
5——上压平辊；
6——下压平辊；
7——压凸部分；
8——压凸辊；
9——纵切部分；
10——定位部分；
11——纵折部分；
12——切纸辊；
13——交叉折叠滚筒；
14——排废装置；
15——计数和传送部分。

图 27　卫生产品生产机

5.3.3　插页机(图 28)

5.3.3.1　配备手工给纸的插页机，供给装置上各独立单元间的危险区域(书芯供给装置和插页供给装置)应进行安全防护，按照 GB/T 28387.1—2012 中 5.3.4.8 的规定。残留纸堆监控系统，应按照 GB/T 28387.1—2012 中 5.2.6.1.5 的规定。

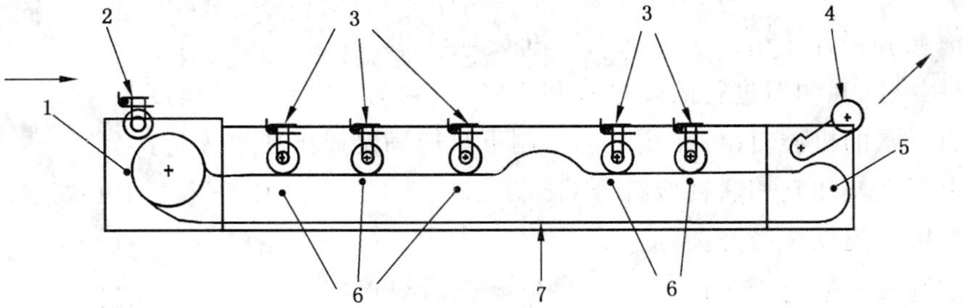

说明：

1——驱动部分；
2——书芯供给装置；
3——插页供给装置；
4——收书部分；
5——翻转部分；
6——插页部分；
7——运输链。

图 28　插页机

5.3.3.2　带有自动给纸装置的机器，不需要人为干预且所用材料插入困难，应采用距最近危险区域 550 mm 的隧道式防护进行安全防护，可代替 5.3.3.1 的要求。

5.3.3.3　传送装置和驱动元件的危险部位应采用固定式或与危险动作互锁的防护装置进行防护。

5.3.3.4　全长超过 7 m 的插页机应安装启动报警装置，按照 GB/T 28387.1—2012 中 5.2.7.2 的规定。

5.3.3.5 启动一台止—动速度超过 10 m/min 且其联锁防护装置处于开启位置的机器，只有通过双手控制且应满足以下要求才行：

——受限视野区域和互相连锁应符合 GB/T 28387.1—2012 中 5.2.3.4 的规定；

——为该类运行提供选择开关；

——按照操作程序要求，止—动操作速度应是可用的最低速度。

更多使用信息应符合使用说明中 7.1.5 的规定。

5.3.3.6 最远相隔 5 m，在每个主控制面板上应提供急停按钮。

5.3.4 计数堆积机（见图 29）

5.3.4.1 送书和收书皮带的内旋卷入部位应采用固定式或与危险动作互锁的防护装置进行防护。

5.3.4.2 排废装置的挤压部位（见图 27）能够通过把闭合力限定在 200 N 来实现安全防护。

5.3.4.3 转台处裁切部位应采用固定式或与危险动作互锁的防护装置进行防护。防护装置开口应按照 GB 23821—2009 中表 4 规定的安全距离进行设计。为了便于工作人员清除堵塞的纸张，采用与危险动作互锁的防护装置防护转台的至少一个侧面。

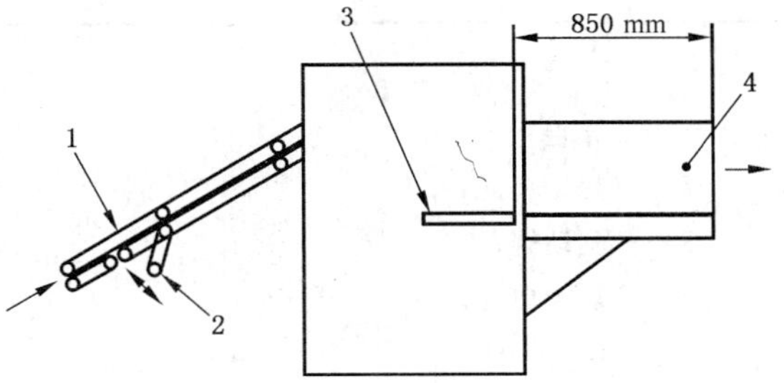

说明：

1——送书皮带；

2——分导门；

3——转台；

4——带收书皮带的收书通道。

图 29 计数堆积机

5.3.4.4 在堆积材料被收集的一侧，应采用固定式或与危险动作互锁的隧道式防护装置来阻止进入转盘。距危险部位的安全距离至少应达到 850 mm。

5.3.4.5 当打开联锁防护装置时，计数堆积机的气动系统，包括任何积聚器都应自动减压，以防止计数堆积机偶然产生危险动作。

5.3.4.6 在主控面板上应提供急停按钮。启动急停按钮时，计数堆积机的气动系统，包括任何积聚器都应自动减压。

5.3.5 纸张压痕机（见图 30）

5.3.5.1 全长超过 7 m 的纸张压痕机应安装启动报警装置，按照 GB/T 28387.1—2012 中 5.2.7.2 的规定。

5.3.5.2 卷筒纸穿纸装置的要求，应符合 GB/T 28387.1—2012 中 5.2.3.5 的规定。

5.3.5.3 卷筒纸的开卷和复卷单元的安全防护，应符合 GB/T 28387.1—2012 中 5.3.5 的规定。

5.3.5.4 应对导辊之间、导辊与机器固定部件之间的内旋卷入部位进行安全防护，这项要求可以通过提供以下条件来实现：

——导辊之间分开距离最小为 120 mm；或

——固定式或与危险动作互锁的防护装置，按照 GB/T 28387.1—2012 中 5.2.1.1 的规定。

5.3.5.5 张紧辊和反压辊间距至少应达到 120 mm(即这两个辊子之间的间隙)。

5.3.5.6 压凸辊和反压辊间的内旋卷入部位应采用固定式或与危险动作互锁的防护装置进行防护，应符合 GB/T 28387.1—2012 中 5.2.1.1 的规定。

5.3.5.7 对反压辊闭合或脱开的动作应进行安全防护，这项要求在满足下列条件(之一)时可以实现：

——止一动操作控制，应符合 GB/T 28387.1—2012 中的 5.2.3.2.a)2)的规定；或

——速度＜0.5 m/min，在操作可触及区域范围内应设有急停按钮。

更多使用信息应符合使用说明的 7.1.5 的规定。

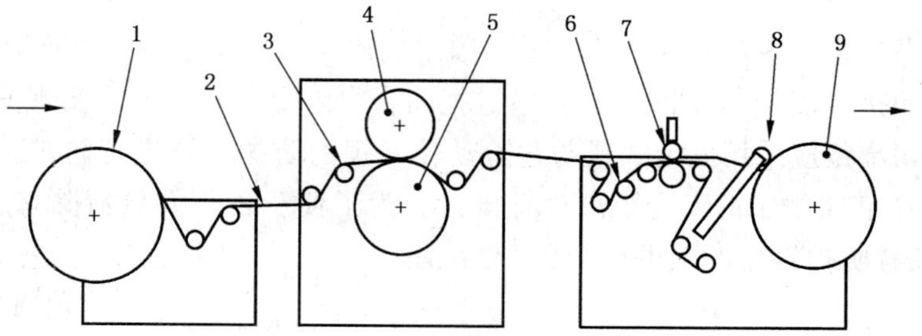

说明：

1——开卷单元；

2——卷筒纸；

3——张紧辊；

4——压凸辊；

5——反压辊；

6——导辊；

7——裁切单元；

8——驱动辊；

9——复卷单元。

图 30 纸张压痕机

5.3.5.8 应对机器上加热的压凸辊贴有警告标识，以告知操作者机器上的高温部件。

更多使用信息应符合使用说明中 7.1.8 的规定。

高温管道(例如：蒸汽管道、油管道)应安装在 2.7 m 高度以上，采用隔热防护，按照 GB/T 28387.1—2012 中 5.2.14 的规定。

5.3.5.9 裁切装置上旋转刀应进行安全防护，按照 GB/T 28387.1—2012 中 5.3.2 的规定。

5.3.5.10 每个主控面板上应安装急停装置提供的急停按钮。

5.4 整饰机械

5.4.1 涂布机

5.4.1.1 操作者视线受限不能全部观察机器时，应安装启动报警装置，应符合 GB/T 28387.1—2012 中 5.2.7.2 的规定。

5.4.1.2 卷筒纸穿纸装置的要求，应符合 GB/T 28387.1—2012 中 5.2.3.5 的规定。

5.4.1.3 卷筒纸开卷和复卷单元应进行安全防护，应符合 GB/T 28387.1—2012 中 5.3.5 的规定。

5.4.1.4 对导辊间和导辊与机器固定部件间内旋卷入部位的安全防护，采用最小距离 120 mm 不能实现安全防护的区域，应按照 GB/T 28387.1—2012 中 5.2.1.1 的规定配备保护装置。

5.4.1.5 给料间隙处的内旋卷入部位应进行安全防护。

5.4.1.6 在热熔材料涂布的场合，用固定式防护来预防接触高温部件。

5.4.1.7 使用有害物质的机器，在涂布处应配备局部排废装置。

排废装置的具体要求应视使用的特定物质而定。

更多使用信息应符合使用说明中 7.1.6.1 的规定。

5.4.1.8 涂布单元(见图31中3)上涂布辊和冷却辊以及涂布辊与涂布辊之间的内旋卷入危险区域应采用固定式或与危险动作互锁的防护装置进行防护,应符合GB/T 28387.1—2012中5.2.1.1的规定。

5.4.1.9 对涂布辊之间或涂布辊和冷却辊之间的闭合和脱开动作应进行安全防护,这项要求在满足下列条件(之一)时可以实现:

——止一动操作控制,应符合GB/T 28387.1—2012中5.2.3.2.a)2)的规定;或

——与危险动作互锁的防护装置。

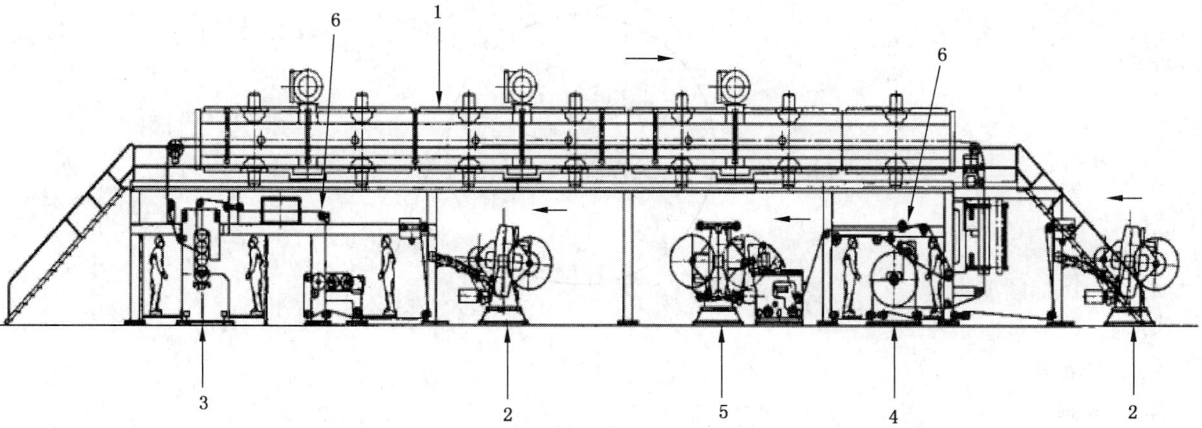

说明:

1——干燥;
2——开卷单元;
3——涂布单元;
4——复合单元;
5——复卷单元;
6——导辊。

图31 涂布复合机

5.4.1.10 泰弗龙皮带应被安全防护(见图32),内旋卷入部位应采用固定式或与危险动作互锁的防护装置进行防护,应符合GB/T 28387.1—2012中5.2.1.1的规定。

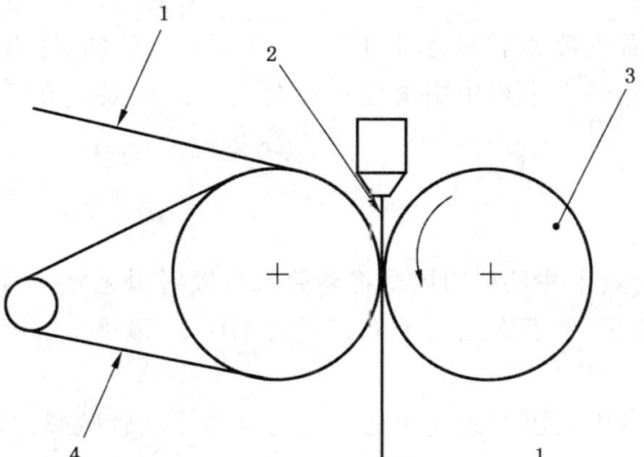

说明:

1——卷筒纸材;
2——聚乙烯(PE);
3——冷却辊;
4——泰弗龙皮带。

图32 聚乙烯涂布

5.4.1.11　爆炸预防和防护的要求，应按照 GB/T 28387.1—2012 中 5.2.4 的规定。

5.4.1.12　应采用固定式防护装置对涂布防撕裂卷筒料和从机器通道能够接触到的导辊(见图 33 中 4)之间且二者的包裹角度≥45°的内旋卷入部位进行防护。

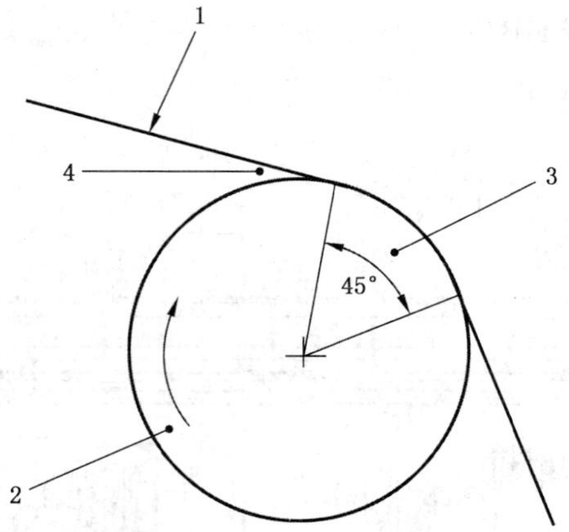

说明：

1——涂布卷材；

2——导辊；

3——包裹角度；

4——内旋卷入部位。

图 33　导辊的包裹角度

5.4.1.13　连续式烘干装置

5.4.1.13.1　烘干过程中如果所使用的涂布材料在释放易燃物质，应符合 EN 1539—2000 的规定。

更多使用信息应符合使用说明中 7.1.6.2 的规定。

5.4.1.13.2　关闭烘干装置的上部和下部时，应对危险部位进行安全防护。这项要求在满足下列条件(之一)时能够实现：

——止一动操作控制；或

——安全杠。在烘干装置上部和下部之间的开口小于 300 mm 时，才有可能实现自动关闭。

5.4.1.13.3　如需防止连续式烘干过程中引燃卷筒纸材料。这项要求在满足下列条件(之一)时可以实现：

——涂布装置停机；或

——烘干装置停机。

如有必要，通过降低烘干效率并且利用风刷将卷筒纸与辐射源充分隔离达到防止引燃。

5.4.1.13.4　从外侧可接触的部件表面温度不准许超过 GB/T 28387.1—2012 中 5.2.14 规定的最高热表面温度限值。

5.4.1.13.5　为防止烘干装置因液压缸或气动缸系统的泄漏或软管破裂而导致意外关机，液压缸或气动缸应安装超过安全额定的单向阀。

5.4.1.13.6　在维修操作过程中，应采用机械装置保证烘干装置打开。

例如，在检查时可以插入支杆。

更多使用信息应符合使用说明中 7.1.6.3 的规定。

5.4.1.14　在每个操作位置应安装急停系统提供的急停按钮。

5.4.2　复合机

5.4.2.1　金属箔复合(胶粘薄膜)(见图 34)

5.4.2.1.1　卷筒料开卷和复卷单元的安全防护应按照GB/T 28387.1—2012中5.3.5的规定。

5.4.2.1.2　在单张纸手动给纸的机器上，给料带和收料带的内旋卷入部位应采用固定式防护装置进行安全防护。

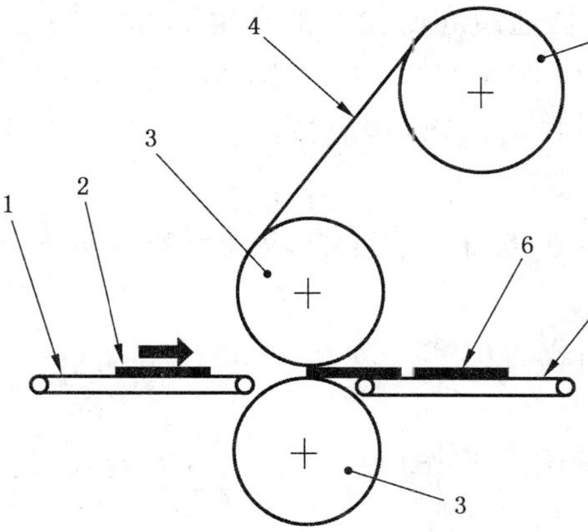

说明：

1——送料带；
2——承印物(单张纸)；
3——复合辊；
4——薄膜卷料；
5——开卷装置；
6——单层复合；
7——收料带。

图34　金属箔复合

5.4.2.1.3　导辊之间以及导辊与机器固定部件之间的内旋卷入部位应进行安全防护，通过留出最小为120 mm的安全距离来实现；或采用符合GB/T 28387.1—2012中5.2.1.1规定的防护装置来实现。

5.4.2.1.4　在防撕裂卷筒料与从机器通道易接近的导辊(见图33中4)之间且二者的包裹角≥45°的内旋卷入部位，需采用固定式或与危险动作互锁的防护装置对其进行防护。

5.4.2.1.5　为了进行工作准备和清洁机器，对复合辊的闭合和脱开动作应进行安全防护，这项要求在满足下列条件(之一)时可以实现：

——最大止一动速度为5 m/min；或

——与危险动作互锁的防护装置。

5.4.2.1.6　复合辊间的内旋卷入部位应采用固定式或与危险动作互锁的防护装置进行防护，应符合GB/T 28387.1—2012中5.2.1.1的规定。卷筒料的厚度为18 mm或更厚时，开口宽度不应超过30 mm且安全距离至少应为200 mm。

5.4.2.1.7　使用热金属箔复合的机器，应采用防护装置防止接触已加热的复合辊，应符合GB/T 28387.1—2012中5.2.14的规定。

5.4.2.1.8　在使用裁切单元处应采用固定式或与危险动作互锁的防护装置。

5.4.2.1.9　在每个主控面板上应安装急停系统提供的急停按钮。

5.4.2.2　涂胶复合

5.4.2.2.1　全长超过7 m的机器应安装启动报警装置，应符合GB/T 28387.1—2012中5.2.7.2的规定。

5.4.2.2.2　卷筒纸穿纸装置，应符合GB/T 28387.1—2012中5.2.3.5的规定。

5.4.2.2.3　卷筒纸开卷和复卷单元(见图31)，应符合GB/T 28387.1—2012中5.3.5的规定。

5.4.2.2.4　提供复合材料的给纸装置和收纸单元应按照GB/T 28387.1—2012中5.3.4的规定进行

安全防护。

5.4.2.2.5 皮带的内旋卷入部位应采用固定式或与危险动作互锁的防护装置进行安全防护。

5.4.2.2.6 导辊之间以及导辊与机器固定部件之间的内旋卷入部位应进行安全防护，通过留出最小为120 mm的安全距离来实现；或采用符合GB/T 28387.1—2012中5.2.1.1规定的防护装置来实现。

5.4.2.2.7 在防撕裂卷筒料与从机器通道容易接近的导辊(见图33)之间且二者的包裹角≥45°的内旋卷入部位，需采用固定式或与危险动作互锁的防护装置对其进行防护。

5.4.2.2.8 使用旋转刀具(见图36中5)的部位，应按照GB/T 28387.1—2012中5.3.2的规定进行防护。

5.4.2.2.9 对单页进纸辊(见图36中6)的内旋卷入应进行安全防护，这项要求在满足下列条件(之一)时可以实现：

——辊的位移量最少为25 mm；或

——辊靠自重相互接触。

5.4.2.2.10 上胶辊(见图36中7)和给料间隙(见图35)的内旋卷入部位应采用固定式或与危险动作互锁的防护装置进行防护。

5.4.2.2.11 复合辊(见图36中9)之间的内旋卷入部位应采用固定式或与危险动作互锁的防护装置进行防护，应符合GB/T 28387.1—2012中5.2.1.1的规定。卷筒料的厚度为18 mm或更厚时，开口宽度不应超过30 mm且安全距离至少应为200 mm。

5.4.2.2.12 在复合辊打开和闭合动作的路径大于6 mm处，应对其进行安全防护，这项要求在满足下列条件(之一)时可以实现：

——止—动操作控制，应符合GB/T 28387.1—2012中5.2.3.2.a)2)的规定；或

——与危险动作互锁的防护装置。

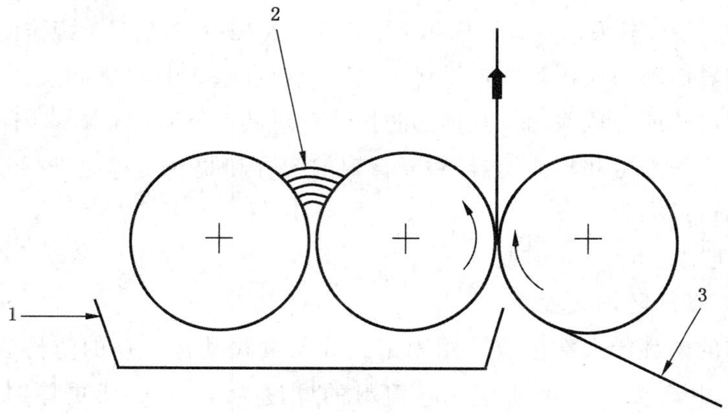

说明：

1——收集盘；

2——给料间隙；

3——卷筒料。

图35 给料间隙

5.4.2.2.13 卷筒纸切纸机(图36中8)的危险部位应采用固定式或与危险动作互锁的防护装置。

5.4.2.2.14 压辊之间及导辊和压紧皮带(见图36中10)之间的内旋卷入部位应进行安全防护，这项要求在满足下列条件(之一)时可以实现：

——固定式或与危险动作互锁的防护装置；或

——确保压辊以自重就位且最少为120 mm的位移量。

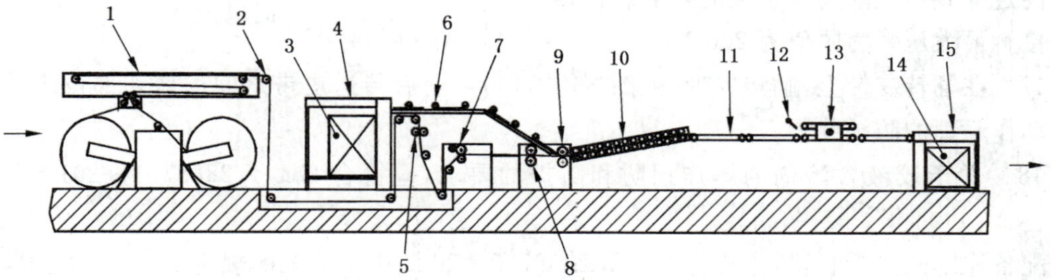

说明：

1——开卷单元；
2——导辊；
3——纸堆；
4——输送单元；
5——旋转刀具；
6——输送辊；
7——上胶单元；
8——卷筒纸切纸机；
9——复合辊；
10——压紧皮带；
11——输送带；
12——挡块；
13——翻转皮带；
14——纸堆；
15——收料单元。

图 36 卷筒给料单张复合机

5.4.2.2.15 在压紧皮带上，横向进给点的上下压紧皮带之间的内旋卷入部位应进行安全防护，这项要求在满足下列措施(之一)时可以实现：

——符合 GB/T 28387.1—2012 中 5.2.1.1a)规定的防护装置；

——压紧皮带并口处上、下压紧皮带之间的距离至少达到 10 mm，从压紧皮带并口到压紧皮带进口的安全距离为 850 mm，压紧皮带进口的上、下压紧皮带之间距离最少要达到 120 mm 并且应在两侧进行安全防护；

——在 850 mm 区域内可接触到的压辊的位移量须足以保障压紧皮带之间距离至少 120 mm，而且压辊的最大压力不准许超过 200 N，并且在两侧进行安全防护。

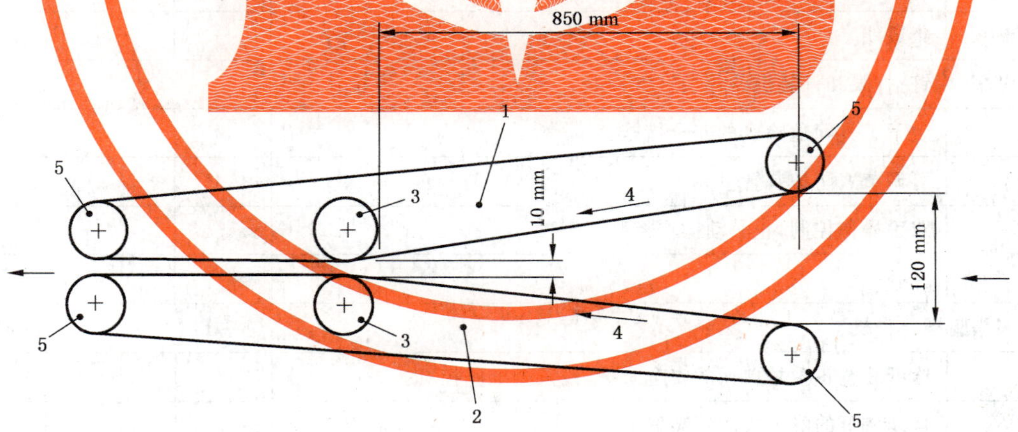

说明：

1——上压紧皮带；
2——下压紧皮带；
3——压辊；
4——皮带运行方向；
5——导辊。

图 37 压紧皮带

5.4.2.2.16 挡块和传送带(见图 36 中 12)之间的挤压部位应进行安全防护，这项要求在满足下列条件(之一)时可以实现：

——固定式或与危险动作互锁的防护装置；或

——接触最大压紧力限值为 200 N。

5.4.2.2.17 在翻转皮带上，翻转皮带(见图 36 中 13)和前后传送皮带之间的剪切部位应采用固定式或与危险动作互锁的防护装置。

5.4.2.2.18 关于胶液含溶剂的爆炸预防和防护的要求，应符合 GB/T 28387.1—2012 中 5.2.4 的规定。

如果配备连续式烘干装置，应符合 GB/T 28387.2—2012 中 5.6.3 的规定。

5.4.2.2.19 在每个操作位置应安装急停系统提供的急停按钮。

6 安全要求和/或保护措施的检验

表 2 中规定了本部分第 5 章中所有安全要求和保护措施的检验应遵循的方法，它还包含了本部分涉及的其他条款。

表 2 安全要求和保护措施的检验方法

条款	安全要求和/或保护措施	A	B	C[a]	D
5.1 概述					
5.1.1	设计措施应符合 EN 292-1:1991、EN 292-2:1991＋A1:1995、GB/T 28387.1—2012	√	√	—	—
5.1.2	与危险动作互锁的防护装置	√	√	—	—
5.1.3	电气设备	√	√	—	—
5.1.4	相关安全控制电路	√	√	—	√
5.1.5	集成线	—	—	—	—
5.2.1 订书、铆钉、打眼和订装机					
5.2.1.1	上下工具间危险区的安全措施	√	√	√	—
5.2.1.2	可调节式防护装置	√	√	√	—
5.2.1.3	双手操作控制，止—动操作控制	√	√	√	—
5.2.1.4	控制系统	√	√	√	√
5.2.2 多头骑马订书机					
5.2.2.1	给纸装置各独立单元的安全防护，残留纸堆监控	√	√	—	—
5.2.2.2	自动搭页的隧道式防护装置	√	√	√	—
5.2.2.3	给纸装置的防护装置	√	√	√	—
5.2.2.4	装订装置的安全措施	√	√	√	—
5.2.2.5	纸张厚度控制辊的内旋卷入部位	√	√	√	—
5.2.2.6	启动预警装置	√	√	√	—
5.2.2.7	传送链的安全距离	√	√	√	—
5.2.2.8	防护装置打开时的止—动控制	√	√	√	—
5.2.2.9	急停按钮	√	√	—	—
5.2.2.10	切书机	√	√	√	—

表 2（续）

条款	安全要求和/或保护措施	A	B	C[a]	D
5.2.3　配页机					
5.2.3.1	各独立元件的安全防护，残留纸堆监控	√	√	—	—
5.2.3.2	当给纸部件不能使用，其上的残留纸堆监测系统的降噪装置	√	√	—	—
5.2.3.3	给纸机自动装载装置的隧道式防护	√	√	—	—
5.2.3.4	传送链最小距离，人工给纸装置的安全杠，隧道防护装置	√	√	√	—
5.2.3.5	配页装置的安全防护（传送装置）	√	√	—	—
5.2.3.6	启动预警装置	√	√	—	—
5.2.3.7	防护装置打开时的止—动控制	√	√	√	—
5.2.3.8	急停按钮	√	√	—	—
5.2.4　无线胶订机					
5.2.4.1	书夹器的防护装置	√	√	—	—
5.2.4.2	上胶辊、涂胶的安全防护	√	√	—	—
5.2.4.3	温度控制，热熔胶限温检测，排气装置	√	√	—	—
5.2.4.4	聚氨酯热熔胶的排气系统	√	√	√	—
5.2.4.5	聚氨酯热熔胶的处理	√	√	—	—
5.2.4.6	高温表面接触防护装置	√	√	—	—
5.2.4.7	UV 辐射、HF 辐射的建议值（辐射烘干装置）	√	√	√	—
5.2.4.8	各独立元件的安全防护，残留纸堆监测	√	√	—	—
5.2.4.9	收书装置防护	√	√	√	—
5.2.4.10	启动预警装置	√	√	—	—
5.2.4.11	防护装置打开时的止—动控制	√	√	—	—
5.2.4.12	铣书背刀的安全防护	√	√	—	—
5.2.4.13	急停按钮	√	√	√	—
5.2.5　打孔机					
5.2.5.1	手工续纸的止—动控制	√	√	—	—
5.2.5.2	多钻头机的安全防护	√	√	√	—
5.2.6　书芯压平机					
	通过止—动控制动压板的活动安全防护	√	√	—	√
5.2.7　压书机					
5.2.7.1	安全杠	√	√	√	—
5.2.7.2	可移动压板间的防护装置	√	√	—	—
5.2.7.3	压板和机器护罩间的最小距离	√	√	√	—
5.2.8　折页机					
5.2.8.1	折页辊防护装置	√	√	—	—

表 2（续）

条款	安全要求和/或保护措施	A	B	C[a]	D
5.2.8.2	切削、挤压和穿孔部分的安全防护	√	√	—	—
5.2.8.3	折刀危险部位的安全防护	√	√	—	—
5.2.8.4	防护装置打开时的止一动控制	√	√	√	√
5.2.8.5	降噪装置	√	√	√	—
5.2.8.6	急停按钮	√	√	—	—
5.2.9 硬封皮书籍生产线					
5.2.9.1	进料口的安全防护	√	√	—	—
5.2.9.2	预加热部分的防护装置	√	√	√	—
5.2.9.3	书芯扒圆起脊部分的安全防护	√	√	—	—
5.2.9.4	上胶部分、自动填胶部分的防护装置	√	√	√	—
5.2.9.5	温度控制和上胶锅高温限制	√	√	√	—
5.2.9.6	贴纱布部分的防护装置	√	√	√	—
5.2.9.7	贴背脊条和堵头纱布装置的防护装置	√	√	√	—
5.2.9.8	封皮输送装置危险区的安全防护	√	√	—	—
5.2.9.9	折制封皮和扒圆部分的防护装置	√	√	√	—
5.2.9.10	上封皮部分的安全防护装置	√	√	√	—
5.2.9.11	防护装置打开时的止一动控制	√	√	√	—
5.2.9.12	急停按钮	√	√	—	—
5.2.9.13	启动预警装置	√	√	√	—
5.2.10 书芯扒圆起脊机					
5.2.10.1	皮带和给纸开口的内旋卷入部位的安全防护	√	√	√	—
5.2.10.2	粘单页部位的安全防护	√	√	—	—
5.2.10.3	预加热部位的防护装置	√	√	√	—
5.2.10.4	高温部件的警示	√	—	—	—
5.2.10.5	预加热、扒圆、压平部位的防护装置	√	√	√	—
5.2.10.6	急停按钮	√	√	—	—
5.2.11 书背加衬上堵头布机					
5.2.11.1	输送口的防护装置	√	√	√	—
5.2.11.2	上胶部分的防护装置	√	√	√	—
5.2.11.3	高温部件（热熔）的防护装置，警告标识	√	√	√	—
5.2.11.4	贴纱布部分的防护装置	√	√	√	—
5.2.11.5	上堵头布部分的防护装置	√	√	√	—
5.2.11.6	反压部分的防护装置	√	√	√	—
5.2.11.7	急停按钮	√	√	—	—

表 2（续）

条款	安全要求和/或保护措施	A	B	C[a]	D
5.2.12　上封皮机					
5.2.12.1	传送系统的防护装置，给纸口和收纸口的安全防护	√	√	√	—
5.2.12.2	封皮部分的安全防护	√	√	—	—
5.2.12.3	折封皮部分的防护装置	√	√	√	—
5.2.12.4	成型部分的防护装置	√	√	√	—
5.2.12.5	高温部件的警告标识	√	—	—	—
5.2.12.6	上封皮、上胶装置的防护装置	√	√	√	—
5.2.12.7	压书部分的防护装置	√	√	√	—
5.2.12.8	收纸侧的防护装置	√	√	√	—
5.2.12.9	急停按钮	√	√	—	—
5.2.13　封皮压痕成型机（印刷机）					
5.2.13.1	送书封和收书封的安全防护	√	√	√	—
5.2.13.2	粘单页部分的防护装置	√	√	√	—
5.2.13.3	压书部分的防护装置	√	√	—	—
5.2.13.4	高温部件的警告标识	√	—	—	—
5.2.13.5	防护装置打开的止—动控制	√	√	√	√
5.2.13.6	急停按钮	√	√	—	—
5.3.1　信封机					
5.3.1.1	卷筒纸架防护装置	√	√	√	—
5.3.1.2	给纸部分的防护装置	√	√	√	—
5.3.1.3.1	印刷装置内旋卷入部位的防护装置	√	√	√	—
5.3.1.3.2	急停后印刷装置的状态	√	√	—	—
5.3.1.4.1	横向折痕部分的防护装置	√	√	√	—
5.3.1.4.2	纵向折痕刀的安全防护	√	√	—	—
5.3.1.5	表格裁切部分的防护装置	√	√	√	—
5.3.1.6.1	给纸辊的防护装置、给纸口的安全防护	√	√	√	—
5.3.1.6.2	收纸口的安全防护	√	√	√	—
5.3.1.7	切窗口的防护装置	√	√	√	—
5.3.1.8.1	开卷内旋卷入部位和输送口	√	√	√	—
5.3.1.8.2	开卷辊的光滑表面	√	√	—	—
5.3.1.8.3	开卷传纸区域的轴和轴之间的安全防护	√	√	—	—
5.3.1.8.4	卷筒纸接纸裁切的安全防护	√	√	√	—
5.3.1.9.1	刮刀上胶单元的安全防护	√	√	√	—
5.3.1.9.2	上胶单元垂直升降的安全防护	√	√	√	—

表 2（续）

条款	安全要求和/或保护措施	A	B	C[a]	D
5.3.1.10.1	分切装置的切刀的安全防护	√	√	√	—
5.3.1.10.2	分切辊的安全防护	√	√	—	—
5.3.1.10.3	收纸口的安全距离	√	√	√	—
5.3.1.11.1	折封底辊内旋卷入部位的防护装置	√	√	√	—
5.3.1.11.2	收纸信封口的安全距离	√	√	√	—
5.3.1.12.1	传送轴间内旋卷入部位的安全防护	√	√	√	—
5.3.1.12.2	传送轴的足够移位量	√	√	√	—
5.3.1.13.1	摆轮危险部位的安全防护	√	√	√	—
5.3.1.13.2	支架和摆轮的最小距离	√	√	√	—
5.3.1.14.1	涂胶辊单元的安全防护	√	√	√	—
5.3.1.14.2	计量辊/刮刀和槽辊间的内旋卷入部位的安全防护	√	√	√	—
5.3.1.14.3	槽辊和涂胶辊间的内旋卷入部位的安全防护	√	√	√	—
5.3.1.14.4	急停后的槽辊和计量辊的状态	√	√	—	—
5.3.1.15.1	热风烘干装置的皮带内旋卷入部位的安全防护	√	√	—	—
5.3.1.15.2	倾斜喷嘴的安全防护	√	√	—	—
5.3.1.15.3	高温表面的安全防护	√	√	√	—
5.3.1.16	分离辊的防护	√	√	√	—
5.3.1.17	定位部分的防护	√	√	—	—
5.3.1.18	折封翼部分的防护	√	√	√	—
5.3.1.19.1	分离盘传送装置和滚筒之间危险部位的安全防护	√	√	√	—
5.3.1.19.2	分离盘装置和收信封台之间危险部位的安全防护	√	√	√	—
5.3.1.20.1	防护装置打开时的止—动控制	√	√	√	√
5.3.1.20.2	使用频闪观测器进行故障排除	√	√	√	—
5.3.1.21	急停按钮	√	√	√	—
5.3.1.22	降噪装置	√	√	√	—
5.3.1.23	启动预警装置	√	√	√	—
5.3.2　卫生产品生产机					
5.3.2.1.1	皮带传动的防护装置	√	√	—	—
5.3.2.1.2	提升臂的安全调节检查装置	√	√	—	—
5.3.2.1.3	水平转台的安全防护	√	√	√	—
5.3.2.1.4	升降轴的安全防护	√	√	—	—
5.3.2.2.1	平滑部分的安全防护	√	√	√	—
5.3.2.2.2	压凸辊的安全防护	√	√	√	—
5.3.2.3	轮转刀的安全防护	√	√	—	—

表 2（续）

条款	安全要求和/或保护措施	A	B	C[a]	D
5.3.2.4	纵向折痕装置上的自动幅面调节装置的止—动控制	√	√	√	—
5.3.2.5	废纸传导	√	√	—	—
5.3.2.6	计数和传送部分的安全装置	√	√	—	—
5.3.2.7	产品检测部分的防护	√	√	—	—
5.3.2.8.1	带锯的安全防护	√	√	√	—
5.3.2.8.2	液压裁切的安全防护	√	√	—	√
5.3.2.9.1	防护装置打开时的止—动控制	√	√	√	—
5.3.2.9.2	止—动控制，使用频闪观测器进行故障检测	√	√	√	—
5.3.2.10	降噪装置	√	√	√	—
5.3.2.11	急停按钮	√	√	√	—
5.3.2.12	启动预警装置	√	√	√	—
5.3.3　插页机					
5.3.3.1	手工给纸防护装置、残留纸堆监测	√	√	—	—
5.3.3.2	自动给纸的防护装置	√	√	√	—
5.3.3.3	传送装置和驱动元件上的安全装置	√	√	—	—
5.3.3.4	启动预警装置	√	√	√	—
5.3.3.5	防护装置打开时的止—动控制	√	√	√	—
5.3.3.6	急停按钮	√	√	—	—
5.3.4　计数堆积机					
5.3.4.1	皮带内旋卷入部位的安全防护	√	√	—	—
5.3.4.2	排废装置的安全防护	√	√	√	—
5.3.4.3	转台装置的防护装置	√	√	√	—
5.3.4.4	收纸部分的防护装置	√	√	√	—
5.3.4.5	气动系统的解压	√	√	—	—
5.3.4.6	急停按钮	√	√	—	—
5.3.5　纸张压痕机					
5.3.5.1	启动预警装置	√	√	√	—
5.3.5.2	卷筒纸穿纸装置的要求	√	√	—	—
5.3.5.3	卷筒纸开卷和复卷部分的安全防护	√	√	—	—
5.3.5.4	导辊内旋卷入部位的安全防护	√	√	√	—
5.3.5.5	张紧辊之间的最小距离	√	—	√	—
5.3.5.6	压凸辊内旋卷入部位的安全防护	√	√	√	—
5.3.5.7	反压辊移动的安全防护	√	√	√	—
5.3.5.8	高温管道的保护，警告标识	√	√	√	—

表 2（续）

条款	安全要求和/或保护措施	A	B	C[a]	D
5.3.5.9	旋转刀的安全防护	√	√	—	—
5.3.5.10	急停按钮	√	√	—	—
5.4.1　涂布机					
5.4.1.1	启动预警装置	√	√	√	√
5.4.1.2	卷筒纸穿纸装置的要求	√	√	—	—
5.4.1.3	卷筒纸开卷装置和复卷部分的安全防护	√	√	√	—
5.4.1.4	导辊间内旋卷入部位的安全防护	√	√	√	—
5.4.1.5	给料间隙的内旋卷入部位的安全防护	√	√	—	—
5.4.1.6	热熔材料的防护装置	√	√	—	—
5.4.1.7	有害物的排废	√	√	—	—
5.4.1.8	涂布辊间内旋卷入部位的安全防护	√	√	—	—
5.4.1.9	涂布辊闭合/脱开动作的安全防护	√	√	√	—
5.4.1.10	皮带(泰弗龙皮带)内旋卷入部位的安全防护	√	√	—	—
5.4.1.11	爆炸预防和安全防护	√	—	—	√
5.4.1.12	防撕裂卷筒纸料和导辊间的内旋卷入部位的安全防护	√	√	—	—
5.4.1.13.1	连续式烘干装置释放有害物质的条件	√	√	√	—
5.4.1.13.2	烘干装置上下工具间危险部位的安全防护	√	√	√	—
5.4.1.13.3	防止卷筒纸纸带被引燃的装置	√	√	√	—
5.4.1.13.4	接触高温部件时的防护装置	√	√	√	—
5.4.1.13.5	气缸提升安全额定的单向阀	√	√	—	—
5.4.1.13.6	维修检测运行	√	√	—	—
5.4.1.14	急停按钮	√	√	—	—
5.4.2.1	金属箔复合				
5.4.2.1.1	卷筒纸开卷和复卷装置的安全防护	√	√	√	—
5.4.2.1.2	皮带内旋卷入部位的安全防护	√	√	—	—
5.4.2.1.3	导辊内旋卷入部位的安全防护	√	√	√	—
5.4.2.1.4	抗撕拉金属箔和导辊间的内旋卷入部位的安全防护	√	√	√	—
5.4.2.1.5	复合辊闭合/脱开动作的安全防护	√	√	√	—
5.4.2.1.6	复合辊内旋卷入部位的安全防护	√	√	√	—
5.4.2.1.7	接触高温部件时的防护装置	√	√	—	—
5.4.2.1.8	裁切点的安全防护	√	√	—	—
5.4.2.1.9	急停按钮				
5.4.2.2	涂胶复合				
5.4.2.2.1	启动预警装置	√	√	√	—

表 2（续）

条款	安全要求和/或保护措施	A	B	C[a]	D
5.4.2.2.2	卷筒纸穿纸装置的要求	√	√	√	—
5.4.2.2.3	卷筒纸开卷装置和复卷部分的安全防护	√	√	√	—
5.4.2.2.4	给纸和收纸装置的安全防护	√	√	√	—
5.4.2.2.5	皮带内旋卷入部位的安全防护	√	√	—	—
5.4.2.2.6	导辊间内旋卷入部位的安全防护	√	√	—	—
5.4.2.2.7	防撕裂卷筒料和导辊间的内旋卷入部位的安全防护	√	√	—	—
5.4.2.2.8	旋转刀的安全防护	√	√	√	—
5.4.2.2.9	传送辊的安全防护	√	√	√	—
5.4.2.2.10	涂胶辊和给料间隙的内旋卷入部位的安全防护	√	√	—	—
5.4.2.2.11	复合辊间的内旋卷入部位的安全防护	√	√	√	—
5.4.2.2.12	复合辊横向运动的安全防护	√	√	√	—
5.4.2.2.13	卷筒纸切纸机的防护装置	√	√	√	—
5.4.2.2.14	压紧皮带内旋卷入部位的安全防护	√	√	√	—
5.4.2.2.15	上下压书带内旋卷入部位的安全防护	√	√	√	—
5.4.2.2.16	挡块危险区域的安全防护	√	√	—	—
5.4.2.2.17	翻转皮带危险区域的安全防护	√	√	√	—
5.4.2.2.18	爆炸预防和防护装置	√	—	√	√
5.4.2.2.19	急停按钮	√	√	—	—

注：A 表示目测。目测是用目视的方法检查设备及组装部件的特征及性能能否满足使用规定。
B 表示功能测试。功能测试是检查具有某种功能的部件在规定的条件下是否具有这种功能。
C 表示测量。测量是使用测量仪器检查某项规定是否在所规定的范围之内。
D 表示绘图和计算。绘图和计算用于检查部件的设计特性是否满足特定的规定。

[a] 关于噪声，遵从的安全要求和措施应按以下方式进行核实：按 GB/T 28386、EN ISO 4871 的双重声明测定噪声排放量，如在工作时的放射声压级和声功率级。

7 使用说明

7.1 指导手册

7.1.1 订书、铆钉、打眼和订装机

带有调节式防护装置的订书、铆钉、打眼和订装机，指导手册应包含清晰易懂的防护装置安全调节操作说明（概述）。

7.1.2 无线胶订机

7.1.2.1 打开书夹板危险区域的活动防护装置时，在生产过程中不准许铣刀停止（铣刀可能卡在书帧里且有可能断裂），指导手册应指明由于铣刀停止可能导致的危险隐患。此外，还应说明应在铣刀附近

区域贴有警示标识。

7.1.2.2 在互锁防护装置处于开启状态下，以止—动操作运行无线胶订机时，所存在的危险隐患应在指导手册中指出，人员操作止—动控制装置时应确保在开启控制前危险区域内没有其他人员。

7.1.2.3 在使用聚氨酯热熔胶(PUR 热熔胶)的地方，指导手册应给出以下信息：

——在胶斗和预热装置的区域内应装有足够的排气装置并满足最小排气量的说明；

——移走无线胶订机上的高温胶管和清洗胶管的指导说明(例如：从排气罩下直接移走胶锅，用低危险、非芳香物质擦洗)；

——工作区需有适当的通风设备的指示；

——遵从原料安全数据单指导说明的指示；

——胶锅不准许处于敞开状态的警告；

——在更换胶锅、移动胶锅、清洗胶锅过程中不能排除释放异氰酸酯的可能性时，应有配备过滤装置的防护面罩的指导说明；

——在存在热胶喷溅的危险处，应使用适当的防护眼镜和手套。在清洗设备时，眼睛应做好适当防护以免胶液溅到眼内。胶液溅在皮肤上时，在工作区域内应可找到清洗物质；

——由于 PUR 热熔胶具有致敏效应，工作后及休闲前应对手进行充分清洗。接触此种胶液的操作人员宜用含有单宁酸的洗手液；

——被胶液污染的衣物宜立即更换。

7.1.3 信封机

7.1.3.1 指导手册应包括在启动机器时，如果操作要求人员介入时，在导纸机构附近的区域内交错的辊子间存在危险隐患应警告提示。

7.1.3.2 在需要使用频闪观测器对机器进行故障排除和检查处，防护装置处于开启状态下、以快速止—动速度运行机器时存在的危险隐患。指导手册应包含对此结果的警告提示；也应指导人员在操作止—动/双手控制装置时，应在操作之前确保危险区域内没有其他人员。

7.1.3.3 指导手册应指出在启动急停装置后计量辊和槽辊仍将继续运行。指导手册应包括在进行检查和维修时总开关应断开且防止重新开启的指示。

7.1.3.4 指导手册应包含关于危险隐患的警告提示。机器上应贴有一般警告标志(小心伤手警示图文)。

7.1.4 卫生产品生产机

7.1.4.1 在需要使用频闪观测器对机器进行故障排除和检查处，防护装置处于开启状态下、以快速止—动速度运行机器时存在的危险隐患。指导手册应包含对此结果的警告提示；也应指导人员在操作止—动/双手控制装置时，应在操作之前确保危险区域内没有其他人员。

7.1.4.2 指导手册应给出关于在收纸侧调节电动带锯隧道的信息。它应指出如果防护装置没被调整以适应产品的幅面尺寸大小则将存在切割的危险。

7.1.5 纸张压痕机

指导手册应给出有关慢速运行动作导致的危险隐患的信息。要求操作者预先查清急停按钮的位置。

7.1.6 涂布机

7.1.6.1 指导手册应指出排气设备应视所用的特定物质而定，应向该物质的生产商咨询。

7.1.6.2 指导手册应给出如果连续式烘干设备不适用于烘干含溶剂的物质时，此物质应在设计时给出清晰的指示说明信息。

7.1.6.3 为在烘干设备内进行维修和检查的工作人员应提供安全防护的机械设备的使用指导说明。

7.1.7 双手控制装置下大于 10 m/min 的止—动速度

生产原因要求防护装置处于开启状态下，双手控制装置以大于 10 m/min 的速度启动机器时存在着危险隐患。因此指导手册应告知操作双手控制装置的人员，应在确保危险区域内没有其他人员的情况下，才可操作双手控制装置。

7.1.8 高温接触

指导手册应给出关于机器上存在高温部件的信息，还应提出在防护装置能够开启处存在引燃危险的警告。

在高温部件附件区域，应粘贴危险警示图文(高温表面的警告)。

附　录　A
（规范性附录）
一般要求

A.1　生产线

由多台机器组装在一起形成一个带有总控制系统的集成线(生产线)，任何因集成排列所造成的附加危险应视危险评估而定(例如：集成书籍生产线)。

对各单独机器而言，本要求应保持有效(例如：关于双手操控装置的要求)。

A.2　启动警告装置

启动警告装置的控制系统应遵从B类。

A.3　互锁装置的限值

当防护装置从安全防护位置移至位置探测器被驱动(机器停止)的位置处，安装带有防护锁定的防护装置的开口宽度应遵循下表A.1给出的规定值。

表A.1　互锁安全防护装置的限值

开口和危险部位之间的安全距离“Sr”	当改变位置探测器时安全装置的可接受的开口宽度“e”
Sr＜80 mm	e≤30 mm
80 mm≤Sr＜500 mm	e≤40 mm
500 mm≤Sr＜850 mm	e≤80 mm
Sr≥850 mm	e≤160 mm

位置探测器驱动后10 s内危险动作不能消除的地方要求安装带防护锁定的互锁装置。

附　录　B
（资料性附录）
与本部分中规范性引用的国际文件有一致性对应关系的我国文件

表B.1给出了与本部分中规范性引用的国际文件有一致性对应关系的我国文件。

表B.1　与本部分中规范性引用的国际文件有一致性对应关系的我国文件

中国标准		国际标准（一致性对应关系）	欧洲标准（一致性对应关系）
标准编号	标准名称		
GB/T 15706.1—2007	机械安全　基本概念与设计通则　第1部分：基本术语和方法	ISO 12100-1:2003,IDT	EN 292-1:1991
GB/T 15706.1—1995	机械安全　基本概念与设计通则　第1部分：基本术语　方法学	eqv ISO/TR 12100-1:1992	
×	×	ISO/TR 12100-1:1992 等同采用 EN292-1:1991	
×	×	EN ISO 12100-1:2003 代替了 EN292-1:1991	
GB/T 15706.2—2007	机械安全　基本概念与设计通则　第2部分：技术原则	ISO 12100-2:2003,IDT	EN 292-2:1991+A1:1995
GB/T 15706.2—1995	机械安全　基本概念与设计通则　第2部分：技术原则与规范	eqv ISO/TR 12100-2:1992	
×	×	ISO 12100-2:2003 代替了 EN292-2:1991	
GB 23821—2009	机械安全　防止上下肢触及危险区的安全距离	ISO 13857:2008,IDT	EN 294:1992
×	×	EN ISO 13857:2008 代替了 EN 294:1992	
GB 12265.3—1997	机械安全　避免人体各部位挤压的最小间距	×	eqv EN 349:1993
GB/T 18569.1—2001	机械安全　减少由于机械排放的危险性物质对健康的风险　第1部分：用于机械制造商的原则和规范	eqv ISO 14123-1:1998	EN 626-1:1994
×	×	ISO 14123-1:1998 等同采用 EN626-1:1994	
GB/T 18569.2—2001	机械安全　减少由于机械排放的危险性物质对健康的风险　第1部分：产生验证程序的方法学	eqv ISO 14123-2:1998	EN 626-2:1996
×	×	ISO 14123-2:1998 等同采用 EN626-2:1996	

表 B.1（续）

中国标准		国际标准（一致性对应关系）	欧洲标准（一致性对应关系）
标准编号	标准名称		
GB/T 16855.1—2008	机械安全　控制系统有关安全部件　第1部分：设计通则	ISO 13849-1:2006,IDT	EN 954-1:1996
GB/T 16855.1—2005	机械安全　控制系统有关安全部件　第1部分：设计通则	ISO 13849-1:1999,MOD	
×	×	ISO 13849-1:1999 等同采用 EN 954-1:1996	
GB/T 28387.1—2012	印刷机械和纸加工机械的设计及结构安全规则　第1部分：一般要求	EN 1010-1:2004,MOD	prEN 1010-1:2003
GB/T 28387.2—2012	印刷机械和纸加工机械的设计及结构安全规则　第2部分：印刷机、上光机和印前机械	EN 1010-2:2006,MOD	prEN 1010-2:2003
GB/T 20956—2007	印刷机械　切纸机设计及结构安全规则	BS EN 1010-3:2002,MOD	EN 1010-3:2002
×	×	BS EN 1010-3:2002 等同采用 EN 1010-3:2002	
GB/T 16856.1—2008	机械安全　风险评价　第1部分：原则	ISO 14121-1:2007,IDT	EN 1050:1996
×	×	ISO 14121 与 EN 1050:1994 有对应关系	
GB/T 16856—1997	机械安全风险评价的原则	eqv EN 1050:1994	
GB/T 28386—2012	印刷、纸加工机械、造纸机械和辅助设备的噪声测量方法　准确度等级2和3	EN 13023:2003,IDT	prEN 13023
GB 17799.4—2001	电磁兼容　通用标准　工业环境中的发射标准	IEC 61000-6-4:1997,IDT	EN 61000-6-4:2002
×	×	EN 61000-6-4:2007 等同采用 IEC 61000-6-4:2006	
GB/T 14574—2000	声学　机器和设备噪声发射值的标示和验证	eqv ISO 4871:1996	EN ISO 4871
×	×	EN ISO 4871:1996 等同采用 ISO 4871:1996	

注：“×”表示不必填写内容。

ICS 37.100.10;85.100
J 87

中华人民共和国国家标准

GB/T 28387.5—2012

印刷机械和纸加工机械的设计及结构安全规则　第5部分：瓦楞纸板生产机械以及纸板和瓦楞纸板加工设备

Safety requirements of the design and construction of printing and paper converting machines—Part 5: Machines for the production of corrugated board and machines for the conversion of flat and corrugated board

2012-05-11 发布　　2012-10-01 实施

中华人民共和国国家质量监督检验检疫总局
中国国家标准化管理委员会　发布

前　　言

GB/T 28387《印刷机械和纸加工机械的设计及结构安全规则》分为如下部分：

——第1部分：一般要求；

——第2部分：印刷机、上光机和印前机械；

——第3部分：切纸机；

——第4部分：书籍装订、纸加工和装订整饰机械；

——第5部分：瓦楞纸板生产机械以及纸板和瓦楞纸板加工设备。

本部分为GB/T 28387的第5部分。

本部分按照GB/T 1.1—2009给出的规则起草。

本部分技术内容与DIN EN 1010-5：2005《机械安全　印刷机械和纸加工机械的设计及结构　第5部分：瓦楞纸生产机械以及纸板和瓦楞纸板加工设备安全规则》基本一致。

与本部分中规范性引用的国际文件有一致性对应关系的我国文件见附录A。

本部分做了下列编辑性修改：

——为使本标准的每一个部分名称具有一致性，将标准名称修改为《印刷机械和纸加工机械的设计及结构安全规则　第5部分：瓦楞纸板生产机械以及纸板和瓦楞纸板加工设备》；

——删除了DIN EN 1010-5：2005的资料性附录ZA"欧盟标准和欧盟指令98/37/EC基本规定的联系"。

——增加了资料性附录A"与本部分中规范性引用的国际文件有一致性对应关系的我国文件"。

本部分由中国机械工业联合会提出。

本部分由全国印刷机械标准化技术委员会(SAC/TC 192)归口。

本部分负责起草单位：北京印刷机械研究所。

本部分参加起草单位：青岛美光机械有限公司、台州北人力盛机械有限公司。

本部分主要起草人：严珠、王加水、杨义军。

引　言

本部分规定了附加的安全要求和 GB/T 28387.1—2012 中没有提及到的规定。

本部分规定了相关的机械所产生的危险因素、危险情况和事件的范围。

根据 C 类标准的规定所设计和生产的机器，适用于以下情况：当 C 类标准与 A 类或 B 类标准产生不一致时，优先选择 C 类标准的有关规定。

印刷机械和纸加工机械的设计及结构安全规则 第5部分:瓦楞纸板生产机械以及纸板和瓦楞纸板加工设备

1 范围

GB/T 28387 的本部分规定了瓦楞纸板生产机械以及纸板和瓦楞纸板加工设备的安全要求,本部分应与 GB/T 28387.1—2012 一起使用,以共同确定在按制造商预定的条件下使用瓦楞纸板生产机械及纸板和瓦楞纸板加工设备时的所有重大危险(见第 4 章)。本部分中的特殊要求优先于 GB/T 28387.1—2012 中的相应要求。

本部分未涉及由机器的噪声所引发的危险。这些危险基本包括在 GB/T 28387.1—2012 中,但本部分规定了瓦楞纸板生产机械、加工设备和平压模切机的降噪要求。

本部分适用于瓦楞纸板生产机械以及纸板和瓦楞纸板加工设备:

——瓦楞纸板生产机械;

——粘箱机;

——印刷开槽机,圆压圆模切机与其组合机(联机);

——手工给纸平压模切压痕机;

——自动给纸平压模切压痕机;

——管式缠绕机。

2 规范性引用文件

下列文件对于本文件的应用是必不可少的。凡是注日期的引用文件,仅注日期的版本适用于本文件。凡是不注日期的引用文件,其最新版本(包括所有的修改单)适用于本文件。

GB 4208—2008 外壳防护等级(IP 代码)(IEC 60529:2001,IDT)

GB 16754—2008 机械安全 急停 设计原则(ISO 13850:2006,IDT)

GB 23821—2009 机械安全 防止上下肢触及危险区的安全距离(ISO 13857:2008,IDT)

GB/T 15706.1—2007 机械安全 基本概念与设计通则 第 1 部分:基本术语和方法(ISO 12100-1:2003,IDT)

GB/T 15706.2—2007 机械安全 基本概念与设计通则 第 2 部分:技术原则(ISO 12100-2:2003,IDT)

GB/T 28386—2012 印刷、纸加工、造纸机械和辅助设备的噪声测量方法 准确度等级 2 和 3

GB/T 28387.1—2012 印刷机械和纸加工机械的设计及结构安全规则 第 1 部分:一般要求

EN 619:2003 连续操作设备和系统 单元载荷的机械处理设备的安全和 EMC(电磁兼容性)要求(Continuos handling equipment and systems—Safety and EMC requirements for equipment for mechanical handling of unit loads)

EN 954-1:1996 机械安全 控制系统有关部件 第 1 部分:设计通则(Safety of machinery-Safety related parts of control systems—Part1:General principles of design)

EN 983:1996 机械安全 对流体系统及其部件的安全要求 气压装置(Safety of machinery—

Safety requirements for fluid power systems and their components-preurnatics)

EN 1050:1996 机械安全 风险评价的原则(Safety of machinery—Principles for risk assessment)

EN 1088:1996 机械安全 带防护装置的联锁装置 设计和选择原则(Safety of machinery—Interlocking devices associated with guards—Principles for design and selection)

EN ISO 4871:1996 声学 机器和设备噪声发射值的标定和验证(Acoustics—Declaration and verification of noise emission values of machinery and equipment)

3 术语和定义

GB/T 15706.1—2007 和 GB/T 28387.1—2012 界定的以及下列术语和定义适用于本文件。

3.1

ESPD

电敏防护保护装置。

3.2

安全停止部分 stop safe section

机器或装置的特殊部件,可配置在独立的安全防护装置上用于防止重启动。

3.3

安全停止制动器 stop safe actuator

控制元件,当其启动时,可以防止机器的特殊部件重启。其执行机构可被锁定在安全停止状态且可被旋转脱开。

3.4

自动接纸装置 splicer

用于自动更换纸卷的开卷设备,可自动切断运行中的纸幅,并将新纸卷的纸幅切口与之粘接,以确保生产连续运行。

3.5

单面机 single facer

通过两个瓦楞辊将连续纸幅压成瓦楞状且在瓦楞单面涂上胶水的设备。

3.6

预热器 preheater

通过蒸汽加热辊与纸幅接触的方式预热纸幅的设备。

3.7

包裹臂 wrap arm

包裹臂绕预热辊移动,以变换与预热辊接触的纸幅长度。

3.8

倾斜带式输送装置 inclined belt conveyor

用于输送单面瓦楞纸板到过桥上的输送系统。

3.9

倾斜带式输送装置侧面 inclined belt conveyor side

单面机通过倾斜带输送装置接收瓦楞纸板并输送给过桥的另一侧。

3.10

过桥 bridge

位于单面机上的输送系统,同时用作存储设备。倾斜带式输送装置向其输送瓦楞纸板,以环状形式储存后输送到下一台机器。

3.11

制动和卷筒纸对齐部分 braking and web aligning section

安装在过桥上用于张紧单面瓦楞纸板上松弛部分并将卷筒纸导入下一台机器的单元。

3.12

上胶机 glue machine

向一个或多个单面瓦楞纸板的瓦楞顶部涂胶液的独立机器。

3.13

加热和牵引部分 heating and pulling section

将单层或多层涂胶粘合后的瓦楞纸板烘干并将其输送至下一台机器的设备。

3.14

卷筒纸轮转裁切机 rotary shears

用于裁切运转中的、需要改变幅宽(规格)的瓦楞纸板和清除废料的辊式切纸机。

3.15

牵引部分 pulling section

确保纸幅牵引的一对传送辊。

3.16

分切压痕单元 slitter-scorer unit

用于分切和挤压瓦楞纸板的设备。

3.17

卷筒纸转向器 web diverter

由移动部件组成的系统,用于将由分切压痕装置供应的裁切后的纸幅转向并输送到卷筒纸切纸机的装置。

3.18

卷筒纸切纸机 sheeter

用于将瓦楞纸按照纸张规定长度进行裁切的切纸机,可由一个或多个垂直安装的切割单元组成。

3.19

堆积装置 stacking device

用于堆积瓦楞纸板的设备(见下堆积装置,上堆积装置)。

3.20

下堆积装置 downstacker(auto-piler)

瓦楞纸板生产机械上的堆积设备,给纸传送带的位置保持不变、通过纸堆托板向下运动形成纸堆。

3.21

上堆积装置 upstacker

瓦楞纸板生产机械上的堆积设备,纸堆托板的位置保持不变、通过给纸传送带向上运动形成纸堆。

3.22

联机 inline machine

用于加工纸板和瓦楞纸板的机器,由一系列设备组成,如给纸装置、一个或多个印刷装置、裁切装置、轮转模切装置、上胶装置、折页装置、装订单元等,具体组成情况根据机型而定。

4 重大危险目录

4.1 本章包含了本部分中所涉及的所有重大危险(有关噪声见 GB/T 28387.1—2012),并用风险评价方法判断机器的重大危险,确定消除或减少危险的方法。在进行风险评价时,机器设计者应检查表 1 所列危险是否全面，并考虑与此相关的特殊机器对这些危险情况的适应性。

4.2 设计者、制造商或供货商在使用本部分时，应遵守 EN 1050:1996 的规定并考虑如下情况：

—— 机器预期的使用：包括启动（准备中）、清理和维修，包括可预见的误操作；

—— 重大危险的识别。

表 1 重大危险、危险区域、安全措施

重大危险	危险区域	安全措施：涉及到下列条款		
		本部分	GB/T 15706.1—2007	GB/T 28387.1—2012
机械危险	瓦楞纸板生产机械		4.2.1	
挤压	——开卷	5.2.2.1～5.2.2.4		5.3.5.9～5.3.5.11
剪切 切割或切断	——卷筒纸自动接纸装置	5.2.3.1～5.2.3.4		5.2.1.1,5.2.10.1, 5.2.10.2,5.2.3.3
卷入	——卷筒纸自动接纸刀片	5.2.3.5		
吸入 缠绕 冲击	——预热器	5.2.4.1～5.2.4.6, 5.2.4.8		5.2.1
高压液体的喷射	——单面机，瓦楞辊	5.2.5.1～5.2.5.2, 5.2.5.4		5.2.3.2a)2),5.2.2
	——压紧皮带，压辊，瓦楞辊	5.2.5.5		
	——上胶辊	5.2.5.8～5.2.5.10		
	——皮带轮和机器固定部件间的内旋卷入	5.2.5.11		
	——驱动	5.2.5.15		5.2.2
	——倾斜带式输送装置	5.2.6.1～5.2.6.3		5.2.1
	——过桥	5.2.7.1～5.2.7.3		5.2.1,5.2.2
	——制动和卷筒纸对齐部分	5.2.8		5.2.1.1
	——上胶机	5.2.9.2～5.2.9.4		5.2.2
	——加热和牵引部分	5.2.10.1～5.2.10.3, 5.2.10.5～5.2.10.8		
	——轮转裁切机	5.2.11.1～5.2.11.7, 7.1.1.8		5.2.2
	——牵引单元	5.2.12.1～5.2.12.3		5.2.2
	——分切压痕单元	5.2.13.1～5.2.13.3, 5.2.13.6,5.2.13.7		5.2.2 5.2.3.3.2a)2)
	——卷筒纸转向部分	5.2.14		5.2.2
	——卷筒纸切纸机	5.2.15.2～5.2.15.5		5.2.2
	——堆积装置	5.2.16.1～5.2.16.7, 7.1.1.9		5.2.3.1, 5.2.12,5.3.4, 5.2.2.2,5.2.2
	粘箱机			
	——给纸机	5.3.1.1～5.3.1.3		5.3.4,5.3.4.8
	——折叠单元	5.3.2.1～5.3.2.3		5.2.3.2a)2)
	——上胶部分	5.3.3.1～5.3.3.2		5.2.2
	——折叠带	5.3.4.1～5.3.4.2		5.2.2
	——压输部分	5.3.5.1～5.3.5.2		5.2.2

表 1（续）

重大危险	危险区域	安全措施:涉及到下列条款		
		本部分	GB/T 15706.1—2007	GB 28387.1—2012
	——驱动轴	5.3.6.1		
	——幅面设定	5.3.6.3		5.2.3.3
	联机			
	——单个移动装置	5.4.1.1～5.4.1.4		5.2.6.1.1,5.2.1.4
	——输送带上的内旋卷入	5.4.1.5		
	——给纸单元	5.4.2.1～5.4.2.8		5.2.2, 5.3.4.8, 5.2.6.1.5, 5.3.4
	——印刷单元	5.4.3.1,5.4.3.2, 5.4.3.4,5.4.3.5, 7.1.3.2		5.2.2, 5.2.3.2, 5.2.6.1.1
	——分切压痕,圆压圆模切机	5.4.4.1～5.4.4.5		5.2.3.2, 5.2.6.1.1, 5.2.12
	——折叠单元	5.4.5.1～5.4.5.6		5.2.2, 5.2.3.1, 5.2.3.2, 5.2.6.1.1, 5.3.6.1
	——装订单元	5.4.6.1～5.4.6.3, 5.4.6.5		5.2.2, 5.2.3.1, 5.2.3.2a)2, 5.2.6.1.1, 5.3.6.1
	——收纸	5.4.7		5.3.4
	手工给纸平压机			
	——挤压动作造成的危险点	5.5.1～5.5.4,5.5.6		5.2.10 5.2.10.2, 5.2.6.1.1
	——活动台导致的挤压	5.5.5		
	——超过停机时间	5.5.8		
	平压模切机			
	——给纸单元	5.6.1.1～5.6.1.5		5.3.4,5.3.4.8
	——模切部分	5.6.2.1～5.6.2.3		
	——断开部分	5.6.3.1～5.6.3.3		5.2.3.1,5.2.2
	——坯料分离部分,收纸	5.6.4.1～5.6.4.2		5.2.3.1,5.3.4
	——叨口裁切,收纸	5.6.5		
	——工具因重力下落	5.6.6.1		
	——材料堵塞造成的危险	5.6.6.2		
	管式缠绕机			
	——开卷	5.7.1,5.7.2		
	——卷绕皮带/卷绕芯轴	5.7.3,7.1.6		
	——卷绕皮带/驱动辊	5.7.4		

表 1（续）

重大危险	危险区域	安全措施:涉及到下列条款		
		本部分	GB/T 15706.1—2007	GB 28387.1—2012
	——上胶辊 ——裁切和锯断单元 ——输送通道	5.7.5 5.7.6 5.7.7		5.2.1.1.b)
避免直接或可能发生危险的部位	瓦楞纸板生产机械 粘箱机 联机 手工给纸平压机 自动平压模切机 管式缠绕机	5.2.1.3～5.2.1.5, 5.2.16.2,5.2.3.9 5.3.6.4 5.4.1.2,5.4.1.6 5.5.6,5.5.9 5.6.6.3,5.6.6.7, 7.1.5 5.7.8		5.2.7.2
生产过程中的破损	瓦楞纸板生产机械 ——压力皮带破损	 5.2.5.6	4.2.2	
电气危险直接或间接接触	瓦楞纸板生产机械 ——电气装置	 5.2.1.1	4.3	 5.2.5
高温危险 可能的接触引起的灼伤	瓦楞纸板生产机械 ——预热器 ——蒸汽管,蒸汽管接头 ——单面机 ——加热和牵引部分	 5.2.4.7 5.2.5.12,5.2.5.13 5.2.5.14,7.1.1.7 5.2.10.4,5.2.10.10, 5.2.10.11	4.4	
噪声危险 导致听力损失(耳聋)	瓦楞纸板生产机械 ——单面机 ——切纸机 联机 自动平压模切机	 5.2.5.16 5.2.15.6 5.4.4.6 5.6.6.6	4.5	 5.2.15
因失火和爆炸引发的危险	瓦楞纸板生产机械 ——开卷装置上制动系统鼓风机 ——真空输送带 ——排废管 ——开卷装置上的制动系统 自动平压模切机 ——排废装置	 5.2.2.5 5.2.10.9 5.2.13.4 5.2.2.5 5.6.3.4	4.8	 5.2.4.3.1,5.2.4.9 5.2.4.9 5.2.4.1,5.2.4.4.1, 5.2.4.9
处理加工过程中所用材料或由这些材料散发出来的物质造成的危险 因接触、吸入有害液体、气体及灰尘导致的危险	瓦楞纸板生产机械 ——蒸汽泄露	 5.2.5.14	4.8	

表 1（续）

重大危险	危险区域	安全措施:涉及到下列条款		
		本部分	GB/T 15706.1—2007	GB 28387.1—2012
机械设计时忽略人类工效学原则产生的危险 不利于身体健康的姿势	瓦楞纸板生产机械		4.9	
	——通道楼梯,狭窄过道	5.2.1.6		5.2.12
	——进入接纸机	5.2.3.7,5.2.3.8		5.2.12
	——预热器上的狭窄过道	5.2.4.8		
	——更换瓦楞辊	5.2.5.3		
	——瓦楞辊前的狭窄过道	5.2.5.7		
	——进入过桥,过桥	5.2.7.4～5.2.7.6		
	——上胶单元上卷筒引纸	5.2.9.1		5.2.12.2
	——轮转废料切除	5.2.11.5		
	——进入压痕单元,狭窄过道	5.2.13.5		5.2.12
	——进入切纸机	5.2.15.1		5.2.12
	粘箱机			
	——通道,工作台	5.3.6.2		
机械设计时忽略人类工效学原则产生的危险 不利于身体健康的姿势	联机		4.9	
	——通道楼梯,工作台	5.4.1.7		5.2.12
	——装卸印版	5.4.3.3		
	——更换和穿送胶带	5.4.5.7		5.12.12.1
	——安全更换或输送装订材料	5.4.6.4		
	自动平压模切机			
	——更换工具	5.6.2.3,5.6.2.4		
	——通道楼梯,工作平台	5.6.6.5		
控制系统的故障、失效安全电路的故障或失效	瓦楞纸板生产机械			
	——整机	5.2.1.2		5.2.6.1
	——切纸装置的刀片控制系统	5.2.3.6		
	——旋转切刀	5.2.11.2		
	手工给纸平压机			
	——控制系统	5.5.7		
	——光幕仪	5.5.4		
	自动平压模切机			
	——控制系统,联锁	5.6.6.4		

5 安全要求和/或保护措施

5.1 概述

机器应符合本章的安全要求和/或保护措施,此外,所设计的机器还应符合本部分未涉及而在 GB/T 15706.1—2007、GB/T 15706.2—2007 中相关的非重大危险事项的规定(例如,机架的锐边)。还应符合 GB/T 28387.1—2012 的一般要求。

5.2 瓦楞纸板生产机械

5.2.1 整机

5.2.1.1 电气设备应符合 GB/T 28387.1—2012 中 5.2.5 的规定。

5.2.1.2 控制系统应符合 GB/T 28387.1—2012 中 5.2.6.1 的规定。

5.2.1.3 要求配备启动警告装置应符合 GB/T 28387.1—2012 中 5.2.7.2 的规定。

5.2.1.4 要求配备急停装置。在每个主要的控制面板上都应设置急停按钮,至少在 15 m 的距离内可控制整机运行。

若使用防护罩对上胶装置的危险部位进行安全防护,可排除上胶辊的危险。

5.2.1.5 在配备安全停止启动器处应满足下列要求:

——应对安全停止启动器进行标示,以保障在使用时能清晰辨别;

——根据 GB/T 28387.1—2012 中 5.2.6.1.1 的要求,信号处理应符合 3 类规定。

在配备安全停止装置处,应按下列方法进行识别:

部位:每个单面机组(带有预热器的线程开卷、单面机、瓦楞纸开卷)(见图 1);

部位:加热至堆积装置前的线程开卷(见图 1)。

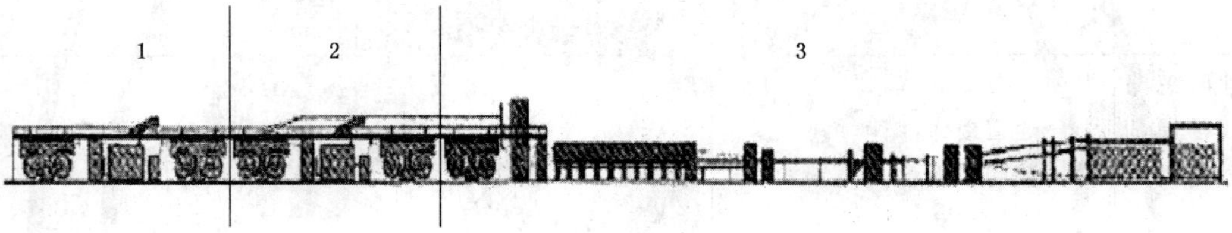

说明:

1——单面机组;

2——单面机组;

3——至堆积装置的线程开卷。

图 1 安全停止部分

5.2.1.6 内部楼梯和狭窄过道应符合 GB/T 28387.1—2012 中 5.2.12 的规定。

5.2.2 开卷部分

5.2.2.1 对于自动卷筒纸装料系统应符合 GB/T 28387.1—2012 中 5.3.5.11 的规定。

5.2.2.2 自动卷筒纸装料区域应采取下列方法进行安全防护:

——根据 GB/T 28387.1—2012 中 5.3.5.11 的要求,配备电敏防护装置。当卷纸或芯轴通过电敏防护的区域时,允许安全装置进行消声处理。应在最大卷纸直径上方不超过 50 mm 处配备一个辅助电敏防护装置,确保光束被中断时自动上卷区域的所有危险活动都停止,例如一个人或是卷纸或芯轴移动进入此区域时(见图 2 和图 3)光束被中断;

——其他确保安全更换卷筒纸的适当措施。

应在容易触及开卷装置附近区域配备急停启动器。

5.2.2.3 半自动上卷系统应符合 GB/T 28387.1—2012 中 5.3.5.10 的安全规定。

5.2.2.4 插入圆锥夹具,移动升降臂应符合 GB/T 28387.1—2012 中 5.3.5.3～5.3.5.9 的规定。

如果止—动按钮与升降臂的最小距离为 850 mm,插入圆锥夹具和移动升降臂时的止—动速度最高可被升至 15 m/min。

单位为毫米

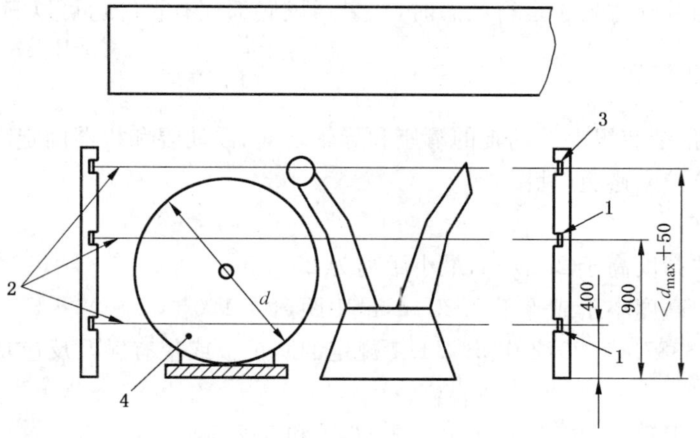

说明：

1——电敏防护装置；

2——ESPD 光束；

3——辅助 ESPD；

4——卷筒纸。

图 2 开卷部分，自动上卷

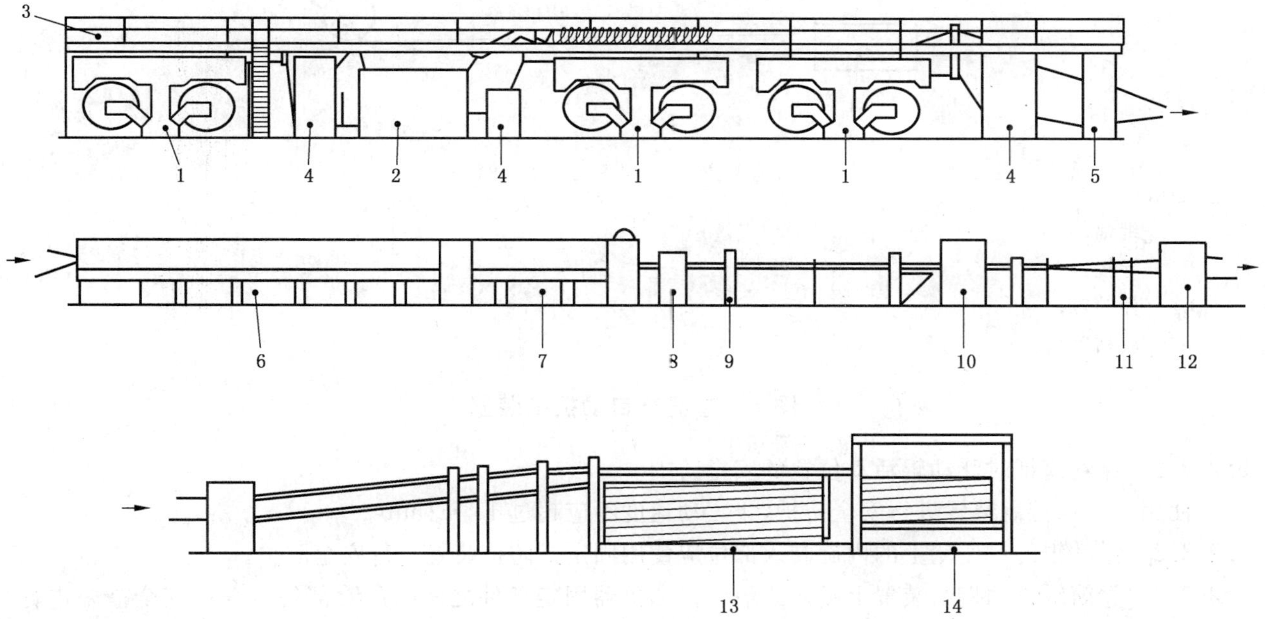

说明：

1——开卷部分；

2——单面机；

3——过桥；

4——预热器；

5——上胶机；

6——加热部分；

7——牵引部分；

8——旋转剪切器；

9——牵引单元；

10——分切压痕单元；

11——卷筒纸转向；

12——卷筒纸切纸机；

13——上堆积装置；

14——下堆积装置。

图 3 瓦楞纸板生产机械原理图

5.2.2.5 开卷部分上制动系统的鼓风机至少应符合 GB 4208—2008 的 IP 23 保护等级。防止易燃粉尘在制动器处堆积。当升降臂处于运行状态时，如果通风底部配有百叶窗可以满足此规定。

5.2.3 卷筒纸自动接纸装置

5.2.3.1 卷筒纸自动接纸装置上浮动辊的滑座和导辊之间、浮动辊和机器固定部件之间的任何危险部位应通过设计或安全防护来避免(见图 4)。

安全防护措施如下：

——如果危险部位高度高于 2.20 m，最小距离为 25 mm；

——如果危险部位高度小于或等于 2.20 m，最小距离为 120 mm。

也可通过 GB/T 28387.1—2012 中 5.2.1.1 规定的防护板或带有触及反应功能的安全装置进行安全防护。

安全杆应符合 GB/T 28387.1—2012 中 5.2.10.1 和 5.2.10.2 的规定。

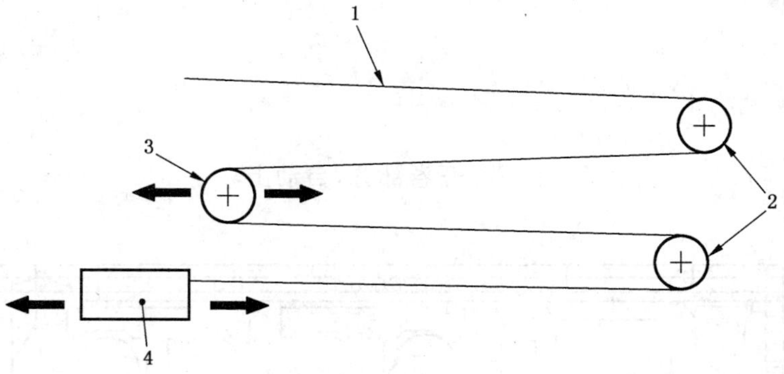

说明：

1——纸幅；

2——导辊；

3——浮动辊；

4——胶粘单元。

图 4 卷筒纸自动接纸装置

5.2.3.2 穿卷筒纸时浮动辊活动位置的安全防护。

使用止—动控制装置进行安全防护，止—动速度不应超过 15 m/min。

5.2.3.3 浮动辊的滑座轮上的内旋卷入部位应使用固定式防护装置进行安全防护。

5.2.3.4 卷筒纸自动接纸装置上吸入式活动杆和机器固定部件之间的危险部位应采用安全措施进行安全防护(见图 4)。可采用下列方法之一进行防护：

——如果危险部位高度高于 2.20 m，最小距离为 25 mm；如果危险部位高度小于或等于 2.20 m，最小距离为 120 mm；

——止—动控制(启动设备的设置，见 GB/T 28387.1—2012 中 5.2.3.3 的规定)；

——活动式胶粘杆驱动压力限定在 300 N 以内，滑座的移动速度限定在 15 m/min 以内。

在控制胶粘杆的控制面板上应配备急停按钮。

5.2.3.5 切纸机刀刃在闲置状态下应进行安全防护。

5.2.3.6 使用液压式或气动式控制系统启动裁切周期的位置应配备相关的安全检查阀，当存在泄露或软管破裂时确保刀具仍处于安全状态。

5.2.3.7 接纸机四周框架低于 2 m 处，框架边缘应配备黑—黄垫，防止磕碰。

5.2.3.8 接纸机放置在高位时应有安全过道用于移动吸杆的准备工作。台阶和扶手应符合GB/T 28387.1—2012 中 5.2.12 的规定。

5.2.3.9 自动接纸操作前及自动接纸操作过程中，黄色警告灯应处于工作状态。警告灯控制系统应适当考虑 EN 954-1:1996 中 B 类规定。

5.2.4 预热器

5.2.4.1 包裹辊和预热滚筒之间及包裹辊和机器固定部件或导辊之间的内旋卷入部位应通过下列方法之一进行防护(见图 5)：

——使用 120 mm 的最小安全防护距离；

——根据 GB/T 28387.1—2012 中 5.2.1 的规定进行防护。

说明：

1——预热滚筒；

2——卷筒纸；

3——包裹辊；

4——导纸辊。

图 5 预热器侧视图

5.2.4.2 预热滚筒和任何横梁之间的内旋卷入部位应使用 300 mm 的最小距离进行安全防护。

5.2.4.3 包裹辊驱动装置应使用全封闭固定式防护装置。

5.2.4.4 旋转包裹臂上有间隙的部位，应将其填充以防止发生挤压危险(见图 6 中 2 项)。

5.2.4.5 预热滚筒和旋转臂之间的距离(见图 6 中 d)最小为 6 mm，最大为 300 mm。

5.2.4.6 旋转臂和机器边框之间的危险点应通过下列措施进行安全防护(图 6 中 2 和 4)：

——EN 954-1:1996 中规定的 1 类止—动控制；或

——120 mm 的最小防护距离，旋转臂或机器侧边的设计应保证最大圆周速度以 5 m/min 进行旋转时，旋转臂使躯体部位向下弯曲。

5.2.4.7 预热滚筒温度高于 65 ℃时，预热器两侧应安装指示高温表面的警告标志。

5.2.4.8 预热器狭窄处应有防止坠落的措施，距离活动部件的间隙应为 120 mm。

防止坠落的防护与狭窄处，见 GB/T 28387.1—2012 中 5.2.2 的规定。

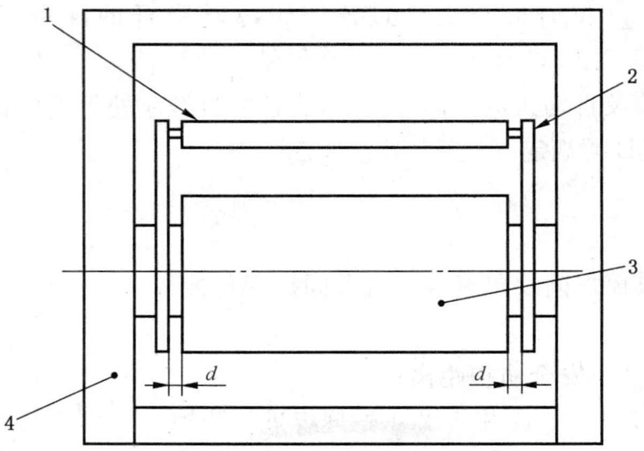

说明：
1——包裹辊；
2——旋转臂；
3——预热滚筒；
4——机架；
d——预热滚筒/旋转臂距离。

图6 预热器，侧视图

5.2.5 单面机

5.2.5.1 瓦楞辊之间的内旋卷入部位应采用固定式防护装置进行安全防护。40 mm的最大送纸口要求安全距离最小为300 mm。

5.2.5.2 瓦楞辊和机器固定部件之间的内旋卷入部位应采用固定式防护装置进行安全防护。如果瓦楞辊和横梁之间的最小距离为25 mm，刮板间隙最大为60 mm（见图7），那么对瓦楞辊和带有刮板的横梁之间的危险部位应进行安全防护。

5.2.5.3 为了更换而移动瓦楞辊的位置，应提供传输方法以保障便捷安全地换辊。

噪声护罩的设计应保障瓦楞辊的装卸不受阻。

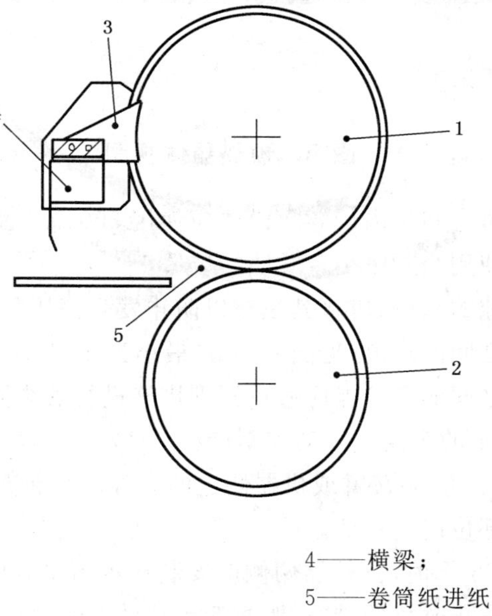

说明：
1——上部瓦楞辊；
2——下部瓦楞辊；
3——刮板；
4——横梁；
5——卷筒纸进纸。

图7 带有刮板的瓦楞辊

5.2.5.4 移动瓦楞辊或在更换瓦楞辊过程中，对任何可触及到的危险应按照 GB/T 28387.1—2012 中 5.2.2 的规定进行安全防护。

分度转台上装有瓦楞辊处，转台的任何活动应按照 GB/T 28387.1—2012 中 5.2.3.2a)2 的规定在止一动控制下进行。

5.2.5.5 在压辊或压紧皮带和瓦楞辊(图 8)之间的内旋卷入部位应采用固定式防护装置进行安全防护。

由压辊下降与瓦楞辊相接触所产生的挤压点，应根据 GB/T 28387.1—2012 中 5.2.2 的规定使用防护罩防护；或采用距危险点 1 000 mm 的水平安全距离进行防护。

压紧皮带上的内旋卷入部位应采用固定式防护装置进行安全防护。

5.2.5.6 在单面瓦楞纸卷输送带的侧面(倾斜皮带输送装置侧面)应配备一个控制装置，用来消除由于皮带断裂造成的危险。

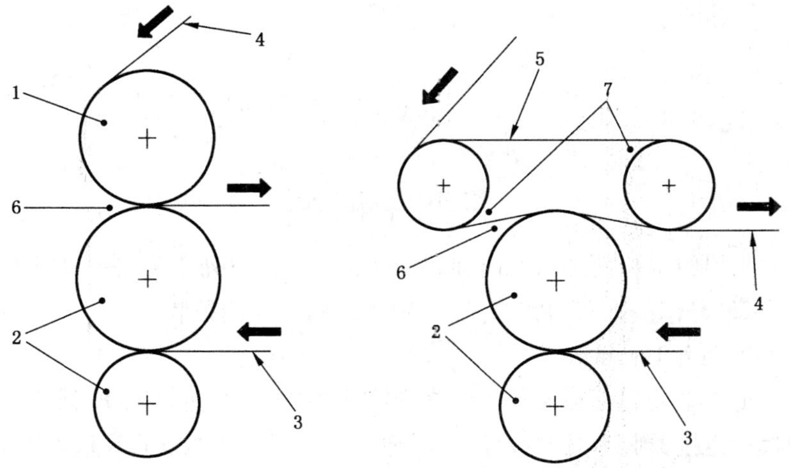

说明：

1——压辊；

2——瓦楞辊；

3——瓦楞卷筒纸；

4——线程；

5——压紧皮带；

6——内旋卷入；

7——压紧皮带上的内旋卷入。

图 8 瓦楞单元：左侧图为压辊、右侧图为压紧皮带

5.2.5.7 倾斜皮带输送装置一侧(图 10 中 7)的狭窄过道处应设有防止向瓦楞辊跌落的防护装置。应在 1.10 m 的高度处配备横梁(图 10 中 6)。不需要护栏和脚趾挡板。

5.2.5.8 根据 GB/T 28387.1—2012 中 5.2.2 的规定，当上胶装置向下摆动时，可触及到的上胶辊之间或上胶辊和瓦楞辊之间的内旋卷入部位应采用固定式防护装置进行安全防护。

自动向下摆动或提升处，上胶装置不应形成任何危险部位，否则，只能在止一动控制下以 5 m/min 的最大速度执行此动作。

上胶装置上的联锁防护装置处于打开状态下(图 9)进行维修或清洗操作时，胶辊(给料、刮胶辊)仅允许以 6 m/min 的最大圆周速度进行旋转。胶辊应按照与瓦楞辊不产生内旋卷入的同方向旋转。

5.2.5.9 上胶装置和机器固定部件(机架)之间的危险部位应采用下列方法之一进行安全防护：

——至少为 EM 954-1:1996 中 1 类止一动控制；

——联锁防护装置；

——最小安全防护距离 25 mm。

5.2.5.10 上胶单元防护罩，设计应符合 GB/T 28387.1—2012 中 5.2.2.5 的规定。

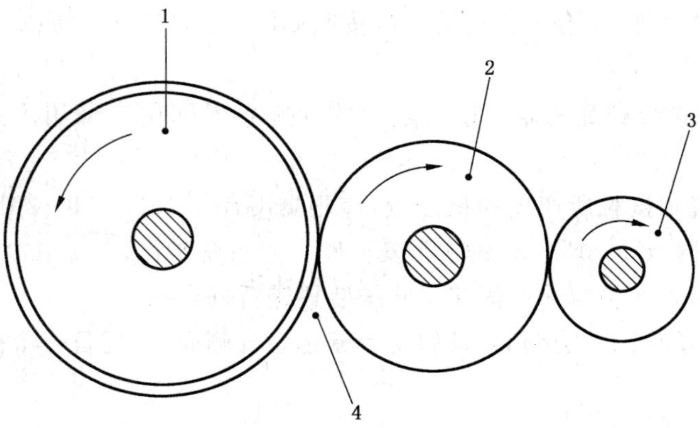

说明：

1——瓦楞辊；

2——上胶辊；

3——刮胶辊；

4——内旋卷入。

图 9 上胶单元

5.2.5.11 皮带轮和机器固定部件之间的内旋卷入部位应通过下列方法之一进行安全防护：

——符合 GB/T 28387.1—2012 中 5.2.1.1.b)规定的固定防护装置；

——最小安全防护距离 120 mm。

5.2.5.12 应将任何工作平面都可触及到的蒸汽管提升 2.70 m 高进行隔离，防止烧伤。

5.2.5.13 当将蒸汽管连接器脱开时，应对溢出的加压蒸汽所造成的危险采取如下防护措施：

——在连接器的进出口侧配备带有安全阀的连接器系统；或

——配备可确保切断蒸汽供应、允许蒸汽安全流入工作区域的设备。当意外打开蒸汽管时，该设备还可使溢出的蒸汽远离身体各部位。

5.2.5.14 单面机应配备燃烧危险的警告标志。

警告标志见 7.1.1.7。

5.2.5.15 驱动器和驱动轴采用固定式联锁防护进行安全防护时，应符合 GB/T 28387.1—2012 中 5.2.2 的规定。

5.2.5.16 单面机应配备隔音罩。门应自动关闭，且有关于戴护耳装置的提示标志。隔音罩上装卸卷筒纸的开口应以噪声进入工作室最小化为设计原则。

隔音罩设计应保证操作准备和观察活动时能够方便地进入隔音罩。

5.2.6 倾斜皮带输送装置

5.2.6.1 皮带上的内旋卷入部位应采用固定式防护装置进行安全防护。

5.2.6.2 上、下皮带之间的内旋卷入部位应通过错位两个皮带轮进行安全防护，两个辊之间最小间隙为 120 mm(图 10)。此区域间不应有固定部件，且为了避免发生卷入危险皮带张力应足够低。

5.2.6.3 从过桥可进入倾斜皮带上的危险部位应按照 GB/T 28387.1—2012 中 5.2.1 的规定采用固定式防护装置进行安全防护。

单位为毫米

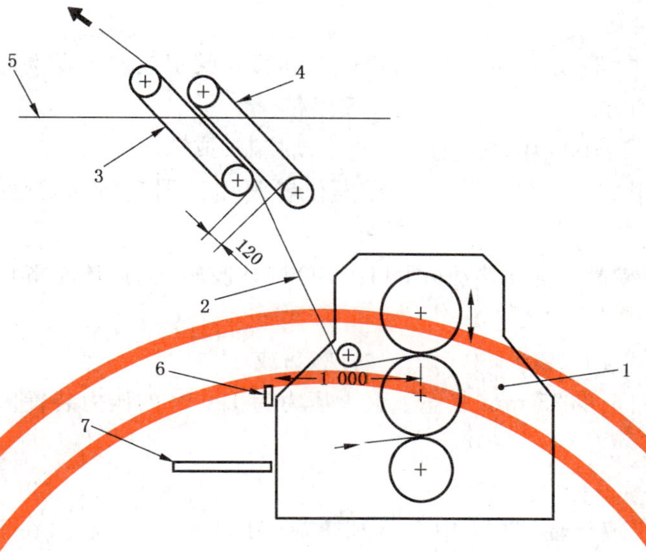

说明：

1——单面机；
2——瓦楞卷筒纸；
3——下部皮带；
4——上部皮带；
5——过桥；
6——防跌落保护；
7——狭窄过道。

图 10　带有倾斜皮带输送装置单面机

5.2.7　过桥

5.2.7.1　皮带内旋卷入部位应按照 GB/T 28387.1—2012 中 5.2.2 的规定采用固定式防护装置进行安全防护。

5.2.7.2　传送带上的驱动辊及导辊和过桥固定部件之间的内旋卷入部位应按照 GB/T 28387.1—2012 中 5.2.1 的规定采用固定式防护装置进行安全防护。

5.2.7.3　过桥上可触及的部件表面间隙宽度不应超过 50 mm。该规定不应用于过桥侧面的狭窄过道。这些间隙是为了使蒸汽溢出瓦楞纸板的。

5.2.7.4　过桥两侧应配备防坠落保护装置。

5.2.7.5　过桥各部分应配备通道楼梯，最大倾斜角应为 45°。只有根据 GB/T 28387.1—2012 中附录 C 规定的危险分析的结果判断时，方可将最大倾斜角增至 60°。通道楼梯应按照 GB/T 28387.1—2012 中 5.2.12 的规定进行设计。

在通道楼梯直接连接的狭窄(也就是没有平台)处应配备可自动关闭的防跌落保护装置。

5.2.7.6　过桥下方的通道高度不应低于 2.10 m。由于设计原因无法遵从此高度，此高度以下的部件应有黑—黄颜色包衬以防磕碰。

5.2.8　制动和卷筒纸对齐部分

辊与辊之间和辊与机器固定部件之间的内旋卷入部位应进行安全防护：

——按照 GB/T 28387.1—2012 中 5.2.1.1 规定的措施；或

——采用 120 mm 的最小距离。

5.2.9　上胶机(图 11 中 1)

5.2.9.1　需要阶梯和扶手以确保卷筒纸穿纸安全、便于进入上胶单元进行清洗。应符合

GB/T 28387.1—2012中5.2.12.2的规定。

5.2.9.2 上胶单元上的内旋卷入部位应按照GB/T 28387.1—2012中5.2.2的规定采用固定式和/或联锁式防护装置进行安全防护。

5.2.9.3 上胶辊(图11中3)之间,胶槽(图11中2)和移动胶辊或向下摆动时所触及的机器固定部件之间的危险部位应按下列方法进行防护:

——至少为EN 954-1:1996中规定的1类止一动控制;或

——自动移动速度限定在0.5 m/min。在操作者观测机器运行时可触及到的范围内配备急停按钮。

5.2.9.4 通过弹簧承载装置的自动移动(图11中4)调整胶辊压力,该装置应通过下列方法进行安全防护:

——按照GB/T 28387.1—2012中5.2.2的规定;或

——允许使用在压缩至少25 mm状态下最大压力为150 N的压力装置。

5.2.10 加热和牵引部分

5.2.10.1 位于上方皮带或导辊(图11中8)与加热板(图11中7)之间、存在于通向加热部分(图11)的横向进给处的内旋卷入部分,应采用850 mm的安全距离进行防护。这个安全距离应从上部皮带或导辊与加热板之间的距离为50 mm处测量。上部皮带导辊(图11中6)上的夹伤危险应通过固定式防护装置消除。

5.2.10.2 下输送辊或加热板和上部加压装置(图11中9)之间的危险部位应采用联锁式防护装置进行安全防护。防护装置开口处和安全距离应符合GB 23821—2009的规定。

5.2.10.3 在加热和牵引部分之间的转换点以及上部皮带(图11中11)和下部皮带(图11中12)之间的危险部位(图11中10)应采用联锁防护装置进行安全防护。

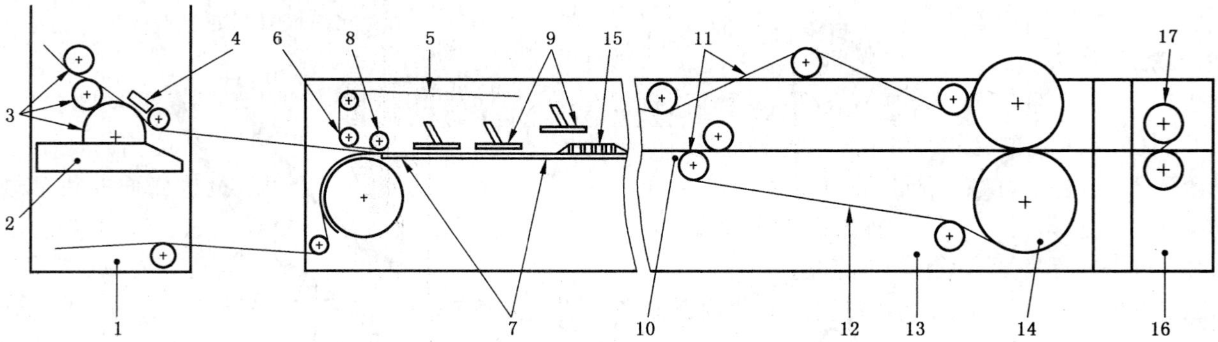

说明:

1——上胶机;
2——胶槽;
3——胶辊;
4——张紧装置;
5——上部皮带;
6——皮带导辊;
7——加热板;
8——导辊;
9——压印装置;
10——上、下皮带之间的危险部位;
11——上部皮带;
12——下部皮带;
13——牵引设备;
14——皮带导辊;
15——提升-断开装置;
16——分纸切纸机;
17——刀轴。

图11 上胶机、加热和牵引部分、分纸切纸机

5.2.10.4 应按照 GB/T 28387.1—2012 中 5.2.14 的规定对加热板进行安全防护，防止意外接触。

5.2.10.5 在需要进入压力装置以下的区域，应采用下列措施防止压力装置因重力而下滑：

——主轴驱动器上的轴自锁；或

——液压缸或汽压缸过载安全阀；或

——其他适当的安全措施。

为了进行检测，需配备用于压力设备安全固定的手工操作装置(例如锁销或安全支架)。

5.2.10.6 机械设备将瓦楞纸提起并离开加热板(见图 11 中 15)产生的挤压危险应使用固定式或联锁式防护装置进行安全防护。

5.2.10.7 皮带、导板和驱动辊之间的内旋卷入部位应采用固定式防护装置进行安全防护。

5.2.10.8 皮带导辊(见图 11 中 14)和加热装置收纸侧的机器固定部件之间的内旋卷入部位应采用固定式或联锁式防护装置进行安全防护。

5.2.10.9 使用真空输送带工作时，真空风扇、排气软管和管道应符合 GB/T 28387.1—2012 中 5.2.4.3.1 和 5.2.4.9 的防爆规定。

5.2.10.10 可触及的蒸汽管应隔离至距地面 2.70 m 以上，防止燃烧危险。

5.2.10.11 加热装置区域内应配备穿纸设备，以消除燃烧的危险。

5.2.11 轮转模切(图 11 中 16)

5.2.11.1 刀具驱动轴(图 11 中 17)周围应按照 GB/T 28387.1—2012 中 5.2.2 的规定使用固定式或联锁式防护装置进行安全防护。

5.2.11.2 刀具未进入完全静止状态时对操作者存有危险，要求防护装置处于锁住状态。只有刀具完全处于静止状态时防护装置才可解锁。

联锁防护装置应符合 EN 1088:1996 的规定。

5.2.11.3 在轮转模切器上存在刀具无驱动力而移动的危险，例如，在清洗完物料阻塞物后，防护装置也应与制动机构联锁以确保刀具静止不动。

5.2.11.4 废料分离装置上的危险部位应采用固定式或联锁式防护装置进行安全防护。使用护罩防止从底部进入。

5.2.11.5 应做好废料安全移出的准备。例如，可配备活动式收集料仓或输送带。在收集料仓兼顾防护功能的地方，收集料仓应与废料分离器的危险移动进行联锁。

5.2.11.6 输送带上的内旋卷入危险部位应使用防护装置进行安全防护。

5.2.11.7 使用说明中应指出更换刀片时应使用人身防护装备(例如，防切割手套)。

操作手册中的说明见 7.1.1.8。

5.2.12 牵引单元(图 12)

5.2.12.1 上、下出料辊之间的内旋卷入部位应按照 GB/T 28387.1—2012 中 5.2.2 的规定采用固定式或联锁式防护装置进行防护。

5.2.12.2 当移动上出料辊时，上、下出料辊间的挤压部位应进行安全防护。可采用下列方法之一：

——EN 954-1:1996 规定的 1 类止一动控制；

——符合 GB/T 28387.1—2012 中 5.2.2 的固定式或联锁式防护装置；

——可压缩式软辊仅靠自重就可使其处于适当位置。

5.2.12.3 工作台(卷筒纸区域)(见图 12 中 2)以下区域的危险部位应根据 GB/T 28387.1—2012 中 5.2.2 的规定采用固定式防护装置进行安全防护。

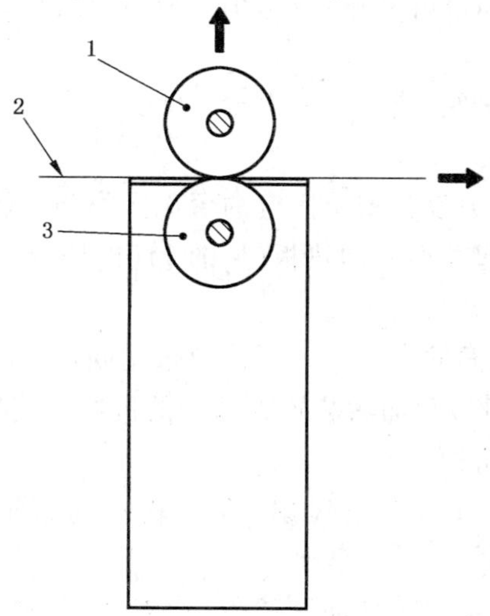

说明：
1——上部牵引辊；
2——瓦楞卷筒纸；
3——下部牵引辊。

图 12 牵引单元

5.2.13 分切压痕单元

5.2.13.1 分切压痕工具上的危险部位应按照 GB/T 28387.1—2012 中 5.2.2 的规定采用固定式防护装置进行安全防护。应在内转或外转侧配备联锁防护门，使得在准备阶段安全进入。

5.2.13.2 输纸台和收纸台以下部位应按照 GB/T 28387.1—2012 中 5.2.2 的规定采用固定式防护装置防止进入。

5.2.13.3 根据 GB/T 28387.1—2012 中 5.2.2 的规定，分切压痕工具的自动定位和排废口的联锁防护装置仅允许处于关闭状态。

5.2.13.4 排气胶管应符合 GB/T 28387.1—2012 的 5.2.4.9 的规定。

5.2.13.5 机器上装有狭窄过道处，狭窄过道和通道楼梯应符合 GB/T 28387.1—2012 中 5.2.12 的规定。不应存在通过狭窄过道时产生危险。

5.2.13.6 根据 GB/T 28387.1—2012 中 5.2.3.3 的规定，在止—动控制下，单独设备只能以 5 m/min 的最大速度移动。止—动控制应符合 EN 954-1:1996 中 1 类规定。移动轮和导轨之间的内旋卷入部位应使用固定式防护装置(挡板)进行安全防护。固定式防护装置和导轨之间的最大距离为 15 mm。

5.2.13.7 带有移动部件的工具仅在止—动控制下才可移动，应符合 GB/T 28387.1—2012 中 5.2.3.2a)2 的规定，止—动控制至少应符合 EN 954-1:1996 中 1 类规定。

5.2.14 卷筒纸转向

卷筒纸分切装置与固定部件之间的危险部位的安全防护，应符合 GB/T 28387.1—2012 中的 5.2.2 (见图 13)的规定。应按照 GB/T 28387.1—2012 中 5.2.2 的规定使用固定式防护装置，防止从底部进入。

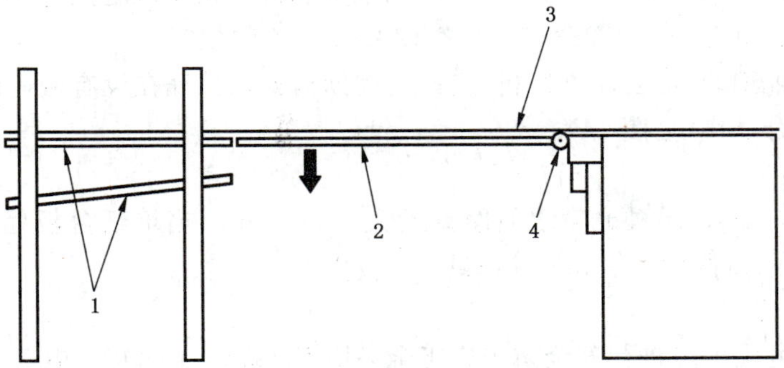

说明：

1——固定卷筒纸导辊；

2——活动卷筒纸转向；

3——瓦楞纸幅；

4——卷筒纸转向旋转部位。

图 13 卷筒纸转向

5.2.15 卷筒纸切纸机

5.2.15.1 隔断坠落防护装置和通道楼梯的设计应符合 GB/T 28387.1—2012 的 5.2.12 的规定。

5.2.15.2 压紧辊的内旋卷入部位应按照 GB/T 28387.1—2012 中 5.2.2 的规定采用固定式防护装置。

5.2.15.3 应根据 GB/T 28387.1—2012 中 5.2.2 的规定采用固定式防护装置，防止从输送平台下面进入机器。

5.2.15.4 通过联锁防护装置在轮转切纸刀的周围进行防护，应符合 GB/T 28387.1—2012 中 5.2.2 的规定。刀轴停止状态下有可能对操作人员产生危险，应配备防护锁。只有刀具在静止状态才可打开防护装置。

收纸辊的特殊规定应符合 EN 1088:1996 的规定。

5.2.15.5 收纸辊内旋卷入部位应根据 GB/T 28387.1—2012 中 5.2.2 的规定采用固定式或联锁式防护装置进行安全防护。

5.2.15.6 由主噪声源，如输送系统（包括出口端的拉纸压辊）和切纸系统（包括一组刀轴）发射的空气噪声产生的危险，应按照 GB/T 28387.1—2012 中 5.2.15 的规定降到相对低的水平，可以通过用消声材料将主噪声源部分或全部封闭来实现。例如，将切纸机放置在一个完整的护罩中。护罩的开口处——其作用是供给纸卷和输送卷料，应配备消声部件。

5.2.16 堆积装置

5.2.16.1 向堆积设备输纸时，输送系统皮带上的内旋卷入部位应采用固定式防护装置进行安全防护。

5.2.16.2 生产运行中送纸到堆积装置，当需要身体接触输送带时，需采取下列措施：

a) 在操作人员接触皮带前，清理速度不超过 1.5 m/s(90 m/min)（例如，通过打开带有限速功能的联锁装置门或使用电敏防护装置）。当离开皮带后，操作人员应根据 GB/T 28387.1—2012 中 5.2.3.1 的规定启动使动装置，目的是再次对皮带加速，使动装置不应放置在操作人员可触及的范围内。

b) 警告信号灯在清理速度自动开启前应至少闪烁 5s，清理操作过程中应持续闪烁。

c) 根据 GB/T 28387.1—2012 中 5.2.12 的要求，传送带两侧应配备防护栏。距传送平面上方 200 mm处也应配备一个中间防护栏，不需要脚趾挡板。

d) 传送带对面最大高度为 500 mm 且从堆积装置前侧至少 1 600 mm 处应配备活动式防坠落保

护装置。防跌落保护装置应与传送装置和堆积装置联锁并带有黑色/黄色标识。

5.2.16.3 堆积装置应符合 GB/T 28387.1—2012 中 5.3.4 的规定。

5.2.16.4 自动向下堆积装置(自动堆纸机)应采用辅助措施以保证在没有搬运设备且无人的情况下只允许纸堆托板进行上升动作(见图 14)。

应满足以下规定：

——配备平行安全光束，单独光束之间距离最大为 300 mm，当堆纸台板处于最低位置时，光束在堆纸台上方的水平高度为 150 mm；或

—— 合理设置光幕。

对堆纸台板下的危险区域进行安全防护应符合 GB/T 28387.1—2012 中 5.3.4.4 的规定。

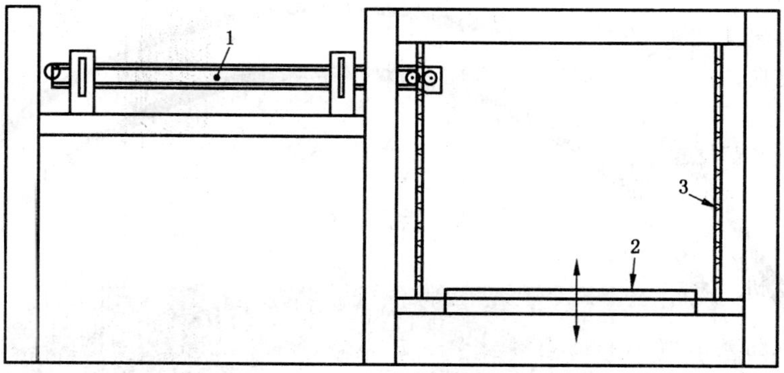

说明：

1——输送皮带；

2——纸堆托板(辊输送)；

3——链条。

图 14 下堆积装置

5.2.16.5 对于下堆积装置和上堆积装置的维修和检查操作应各自配备一个机械装置，作为一个稳定的手段用于防止下堆积装置的托架下降或上堆积装置上末端传送皮带的下落(例如手工插入螺栓)。进入过道应配有联锁门。

操作手册中应给出防止机械设备因重力下落的安全指导。

操作手册中的指导见 7.1.1.9。

5.2.16.6 调节堆积装置纸堆高度(上堆积装置)时，下降输送带和辊传送机构或地面之间的危险部位应进行安全防护(见图 15)。通过在前面和侧面配备栅栏式护罩防止进入运动的输送带中。

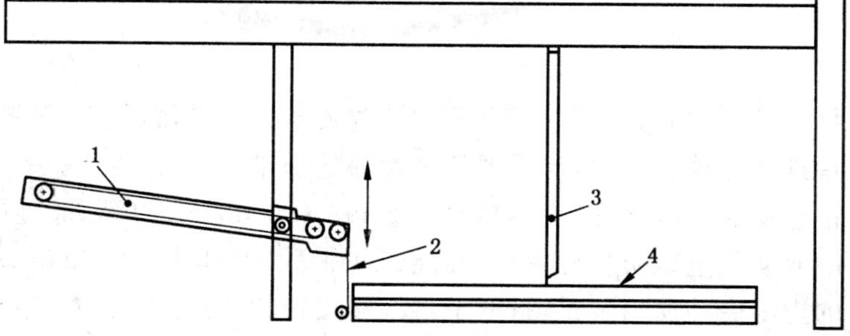

说明：

1——输送皮带；

2——挡板；

3——活动侧规；

4——辊输送装置。

图 15 上堆积装置

需要取输送带上瓦楞纸并放置在上堆积装置处，应当沿着输送带配备固定式防护装置，并可按下列措施放置：

——确保输送带下边缘和地面之间的最小高度为 500 mm；

——在三面都配有警告标识，不准许进入该过道。

操作手册中的指导见 7.1.1.10。

——在给纸装置下配备折叠门帘防止人从其下面通过；

——通过在给纸皮带区域的前端和末端配备挡板并横跨整个给纸皮带宽度以防止进入低于给纸皮带的区域两侧。

安装围栏式护罩应符合 GB/T 28387.1—2012 中 5.2.2.2 的规定。

5.2.16.7 堆积设备上可触及的辊输送装置上，侧拉规自动活动部件和机器固定部件产生的危险部位应采用500 mm 的最小距离进行安全防护。不能满足最小距离处应根据 GB/T 28387.1—2012 中 5.2.2 的规定配备适当的防护装置。

可触及的辊传送机构的规定见 EN 619:2003。

5.3 粘箱机

5.3.1 给纸装置

5.3.1.1 给纸装置应符合 GB/T 28387.1—2012 中 5.3.4 的规定。

5.3.1.2 皮带和导辊，拉辊和驱动辊之间的内旋卷入部位应采用固定式防护装置进行安全防护(见图 16)。

5.3.1.3 分离装置的内旋卷入部位应根据 GB/T 28387.1—2012 中 5.3.4.8 的规定进行安全防护。

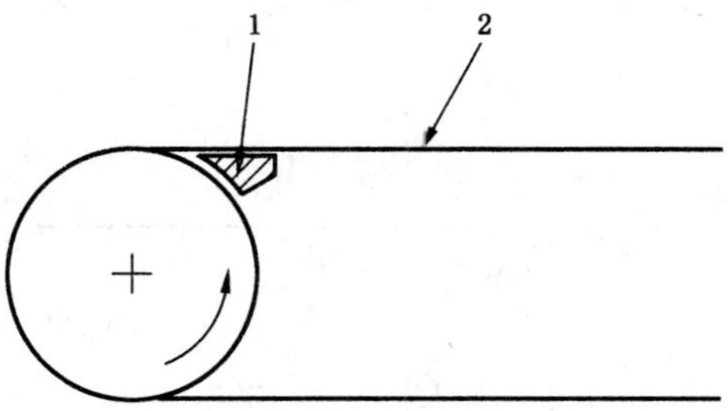

说明：

1——部件；

2——皮带。

图 16 通过部件对内旋卷入部分进行安全防护

5.3.2 折叠单元

5.3.2.1 上、下辊枕或折叠皮带(见图 17)之间的内旋卷入部位应进行安全防护，措施如下：

——在辊通道上，第一个辊枕在最大接触力 70 N 情况下最小偏移量为 25 mm；且

——辊子上随后的辊枕两侧安装固定防护装置，安全距离根据 GB 23821—2009 中表 2 和表 4。这些防护装置的边缘不应锋利。

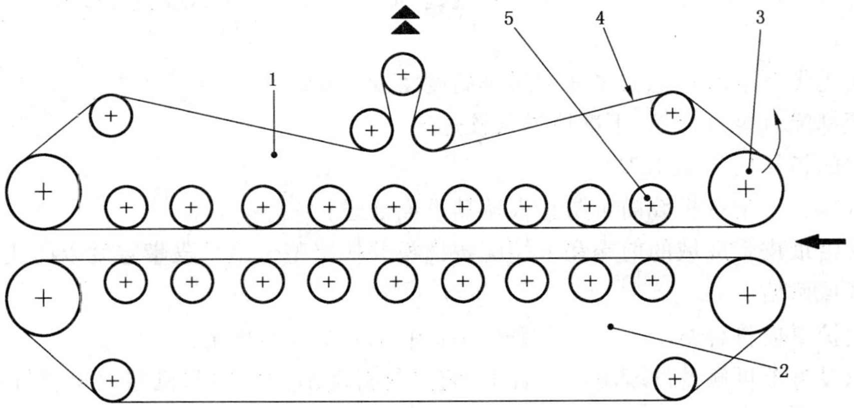

说明：

1——上辊枕；

2——下辊枕；

3——第一个辊；

4——折叠带；

5——衔接辊。

图 17　折叠辊子区

5.3.2.2　辊枕活动所造成的危险部位应采取下列方法进行安全防护：

——止一动控制，应符合 EN 954-1:1996 中 1 类规定、GB/T 28387.1—2012 中 5.2.3.2a)2)的规定；或

——任何其他适当的措施。

5.3.2.3　折页钩(见图 18)造成的危险部位应通过固定式或联锁式防护装置进行安全防护。

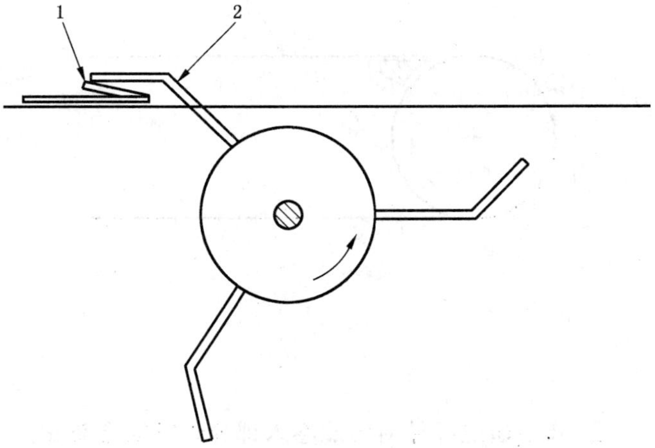

说明：

1——折页；

2——折页钩。

图 18　折页钩

5.3.3　上胶部分

5.3.3.1　上胶装置和纸张之间的内旋卷入部位应采用下列方法进行安全防护：

——固定式防护装置应符合 GB/T 28387.1—2012 中 5.2.2 的规定；或

——任何其他适当方法。

5.3.3.2 由于上胶辊和胶槽上固定部件之间的内旋卷入部位没有防护，因此应配备警示标识用于警示任何意外进入内旋卷入部位，标识应安装在胶槽上警示遗留危险。

指导手册中的相关参考，见7.1.2。

5.3.3.3 使用热熔胶需配备温控装置和单独的温度监测装置。

5.3.4 折叠带

5.3.4.1 折叠带和皮带轮之间的内旋卷入部位应采用固定式防护装置进行安全防护(图16)。

5.3.4.2 折叠带和压紧辊之间的内旋卷入部位应进行安全防护，措施如下：

——压紧辊在70 N最大接触压力下最小应有25 mm的偏移量；或

——固定式和联锁式防护装置应符合GB/T 28387.1—2012中5.2.2的规定；或

——电敏防护距最近危险部位850 mm。

5.3.5 压紧部分

5.3.5.1 给纸侧压紧皮带的上、下皮带轮之间的危险部位应通过下列方法进行安全防护：

——将给纸侧皮带轮的压紧力限定在500 N；且

——皮带轮偏移量至少120 mm，例如，调节皮带轮使上、下压紧皮带平齐，并且皮带轮之间的距离至少为120 mm(见图19)。

5.3.5.2 压紧辊和压紧皮带之间的内旋卷入部位应通过下列方法进行安全防护：

——符合GB/T 28387.1—2012中5.2.2规定的固定式防护装置；

——在不超过100 N的接触压力下，压紧辊的偏移量至少为120 mm。

单位为毫米

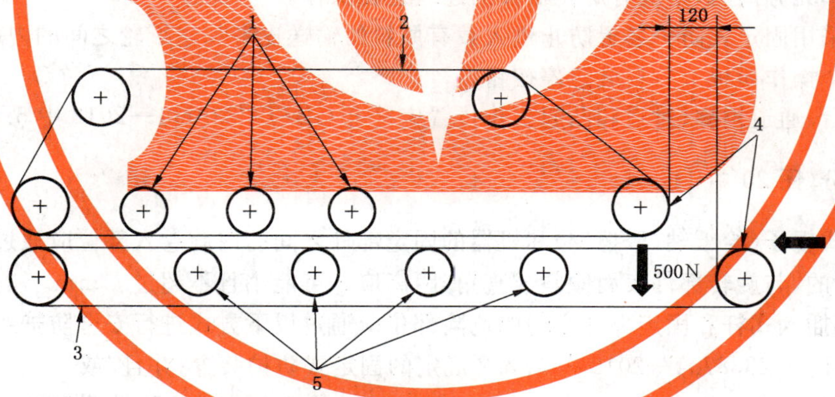

说明：

1——压紧辊；

2——上部压紧皮带；

3——下部压紧皮带；

4——皮带轮；

5——导辊。

图19 压紧部分

5.3.6 整机

5.3.6.1 动力驱动轴上的夹紧部位应通过如下措施进行安全防护：

——可伸缩的固定式防护装置，自动调节幅面尺寸装置不准许与轴一起旋转；或

——任何其他适当的措施。

5.3.6.2 过道和凸出工作平台，应符合GB/T 28387.1—2012中5.2.12的规定。

5.3.6.3 自动幅面设定为动力驱动操作的位置时，应通过以下措施对危险部位进行安全防护：

——符合 GB/T 28387.1—2012 中 5.2.3.3 规定的止—动控制装置。止—动装置的控制系统应至少符合 EN 954-1:1996 中的 1 类规定。

——最大设定速度限定在 0.5 m/min。

5.3.6.4 至少应在每个操作面板上安装急停按钮。

5.4 联机

5.4.1 整机(见图 20)

5.4.1.1 当单元进行合机操作时，机器边框之间造成的危险部位应进行安全防护：

——仅在最大速度为 5 m/min 且止—动控制下才可以移动。且

——止—动控制的位置应保证手不会触及危险点，包括手指分离可能产生的危险。且

——在合并机器单元的整个过程中，警示装置提供一种持续的声响警示信号。且

——对于单独装置之间的过道，从启动器(用于移动开始)的位置无法观察到的过道应配备安全停止装置。当开启安全停止装置时，所有移动应停止。此安全装置可为锁定触发器或拉线。两个临近制动器之间的距离不应超过 1.5 m。应符合 GB 16754—2008 中第 4 章。信号处理应符合 GB/T 28387.1—2012 中 5.2.6.1.1 的规定。

指导手册中遗留风险见 7.1.3.1。

5.4.1.2 如果机器单元分离时发生危险动作，那么在分离行程中应给出连续的声响警示信号。

5.4.1.3 移动轮和地面或轨道之间的内旋卷入部位应进行安全防护，符合 GB/T 28387.1—2012 中 5.2.1.4 的规定。

5.4.1.4 机器单元分离后，不应有旋转器具的连续运转操作。

5.4.1.5 通过采用固定式防护装置防止进入载有原料的输送皮带和输纸轮之间的内旋卷入部位。

5.4.1.6 在每个操作面板上应安装急停按钮。

5.4.1.7 工作台、通道楼梯、过道和凸起工作位置应符合 GB/T 28387.1—2012 中 5.2.12 的规定。

5.4.2 给纸部分(图 20 中 1)

5.4.2.1 插入式辊子(给纸轴，摩擦辊)和机器的固定部件之间的内旋卷入部位应通过防护装置转向来实现安全防护目的，与旋转部件表面倾斜成直角，距离应尽可能小且不超过 4 mm。

5.4.2.2 吸板/插入式杆和固定部件之间的危险部位应通过以下方式进行安全防护：

——符合 GB/T 28387.1—2012 中 5.2.2 规定的固定式防护装置；并且/或

——符合 GB/T 28387.1—2012 中 5.3.4.8 和 5.2.6.1.5 规定的纸堆监测设备。

5.4.2.3 侧齐纸装置(侧推杆)(图 20，第 3 项)和机器固定部件之间的危险部位应通过防护装置或 120 mm 的最小距离进行安全防护。

5.4.2.4 侧齐纸装置(侧推杆)(图 20，第 3 项)和料堆(图 20，第 2 项)之间的危险部位应进行安全防护。可将力限定在 300 N 来实现安全防护目的。

5.4.2.5 当侧面挡规向机器固定部件反向移动时产生的危险部位应通过下列方法进行安全防护：

——手动实现移动；或

——止—动控制装置最大速度为 5 m/min；或

——移动速度限定在 0.5 m/min，收纸侧应设置急停按钮。

5.4.2.6 输纸辊上(图 20，第 4 项)的内旋卷入部位应通过下列方法进行安全防护：

——固定式防护装置，最大给纸开口 30 mm 时，要求安全距离最小为 200 mm；或

——根据 GB/T 28387.1—2012 中的 5.3.4.8 和 5.2.6.1.5 的规定，在侧挡规外侧需要防护的位置配备剩余纸堆监测装置，防止剩余的任何幅面的纸张进入内旋卷入部位。

5.4.2.7 输纸和收纸装置(纸堆升降)应符合 GB/T 28387.1—2012 中 5.3.4 的规定。

5.4.2.8 输送辊上的内旋卷入部位应通过固定式防护装置进行安全防护,如图 16 所示。

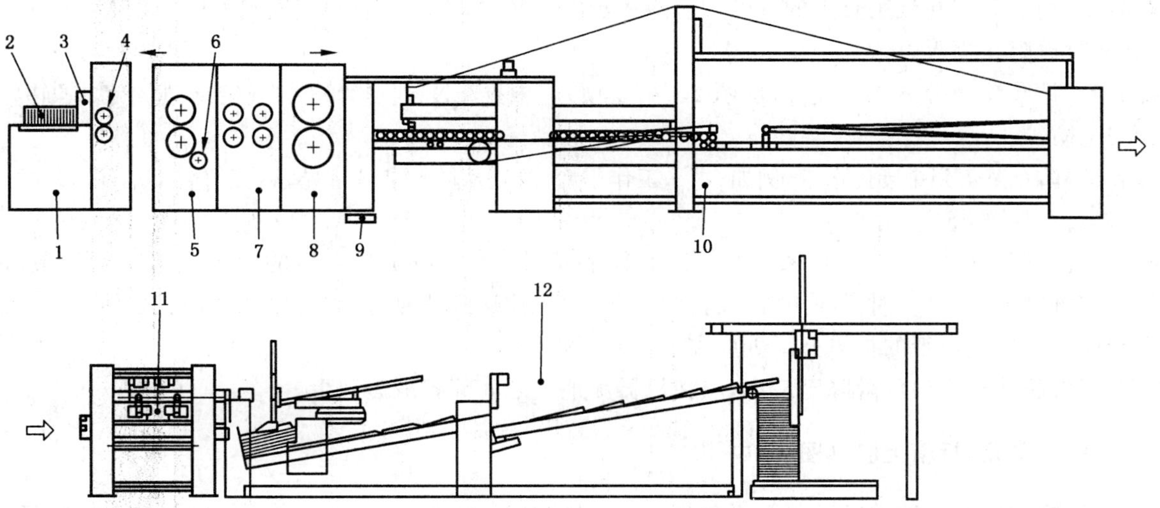

说明:

1——给纸单元;	5——印刷单元;	9——废料传送带;
2——料堆;	6——着墨辊;	10——折叠单元;
3——侧齐纸;	7——纵切和压痕单元;	11——装订单元;
4——输纸辊;	8——轮转模切;	12——收纸箱装置。

图 20 联机

5.4.3 印刷单元(图 20 中 5)

5.4.3.1 印刷单元上,旋转滚筒和驱动元件上存在的危险部位应按照 GB/T 28387.1—2012 中 5.2.2 的规定通过防护装置进行安全防护。前后单元是作为防护装置存在的,当单元分离时应停止运动方面的危险。

5.4.3.2 当单元分离时,根据 GB/T 28387.1—2012 中 5.2.3.2 的规定,印刷装置只允许止—动操作下运行机器。止—动操作限定速度为 5 m/min。止—动操作控制系统应符合 GB/T 28387.1—2012 中 5.2.6.1.1 的规定。

脚踏板可用于止—动操作,保证操作者双手安装印版是安全的。

5.4.3.3 双手操作更换圆模板或印版时,应采用适当方法提起或放置印版,确保双手操作装卸筒捷安全。

5.4.3.4 当印刷装置处于打开状态,辊子如着墨辊(图 20,第 6 项)由于操作原因需要继续被驱动时,应采用带有连锁装置的护罩对危险部位进行安全防护。

着墨辊需保持连续运行处,着墨辊和印版滚筒之间应留有足够距离以避免上墨辊和印版滚筒之间产生摩擦。

操作手册中有关残留危险见 7.1.3.2。

5.4.3.5 启动急停按钮时,不需要停止的墨辊,运转的墨辊的内旋卷入部位应进行安全联锁防护,可能时应与符合 GB/T 28387.1—2012 中 5.2.2 规定的固定式防护装置结合使用。

5.4.4 分切压痕(图 20 中 7),轮转模切机(图 20 中 8)

5.4.4.1 分切部位(模切、分切压痕部位)应通过固定式或联锁式防护装置进行安全防护。

5.4.4.2 仅当单元合并时才可进行版面自动设定。根据 GB/T 28387.1—2012 中 5.2.3.2 的规定,当装置处于打开状态时，仅在止一动控制下，最大速度限定在 5 m/min 时才可对刀具进行设定。止一动设备的控制系统应符合 GB/T 28387.1—2012 中 5.2.6.1.1 的规定。

5.4.4.3 用于分切断纸工具上的危险部位应进行安全防护。例如，可通过通道型防护装置允许移走废料，但同时也阻止进入。

5.4.4.4 排废输送带上的危险部位(图 20，第 9 项)应根据 EN 619:2003 的规定通过固定式防护装置进行安全防护。

5.4.4.5 防止坠落到排废传送带，例如，水平工作平台，防止从防护装置上坠落，应符合 GB/T 28387.1—2012 中 5.2.12 的规定。

5.4.4.6 按照 GB/T 28387.1—2012 中 5.2.15 的要求，主噪声源所产生的噪声危险应降至最低限。例如，通过使用吸噪材料对主噪声源进行部分或全部罩住达到此目的，如对轮转模切机全面罩住。用于递送卷筒纸或传送白纸的护罩开口处应配备消音元件。

为了将震动造成的危险降至最小，应在机器和地面之间配备减震装置。

5.4.5 折叠单元(折箱上胶)(图 20 中 10)

5.4.5.1 输送纸板区域应通过固定式和联锁式防护装置进行安全防护或电敏防护装置以消除厚纸板产生的任何伤害危险。

5.4.5.2 折叠皮带上的内旋卷入部位应根据 GB/T 28387.1—2012 中 5.2.2 的规定通过防护装置进行安全防护，或按照 GB/T 28387.1—2012 中 5.2.3.1 规定的措施对危险部位进行防护。

5.4.5.3 两个折叠臂之间的危险区域应按照 GB/T 28387.1—2012 中 5.2.3.1 的规定，通过与过道门联锁的固定式防护装置进行安全防护。根据 GB/T 28387.1—2012 中 5.2.3.2 的规定，当联锁式防护装置处于开启状态时，只有在止一动控制下才允许折页臂移动。止一动装置的控制系统应符合 GB/T 28387.1—2012 中 5.2.6.1.1 的规定。

5.4.5.4 动力驱动轴应按照 GB/T 28387.1—2012 中 5.2.2 的规定或本部分中 5.2.3.1 的规定通过固定式防护装置进行安全防护。

5.4.5.5 上胶辊上的内旋卷入部位应通过防护装置进行安全防护。

5.4.5.6 上胶辊和胶槽之间的内旋卷入部位应进行安全防护。例如，由胶槽内的胶液覆盖的内旋卷入部位应配备警示信号用于警告残留危险。

5.4.5.7 从安全的工作位置处应能够更换或穿胶带，应满足 GB/T 28387.1—2012 中 5.2.12.1 的规定。更换胶带最好在危险区域外进行。

5.4.6 装订单元(图 20 中 11)

5.4.6.1 上部和下部工具之间的危险部位应按照 GB/T 28387.1—2012 中 5.2.2 的规定，通过固定式和联锁式防护装置进行安全防护，或根据 GB/T 28387.1—2012 中 5.2.3.1 的规定对危险部位进行防护。

5.4.6.2 通过固定式和联锁式防护装置对纸板输送区域进行安全防护，应符合 GB/T 28387.1—2012 中 5.2.2 的规定，或根据 GB/T 28387.1—2012 中 5.2.3.1 的规定进行防护以消除因厚纸板造成的任何伤害危险。

5.4.6.3 装订单元的运行应采取如下防护措施：

——止一动控制装置，应符合 GB/T 28387.1—2012 中 5.2.3.2a)2)的规定和 GB/T 28387.1—2012 中 5.2.6.1.1 的规定；或

——在自动运行的情况下，应根据 GB/T 28387.1—2012 中 5.2.3.1 的规定对危险部位进行安全防护。

5.4.6.4 装订材料的更换和输送可在安全的工作位置处进行。应满足 GB/T 28387.1—2012 中

5.2.12.1 的规定。更换装订材料最好在危险区域外进行。

5.4.6.5 动力驱动轴应通过固定式防护装置进行安全防护，应符合 GB/T 28387.1—2012 中 5.2.2 的规定。

5.4.7 收纸装置(图 20 中 12)

应满足 GB/T 28387.1—2012 中 5.3.4 的规定。

5.5 手工给纸平压模切压痕机

5.5.1 固定和活动压台之间的危险部位应通过下列方法进行安全防护：

——三面罩有 U 型安全杠的固定台(图 21，第 2 项)和在两侧配备压敏垫或桌台。应符合 5.5.2 和 5.5.3 的规定；

——光幕应符合 GB/T 28387.1—2012 中 5.5.4 的规定。

5.5.2 5.5.1 所说的安全杠应符合下列规定：

——安全杠应罩住活动压台的三面，使手无法进入安全杠和平压机固定部件之间。防护装置的任何部件和活动压台之间的间隙不应超过 12 mm。

—— 安全装置的水平部件应有足够宽度保证安全杠前边缘离模切平台(图 21，第 4 项)300 mm。

——安全杠转轴额定力为 20 N，满足启动并引发离合器/制动装置。安全杠的横向部件应符合 GB/T 28387.1—2012 中 5.2.10.2 的规定。U 型安全杠的转轴应低于模切台。

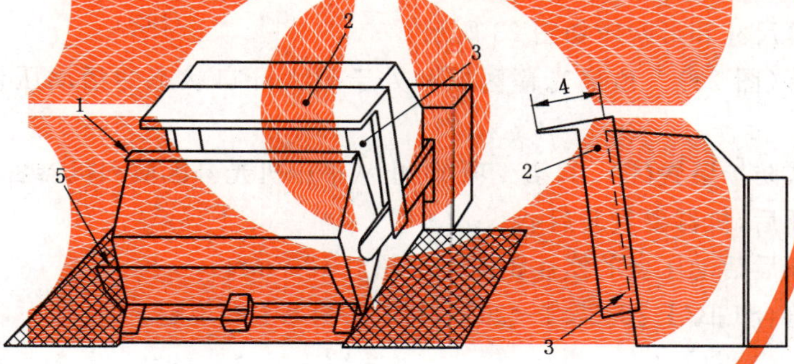

说明：

1——活动压台上的安全杠；

2——固定台上的 U 型安全杠；

3——模切台，A=300 mm；

4——安全杠的水平部件；

5——膝挡板。

图 21 安全杠

5.5.3 压敏垫应满足：

——宽度应大于 1 000 mm(从机器侧边向外测量)；且

——有足够的长度(见图 22)可以满足从安全装置的后沿到打开的压板前缘处为 250 mm；且

——只有通过工具才可以被移动；且

——应符合 GB/T 28387.1—2012 中 5.2.10 的规定；且

——应符合 EN 954-1:1996 中 3 的规定。

桌台应满足：

——靠近机器四周安装，与机器联锁，用螺栓固定；且

——同压敏垫尺寸相同。

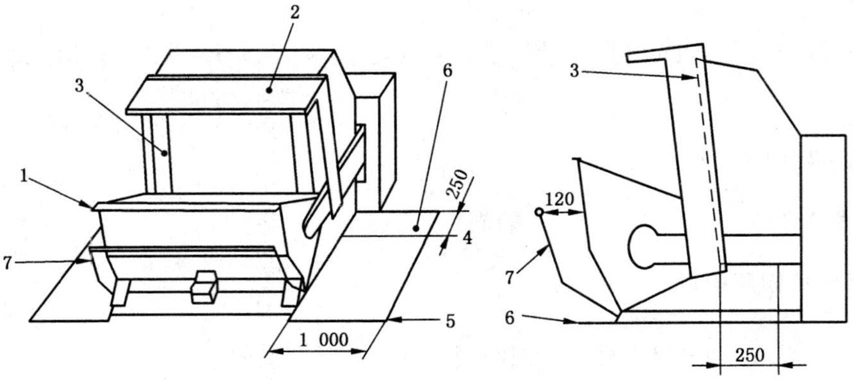

说明：

1——安全杠；

2——安全杠；

3——模切压台；

4——模切台下边缘；

5——活动台前边缘；

6——压敏垫；

7——膝挡板。

图 22 压敏垫

5.5.4 使用光幕处应符合下列规定：

——在压台两侧装置光幕，光幕区域范围最小为 200 mm，最大为 300 mm(从光幕区域前端开始测量)，四周光幕尺寸和形状应如图 23 所示。

——顶部装置光幕(图 23)。顶部光幕区域和处于最大开口状态的活动压台之间的间距最大为 350 mm。

——应通过固定式防护装置(图 23，第 4 项)防止从平压机光幕区域和机器后部之间的空间进入。

——光幕区域切断后，机器要重新启动。

——光幕区域切断后活动压台的惯性距离不应超过 120 mm。

——光幕区域应符合 GB/T 28387.1—2012 中 5.2.6.1.1 的规定。

单位为毫米

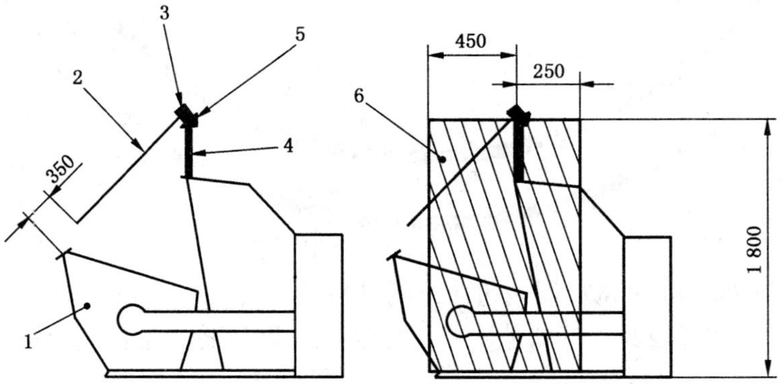

说明：

1——活动压台；

2——顶部光幕区域；

3——光幕；

4——防护装置；

5——用于光幕区域的光幕仪；

6——光幕面两边。

图 23 装置光幕仪的平压机

5.5.5 打开活动压台产生的碰撞危险应使用膝挡板防止(见图21第5项和图22第7项)。膝挡板的长度应至少与活动台宽度相同。活动压台处于开启状态时,膝挡板和活动压台前边缘之间的间距应至少为120 mm。

5.5.6 带有自动定时器(计时器,定时器锁定,自动模式)的平压机应采用下列辅助安全装置和措施:

——机器整个工作宽度上的活动压台前边缘处应安装水平安全装置(图21,第1项);

——再次开机时间限定在12 s内;

——在操作者视野范围内配备指示灯,用以显示机器运行模式。

5.5.7 除光幕仪和压敏垫外,手工给纸平压机上控制系统的相关安全部件应符合GB/T 28387.1—2012中5.2.6.2的规定。光幕仪和压敏垫至少应符合GB/T 28387.1—2012中5.2.6.1.1的规定。

如果离合器和制动系统(关闭压台活动)相组合,应装置两个气动阀。气动系统应符合EN 983:1996的规定。

U型安全杠和活动压台上的安全杠应各自装置两个安全开关。各安全设备的开关信号应分别加工处理,并符合EN 954-1:1996中4类的规定。与安全开关相连的线路应独立设置在电器柜外。

5.5.8 对于手工给纸平压机,如果超出制造商规定的停机时间或停机距离,那么设备会被锁定。在每个冲压周期,停机距离应处于被监测状态。

5.5.9 在每个操作控制面板上应安装急停按钮。

5.6 自动平压模切机

5.6.1 给纸装置(见图24中1)

5.6.1.1 给纸装置上的危险部位应按照GB/T 28387.1—2012中5.3.4的规定进行安全防护。

5.6.1.2 给纸装置吸嘴上的危险部位应按照GB/T 28387.1—2012中5.3.4.8的规定进行安全防护。当剩余纸堆监控器动作时,给纸装置的危险动作应停止。

5.6.1.3 移动前规(或侧规)和机器固定部件之间产生的挤压危险应通过防护装置进行防护,防护装置的设计应在保证幅面可靠的基础上设定。设计的防护装置需要打开时,防护装置应与危险活动联锁。

5.6.1.4 输纸辊上的危险应通过固定式防护装置进行安全防护。当最大防护装置开口为30 mm时,安全距离最少为200 mm。

5.6.1.5 当料堆侧规相对于固定部件调整时其危险部位应通过下列方法进行防护:

——手工设定行程;或

——止—动控制装置,移动速度低于5 m/min;或

——自动移动速度最大为0.5 m/min,给纸侧应附加急停按钮。

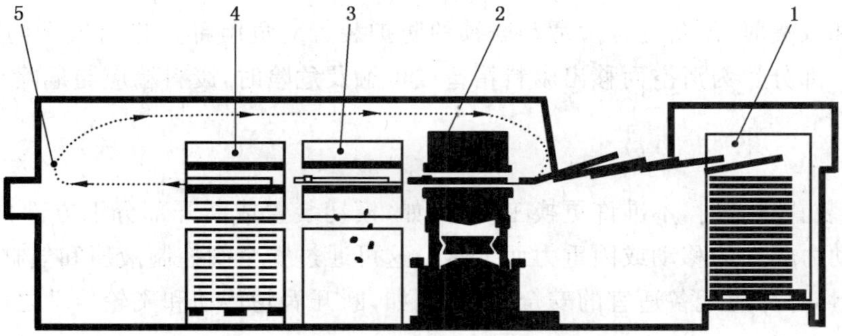

说明:

1——给纸;

2——模切部分;

3——断开部分;

4——坯料分离单元,收纸;

5——叼口裁切,收纸。

图24 自动平压模切机

5.6.2 模切部分(见图 24 中 2)

5.6.2.1 吸嘴和输纸台之间的危险部位应通过防护装置进行安全防护,与输纸间距宽度相关的安全距离应符合 GB 23821—2009 的规定。

5.6.2.2 上部和下部平版之间的危险部位应通过固定式防护装置进行安全防护。更换模切版时,防护装置应与危险活动联锁。

5.6.2.3 更换模切工具时,需满足下列要求:

——通过用铰链接合的支撑臂,模切工具(印版和板框)应能够移入、移出模切装置;

——支撑臂的设计应保证,通过起重器械、叉车或任何特殊装置使工具能提升和下降;

——应安装牢固的固定工具,防止移动过程中因重力坠落。

只有在止一动控制下才可以移入、移出模切装置。

5.6.2.4 安装模切工具时可配备下列装置:

——支撑臂上安装一个便于上、下翻转的工具;

——自动模切机外一个单独的安装台。

5.6.3 断开部分(见图 24 中 3)

5.6.3.1 断开部分上面的危险点应通过固定式和联锁式防护装置进行安全防护。

5.6.3.2 断开部分下方区域应按照 GB/T 28387.1—2012 中 5.2.3.1 规定的区域进行安全防护。

5.6.3.3 废料分离输送带上的内旋卷入部位应通过固定式防护装置进行安全防护。从输送带处不可进入到机器内危险部位。通过配备防护装置实现安全防护,应符合 GB/T 28387.1—2012 中 5.2.2 的规定。

5.6.3.4 排废吸风机应符合 GB/T 28387.1—2012 中 5.2.4.1 的规定。软管和管道应符合 GB/T 28387.1—2012 中 5.2.4.9 的规定。

5.6.4 坯料分离单元,收纸(图 24 中 4)

5.6.4.1 坯料分离单元,收纸通过固定式或联锁式防护装置或电敏防护装置对危险部位进行安全防护。需进入危险部位的地方应根据 GB/T 28387.1—2012 中 5.2.3.1 的规定对其进行安全防护。

5.6.4.2 收纸装置上的危险部位应符合 GB/T 28387.1—2012 中 5.3.4 的规定进行安全防护。

5.6.5 叼口裁切和收集(图 24 中 5)

在叼口裁切和收集时,配备与危险活动联锁的防护装置对危险部位进行安全防护。废料收集箱可视为防护装置的一部分。为清空而移出废料箱造成可触及危险时,废料箱应与危险动作联锁。

5.6.6 整机

5.6.6.1 当防护装置打开时,不准许更换工具(例如,模切装置或断开部分下方部件)或移动部件的位置。例如通过无动力驱动的移动或因重力而下落。这可通过安全阀控制液压和气缸进行安全防护。

5.6.6.2 自动模切部分应配备适宜的安全装置,例如,断开涡轮传动和飞轮传动之间的联锁,以防材料堵塞,如:

——制动器;或

——机械、液压或气动安全螺栓。

飞轮联轴器故障不应导致危险动作。

根据 EN 954-1:1996 中 1 类的要求,可通过叼牙杆自动机械锁避免危险动作。

操作手册中的相关参考见 7.1.5 的规定。

5.6.6.3 配备声响启动警示装置，应符合 GB/T 28387.1—2012 中 5.2.7.2 的规定。

5.6.6.4 控制系统应符合 GB/T 28387.1—2012 中 5.2.6.1 的规定。

5.6.6.5 对于工作台，楼梯，通道和凸出的工作位置，应符合 GB/T 28387.1—2012 中 5.2.12 的规定。

5.6.6.6 主噪声源放射所产生的危险应降至最低，应符合 GB/T 28387.1—2012 中 5.2.15 的规定，通过吸噪材料将主噪声源部分或全部罩住，例如给模切装置配备一个外罩，给纸部分的护罩开口配备消音元件。

为将所产生的震动危险降至最低，应在机器和地面之间配备减震元件。

5.6.6.7 在每个操作面板上应安装急停按钮。

5.7 管式缠绕机

5.7.1 为了开卷，卷轴应被安全的支撑。对于悬臂式卷轴，应配备机械设置(例如，开口销)避免辊子坠落。

5.7.2 使用插入开卷轴的开卷装置上，轴承设计应避免内旋卷入。否则，应采用联锁式防护装置进行安全防护。

5.7.3 卷绕皮带和卷绕芯轴(见图 25 和图 26 中 2)之间的内旋卷入部位应通过固定式和联锁式防护装置进行安全防护。

当防护装置处于打开状态时，生产速度应限定在 5 m/min 之内。如果防护装置在 60 s 内没有关闭，机器应停止运行。在除手以外身体的某个部位(如膝盖或腹部)可触及的位置应配备一个额外的急停按钮。

急停装置的启动，应立即释放皮带的张力从而消除内旋卷入。

在管子上穿纸时，要求双手将纸压紧在芯轴上直到纸包紧为止。

联锁防护装置处于打开状态时，剩余风险参见 7.1.6。

5.7.4 卷绕皮带(见图 25 和 26 中 4)和驱动辊之间的内旋卷入部位应通过防护装置进行安全防护。防护装置应适用于所有的卷绕参量(管直径，卷绕直径，复卷角，层片宽度，纸堆数，卷绕皮带宽度)。可通过配备可调节的防护装置实现安全防护。

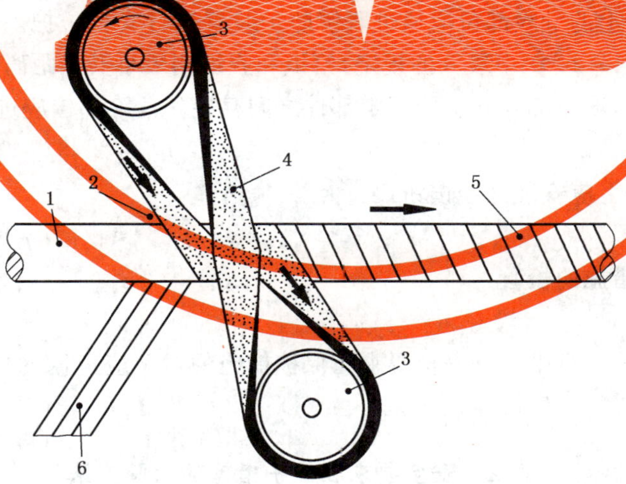

说明：

1——卷绕芯轴；
2——内旋卷入；
3——皮带驱动轴(传动滚筒)；
4——卷绕皮带；
5——管；
6——纸堆。

图 25 管式缠绕机上卷绕皮带内旋卷入(传动滚筒侧)

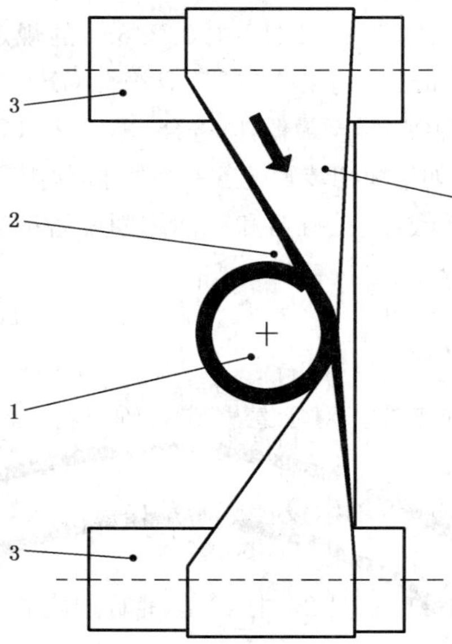

说明：
1——卷绕芯轴；
2——内旋卷入；
3——皮带驱动轴(传动滚筒)；
4——卷绕皮带。

图 26　管式缠绕机上卷绕皮带的内旋卷入(卷绕芯轴侧)

5.7.5　上胶辊之间的内旋卷入部位应通过防护装置进行安全防护。防护可通过满足 GB/T 28387.1—2012 中 5.2.1.1b)的规定实现。如果胶辊上的内旋卷入部位被胶辊覆盖住，那么视其实现了安全防护。

注：冷胶减少表面摩擦从而不存在卷入危险。

5.7.6　裁切和锯管装置上的危险部位应通过联锁防护装置进行安全防护。这些防护装置应设计为 U 型，并且应符合 GB 23821—2009 中表 3 的规定，给纸和收纸侧最小安全距离为 850 mm。

5.7.7　在管传递过程中，输送部件和机器固定部件之间存在的危险部位应进行安全防护。可通过配备过道防护装置实现。

5.7.8　在每个操作面板上应安装急停按钮。

6　安全要求和/或保护措施的检验

表 2 规定了本部分第 5 章中所有安全要求和保护措施的检验应遵循的方法，还包含了本部分涉及的其他条款。

表 2　安全要求和保护措施的检验方法

条款	安全规定和/或保护措施	A	B	C	D
5.2	瓦楞纸板生产机械				
5.2.1	整机				
5.2.1.1	电气设备安全要求	√[b]	—	—	—
5.2.1.2	控制系统安全要求	√[b]	—	—	—

表 2（续）

条款	安全规定和/或保护措施	A	B	C	D
5.2.1.3	启动警告装置	√[b]	—	—	—
5.2.1.4	急停按钮定位安装	√	√	√	—
5.2.1.5	安全停止装置	√	√	—	—
5.2.1.6	过道楼梯，狭窄过道	√	—	√	—
5.2.2	开卷部分				
5.2.2.1	自动卷筒纸装料安全要求	√[b]	—	—	—
5.2.2.2	区域安全防护；安装电敏防护装置	√	√	—	√
5.2.2.3	半自动上卷安全要求	√[b]	—	—	—
5.2.2.4	开卷部分安全要求	√	√	√	—
5.2.2.5	开卷制动系统上鼓风机的安全规定	√	—	√	—
5.2.3	卷筒纸自动接纸装置				
5.2.3.1	浮动辊的安全防护	√	√	√	—
5.2.3.2	浮动辊上穿纸的安全防护	√	√	√	—
5.2.3.3	浮动辊滑轮座的安全防护	√	√	—	—
5.2.3.4	自动接纸装置的安全防护	√	√	√	—
5.2.3.5	刀刃的安全防护	√	√	—	—
5.2.3.6	切纸控制系统规定	√	√	—	√
5.2.3.7	针对碰撞危险的安全防护	√	√	√	—
5.2.3.8	卷筒纸穿纸的安全定位	√	√	√	—
5.2.3.9	自动接纸警告灯	√	√	—	—
5.2.4	预热器				
5.2.4.1	内旋卷入部位的安全防护	√	√	√	—
5.2.4.2	预热滚筒和横梁之间内旋卷入部位的安全防护	√	√	√	—
5.2.4.3	驱动安全防护	√	√	—	—
5.2.4.4	旋转包裹臂的规定	√	√	—	—
5.2.4.5	预热滚筒和旋转臂之间的距离	√	—	√	—
5.2.4.6	旋转臂和机器边框之间的内旋卷入部位的安全防护	√	√	√	—
5.2.4.7	预热滚筒风险警告标志	√	√	√	—
5.2.4.8	防坠落保护，狭窄处	√	√	√	—
5.2.5	单面机				
5.2.5.1	瓦楞辊之间内旋卷入部位的安全防护	√	√	√	—
5.2.5.2	瓦楞辊和机器固定部件之间内旋卷入部位的安全防护	√	√	√	—
5.2.5.3	更换瓦楞辊的移动方法	√	√	—	—
5.2.5.4	更换瓦楞辊期间的安全防护	√	√	√	—

表 2（续）

条款	安全规定和/或保护措施	A	B	C	D
5.2.5.5	压辊/压紧皮带和瓦楞辊之间内旋卷入部位的安全	√	√	√	—
5.2.5.6	压紧皮带的控制装置	√	√	—	—
5.2.5.7	防止瓦楞辊坠落	√	√	√	—
5.2.5.8	上胶辊的安全防护	√	√	√	—
5.2.5.9	上胶危险部位的安全防护	√	√	√	—
5.2.5.10	上胶单元护罩的安全防护	√[b]	—	—	—
5.2.5.11	皮带轮内旋卷入危险部位的安全防护	√	√	√	—
5.2.5.12	蒸汽管的隔离	√	√	√	—
5.2.5.13	蒸汽连接器的安全防护	√	√	—	—
5.2.5.14	燃烧风险警告标志	√	—	—	—
5.2.5.15	驱动安全防护	√	√	—	—
5.2.5.16	降噪方法	√	√	√	—
5.2.6	倾斜皮带输送装置				
5.2.6.1	皮带上内旋卷入部位的安全防护	√	√	—	—
5.2.6.2	上下皮带之间内旋卷入部位的安全防护	√	√	√	—
5.2.6.3	从过桥处可进入的危险部位的安全防护	√	√	—	—
5.2.7	过桥				
5.2.7.1	皮带内旋卷入部位的安全防护	√	√	—	—
5.2.7.2	驱动装置和导辊之间内旋卷入的安全防护	√	√	—	—
5.2.7.3	可触及的过桥部件的最大间隙宽度	√	—	√	—
5.2.7.4	过桥保护	√	√	√	—
5.2.7.5	通道楼梯	√	√	√	—
5.2.7.6	通道高度	√	—	√	—
5.2.8	制动和卷筒纸对齐部分	√	√	√	—
5.2.9	上胶机				
5.2.9.1	卷筒纸穿纸和清洗步骤和方法	√	√	√	—
5.2.9.2	上胶单元内旋卷入安全防护	√	√	—	—
5.2.9.3	上胶单元和固定部件之间危险部位的安全防护	√	√	√	—
5.2.9.4	压紧装置上危险部位的安全防护	√	√	√	—
5.2.10	加热和牵引部分				
5.2.10.1	在给纸装置上的内旋卷入部位的安全防护	√	√	√	—
5.2.10.2	输送辊/加热板和压印装置间危险部位的安全防护	√	√	√	—
5.2.10.3	皮带间危险部位的安全防护	√	√	—	—
5.2.10.4	防止灼伤	√	√	—	—

表 2(续)

条款	安全规定和/或保护措施	A	B	C	D
5.2.10.5	重力下滑的压力装置的安全防护	√	√	—	—
5.2.10.6	提升装置造成的危险部位的安全防护	√	√	—	—
5.2.10.7	皮带上内旋卷入部位的安全防护	√	√	—	—
5.2.10.8	皮带导辊和机器固定部件之间内旋卷入	√	√	—	—
5.2.10.9	真空风扇防火防爆	√	√	—	—
5.2.10.10	绝缘蒸汽管	√	√	√	—
5.2.10.11	加热部分上的给纸装置	√	√	—	—
5.2.11	轮转模切				
5.2.11.1	刀具驱动轴的安全防护	√	√	—	—
5.2.11.2	旋转刀上的联锁防护	√	√	—	—
5.2.11.3	刀轴上制动装置	√	√	—	—
5.2.11.4	废料分离器的安全防护	√	√	—	—
5.2.11.5	废料的安全移出	√	√	—	—
5.2.11.6	输送带上内旋卷入安全防护	√	√	—	—
5.2.11.7	使用防切割手套指导说明	√	—	—	—
5.2.12	牵引单元	—	—	—	—
5.2.12.1	内旋卷入安全防护	√	√	—	—
5.2.12.2	辊之间挤压部位的安全防护	√	√	—	—
5.2.12.3	工作平台以下部位的防护	√	√	—	—
5.2.13	分切压痕单元				
5.2.13.1	工具的防护	√	√	—	—
5.2.13.2	输纸和收纸台以下的防护	√	√	—	—
5.2.13.3	自动设定模式装置的安全防护	√	√	—	—
5.2.13.4	排气胶管防火防爆	√[b]	—	—	—
5.2.13.5	安全通道和狭窄过道	√	√	—	—
5.2.13.6	用于单独部分行程的止—动控制,移动轮的安全防护	√	√	√	—
5.2.13.7	用于分离移动的止—动控制	√	√	√	—
5.2.14	卷筒纸转向	√	√	—	—
5.2.15	切纸机				
5.2.15.1	过道楼梯,保护开关	√[b]	—	—	—
5.2.15.2	压紧辊的内旋卷入的安全防护	√	√	—	—
5.2.15.3	输送平台下部位的安全防护	√	√	—	—
5.2.15.4	刀具的安全防护	√	√	—	—
5.2.15.5	收纸辊上内旋卷入部位的安全防护	√	√	—	—

表 2（续）

条款	安全规定和/或保护措施	A	B	C	D
5.2.15.6	降噪方法	√	√	√	—
5.2.16	堆积装置				
5.2.16.1	皮带上内旋卷入的安全防护	√	√	—	—
5.2.16.2	可触及的输送带的安全防护	√	√	√	—
5.2.16.3	堆积装置的安全防护	√[b]	—	—	—
5.2.16.4	下堆积装置纸堆托板的安全防护	√	√	√	—
5.2.16.5	维修过程中的安全防护	√	√	—	—
5.2.16.6	上堆积装置的安全防护	√	√	—	—
5.2.16.7	侧拉规和固定部件之间危险部位的安全防护	√	√	√	—
5.3	粘箱机				
5.3.1	给纸装置				
5.3.1.1	给纸装置的安全防护	√[b]	—	—	—
5.3.1.2	皮带上内旋卷入部位的安全防护	√	√	—	—
5.3.1.3	分离装置上给纸辊之间内旋卷入部位的安全防护	√	√	—	—
5.3.2	折叠单元				
5.3.2.1	上、下辊枕上内旋卷入部位的安全防护	√	√	√	—
5.3.2.2	用于辊枕活动的止一动控制	√	√	—	—
5.3.2.3	折页钩的安全防护	√	√	—	—
5.3.3	上胶部分				
5.3.3.1	上胶辊上内旋卷入部位安全防护	√	√	—	—
5.3.3.2	遗留风险警告	√	—	—	—
5.3.3.3	温控和监测	√	√	—	—
5.3.4	折叠带				
5.3.4.1	折叠带和皮带轮之间内旋卷入部位的安全防护	√	√	—	—
5.3.4.2	折叠带和压紧辊之间内旋卷入安全防护	√	√	√	—
5.3.5	压紧部分				
5.3.5.1	上、下压紧带之间内旋卷入部位的安全防护	√	√	√	—
5.3.5.2	压紧辊内旋卷入部位的安全防护	√	√	√	—
5.3.6	整机				
5.3.6.1	驱动轴上夹紧部位的安全防护	√	√	—	—
5.3.6.2	安全过道，工作平台	√[b]	—	—	—
5.3.6.3	可靠幅面设定	√	√	√	—
5.3.6.4	急停按钮位置	√	√	—	—
5.4	联机				

表 2（续）

条款	安全规定和/或保护措施	A	B	C	D
5.4.1	整机				
5.4.1.1	移动单元合机时安全防护	√	√	√	—
5.4.1.2	止—动控制移动单元	√	√	√	—
5.4.1.3	移动轮上内旋卷入部位的安全防护	√[b]	—	—	—
5.4.1.4	用分离单元控制	√	√	—	—
5.4.1.5	输送带上内旋卷入部位的安全防护	√	√	—	—
5.4.1.6	急停按钮位置	√	—	—	—
5.4.1.7	安全过道，工作平台	√[b]	—	—	—
5.4.2	给纸部分				
5.4.2.1	给纸辊的安全防护	√	√	√	—
5.4.2.2	插入式杆	√	√	—	—
5.4.2.3	侧齐纸装置上危险部位的安全防护	√	√	√	—
5.4.2.4	侧齐纸装置和料堆间的安全防护	√	√	√	—
5.4.2.5	侧挡规的安全防护	√	√	√	—
5.4.2.6	输纸辊的安全防护	√	√	√	—
5.4.2.7	输纸收纸装置的安全规定	√[b]	—	—	—
5.4.2.8	输送辊上内旋卷入安全防护	√	√	—	—
5.4.3	印刷单元				
5.4.3.1	印刷危险部位的安全防护	√	√	—	—
5.4.3.2	印刷单元开启时止—动控制	√	√	√	—
5.4.3.3	印版提升或放置方法	√	√	—	—
5.4.3.4	连续运行的辊的安全防护	√	√	—	—
5.4.3.5	不停机墨辊的急停防护	√	√	—	—
5.4.4	分切压痕机，轮转模切机				
5.4.4.1	分切工具的安全防护	√	√	—	—
5.4.4.2	自动幅面设定的安全防护	√	√	√	—
5.4.4.3	切刀工具的安全防护	√	√	—	—
5.4.4.4	排废输送皮带的安全防护	√	√	—	—
5.4.4.5	坠落防护	√	√	—	—
5.4.4.6	降噪方法	√	√	√	—
5.4.5	折叠单元				
5.4.5.1	输送区域安全防护	√	√	—	—
5.4.5.2	折叠带上内旋卷入部位的安全防护	√	√	—	—
5.4.5.3	折叠臂之间危险部位的安全防护	√	√	—	—

表 2（续）

条款	安全规定和/或保护措施	A	B	C	D
5.4.5.4	动力驱动轴的安全防护	√	√	—	—
5.4.5.5	上胶辊上内旋卷入部位的安全防护	√	√	—	—
5.4.5.6	上胶辊和胶槽之间危险部位的安全防护	√	—	—	—
5.4.5.7	更换和穿送胶带	√	√	—	—
5.4.6	装订单元				
5.4.6.1	下部、上部工具之间危险部位的安全防护	√	√	—	—
5.4.6.2	纸板输送区域安全防护	√	√	—	—
5.4.6.3	安全运行装订单元	√	√	√	—
5.4.6.4	安全更换或输送装订材料	√	√	—	—
5.4.6.5	动力驱动轴的安全防护	√	√	—	—
5.4.7	收纸装置	√[b]	—	—	—
5.5	手动给纸平压模切压痕机				
5.5.1	压台动作的安全防护	√	√	√[a]	—
5.5.2	安全杆的规定	√	√	√	—
5.5.3	压敏垫的规定	√	√	√	—
5.5.4	使用光幕进行安全防护的规定	√	√	√	—
5.5.5	活动压台打开的安全防护	√	√	√	—
5.5.6	受控定时器自动操作的规定	√	√	√	—
5.5.7	相关安全控制系统的规定	√	√	—	√
5.5.8	停机距离监测	√	√	—	—
5.5.9	急停按钮的位置	√	√	—	—
5.6	自动平压模切				
5.6.1	给纸装置				
5.6.1.1	给纸装置的规定	√[b]	—	—	—
5.6.1.2	吸嘴的安全防护	√	√	—	—
5.6.1.3	前挡规和侧挡规上危险部位的安全防护	√	√	—	—
5.6.1.4	给纸辊的安全防护	√	√	—	—
5.6.1.5	侧挡规上危险部位的安全防护	√	√	√	—
5.6.2	模切部分				
5.6.2.1	单张纸给纸装置上吸嘴的安全防护	√	√	—	—
5.6.2.2	模切板危险部位的安全防护	√	√	—	—
5.6.2.3	模切工具的安全更换	√	√	—	—
5.6.2.4	模切工具的准备	√	√	—	—
5.6.3	断开部分				

表 2（续）

条款	安全规定和/或保护措施	A	B	C	D
5.6.3.1	断开部分防护	√	√	—	—
5.6.3.2	断开部分以下区域的安全防护	√	√	—	—
5.6.3.3	废料分离安全防护	√	√	—	—
5.6.3.4	排废吸风机、软管和管道的规定	√	√	—	—
5.6.4	压印分离部分				
5.6.4.1	危险部位的防护	√	√	—	—
5.6.4.2	收纸的安全防护	√[b]	—	—	—
5.6.5	叼口裁切和收集	√	√	—	—
5.6.6	整机				
5.6.6.1	固定工具打开保护	√	√	—	—
5.6.6.2	印品堵塞时的安全防护	√	√	—	—
5.6.6.3	启动警告装置	√[b]	—	—	—
5.6.6.4	控制系统规定	√[b]	—	—	—
5.6.6.5	安全通道楼梯、工作平台	√[b]	—	—	—
5.6.6.6	降噪措施	—	√	√	—
5.6.6.7	急停按钮的位置	√	√	—	—
5.7	管式缠绕机				
5.7.1	防止卷轴坠落的安全防护	√	√	—	—
5.7.2	开卷辊上内旋卷入部位的安全防护	√	√	—	—
5.7.3	卷绕芯轴和卷绕皮带之间内旋卷入部位的安全防护	√	√	—	—
5.7.4	卷绕皮带和驱动卷之间内旋卷入部位的安全防护	√	√	—	—
5.7.5	上胶辊之间内旋卷入部位的安全防护	√	√	—	—
5.7.6	裁切和锯断部分的安全防护	√	√	√	—
5.7.7	输送装置上危险部位的安全防护	√	√	—	—
5.7.8	急停按钮的位置	√	√	—	—

注： A 表示目测。目测是用目视的方法检查设备及组装部件的特征及性能能否满足使用规定。

B 表示功能测试。功能测试是检查具有某种功能的部件在规定的条件下是否具有这种功能。

C 表示测量。测量是使用测量仪器检查某项规定是否在所规定的范围之内。关于噪声，应符合安全规定和测量方法，核实内容含有噪声释放值，例如，根据 GB/T 28386—2012 决定工作间的声压值和声功率级，并根据 EN ISO 4871:1996，用两位数表示噪声释放值。

D 表示绘图和计算。绘图和计算用于检查部件的设计特性是否满足特定的规定。

[a] 力值测量：将测量装置集中于安全设备的水平边缘下方；在安全设备由静止位置开始移动时对设备进行测量。距离测量：在移动平板的水平侧配有一个试样（例如：一个硬纸板）并高出平板边缘。由试样引发的联锁设备离开安全防护位置，在活动式平板静止后，其离开安全位置的距离不应超过 120 mm。测量从安全杠水平边缘处进行。

[b] 见 GB/T 28387.1—2012。

7 使用信息

7.1 使用说明

7.1.1 瓦楞纸板生产机械

7.1.1.1 使用说明应给出有关接纸机和加热装置传送的具体描述。

7.1.1.2 由于功能原因，无法配备用于防止与机器高温部件接触的防护装置或栅栏处，操作手册中应指明遗留危险。

7.1.1.3 使用说明应规定进入机器隔音罩时配戴护耳用具。

7.1.1.4 使用说明应明确说明急停区。应向用户指明向操作人员告知急停区的必要性。

7.1.1.5 使用说明应规定卷纸料架仅允许放置卷料。

7.1.1.6 对于堆积设备的传送带上可行走处，应设置滑倒危险的警告标识。

7.1.1.7 为了对高温表面予以警告，机器上应贴有高温表面的警告标识，标识如图 27 所示。

说明：

图示为黄底黑边（至少有 50％的标识表面应为安全色——黄色）

图 27 高温表面警告标识

操作手册中也应包含警告标识。

7.1.1.8 使用说明应指出在更换刀具过程中需要使用抗切割手套确保传送刀具安全。

7.1.1.9 使用说明应对维修过程中防止纸堆底板下落的机械工具的使用方法进行描述。如果纸堆底板降落至机械设备上最高 100 mm 的距离处，操作手册也应指出所使用的设备。

7.1.1.10 禁止进入的警告标识如图 28 所示，应在给纸带上配备该警告标识。这一点也应在操作手册中指明。

说明：

黑图白底红边，手位于十字杆前（至少有 35％的标识表面应为安全色——红色）。

图 28 禁止进入标识

7.1.2 折叠纸盒上胶机

上胶辊和上胶管道之间的内旋卷入部位仅通过胶液进行安全防护，在操作手册中应指出可能有遗留危险的警告。

上胶管道应配合如图 29 所示的警告标识。

说明：

黑图黄底黑边（至少有 50％的标识表面应为安全色——黄色）。

图 29 轮转辊的警告标识

7.1.3 联机

7.1.3.1 在移动单元合机之前，操作者应确定装置之间没有其他人。这是唯一防止意料之外人员陷入危险的方法。

7.1.3.2 当更换版滚筒和铅版时，着墨辊和印版滚筒之间有足够缝隙。否则将有卷入的危险。操作手册中应指明这一点。

联机上应在印版滚筒附近配备如图 28 所示的警告标识。

7.1.4 手工给纸平压模切压痕机

使用说明应包含：

——需每日检查的安全设备操作(安全设备、压敏垫);
——当达到机器运行温度时进行检验;
——出现故障的设备,应关机进行维修;
——在书面报告中记录检验结果。

7.1.5 自动给纸平压模切压痕机

使用说明书中应对声响警告装置进行描述。应指出当警告装置发出声响时,在机器内或机器上不准许人工干预。

7.1.6 管式缠绕机

使用说明书应给出在卷绕操作准备期间存在遗留危险的相关信息。应告知用户联锁防护装置处于打开状态,最大速度为 5 m/min,如果防护装置在 60 s 内没有再次关闭,那么机器将停机。

应指明当发生危险时,急停装置可以通过膝盖和腹部触发。

附 录 A
（资料性附录）
与本部分中规范性引用的国际文件有一致性对应关系的我国文件

表 A.1 给出了与本部分中规范性引用的国际文件有一致性对应关系的我国文件。

表 A.1 与本部分中规范性引用的国际文件有一致性对应关系的我国文件

中国标准		国际标准（一致性对应关系）	欧洲标准（一致性对应关系）
标准编号	标准名称		
GB 23821—2009	机械安全 防止上下肢触及危险区的安全距离	ISO 13857:2008,IDT	EN 294:1992
×	×	EN ISO 13857:2008 代替了 EN 294:1992	
GB 16754—2008	机械安全 急停 设计原则	ISO 13850:2006,IDT	EN 418—1992
GB 16754—1997	机械安全 急停 设计原则	eqv ISO 13850:1996	
×	×	ISO 13850:1996 与 EN 418:1992 有对应关系	
GB/T 16855.1—2008	机械安全 控制系统有关安全部件 第 1 部分:设计通则	ISO 13849-1:2006,IDT	EN 954-1:1996
GB/T 16855.1—2005	机械安全 控制系统有关安全部件 第 1 部分:设计通则	ISO 13849-1:1999,MOD	
×	×	ISO 13849-1:1999 等同采用 EN 954-1:1996	
GB/T 28387.1—2012	印刷机械和纸加工机械的设计及结构安全规则 第 1 部分:一般要求	×	EN 1010-1:2004,MOD
GB/T 16856.1—2008	机械安全 风险评价 第 1 部分:原则	ISO 14121-1:2007,IDT	EN 1050:1996
×	×	ISO 14121 与 EN 1050:1994 有对应关系	
GB/T 16856—1997	机械安全风险评价的原则	eqv EN 1050:1994	
GB/T 18831—2002	机械安全 带防护装置的联锁装置 设计和选择原则	ISO 14119:1998,MOD	EN 1088:1996
×	×	ISO 14119:1998 等同采用 DIN EN 1088:1996	
×	×	DIN EN 1088:1996 等同采用 EN 1088:1996	
GB/T 14574—2000	声学 机器和设备噪声发射值的标示和验证	eqv ISO 4871:1996	EN ISO 4871
×	×	EN ISO 4871:1996 等同采用 ISO 4871:1996	
GB 4208—2008	外壳防护等级(IP 代码)	IEC 60529:2001,IDT	EN 60529:1991
×	×	EN 60529:1991 + A1:2000 等同采用 IEC 60529:1989	
×	×	IEC 60529:1989 与 EN 60529:1991 有对应关系	

注 1:"×"表示不必填写内容。

参 考 文 献

［1］ EN 349:1993 机械安全 避免人体部位挤压危险的最小间隙

ICS 25.060.20
J 52

中华人民共和国国家标准

GB/T 28388.1—2012

摆动式AC轴联动铣头 第1部分：精度检验

Swinging linkage milling head with axes A,C—
Part 1: Testing of accuracy

2012-05-11 发布

2012-10-01 实施

中华人民共和国国家质量监督检验检疫总局
中国国家标准化管理委员会 发布

前 言

GB/T 28388《摆动式 AC 轴联动铣头》分为以下两部分：

——第 1 部分：精度检验；

——第 2 部分：技术条件。

本部分为 GB/T 28388 的第 1 部分。

本部分按照 GB/T 1.1—2009 给出的规则起草。

本部分由中国机械工业联合会提出。

本部分由全国金属切削机床标准化技术委员会(SAC/TC 22)归口。

本部分起草单位：桂林机床股份有限公司。

本部分起草人：李素平、冯建国、何桂华、刘水养、罗建华。

摆动式AC轴联动铣头 第1部分：精度检验

1 范围

GB/T 28388的本部分规定了摆动式AC轴联动铣头的精度检验要求及检验方法。

本部分适用于与数控铣床、数控镗铣床、加工中心等配套的摆动式AC(或BC)轴联动铣头(以下简称铣头)。

2 规范性引用文件

下列文件对于本文件的应用是必不可少的。凡是注日期的引用文件，仅注日期的版本适用于本文件。凡是不注日期的引用文件，其最新版本(包括所有的修改单)适用于本文件。

GB/T 17421.1—1998 机床检验通则 第1部分：在无负荷或精加工条件下机床的几何精度(eqv ISO 230-1:1996)

GB/T 17421.2—2000 机床检验通则 第2部分：数控轴线的定位精度和重复定位精度的确定(eqv ISO 230-2:1997)

GB/T 19660—2005 工业自动化系统与集成 机床数值控制 坐标系和运动命名(ISO 841:2001,IDT)

3 轴线的命名

轴线的命名参照GB/T 19660—2005，轴线的表示见图1。

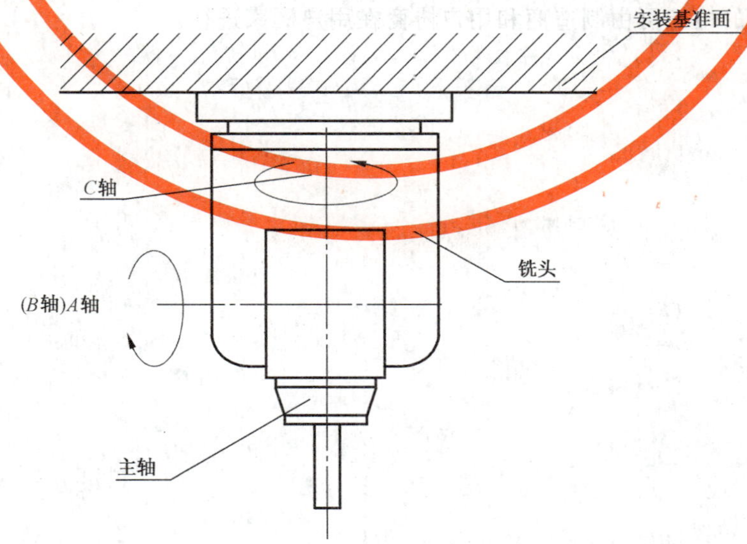

图 1

4 一般要求

4.1 计量单位

本部分中所有线性尺寸及相应的公差均用毫米(mm)表示;角度尺寸用度(°)表示,角度偏差及相应的公差一般用比值表示。但在有些情况下为了清晰,也用微弧度(μrad)或弧秒(″)表示。其换算关系见下式。

$$0.010/1\ 000=10\ \mu\text{rad}\approx 2''$$

4.2 检验顺序

本部分规定的检验顺序并不表示实际检验顺序。为了使装拆检验工具和检验方便起见,可按任意次序进行检验。

4.3 检验工具

本部分所规定的检验工具仅为例子,可以使用相同指示量或具有至少相同精度的其他检验工具。指示器应具有 0.001 mm 或更高的分辨率。

4.4 最小公差

当实测长度与本部分规定的长度不同时,公差应根据 GB/T 17421.1—1998 中 2.3.1.1 的规定,按能够测量的长度折算。折算结果小于 0.005 mm 时,仍按 0.005 mm 计。

4.5 安装前的检验

铣头与配套机床安装前,须检验 C 轴安装端面对工作台基准面的平行度,其公差值应小于 0.010 mm。

4.6 定位精度

铣头定位精度的检验可由制造商和用户协商在用户厂家进行。

5 几何精度检验

检验项目	G1
主轴锥孔轴线的径向跳动： a） 靠近主轴端部； b） 距主轴端部 300 mm 处。	
简图 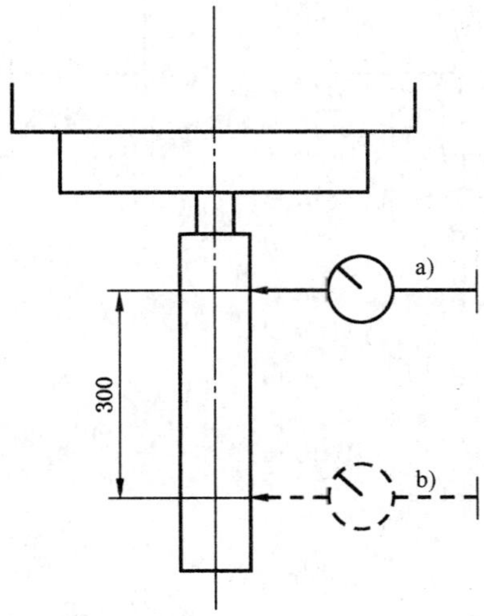	
公差 a） 0.008　　　　b） 0.015	
检验工具 指示器、检验棒	
检验方法（按 GB/T 17421.1—1998 中的有关条文：5.6.1.2.3） 在主轴锥孔中插入检验棒，将指示器固定在铣头上，使其测头触及检验棒表面：a)尽可能靠近主轴端部；b)在距主轴端部 300 mm 处，旋转主轴检验，并测取读数。 拔出检验棒，旋转 90°，重新插入主轴锥孔中，再依次检验 3 次，并测取读数。 a)、b)误差分别计算。误差以 4 次测量结果的平均值计。	

检验项目 G2

主轴：

a) 定心轴颈的径向跳动；

b) 端面跳动(包括周期性轴向窜动)；

c) 周期性轴向窜动。

简图

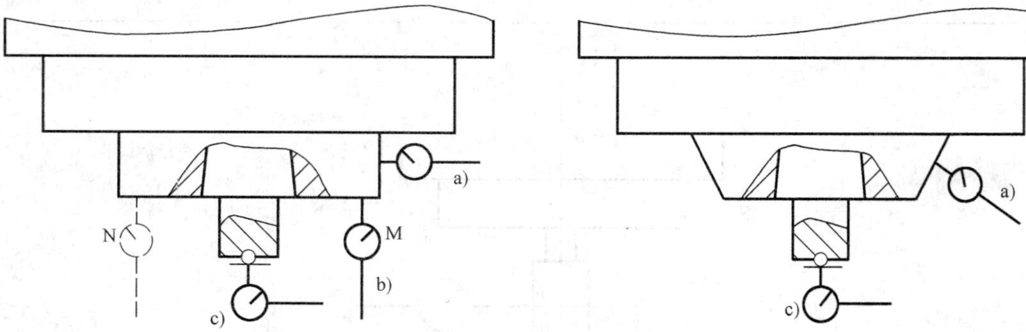

公差

a) 0.008 b) 0.010 c) 0.005

检验工具

指示器

检验方法(按 GB/T 17421.1—1998 中的有关条文:5.6.1.2.2,5.6.2.2.1,5.6.2.2.2,5.6.3.2)

将指示器固定在铣头上

a) 5.6.1.2.2

指示器测头垂直主轴轴颈母线,旋转主轴检验,并测取读数。

b) 5.6.3.2

指示器测头尽可能靠近主轴端面外边缘 M 处,旋转主轴,并测取读数。然后将指示器测头移至 N 处,重复上述检验,并测取读数。

c) 5.6.2.2.1;5.6.2.2.2

在主轴中心孔内放置一钢球(必要时用一辅助检具)指示器测头触及钢球表面,旋转主轴检验,并测取读数。

a)、b)、c)误差分别计算。误差以指示器读数的最大差值计。

b)、c)项检验时应通过主轴轴线施加一个力。

施加力的大小和方向由制造厂/供应商规定。当使用轴向预加负荷轴承时,则不必施加力 F。

检验项目	G3
主轴轴线与 *A* 轴旋转轴线的垂直度	
简图 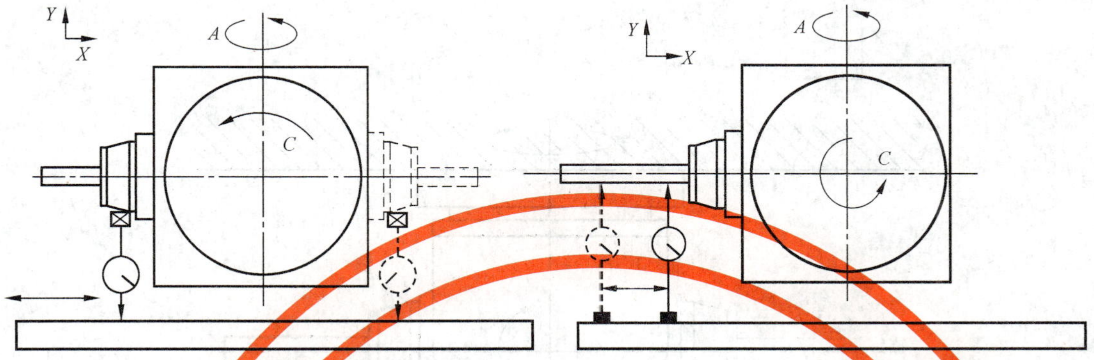	
公差 0.020/300	
检验工具 检验棒、指示器、平板	
检验方法(按 GB/T 17421.2—2000 中的有关条文) 将基准平板与水平面垂直放置。调整 *A* 轴线垂直于基准平板。 将指示器固定在主轴外壳(*A* 轴)上,使其测头触及竖直平板,调整主轴头座(*C* 轴线)的角度位置,使指示器在 *A* 轴处于 90°和(−90°)的位置时的两个读数相等。 1) *A* 轴位于 90°的位置,将指示器固定在竖直平板将上,使其测头触及检验棒表面并调零,沿检验棒轴线方向移动指示器并测取读数,记录检验棒 300 mm 长度上的差值。 2) *A* 轴位于−90°的位置,按步骤 1)重复测量。 上述两次的测量差值之和除 2,即为主轴轴线和 *A* 轴旋转轴线的垂直度偏差。 注:此项检测可在补偿后进行。	

检验项目	G4
主轴轴线与 A 轴轴线在同一平面内的相交度	

简图

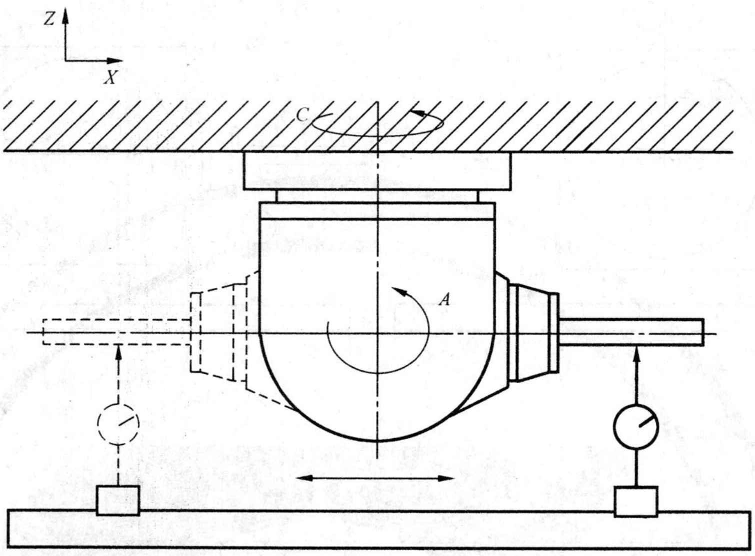

公差

0.020

检验工具

检验棒、指示器

检验方法(按 GB/T 17421.2—2000 中的有关条文:6.5.1)

如果可能,Z 轴锁紧。

摆动铣头主轴头转至一边,调整 A 轴轴线使检验棒在 ZX 水平面内平行于 X 轴线。

指示器固定在试验台上,测头触及检验棒表面并调零。

仅沿 X 轴线和 Y 轴线移开主轴头以避免干涉指示器。旋转 A 轴线至 180°,通过 X 轴线和 Y 轴线运动使检验棒重新与指示器接触。

调整 A 轴使检验棒在另一边重新平行于 X 轴线,不再调整指示器,直接测取读数。

误差以指示器读数最大差值的 1/2 计。

检验项目 | G5

主轴轴线在垂直于水平面位置与 C 轴旋转轴线的重合度

a） 在包含 A 轴线和 C 轴线的 AC 垂直平面内；

b） 在垂直于 AC 平面的垂直平面内。

简图

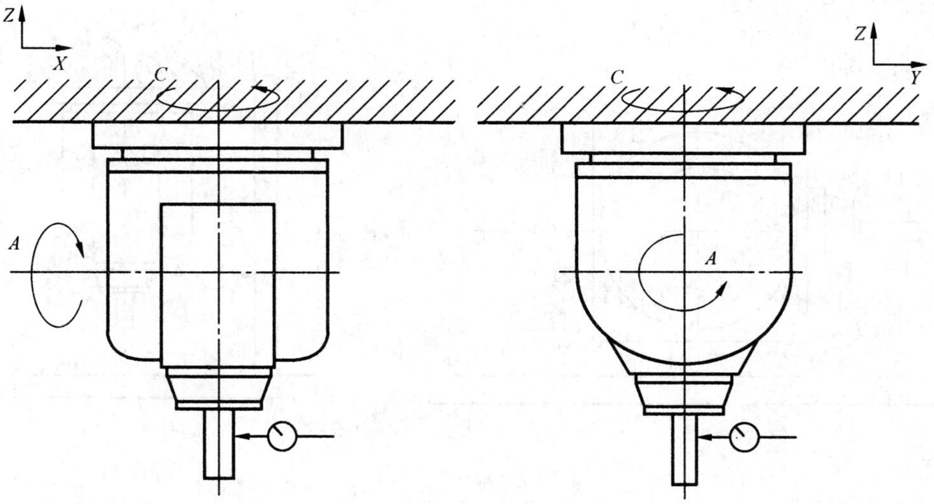

公差

a） 0.015

b） 0.025

检验工具

检验棒、指示器

检验方法（按 GB/T 17421.2—2000 中的有关条文）

调整 A 轴轴线，使主轴轴线和 C 轴轴线间的平行度偏差为最小。

固定指示器并使其测头在主轴近端处触及检验棒表面，将指示器调零。

旋转 C 轴 90°4 次，测取读数。

在 a）和 b）两平面测得的读数除以 2，即为误差。

注：此项检测可在补偿后进行。

检验项目	G6
A 轴旋转轴线与 C 轴旋转轴线的垂直度	

简图

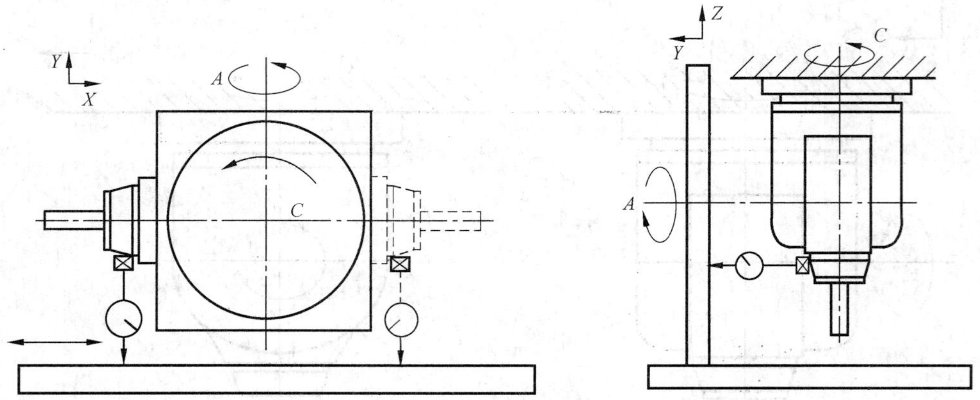

公差

0.030/300

检验工具

平板、指示器

检验方法(按 GB/T 17421.2—2000 中的有关条文:5.5.2.2.4)

Y 轴锁紧。

1) 调整主轴头座(C 轴线)的角度位置,使指示器在主轴处于左、右位置时的两个读数相等(A 轴线垂直于 X 轴线),将指示器调零。

2) A 轴旋转 90°,使主轴调至垂直位置(在 YZ 平面内),移动 Z 轴线和 X 轴线,使指示器测头重新触及平板,记录读数。

3) 将 C 轴旋转 180°,按步骤 1)重复调整和按步骤 2)重复测量。

误差以步骤 2)中两次测量差之半除以指示器测量点与 A 轴旋转轴线间的距离计。

注:此项检测可在补偿后进行。

检验项目	G7
A 轴旋转轴线与 *C* 轴旋转轴线在同一平面内的相交度	
简图 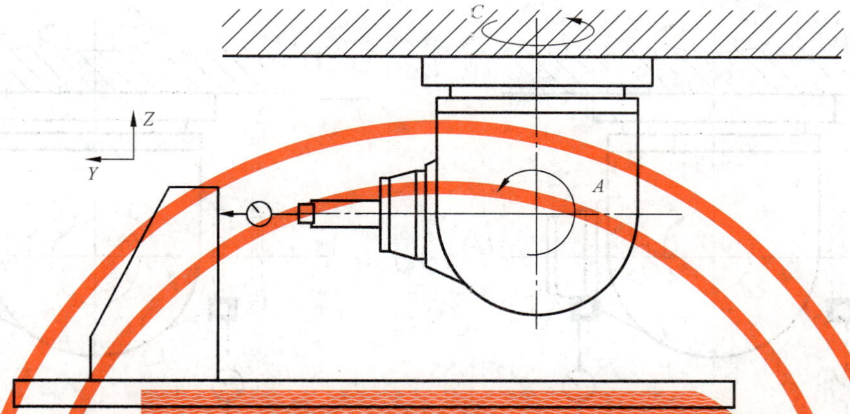	
公差 0.020	
检验工具 指示器、角尺	
检验方法(按 GB/T 17421.2—2000 中的有关条文:6.5.1) 将 *X* 轴锁紧,角尺平行于 *YZ* 平面放置。 指示器固定在主轴端面,主轴锁紧。 调整 *A* 轴线和 *C* 轴线使主轴垂直于角尺,指示器调零。 旋转 *A* 轴线和 *C* 轴线 180°并测取读数。 误差以指示器读数最大差值的 1/2 计。	

检验项目	G8

C 轴旋转轴线对

a) X 轴线运动的垂直度；

b) Y 轴线运动的垂直度。

简图

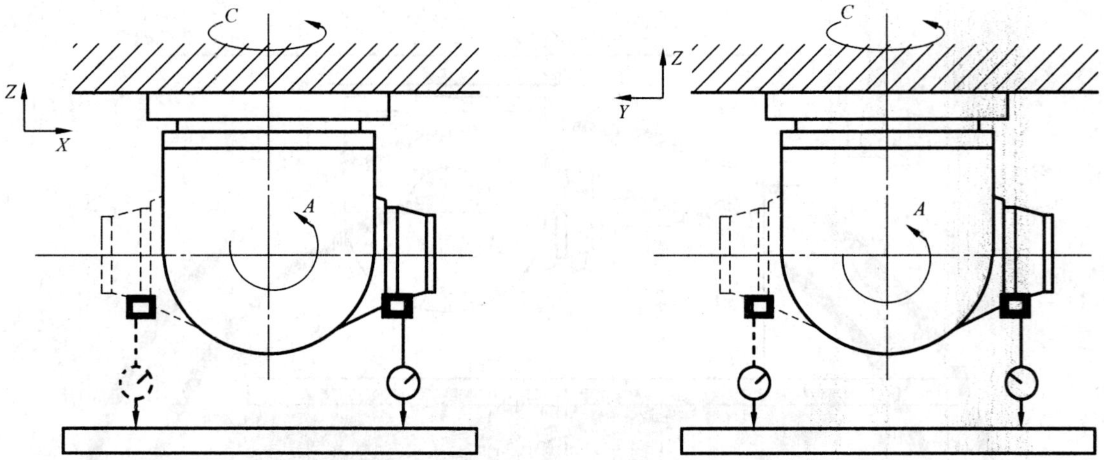

公差

a)和 b)

0.020/300

检验工具

平尺、指示器

检验方法(按 GB/T 17421.2—2000 中的有关条文:5.5.2.2.4)

如果可能,Z 轴和 A 轴锁紧。

a) 在试验台的中间位置平行于 X 轴线放置一平尺。

调整主轴垂直于 Z 轴轴线。将指示器固定在主轴壳体上,使其测头触及平尺检验面,指示器调零。C 轴旋转 180°,记录指示器读数。

误差以两次读数的差值除以测量点的距离计。

b) 将平尺平行于 Y 轴线放置,重复上述检验。测取读数计算误差。

6 回转轴线的定位精度和重复定位精度

检验项目 P1

铣头 A 轴线的定位精度和重复定位精度

简图

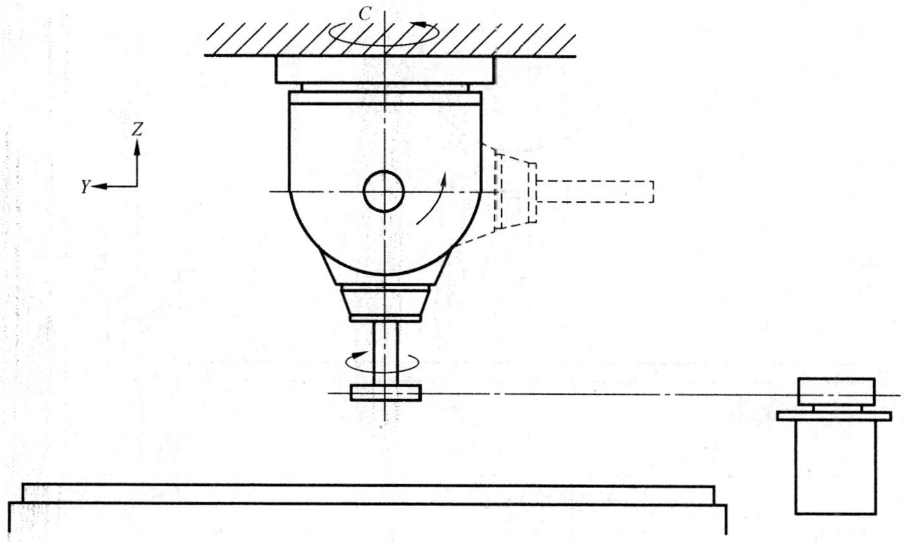

公差	测量角度≤180°
轴线双向定位精度 A	24″
轴线单向重复定位精度 $R\uparrow R\downarrow$	8″
轴线反向差值 B	12″
平均双向位置偏差范围 M	12″

检验工具

多面体和自准直仪、或具有类似精度的其他测量系统

检验方法(按 GB/T 17421.2—2000 中的有关条文)：

当使用标准分度台时，将其置于倾斜铣头上，使其回转轴线平行并靠近铣头的回转轴线。将铣头转一分度角，然后将标准分度台反转，使反射镜返回原位，测量角度偏差。

应参照 GB/T 17421.2—2000 中第 3 章、第 4 章和第 7 章确定检验条件、检验程序和结果的表达。

测量行程≤90°，测量目标位置数应>3 个。

测量行程≤180°，测量目标位置数应>5 个。

注：此项检验可与主机或专机联接后进行。

检验项目	P2
铣头 C 轴线的定位精度和重复定位精度	

简图

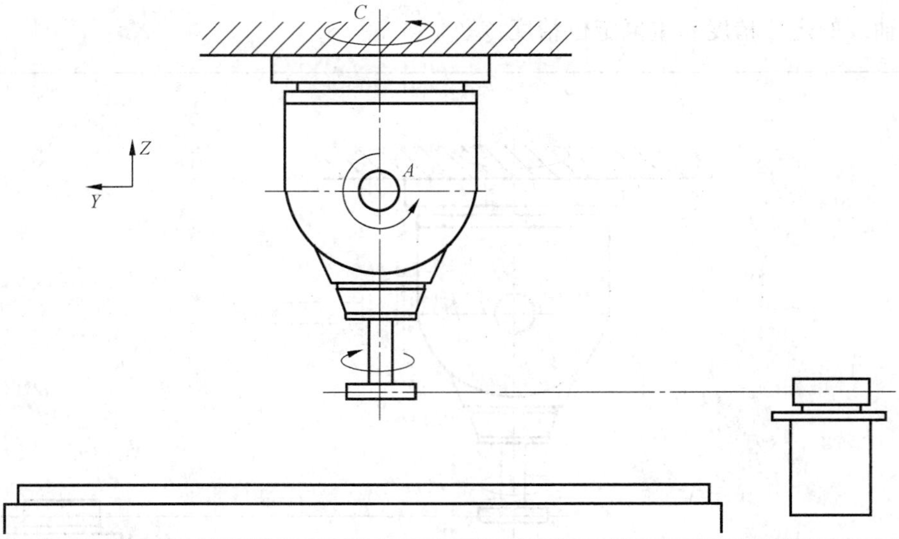

公差	测量角度≤360°
轴线双向定位精度 A	24″
轴线单向重复定位精度 $R\uparrow R\downarrow$	8″
轴线反向差值 B	12″
平均双向位置偏差范围 M	12″

检验工具

多面体和自准直仪或具有类似精度的其他测量系统

检验方法(按 GB/T 17421.2—2000 中的有关条文):

当使用标准分度台时,将其置于倾斜铣头上,使其回转轴线平行并靠近铣头的回转轴线。将铣头转一分度角,然后将标准分度台反转,使反射镜返回原位,测量角度偏差。

应参照 GB/T 17421.2—2000 中第 3 章、第 4 章和第 7 章确定检验条件、检验程序和结果的表达。

测量行程≤180°,测量目标位置数应>5 个。

测量行程>180°,测量目标位置数应>8 个。

注:此项检验可与主机或专机联接后进行。

ICS 25.060.20
J 52

GB

中华人民共和国国家标准

GB/T 28388.2—2012

摆动式AC轴联动铣头
第2部分:技术条件

Swinging linkage milling head with axes A,C—
Part 2:Specifications

2012-05-11 发布 2012-10-01 实施

中华人民共和国国家质量监督检验检疫总局
中国国家标准化管理委员会 发布

前　言

GB/T 28388《摆动式 AC 轴联动铣头》分为两个部分：

——第 1 部分：精度检验；

——第 2 部分：技术条件。

本部分为 GB/T 28388 的第 2 部分。

本部分按照 GB/T 1.1—2009 给出的规则起草。

本部分由中国机械工业联合会提出。

本部分由全国金属切削机床标准化技术委员会(SAC/TC 22)归口。

本部分起草单位：桂林机床股份有限公司。

本部分起草人：冯建国、李素平、何桂华、刘水养、唐建生。

摆动式AC轴联动铣头 第2部分:技术条件

1 范围

GB/T 28388的本部分规定了摆动式AC轴联动铣头的设计、制造、检验和验收要求。

本部分适用于与数控铣床、数控镗铣床、加工中心等配套的摆动式AC(或BC)轴联动铣头(以下简称铣头)。

2 规范性引用文件

下列文件对于本文件的应用是必不可少的。凡是注日期的引用文件,仅注日期的版本适用于本文件。凡是不注日期的引用文件,其最新版本(包括所有的修改单)适用于本文件。

GB/T 3837—2001 7∶24手动换刀刀柄圆锥(eqv ISO 297:1988)

GB 5226.1 机械电气安全 机械电气设备 第1部分:通用技术条件(GB 5226.1—2008,IEC 60204-1:2005,IDT)

GB/T 9061—2006 金属切削机床 通用技术条件

GB/T 10944.1—2006 自动换刀用7∶24圆锥工具柄部 40、45和50号柄 第1部分:尺寸及锥角公差(ISO 7388-1:1983,IDT)

GB/T 13306—1991 标牌

GB 15760—2004 金属切削机床 安全防护通用技术条件

GB/T 16769—2008 金属切削机床 噪声声压级测量方法

GB/T 19449.2—2004 带有法兰接触面的空心圆锥接口 第2部分:安装孔——尺寸(ISO 12164-2:2001,IDT)

GB/T 25373 金属切削机床 装配通用技术条件

GB/T 25376 金属切削机床 机械加工件通用技术条件

GB/T 28388.1 摆动式AC轴联动铣头 第1部分:精度检验

JB/T 2326—2005 机床附件 型号编制方法

JB/T 3207—2005 机床附件 产品包装通用技术条件

JB/T 3997—1994 金属切削机床灰铸铁件 技术条件

3 一般要求

本部分是对GB/T 9061、GB/T 25376、GB/T 25373等标准的具体化和补充。按本部分验收铣头时,应同时对上述标准中未经本部分具体化的其余有关验收项目进行检验。

4 型号和参数

4.1 铣头型号宜符合JB/T 2326—2005的规定。

4.2 铣头基本参数见表1。

表 1 摆动式 AC 轴联动铣头基本参数

主轴锥孔	锥度号	30	40	50	60	HSK-A40	HSK-A50	HSK-A63	HSK-A80	HSK-A100
	锥度	7∶24				1∶10				
	标准号	GB/T 3837、GB/T 10944.1				GB/T 19449.2				
A 轴摆动角度	±100°									
C 轴回转角度	±370°									

4.3 铣头与配套机床联接部位的型式和尺寸应保证其互换性和使用性能，并符合有关标准的规定。

5 安全与卫生

5.1 铣头电气系统的安全应符合 GB 5226.1 的规定。

5.2 铣头的安全防护除应符合 GB 15760—2004 的规定外，还应符合下列要求：

a) 铣头应有可供起吊的装置。该装置应能保证铣头起吊的安全与平稳；

b) 铣头外露零件表面不应有尖棱、锐角和毛刺等易造成人身伤害的部位；

c) 铣头装卸、调整、维修应方便，应避免产生各种危险。

5.3 使用说明书中，应注明有关安全、操作及维修等注意事项。

6 加工与装配

6.1 加工件质量应符合图样、技术文件及 GB/T 25376 等有关标准的规定。

6.2 铸铁件质量应符合 JB/T 3997—1994 的规定。座体、铣头壳体等为重要铸件，应采用力学性能不低于 HT300 的材料制造，并在粗加工后应进行时效处理。

6.3 热处理件质量应符合有关标准规定。其中主轴头部和主轴锥孔的硬度应不低于 52HRC，齿轮齿面硬度应不低于 50HRC。

6.4 主轴、主传动齿轮等重要零部件，应采取与使用寿命相适应的耐磨及抗疲劳等措施。

6.5 主轴锥孔表面用涂色法检验，接触面积应在 75%以上。

6.6 铣头的装配质量应符合 GB/T 25373 的规定。用于装配的零、部件(包括外购件)均应符合质量要求，装配时，各零、部件应干净，不应附有切屑和污物，并应按图样和技术文件规定进行装配。

6.7 AC 轴的联动应平稳、可靠，铣头运转应灵活、无阻滞现象。

6.8 铣头主要传动部位应保证充分的润滑。

6.9 铣头零件未加工表面应进行防锈处理，并应符合有关标准和技术文件的规定。

7 检验与验收

7.1 检验内容

铣头检验分为型式试验和出厂检验。

7.1.1 型式试验

7.1.1.1 有下列情况之一时应进行型式试验：

a) 新产品试制、定型鉴定时；

b) 正常生产后，铣头结构、材料、性能或工艺较基型有重大改动时；

c) 已定型的产品转厂生产时；

d) 定型产品长期停产后恢复生产时。

7.1.1.2 型式试验包括本部分全部内容。

7.1.2 出厂检验

7.1.2.1 正常生产的(或成品)铣头均应在制造厂经检验合格，并附有质量合格证明文件方可出厂。

7.1.2.2 出厂检验一般包括：外观检验、第4章(抽查)、第5章、7.2、7.4及第8章的内容。

7.2 空运转试验

7.2.1 应分别用低、中、高进给速度对铣头 *A* 轴、*C* 轴做正、反向圆周进给的旋转运动试验。在所有进给速度下运动应平稳、可靠。

7.2.2 手动及数控指令，用中等进给速度对旋转运动部件进行正、反的连续起动、停止等各5次的操作试验，其动作应灵活、可靠。

7.2.3 铣头应具有良好的动态稳定性，在运转时不应出现异常尖叫声、冲击声和异常振动等现象。

7.2.4 按 GB/T 16769 规定检验铣头的噪声，在空运转条件下，铣头噪声声压级应不超过 75 dB(A)。

7.2.5 铣头按其最高转速进行空运转(时间不少于1 h)，使主轴轴承达到稳定温度，在靠近主轴定心轴承处测量其温度和温升，温度不应超过70 ℃，温升不应超过40 ℃。

7.3 切削试验

7.3.1 切削试验包括：

——最大切削功率试验；

——最大切削扭矩试验。

7.3.2 切削试验规范按设计规定。切削试验规范的要求宜按表2的规定。

表2 切削试验规范的要求

切削试验名称	刀具			试件		切削用量					
	材料	直径	齿数	材料	硬度	主轴转速 r/min	纵走刀量 mm/min	切削宽度 mm	切削深度 mm	电机功率 kW	主轴最大扭距 N·m
最大切削功率											—
最大切削扭矩										—	

7.3.3 铣头在切削试验中，工作应正常，无异常的振动和噪音，并应达到设计规定的切削功率。

7.3.4 切削试验过程中，不应对铣头进行调整和更换零件。

7.3.5 切削试验后，复检铣头精度应符合 GB/T 28388.1 的规定。

7.4 精度检验

铣头的几何精度、回转轴线的定位精度和重复定位精度检验应在空运转试验后按 GB/T 28388.1 规定进行，其中 GB/T 28388.1《摆动式 AC 轴联动铣头　第1部分：精度检验》中的 G1、G2 项应在主轴中速运转达到稳定温度时进行。

8 标志和包装

8.1 在铣头明显位置应标志：

a） 制造厂厂名、制造厂标识；

b） 产品名称和型号；

c） 制造日期、编号等。

8.2 标牌的型式、尺寸应符合 GB/T 13306 的规定。

8.3 铣头包装技术要求、贮运、随机技术文件及包装标志应符合 JB/T 3207 等标准和技术文件的规定。

ICS 25.060.20
J 52

中华人民共和国国家标准

GB/T 28389.1—2012

主传动驱动型AC轴自动分度铣头
第1部分:精度检验

Auto index milling head with axes A,C of main drive—
Part 1:Testing of accuracy

2012-05-11 发布　　2012-10-01 实施

中华人民共和国国家质量监督检验检疫总局
中国国家标准化管理委员会　发布

前　　言

GB/T 28389《主传动驱动型 AC 轴自动分度铣头》分为以下两部分：

——第 1 部分：精度检验；

——第 2 部分：技术条件。

本部分为 GB/T 28389 的第 1 部分。

本部分按照 GB/T 1.1—2009 给出的规则起草。

本部分由中国机械工业联合会提出。

本部分由全国金属切削机床标准化技术委员会(SAC/TC 22)归口。

本部分起草单位：桂林机床股份有限公司。

本部分主要起草人：李素平、冯建国、何桂华、刘水养、梁辑。

主传动驱动型AC轴自动分度铣头 第1部分:精度检验

1 范围

GB/T 28389的本部分规定了主传动驱动型AC轴自动分度铣头的精度要求及检验方法。

本部分适用于与数控铣床、数控镗铣床、加工中心等配套的主传动驱动型AC(或BC)轴自动分度铣头(以下简称铣头)。

2 规范性引用文件

下列文件对于本文件的应用是必不可少的。凡是注日期的引用文件,仅注日期的版本适用于本文件。凡是不注日期的引用文件,其最新版本(包括所有的修改单)适用于本文件。

GB/T 17421.1—1998 机床检验通则 第1部分:在无负荷或精加工条件下机床的几何精度(eqv ISO 230-1:1996)

GB/T 17421.2—2000 机床检验通则 第2部分:数控轴线的定位精度和重复定位精度的确定(eqv ISO 230-2:1997)

GB/T 19660—2005 工业自动化系统与集成 机床数值控制 坐标系和运动命名(ISO 841:2001,IDT)

3 轴线的命名

按GB/T 19660—2005的规定命名轴线,轴线的表示详见图1。

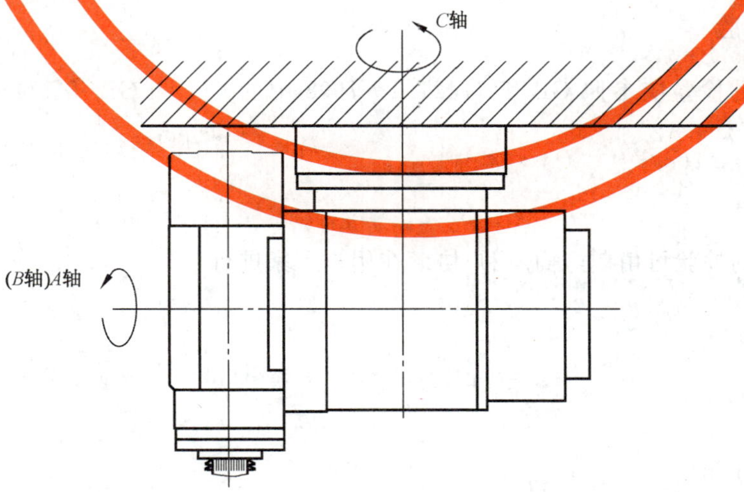

图1

4 一般要求

4.1 测量单位

本部分所有线性尺寸均用毫米(mm)表示；角度尺寸用度(°)表示，角度偏差及相应的公差一般用比值表示。但在有些情况下为了清晰，也用微弧度(μrad)或角秒(″)表示。其换算关系见下式。

$$0.010/1\ 000 = 10\ \mu\text{rad} \approx 2''$$

4.2 检验顺序

本部分规定的检验顺序并不表示实际检验顺序。为了使装拆检验工具和检验方便起见，可按任意次序进行检验。

4.3 检验工具

本部分所规定的检验工具仅为例子，可以使用其他具有相同指示量或具有相同精度的检验工具。指示器的分辨率应具有 0.001 mm 或更高的分辨率。

4.4 检验方法

按用本部分检验铣头时，检验工具和检验方法应符合 GB/T 17421.1—1998 的规定。

4.5 最小公差

当实测长度与本部分规定的长度不同时，公差应根据 GB/T 17421.1—1998 中 2.3.1.1 的规定，按能够实测的长度折算。折算结果小于 0.005 mm 时，仍按 0.005 mm 计。

4.6 安装前的检验

铣头安装前应按 GB/T 17421.1—1998 中的 5.4.1.2.2.1 规定，分别在相距 90°的两个水平面内检验 C 轴安装端面对工作台面的平行度，公差值应不大于 0.010。

4.7 分度精度的检验

铣头分度精度的检验应参照 GB/T 17421.1—1998 中的 6.1 和 GB/T 17421.2—2000 的有关规定，总分度误差应不大于 12″。

4.8 定位精度

铣头定位精度的检验可由制造商/用户协商在用户厂家进行。

5 几何精度检验

检验项目　　G1

主轴锥孔轴线的径向跳动：

a) 靠近主轴端部；

b) 距主轴端部 300 mm 处。

简图

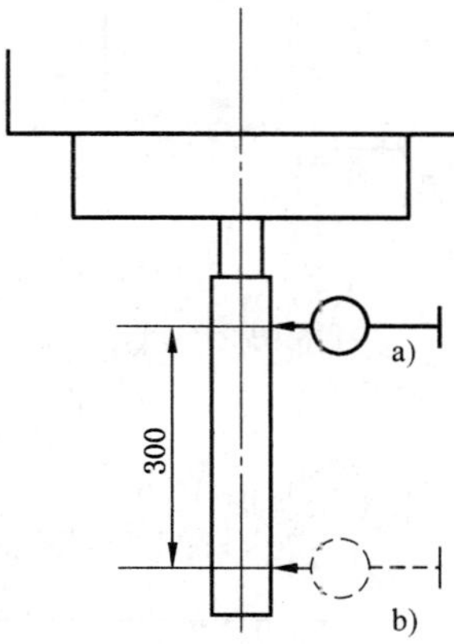

公差

a) 0.007　　b) 0.015

检验工具

指示器和检验棒

检验方法(按 GB/T 17421.1—1998 中的有关条文：5.6.1.2.3)

将指示器固定在铣头上，检验棒插入主轴锥孔中，固定指示器，使其测头触及检验棒表面：a)尽可能靠近主轴端部；b)距主轴端部 300 mm 处。旋转主轴检验，并测取读数。

拔出检验棒，旋转 90°，重新插入，再依次检验 3 次。

a)、b)误差分别计算，误差以 4 次读数的平均值计。

检验项目 G2

主轴：

a） 定心轴颈的径向跳动；

b） 端面跳动(包括周期性轴向窜动)；

c） 周期性轴向窜动。

简图

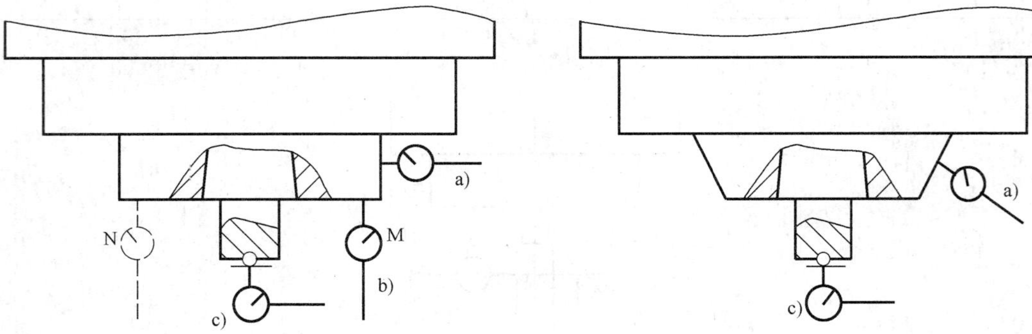

公差

$D\leqslant 200$ a） 0.008 b） 0.015 c） 0.008

D为定心轴径的直径

检验工具

指示器

检验方法(按 GB/T 17421.1—1998 中的有关条文：5.6.1.2.2，5.6.2.2.1，5.6.2.2.2，5.6.3.2)

将指示器固定在铣头上

a） 5.6.1.2.2

指示器测头垂直主轴轴颈母线，旋转主轴检验，并测取读数。

b） 5.6.3.2

指示器测头尽可能靠近主轴端面外边缘 M 处，旋转主轴，并测取读数。

然后将指示器测头移至 N 处，重复上述检验。

确定读数的平均值。

c） 5.6.2.2.1；5.6.2.2.2

在主轴中心孔内放置一钢球(必要时用一辅助检具)。

指示器测头触及钢球表面，旋转主轴检验，并测取读数。

施加力的大小和方向由供应商/制造厂规定。当使用轴向预加负荷轴承时，则不必施加力 F。

检验项目	G3
A 轴在 90°和－90°位置时，主轴轴线对水平面的平行度	

简图

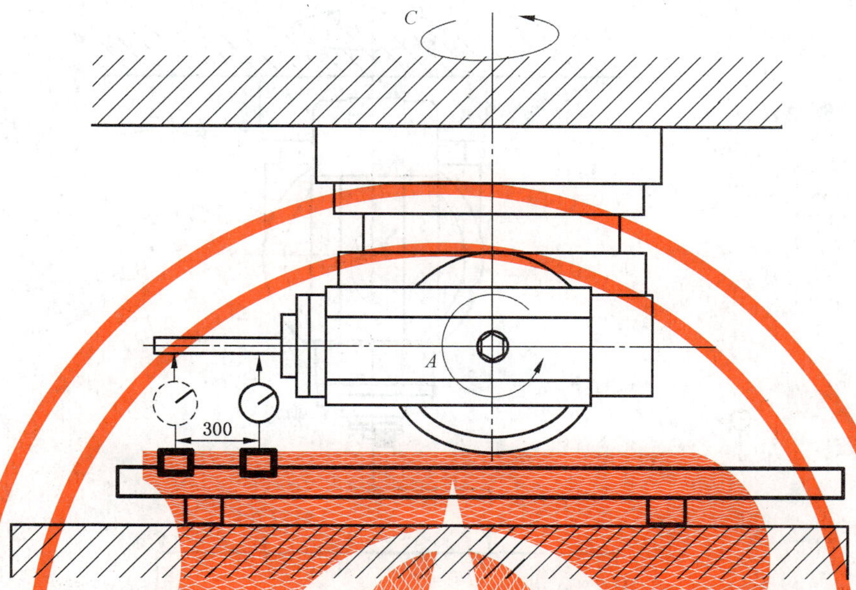

公差

在 300 测量长度上为 0.020

检验工具

指示器、检验棒、等高块、平尺或平板

检验方法(按 GB/T 17421.1—1998 中的有关条文：5.4.1.2.4)

A 轴偏摆 90°，在主轴锥孔中插入检验棒，将指示器尽可能靠近主轴端部置于试验台面的平尺或平板上，并使其测头触及检验棒表面，指示器调零，然后沿主轴轴线方向移动指示器在 300 mm 测量长度上进行检验，并记录指示器读数的最大差值。

旋转 *C* 轴在 0°、90°、180°、270°位置，重复上述检验并记录指示器读数的最大差值。

误差以 4 个最大差值中的最大值计。

A 轴偏摆－90°再重复上述检验一次。

检验项目	G4
A 轴在 0°位置时,主轴轴线对水平面的垂直度	

简图

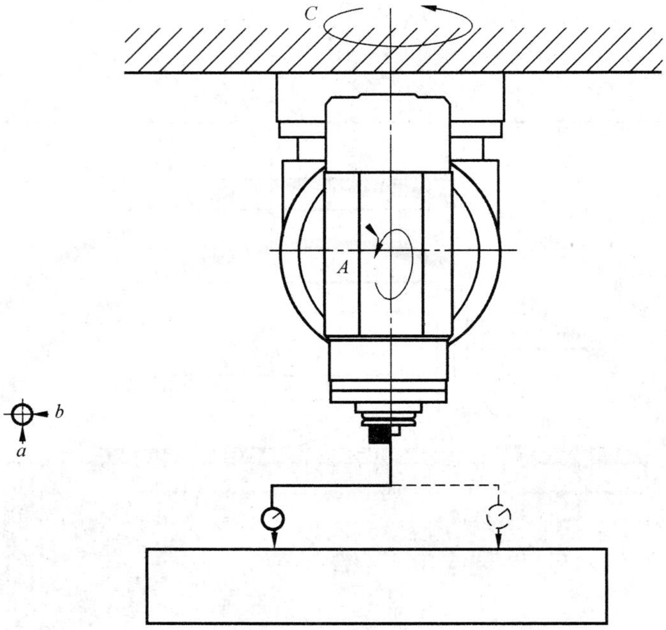

公差

0.020/300

检验工具

指示器、专用检具、平尺或平板

检验方法(按 GB/T 17421.1—1998 中的有关条文:5.5.1.2.1;5.5.1.2.4)

将指示器和专用检具固定在主轴上,将指示器调至平行于主轴旋转轴线,并使指示器的测头触及平尺或平板的检验面,旋转主轴 180°,分别在 *a*、*b* 方向进行测量。

a、*b* 误差分别计算。误差以提示器读数的差值计。

C 轴在 0°、90°、180°、270°位置重复上述检验 1 次。

检验项目	G5
主轴轴线在 A 轴 90°和－90°位置时的同轴度	

简图

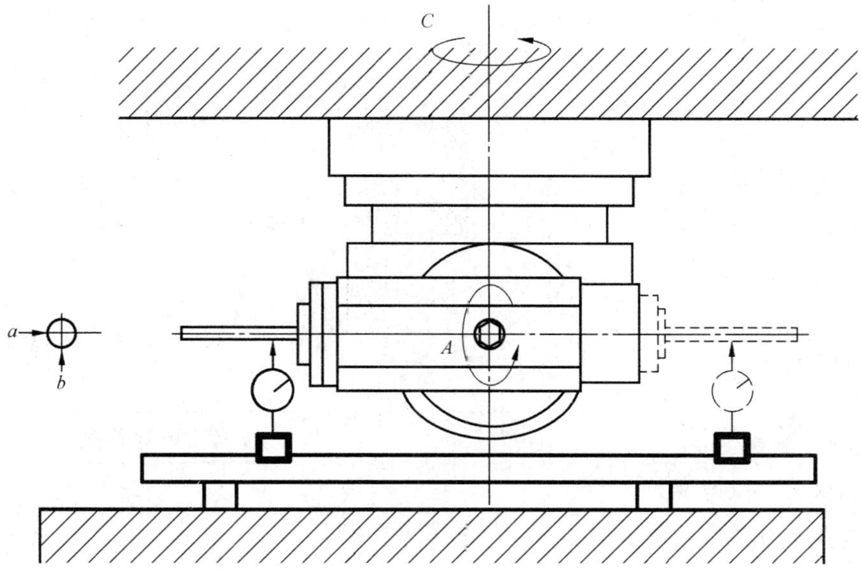

公差

在 300 测量长度上为 0.020

检验工具

指示器、检验棒、平尺或平板

检验方法(按 GB/T 17421.1—1998 中的有关条文:5.4.4)

在主轴锥孔中插入检验棒,A 轴偏摆 90°。

将指示器置于试验台面的平尺上,并使指示器的测头分别在 a、b 方向触及检验棒表面,将指示器调零并在检验棒相应位置做标记。

摆动 A 轴 180°,并使指示器的测头重新触及检验棒已打标记处进行检验,分别在 a、b 方向进行测量并记录指示器读数值。

a、b 误差分别计算。误差以指示器读数的差值计。

C 轴在 0°、90°、180°、270°位置重复上述检验 1 次。

6 定位精度

检验项目 P1

回转轴线的定位精度和重复定位精度

简图

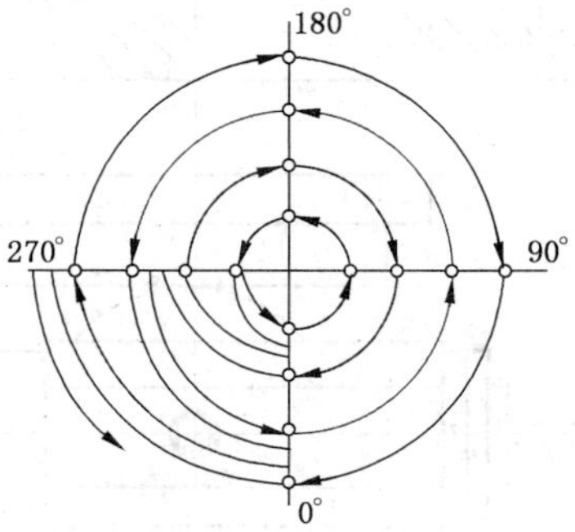

检验项目	公 差(测量角度≤360°)
双向定位精度 A	28″
双向重复定位精度 R	16″
轴线反向差值 B	12″
平均双项位置偏差范围 M	12″

检验工具

多面体和自准直仪或具有类似精度的其他测量系统

检验方法(按 GB/T 17421.2—2000 的有关条文:)

每个回转轴线均需测量。

非检测轴线上的运动部件均置于其行程的中间位置。

当使用自准直仪时应按 GB/T 17421.1—1998 中的 A.11 采取适当的保护措施。

当使用标准分度台时,将其置于铣头上,使其回转轴线平行并靠近铣头的回转轴线。将铣头转一分度角,然后将标准分度台反转,使反射镜返回原位,测量角度偏差。

应参照 GB/T 17421.2—2000 中第 3 章、第 4 章和第 7 章确定检验条件、检验程序和结果的表达。

测量行程≤180°,测量目标位置数应>5 个。

测量行程>180°,测量目标位置数应>8 个。

注: 此项检验可与主机或专机联接后进行。

ICS 25.060.20
J 52

中华人民共和国国家标准

GB/T 28389.2—2012

主传动驱动型 AC 轴自动分度铣头 第 2 部分：技术条件

Auto index milling head with axes A,C of main drive—Part 2:Specifications

2012-05-11 发布 2012-10-01 实施

中华人民共和国国家质量监督检验检疫总局
中国国家标准化管理委员会 发布

前　言

GB/T 28389《主传动驱动型AC轴自动分度铣头》分为两个部分：

——第1部分：精度检验；

——第2部分：技术条件。

本部分为GB/T 28389的第2部分。

本部分按照GB/T 1.1—2009给出的规则起草。

本部分由中国机械工业联合会提出。

本部分由全国金属切削机床标准化技术委员会(SAC/TC 22)归口。

本部分起草单位：桂林机床股份有限公司。

本部分主要起草人：李素平、冯建国、何桂华、刘水养、陶晗。

主传动驱动型AC轴自动分度铣头
第2部分:技术条件

1 范围

GB/T 28389的本部分规定了主传动驱动型AC轴自动分度铣头的设计、制造和验收要求。

本部分适用于与数控铣床、数控镗铣床、加工中心等配套的主传动驱动型AC(或BC)轴自动分度铣头(以下简称铣头)。

2 规范性引用文件

下列文件对于本文件的应用是必不可少的。凡是注日期的引用文件,仅注日期的版本适用于本文件。凡是不注日期的引用文件,其最新版本(包括所有的修改单)适用于本文件。

GB/T 3837—2001 7∶24手动换刀刀柄圆锥(eqv ISO 297:1988)

GB 5226.1 机械电气安全 机械电气设备 第1部分:通用技术条件(GB 5226.1—2008,IEC 60204-1:2005,IDT)

GB/T 9061—2006 金属切削机床 通用技术条件

GB/T 13306—1991 标牌

GB/T 10944.1—2006 自动换刀用7∶24圆锥工具柄部 40、45和50号柄 第1部分:尺寸及锥角公差(ISO 7388-1:1983,IDT)

GB 15760—2004 金属切削机床 安全防护通用技术条件

GB/T 16769—2008 金属切削机床 噪声声压级测量方法

GB/T 25373 金属切削机床 装配通用技术条件

GB/T 25376 金属切削机床 机械加工件通用技术条件

GB/T 28389.1 主传动驱动型AC轴自动分度铣头 第1部分:精度检验

JB/T 2326—2005 机床附件 型号编制方法

JB/T 3207—2005 机床附件 产品包装通用技术条件

JB/T 3997—1994 金属切削机床灰铸铁件 技术条件

3 一般要求

GB/T 28389的本部分是对GB/T 9061、GB/T 25376、GB/T 25373等标准的具体化和补充。按本部分验收铣头时,应同时对上述标准中未经本部分具体化的其余有关验收项目进行检验。

4 型号和参数

4.1 铣头型号宜符合JB/T 2326—2005的规定。

4.2 铣头基本参数见表1。

表 1 主传动驱动型 AC 轴自动分度铣头基本参数

主轴锥孔	锥度号	40	50	60
	锥　度	7∶24		
	标准编号	GB/T 3837、GB/T 10944.1		
配套机床工作台宽度/mm	1 250、1 600、2 000、2 500、≥3 000			
A 轴旋转分度角度(分度单位:1°、2.5°、5°)	±100°			
C 轴旋转分度角度(分度单位:1°、2.5°、5°)	±370°			

4.3 铣头与配套机床联接部位的型式和尺寸应保证其互换性和使用性能,并符合有关标准的规定。

5 润滑系统

铣头应设置必要的注油润滑点,其主要的传动部位应有充分的润滑。铣头运转时,不应有漏油现象。

6 安全与卫生

6.1 铣头电气系统的安全应符合 GB 5226.1 的有关规定。

6.2 铣头的安全防护除应符合 GB 15760—2004 的有关规定外,还应符合下列要求:

a) 铣头应有可供起吊的装置。该装置应能保证铣头起吊的安全与平稳;

b) 铣头外露零件表面不应有尖棱、锐角和毛刺等易造成人身伤害的部位;

c) 铣头装卸、调整、维修应方便,应避免产生各种危险。

6.3 使用说明书中,应注明有关安全、操作及维修等注意事项。

7 加工与装配

7.1 加工件质量应符合图样、工艺文件和 GB/T 25376 等有关标准的规定。

7.2 铸件质量应符合 JB/T 3997 的规定。其中座体、铣头体等重要铸件应采用力学性能不低于 HT300 的材料制造,并在粗加工后应进行时效处理。

7.3 热处理件质量应符合有关标准规定。其中主轴头部和主轴锥孔的硬度应不低于 52HRC,齿轮齿面硬度应不低于 50HRC。

7.4 铣头的主轴、主传动齿轮等关键零部件应采取与使用寿命相适应的耐磨及抗疲劳等措施。

7.5 主轴锥孔表面用涂色法检验,接触面积应在 75%以上。

7.6 铣头的装配质量应符合 GB/T 25373 的规定。用于装配的零、部件(包括外购件)均应符合质量要求,装配时,各零、部件应清洗干净,不应附有切屑和污物,并应按图样和技术文件规定进行装配。

7.7 铣头运转应灵活、轻便、无阻滞现象。

7.8 铣头零件未加工表面应进行防锈处理。防锈处理应符合有关标准或技术文件的规定。

8 检验与验收

8.1 检验内容

铣头检验分为型式试验和出厂检验。

8.1.1 型式试验

8.1.1.1 有下列情况之一时应进行型式试验：

a) 新产品试制、定型鉴定时；

b) 正常生产后，铣头结构、材料、性能或工艺较基型有重大改动时；

c) 已定型的产品转厂生产时；

d) 定型产品长期停产后恢复生产时。

8.1.1.2 型式试验内容包括本部分全部内容。

8.1.2 出厂检验

8.1.2.1 正常生产的(或成品)铣头均应在制造厂经检验合格，并附有质量合格证明文件方可出厂。

8.1.2.2 出厂检验一般包括：外观检验、第4章(抽查)、第5章、第6章、8.2、8.4及第9章的内容。

8.2 空运转试验

8.2.1 分别用低、中、高进给速度对铣头 A 轴、C 轴做正、反向圆周进给的旋转运动试验。在所有进给速度下运动应平稳、可靠。

8.2.2 手动及数控指令，用中等进给速度对旋转运动部件进行正、反向的连续起动、停止等各5次的操作试验，其动作应灵活、可靠。

8.2.3 铣头应分别进行 A 轴、C 轴自动分度正、反转循环试验，分度应灵活、准确。

8.2.4 铣头应具有良好的动态稳定性，在运转时不应出现异常尖叫声、冲击声和异常振动等现象。

8.2.5 按 GB/T 16769 规定检验铣头的噪声，在空运转条件下，铣头噪声声压级应不超过 75 dB(A)。

8.2.6 铣头按其最高转速进行空运转(时间不少于1 h)，使主轴轴承达到稳定温度，在靠近主轴定心轴承处测量其温度和温升，温度不应超过70 ℃，温升不应超过40 ℃。

8.3 切削试验

8.3.1 切削试验规范由制造厂确定。切削试验规范的要求宜按表2的规定。

表2 切削试验规范

切削试验名称	锥度	锥度号	刀具			试件		切削用量					
			材料	直径	齿数	材料	硬度	主轴转速 r/min	纵走刀量 mm/min	切削宽度 mm	切削深度 mm	电机功率 kW	主轴最大扭矩 N·m
最大切削功率													—
最大切削扭矩												—	
注：允许根据电机功率的大小调整切削用量，以达到电机的标称功率。													

8.3.2 铣头在切削试验中，工作应正常，无异常的振动和噪音，并应达到制造厂规定的切削功率。

8.3.3 切削试验过程中，不应对铣头进行调整和更换零件。

8.3.4　切削试验后，复检铣头精度应符合 GB/T 28389.1 的规定。

8.4　精度检验

铣头几何精度、分度精度、定位精度的检验应在空运转试验后按 GB/T 28389.1 规定进行。

9　标志和包装

9.1　在铣头明显位置应标志：

a）　制造厂名、制造厂标识；

b）　产品名称和型号；

c）　制造日期、编号等。

9.2　标牌的型式、尺寸应符合 GB/T 13306 的规定。

9.3　铣头包装技术要求、贮运、随机技术文件及包装标志应符合 JB/T 3207 等标准和技术文件的规定。

ICS 25.040.10
J 50

中华人民共和国国家标准

GB/T 28390—2012

幕墙铝型材高速五面加工中心

High speed five-side machining center for curtain wall aluminium alloy profiles

2012-05-11 发布

2012-10-01 实施

中华人民共和国国家质量监督检验检疫总局
中国国家标准化管理委员会 发布

前　言

本标准按照GB/T 1.1—2009给出的规则起草。

本标准由中国机械工业联合会提出。

本标准由全国金属切削机床标准化技术委员会(SAC/TC 22)归口。

本标准起草单位:济南天辰机器集团有限公司。

本标准主要起草人:赵廷发、陈文东。

幕墙铝型材高速五面加工中心

1 范围

本标准规定了幕墙铝型材高速五面加工中心的分类、技术要求、试验方法、检测规则、标牌、使用说明书、包装、运输和贮存。

本标准适用于线性轴线行程至 6 000 mm 的幕墙铝型材等轻质合金及硬质聚氯乙烯型材等切削加工的幕墙铝型材高速五面加工中心(以下简称机床)。

2 规范性引用文件

下列文件对于本文件的应用是必不可少的。凡是注日期的引用文件,仅注日期的版本适用于本文件。凡是不注日期的引用文件,其最新版本(包括所有的修改单)适用于本文件。

GB/T 191 包装储运图示标志(GB/T 191—2008,ISO 780:1997,MOD)

GB 2894 安全标志及其使用导则

GB/T 3168 数字控制机床 操作指示形象化符号(GB/T 3168—1993,ISO 2972:1979,NEQ)

GB 5226.1 机械安全 机械电气设备 第1部分:通用技术条件(GB 5226.1—2008,IEC 60204-1:2005,IDT)

GB/T 6576 机床润滑系统(GB/T 6576—2002,eqv ISO 5170:1977)

GB/T 7932 气动系统通用技术条件(GB/T 7932—2003,ISO 4414:1998,IDT)

GB 9969 工业产品使用说明书总则

GB/T 13306 标牌

GB 15760 金属切削机床 安全防护通用技术条件

GB/T 16769—2008 金属切削机床 噪声声压级测量方法

GB/T 17421.1—1998 机床检验通则 第1部分:在无负荷或精加工条件下机床的几何精度(eqv ISO 230-1:1996)

GB/T 17421.2—2000 机床检验通则 第2部分:数控轴线的定位精度和重复定位精度的确定(eqv ISO 230-2:1997)

GB/T 19660—2005 工业自动化系统与集成 机床数值控制 坐标系和运动命名(ISO 841:2001,IDT)

GB/T 23570 金属切削机床焊接件 通用技术条件

GB/T 23571 金属切削机床 随机技术文件的编制

GB/T 23572 金属切削机床 液压系统通用技术条件

GB/T 25373 金属切削机床 装配通用技术条件

GB/T 25374 金属切削机床 清洁度的测量方法

GB/T 25376 金属切削机床 机械加工件通用技术条件

JB/T 8356.1 机床包装 技术条件

3 术语和定义

下列术语和定义适用于本文件。

3.1

建筑幕墙 curtain wall for building

由面板与支承结构体系(支承装置与支承结构)组成的、可相对主体结构有一定的位移能力或自身有一定变形能力、不承担主体结构所受作用的建筑外围护墙。

3.2

幕墙铝型材 curtain wall aluminium alloy profiles

建筑幕墙专用铝型材。

3.3

幕墙铝型材高速五面加工中心 high speed five-side machining center for curtain wall aluminium alloy profiles

对幕墙铝型材进行一次装夹可高速(指主轴转速不低于18 000 r/min)五面(－90°～＋90°任意角度异形孔槽及两端榫槽)进行加工的机床。

4 技术要求

4.1 型号

型号表示如下:

M L G Z 5-××××

- ×××× —— 加工规格(X向最大加工长度)
- 5 —— 5个加工面
- Z —— 加工中心
- G —— 高速
- L —— 铝型材
- M —— 幕墙

4.2 分类:机床结构型式分类

机床的坐标和运动方向按GB/T 19660—2005的规定,图1包含显示部件沿三坐标线性轴线运动的机床的2种不同结构型式及其坐标、运动方向的示例。

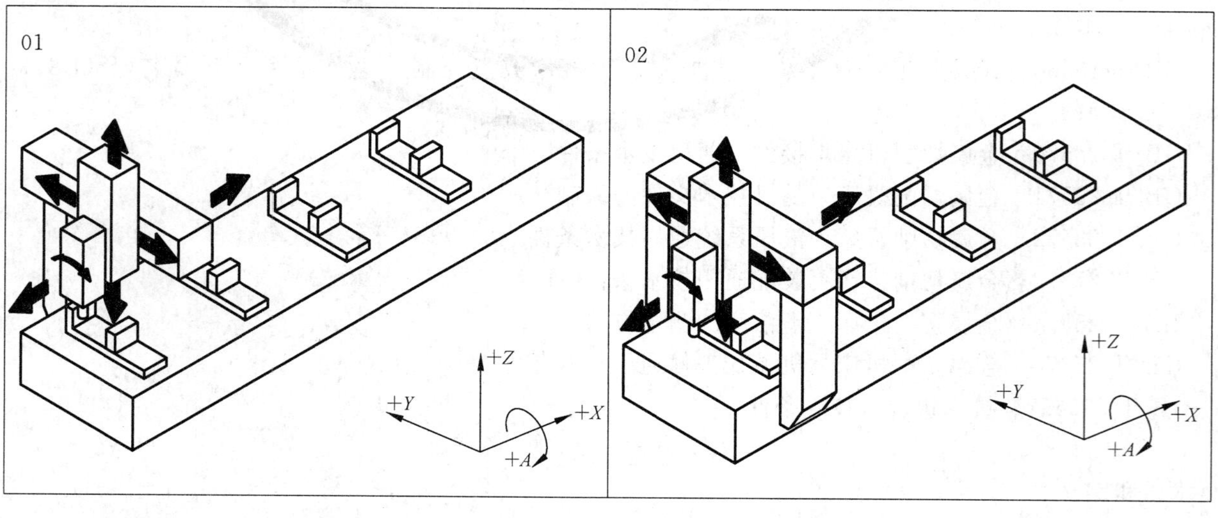

图1 机床结构简图及其坐标、运动方向

4.3 液压、气动、冷却和润滑系统

4.3.1 机床的液压系统应符合 GB/T 23572 的规定。

4.3.2 机床的气动系统应符合 GB/T 7932 的规定。

4.3.3 机床的冷却系统应保证冷却充分、可靠。

4.3.4 机床的润滑系统应符合 GB/T 6576 的规定。

4.3.5 机床的液压、气动、冷却和润滑系统及其他部位不应漏(渗)油、漏(渗)水、漏气。切削冷却液不应混入液压系统和润滑系统。

4.4 加工质量

4.4.1 机械加工件质量应符合设计文件规定并符合 GB/T 25376 的规定。

4.4.2 床身、夹具底座、滑座、滑枕等重要铸件(或焊接件),应进行时效处理。必要时在粗加工后再进行一次时效处理。

4.4.3 主轴、丝杠副和高速齿轮等零、部件的易磨损部位,应采取与寿命相适应的耐磨措施。

4.4.4 X 轴、Y 轴、Z 轴导轨副为重要导轨副,应采取耐磨措施。

4.4.5 焊接件的质量应符合 GB/T 23570 的规定。重要焊接构件应进行探伤检查,不应有裂纹。

4.5 装配质量

4.5.1 机床的装配质量应符合 GB/T 25373 的规定。

4.5.2 由设计规定的重要固定结合面应紧密贴合,紧固后用 0.04 mm 塞尺检验时均不应插入。允许局部(1 处～2 处)插入深度:宽度上不超过 5 mm,长度上不超过结合面的 1/5,但不大于 100 mm 则按 1 处计。

4.5.3 导轨副应按"滚(滑)动导轨"的技术要求考核。

4.5.4 滚(滑)动导轨表面除用涂色法检验外,还应用 0.06 mm 塞尺检验,塞尺在导轨、镶条、压板端部的滑动面间插入深度不应大于 25 mm。

4.5.5 采用机械加工方法加工的配合件的结合面用涂色法检验时,接触应均匀。接触指标不应低于表 1 的规定。

表 1 接触指标

滚(滑)动导轨		重要固定结合面	
接触指标 %			
全长上	全宽上	全长上	全宽上
75	60	65	40

4.5.6 多段拼接镶钢和滚动导轨的结合处应留 0.02 mm～0.04 mm 的缝隙。结合处导轨面的错位量应符合 GB/T 25373 的规定。

4.5.7 滚动导轨安装的基面应符合设计文件的规定。组装后运动应轻便、灵活,无阻滞现象。

4.5.8 各运动坐标轴安装的滚珠丝杠副及齿轮、齿条传动机构,组装后应进行多次运转,其精度允许公差应符合 5.3.1、5.3.2 的规定。

4.5.9 按 GB/T 25374 规定检验机床总装后的清洁度。主轴箱、液压箱内部清洁度按重量法抽检，其单位体积中的脏物重量：主轴箱不应超过 400 mg；液压箱不应超过 100 mg。其他部件用目测法、手感法进行检查，不应有脏物。

4.5.10 机床电气系统应符合 GB 5226.1 的规定。

4.5.11 机床数控操作指示形象化符号应符合 GB/T 3168 的规定，面板上的数字刻字及表征功能的文字符号和标志，应清晰端正。

4.5.12 气动系统应密封良好，无泄露，并应符合 GB/T 7932 有关规定。

4.6 外观质量

4.6.1 机床外观表面不应有图样未规定的凸起、凹陷、粗糙不平和其他损伤。

4.6.2 机床的防护罩应平整、匀称，除设计允许外不应有明显的错位。错位量和错位不匀称量应符合表 2 的规定。

机床的电气柜、电气箱等的门、盖周边与其相关件的缝隙应均匀，缝隙不均匀值不大于表 2 的规定。

表 2 缝隙不均匀值

单位为毫米

结合面边缘及门、盖边长尺寸	≤500	>500～1 250	>1 250～3 150	>3 150
错位量	1.5	2	3	4
错位不匀称量	1	1	1.5	2
贴合缝隙值	1	1.5	2	—
缝隙不均匀值	1	1.5	2	—

注 1：当配合边缘及门、盖边长尺寸的长、宽不一致时，按长边尺寸确定允许值。

注 2：错位不匀称量指外露结合面边缘同一边或对应边最大错位量与最小错位量之差值。

注 3：缝隙不均匀值指门、盖间对开缝或其相对机床本体间最大缝隙值与最小缝隙值之差值。

4.6.3 电气、液压、润滑和冷却等管道的外露部分应布置紧凑、排列整齐，并不应产生扭曲、折叠等现象。

4.6.4 机床零件未加工的表面应涂漆。涂漆应牢固、平整、光滑、色泽一致，不应有影响美观的缺陷。涂漆应符合有关标准和技术文件的规定。

4.6.5 机床上的各种标牌应清晰、耐久。产品铭牌宜固定在机床的明显位置，并应平整牢固、不歪斜。

4.7 安全卫生

4.7.1 机床电气系统得安全应符合 GB 5226.1 有关的规定。

4.7.2 机床的安全防护除应符合 GB 15760 的有关规定外，还应符合下列要求：

a) 拉刀机构及其他重要机构如采用碟形弹簧，在组装后应按设计要求进行工作压力试验；

b) 机床的变速、换向、停止和锁紧机构应安全可靠；

c) 直线运动轴线上的运动部件应有限位和防止碰撞的安全装置。

4.7.3 按 GB/T 16769—2008 的规定测量整机的噪声，机床在空运转条件下噪声声压级不应超过 83 dB(A)。

4.7.4 机头应有可靠、牢固的安全防护装置。

4.7.5　锯片应有防松装置、锯片运转应平稳。

4.7.6　机床安全标志应清晰、耐久，符合 GB 2894 的规定。

4.7.7　应设置切屑收集装置。

5　检验与验收

5.1　一般要求

5.1.1　机床检验时，应注意防止气流振动、光线和热辐射的干扰。

5.1.2　检验与验收前，按照制造厂的使用说明书调平机床，并应符合安装要求。

5.1.3　检验过程中，不应调整影响机床精度和性能的机构和零件。

5.1.4　检验原则上是在制造完毕的成品上进行，特殊情况下可按制造厂的使用说明书拆卸某些零、部件。

5.1.5　机床检验的工作环境：电压应符合 GB 5226.1 的规定，稳定电压值为 0.9 倍～1.1 倍额定电压。

5.1.6　气源压力：0.5 MPa～0.8 MPa，环境温度：0 ℃～40 ℃。

5.1.7　机床的数控系统应稳定可靠。

5.1.8　机床由于结构上的限制或不具备规定的测试工具时，可用与标准有同等效果的方法代替。

5.2　机床的空运转试验

5.2.1　运转试验

5.2.1.1　机床空运转试验时，机床的主运动机构应从最低速度起依次运转，每级速度的运转时间不应少于 2 min。无级变速，可作低、中、高速运转。在高速运转时，时间不应少于 1 h，使主轴轴承达到稳定温度，并在靠近主轴定心轴承处测量温度和温升，其温度不应超过 60 ℃，温升不应超过 30 ℃。在各级速度运转时运转应平稳，工作机构应正常、可靠。

5.2.1.2　对直线坐标、回转坐标上的运动部件，分别用低、中、高进给速度和快速进行空运转试验，其运动应平稳、可靠，高速无振动，低速无明显爬行现象。

5.2.1.3　在空运转条件下，无级传动的主轴转速和进给量的实际偏差，不应超过标牌指示值的±10%。

5.2.1.4　机床主传动系统的空运转功率(不包括主电动机空载功率)不应超过设计文件的规定。

5.2.2　机床功能试验

5.2.2.1　手动功能试验

用手动或数控手动方式操作机床各部位进行试验。

5.2.2.1.1　对主轴连续进行不少于 5 次的锁刀、松刀和吹气的动作试验，动作应灵活、可靠、准确。

5.2.2.1.2　用中速连续对主轴进行 10 次的正、反转的起动、停止，动作应灵活、可靠。

5.2.2.1.3　无级变速的主轴至少应在低、中、高的转速范围内作试验，动作应灵活、可靠。

5.2.2.1.4　对各直线坐标、回转坐标上的运动部件，用中等进给速度连续进行各 10 次的正向、负向的起动、停止的操作试验，并选择适当的增量进给进行正向、负向的操作试验，动作应灵活、可靠、准确。

5.2.2.1.5　对进给系统在低、中、高进给速度和快速范围内，进行不少于 10 种的变速操作试验，动作应灵活、可靠。

5.2.2.1.6　对分度回转装置或数控回转装置连续进行 10 次的分度、定位试验，动作应灵活、可靠、准确。

5.2.2.1.7 对刀库、机械手以任选方式进行换刀试验。刀库上刀具配置应包括设计规定的最大重量、最大长度和最大直径的刀具；换刀动作应灵活、可靠、准确；机械手的承载重量和换刀时间应符合设计规定。

5.2.2.1.8 对机床数字控制的各种指示灯、控制按钮、数据输出输入设备和风扇等进行空运转试验，动作应灵活、可靠。

5.2.2.1.9 对机床的安全、保险、防护装置以及电气系统的控制、联锁、保护功能进行试验，功能应可靠，动作应灵活、准确。

5.2.2.1.10 对机床的液压、气动、润滑、冷却系统进行试验，应密封可靠，冷却充分，润滑良好，动作灵活、可靠；各系统不应渗漏。

5.2.2.1.11 对机床的各附属装置进行试验，工作应灵活、可靠。

5.2.2.2 数控功能试验

用数控程序操作机床各部位进行试验。

5.2.2.2.1 用中速连续对主轴进行10次的正、反转起动、停止(包括制动)和定向的操作试验，动作应灵活、可靠。

5.2.2.2.2 无级变速的主轴至少在低、中、高转速范围内，进行变速操作试验，动作应灵活、可靠。

5.2.2.2.3 对各直线坐标、回转坐标上的运动部件，用中等进给速度连续进行正、负向的起动、停止和增量进给方式的操作试验，动作应灵活、可靠、准确。

5.2.2.2.4 对进给系统至少进行低、中、高进给速度和快速的变速操作试验，动作应灵活、可靠。

5.2.2.2.5 对分度回转装置或数控回转装置连续进行10次的分度、定位试验，动作应灵活，运转应平稳、可靠、准确。

5.2.2.2.6 对刀库总容量中包括最大重量刀具在内的每把刀具，以任选方式进行不少于3次的自动换刀试验，动作应灵活、可靠。

5.2.2.2.7 对机床所具备的坐标联动、坐标选择、机械锁定、定位、直线及圆弧等各种插补，螺距、间隙、刀具等各种补偿，程序的暂停、急停等各种指令，有关部件、刀具的夹紧、松开以及液压、冷却、气动、润滑系统的起动、停止等数控功能逐一进行试验，其功能应可靠，动作应灵活、准确。

5.2.3 电气系统的检验

机床电气系统应符合GB 5226.1的有关规定，检查其工作性能是否符合要求。

5.2.4 数控系统的检验

机床数控系统与主机联接后是否可靠、稳定。

5.2.5 液压、气动、冷却和润滑系统的检验

液压、气动、冷却和润滑系统应符合4.3的规定。

5.2.6 机床的连续空运转试验

5.2.6.1 连续空运转试验应在完成5.2.2.1和5.2.2.2试验之后，精度检验之前进行。

5.2.6.2 连续空运转试验应用包括机床各种主要功能在内的数控程序，操作机床各部件进行连续空运转。时间应不少于48 h。

5.2.6.3 连续空运转的整个过程中，机床运转应正常、平稳、可靠，不应发生故障，否则应重新进行

运转。

5.2.6.4 连续空运转程序中应包括下列内容：

a) 主轴速度应包括低、中、高在内的5种以上正转、反转、停止和定位。其中高速运转时间一般不少于每个循环程序所用时间的10%；

b) 进给速度应把各坐标上的运动部件包括低、中、高速度和快速的正向、负向组合在一起，在接近全过程范围内运行。并可选任意点进行定位。运行中不允许使用倍率开关，高速进给和快速运行时间不少于每个循环程序所用时间的10%；

c) 刀库中各刀位上的刀具不少于2次的自动交换；

d) 刀库回转装置或数控回转装置的自动分度、定位不少于2个循环；

e) 各联动坐标的联动运行；

f) 各循环程序间的暂停时间不应超过0.5 min。

5.3 机床的精度检验

5.3.1 几何精度检验

5.3.1.1 本标准中所有线性尺寸均用毫米(mm)表示：角度偏差主要用比值表示，在有些情况下为了清晰，也用微弧度(μrad)和秒(″)为单位表示。其换算关系按下式：

$$0.01/1\,000 = 10 \times 10^{6} = 10\ \mu rad \approx 2''$$

5.3.1.2 使用本标准时应参照GB/T 17421.1—1998，尤其是在机床检验前的安装、主轴和其他运动部件的空运转升温、测量方法和检验工具的推荐精度。

5.3.1.3 本标准所给出的检验项目的顺序并不表示实际检验顺序。为了装拆检验工具和检验方便起见，可按任意次序进行检验。

5.3.1.4 检验机床时，根据结构特点并不是必须检验本标准中的所有项目。为了验收目的而要求检验时，可由用户取得制造厂同意选择一些感兴趣的检验项目，但这些检验项目必须在机床订货时明确提出。

5.3.1.5 机床的几何精度按下列各表的规定检验。表中所列检验工具应符合标准要求。在保证检验结果可靠的前提下，允许采用等效检验方法和工具。指示器应具有0.001 mm的分辨率。

5.3.1.6 线性运动的直线度

检验项目	G1
X 轴线运动的直线度： a) 在 ZX 垂直平面内； b) 在 XY 水平平面内。	

简图

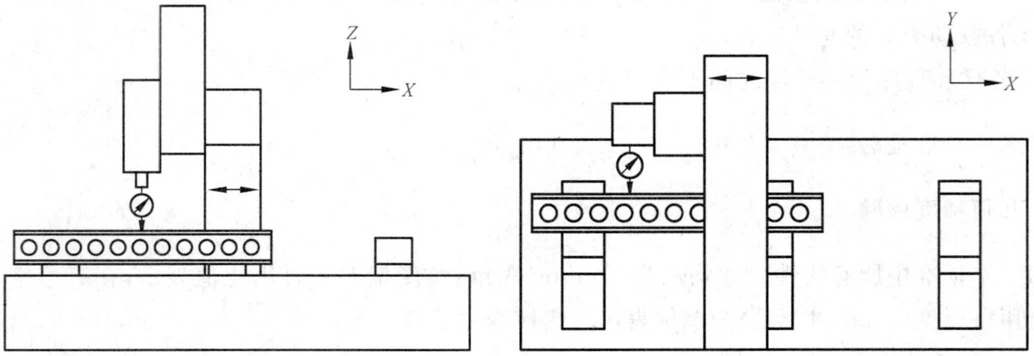

a)　　b)

公差

a)和 b)

$X \leqslant 500$	0.03
$500 < X \leqslant 2\ 000$	0.06
$2\ 000 < X \leqslant 4\ 000$	0.15
$4\ 000 < X \leqslant 6\ 000$	0.20

局部公差：在任意 300 测量长度上为 0.025

检验工具

a) 平尺、指示器或光学方法；

b) 平尺、指示器或钢丝和显微镜或光学方法。

检验方法

按 GB/T 17421.1—1998 中的 5.2.1.1；5.2.3；5.2.3.1.2；5.2.3.2.1 和 5.2.3.3.1

平尺或钢丝或直线度反射器都应置于夹具下定位面上，如主轴能锁紧，则指示器或显微镜或干涉仪可装在主轴上，否则检验工具应装在机床的主轴滑座或立柱上。

测量位置应尽可能靠近夹具下定位面的中央。

检验项目 G2

Y 轴线运动的直线度：

a) 在 *YZ* 垂直平面内；

b) 在 *XY* 水平平面内。

简图

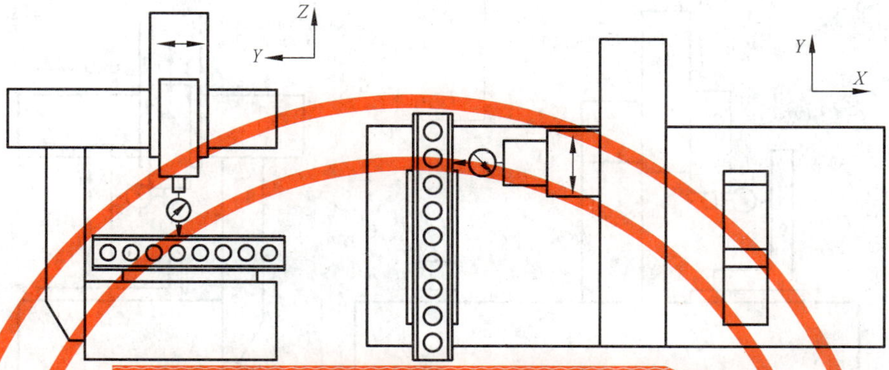

a) b)

公差

a)和 b)

$Y \leqslant 500$	0.03
$500 < Y \leqslant 1\,000$	0.06
$1\,000 < Y \leqslant 2\,000$	0.08

局部公差：在任意 300 测量长度上为 0.02

检验工具

a) 平尺、指示器或光学方法；

b) 平尺、指示器或钢丝、显微镜或光学方法。

检验方法

按 GB/T 17421.1—1998 中的 5.2.1.1；5.2.3；5.2.3.1.2；5.2.3.2.1 和 5.2.3.3.1

平尺或钢丝或直线度反射器都应置于夹具下定位面上，如主轴能锁紧，则指示器或显微镜或干涉仪可装在主轴上，否则检验工具应装在机床的主轴的滑座或立柱上。

测量位置应尽可能靠近夹具下定位面的中央。

检验项目 G3

Z 轴线运动的直线度：

a） 在 *ZX* 垂直平面内；

b） 在 *YZ* 垂直平面内。

简图

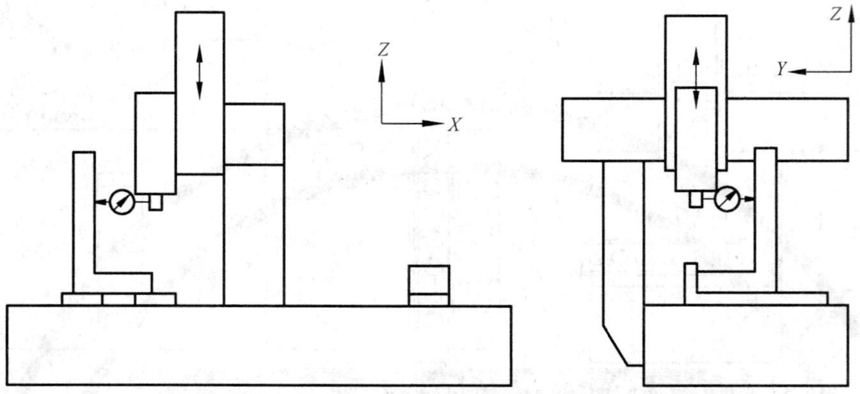

a）　　　　b）

公差

a)和 b)

$Z \leqslant 500$	0.03
$500 < Z \leqslant 1\ 000$	0.06
$1\ 000 < Z \leqslant 2\ 000$	0.08

局部公差：在任意 300 测量长度上为 0.02

检验工具

精密水平仪或角尺、指示器或钢丝、显微镜或光学方法。

检验方法

按 GB/T 17421.1—1998 中的 5.2.1.1；5.2.3；5.2.3.1.2；5.2.3.2.1 和 5.2.3.3.1

角尺或钢丝或直线度反射器都应置于夹具下定位面中央，如主轴能锁紧，则指示器或显微镜或干涉仪可装在主轴上，否则检验工具应装在机床的主轴的滑座或立柱上。

5.3.1.7 线性运动的角度偏差

检验项目 G4

X 轴线运动的角度偏差：

a) 在平行于移动方向的 *ZX* 垂直平面内(俯仰)；

b) 在 *XY* 水平面内(偏摆)；

c) 在垂直于移动方向的 *YZ* 垂直平面内(倾斜)。

简图

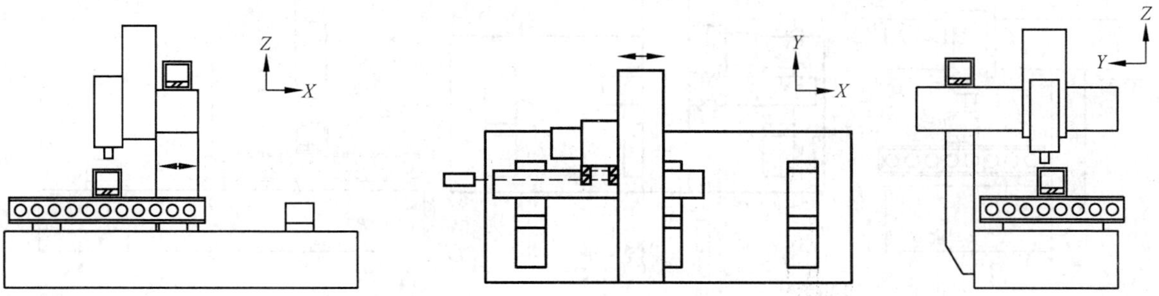

a)　　　　b)　　　　c)

公差

a)、b)和 c)

0.10/1 000(或 100 μrad 或 20″)

检验工具

a) 精密水平仪或光学角度偏差测量工具；

b) 光学角度偏差测量工具；

c) 精密水平仪。

检验方法

按 GB/T 17421.1—1998 中的 5.2.3.1.3;5.2.3.2.2;5.2.3.3.2

检验工具应置于运动部件上(主轴的滑座)：

a) (俯仰)纵向；

b) (偏摆)水平；

c) (倾斜)横向。

在这种情况下，使用精密水平仪测量时，基准水平仪应置于机床的非运动部件(工件夹具下定位面)并能被测量的位置上。

应沿行程在等距离的五个位置上进行检验，在每个位置的两个运动方向测取读数，最大与最小读数的差值应不超过允许公差。

G5

检验项目

Y 轴线运动的角度偏差：

a) 在平行于移动方向的 *YZ* 垂直平面内(俯仰)；

b) 在 *XY* 水平面内(偏摆)；

c) 在垂直于移动方向的 *ZX* 垂直平面内(倾斜)。

简图

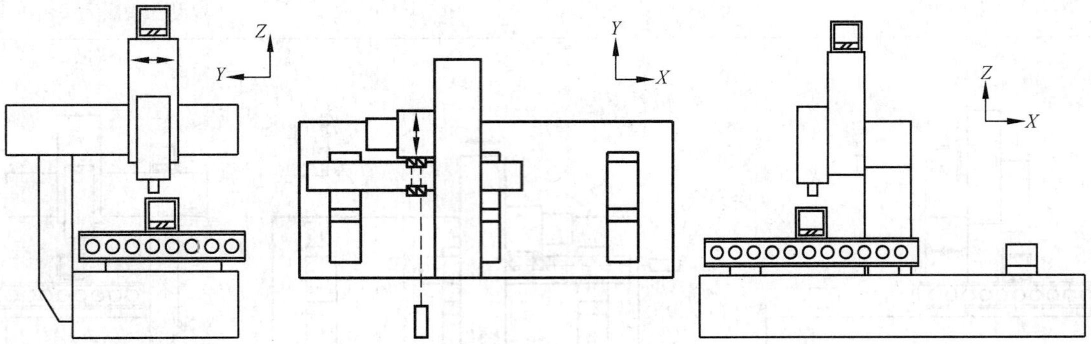

a)　　b)　　c)

公差

a)、b)和 c)

0.10/1 000(或 100 μrad 或 20″)

检验工具

a) 精密水平仪或光学角度偏差测量工具；

b) 光学角度偏差测量工具；

c) 精密水平仪。

检验方法

按 GB/T 17421.1—1998 中的 5.2.3.1.3;5.2.3.2.2;5.2.3.3.2

检验工具应置于运动部件上(主轴的滑座)：

a) (俯仰)纵向；

b) (偏摆)水平；

c) (倾斜)横向。

在这种情况下，使用精密水平仪测量时，基准水平仪应置于机床的非运动部件(工件夹具下定位面)并能被测量的位置上。

应沿行程在等距离的五个位置上进行检验，在每个位置的两个运动方向测取读数，最大与最小读数的差值应不超过允许公差。

检验项目	G6

检验项目

Z 轴线运动的角度偏差：

a) 在平行于 *Y* 轴线的 *YZ* 垂直平面内；

b) 在平行于 *X* 轴线 *ZX* 垂直平面内。

简图

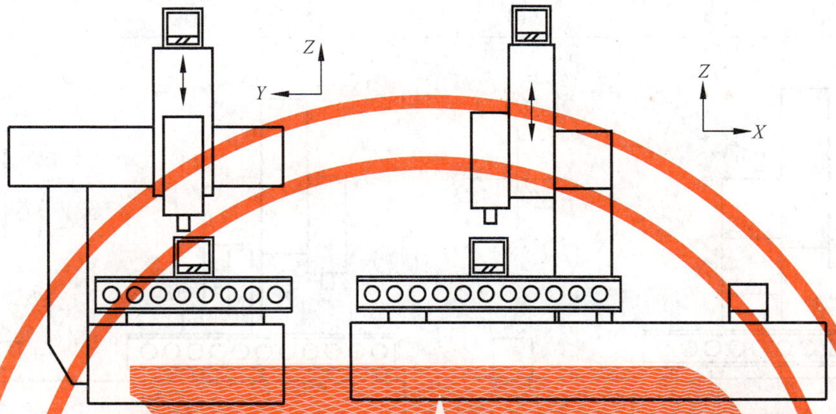

公差

a)和 b)

0.10/1 000

（或 100 μrad 或 20″）

检验工具

精密水平仪或光学角度偏差测量工具

检验方法

按 GB/T 17421.1—1998 中的 5.2.3.1.3;5.2.3.2.2;5.2.3.3.2

应沿行程在等距离的五个位置上进行检验，在每个位置的两个运动方向测取读数，最大与最小读数的差值应不超过允许公差。检验工具置于运动部件上(主轴的滑座)：

a) *Y*′方向的角度偏差；

b) *X*′方向的角度偏差。

对于 a)和 b)情况下，使用精密水平仪进行测量时，基准水平仪应置于机床的非运动部件(工件夹具下定位面)并能被测量的位置。

5.3.1.8 线性运动间的垂直度

检验项目 G7

Z 轴线运动和 X 轴线运动间的垂直度

简图

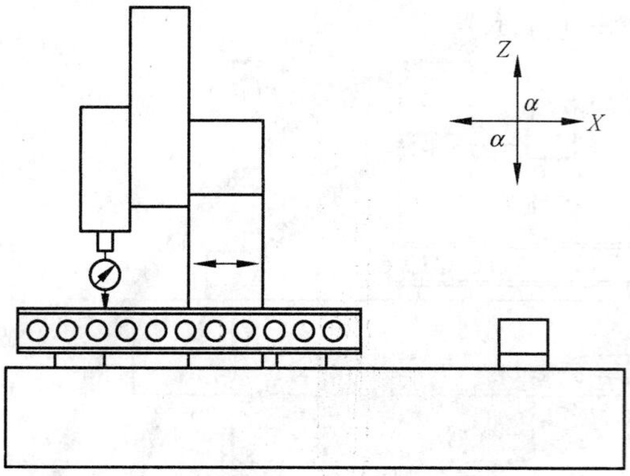

步骤 1)

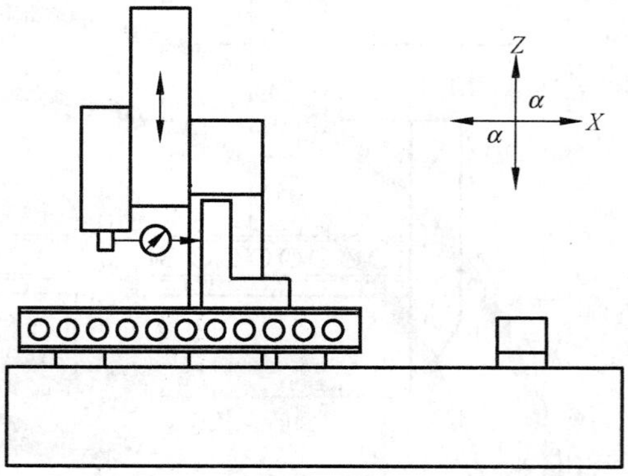

步骤 2)

公差

0.05/500

检验工具

平尺或平板、角尺、指示器

检验方法

按 GB/T 17421.1—1998 中的 5.5.2.2.4

步骤 1)平尺或平板应平行于 X 轴线放置。

步骤 2)应通过直立在平尺或平板上的角尺检查 Z 轴线。

也可以不用平尺来进行本检验，将角尺的一边对准一条轴线，在角尺的另一边上检查第二条轴线。

如主轴能锁紧，则指示器可装在主轴上，否则指示器应装在机床的主轴箱上。

应记录角度 α 的值(小于、等于或大于 90°)，用于参考和可能进行的修正。

检验项目	G8
Z 轴线运动和 *Y* 轴线运动间的垂直度	

简图

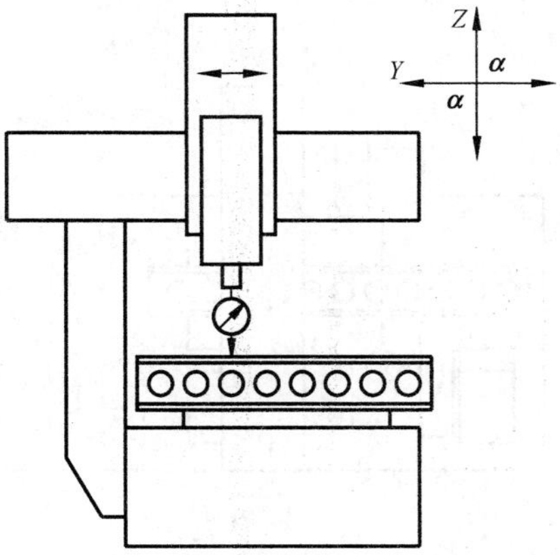

步骤 1)

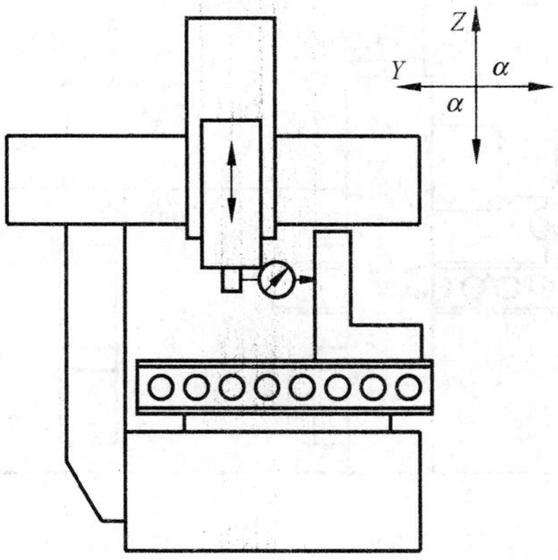

步骤 2)

公差

0.05/500

检验工具

平尺或平板、角尺、指示器

检验方法

按 GB/T 17421.1—1998 中的 5.5.2.2.4

步骤 1)平尺或平板应平行于 *Y* 轴线放置。

步骤 2)应通过直立在平尺或平板上的角尺检查 *Z* 轴线。

也可以不用平尺来进行本检验,将角尺的一边对准一条轴线,在角尺的另一边上检查第二条轴线。

如主轴能锁紧,则指示器可装在主轴上,否则指示器应装在机床的主轴的滑座上。

应记录角度 α 的值(小于、等于或大于 90°),用于参考和可能进行的修正。

检验项目	G9
Y 轴线运动和 *X* 轴线运动间的垂直度	

简图

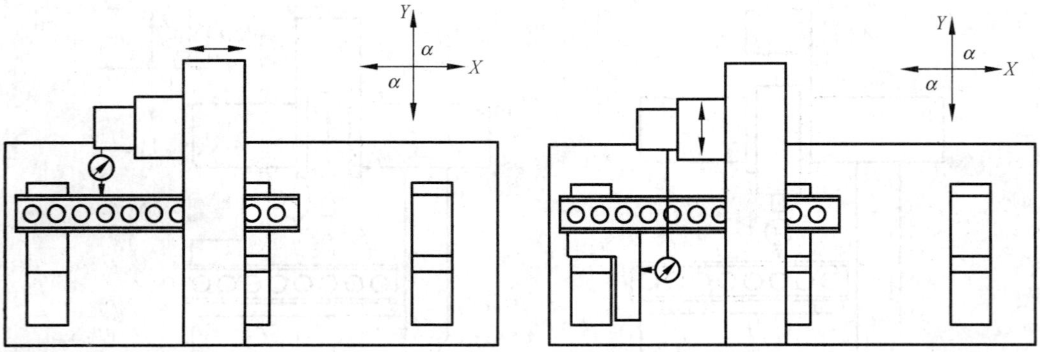

步骤 1)　　　　步骤 2)

公差

0.05/500

检验工具

平尺或平板、角尺、指示器

检验方法

按 GB/T 17421.1—1998 中的 5.5.2.2.4

步骤 1)平尺或平板应平行于 *X* 轴线(或 *Y* 轴线)放置。

步骤 2)应通过放置在夹具下定位面上并一边紧靠平尺的角尺检验 *Y* 轴线(或 *X* 轴线)。

也可以不用平尺来进行本检验,将角尺的一边对准一条轴线,在角尺的另一边上检查第二条轴线。

如主轴能锁紧,则指示器可装在主轴上,否则指示器应装在机床的主轴的滑座上。

应记录角度 α 的值(小于、等于或大于 90°),用于参考和可能进行的修正。

5.3.1.9 主轴

检验项目 a） 主轴的周期性轴向窜动； b） 主轴端面跳动。	G10
简图 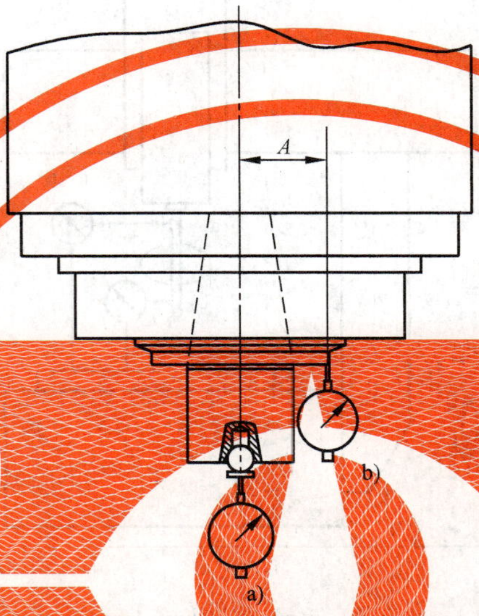	
公差 a） 0.005 b） 0.006	
检验工具 指示器	
检验方法 按 GB/T 17421.1—1998 中的 5.6.2.2.1；5.6.2.2.2；5.6.3.1 和 5.6.3.2 应在机床的所有工作主轴上进行检验。 当使用非预加负荷轴承时，应施加轴向力。 检验 b）时，A 的距离应尽可能大。	

检验项目 G11

主轴锥孔的径向跳动：

a） 靠近主轴端部；

b） 距主轴端部 300 mm 处。

简图

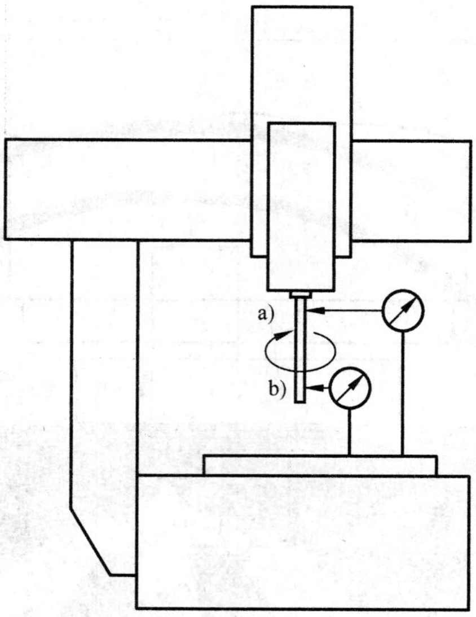

公差

a） 0.01

b） 0.03

检验工具

检验棒、指示器

检验方法

按 GB/T 17421.1—1998 中的 5.6.1.2.3

应在机床的所有工作主轴上进行检验。

根据 GB/T 17421.1—1998 中 5.6.1.1.4 的注，应至少旋转两整圈进行检验。

检验项目

G12

主轴轴线和 Z 轴线运动间的平行度：

a） 在平行于 Y 轴线的 YZ 垂直平面内；

b） 在平行于 X 轴线的 ZX 垂直平面内。

简图

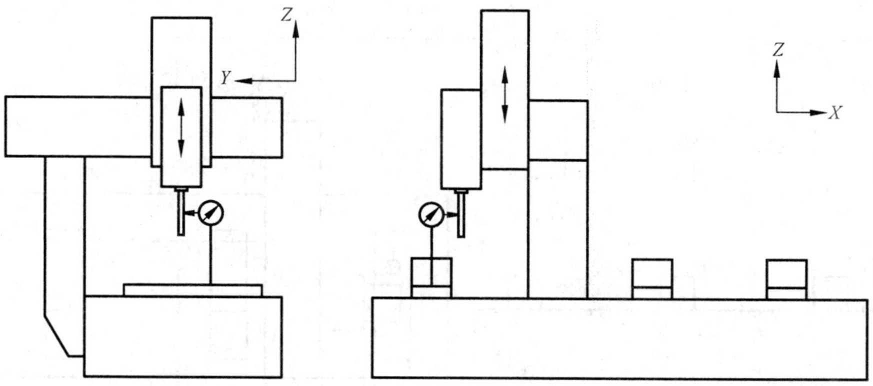

a）　　b）

公差

a）和 b）

b） 在 300 测量长度上为 0.03

检验工具

检验棒、指示器

检验方法

按 GB/T 17421.1—1998 中的 5.4.1.2.1 和 5.4.2.2.3

X 轴线置于行程的中间位置。

a） 如果可能，Y 轴线锁紧；

b） 如果可能，X 轴线锁紧。

5.3.1.10 夹具及定位板

检验项目 G13

a) 夹具下定位面和 X 轴线运动间的平行度

b) 夹具横向定位面和 X 轴线运动间的平行度

简图

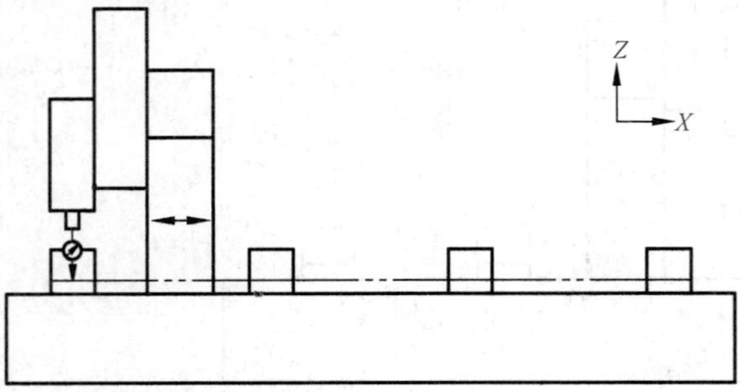

a)

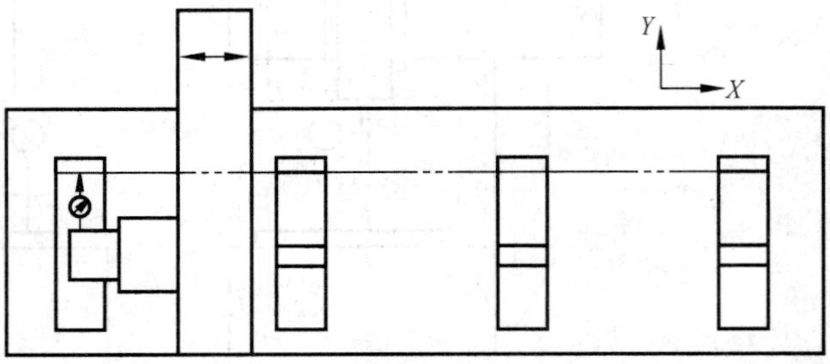

b)

公差

多个夹具(下定位面的平行度公差)0.20

单个夹具(下定位面的平行度公差)0.05

检验工具

平尺、量块、指示器

检验方法

按 GB/T 17421.1—1998 中的 5.4.2.2.1 和 5.4.2.2.2

如果可能,Y 轴线和 Z 轴线锁紧。

指示器测头近似地置于刀具的工作位置,可在平行于夹具下定位面放置的平尺上进行测量。

如主轴能锁紧,则指示器可装在主轴上,否则指示器应装在机床的主轴的滑座上。

检查多个夹具时,夹具应在沿 X 轴轴线方向,在其移动范围内不少于 3 个点进行检验。

检验项目	G14
a) 夹具下定位面和 *Y* 轴轴线运动间的平行度 b) 夹具纵向定位面和 *Y* 轴轴线运动间的平行度 c) 夹具纵向定位面和 *Z* 轴轴线运动间的平行度	

简图

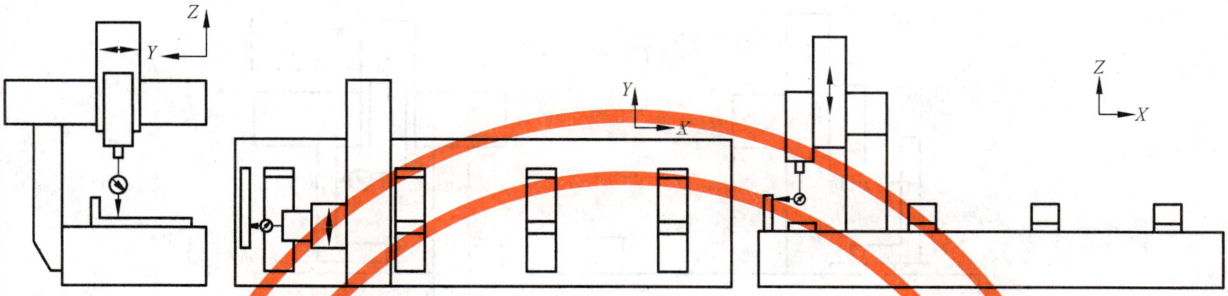

a) b) c)

公差

a) 单个夹具(下定位面的平行度公差)0.05

多个夹具(下定位面的平行度公差)0.10

b)和 c) 夹具纵向定位面的平行度公差 0.10

检验工具

平尺、量块、指示器

检验方法

按 GB/T 17421.1—1998 中的 5.4.2.2.1 和 5.4.2.2.2

a)和 b) 如果可能,*Z* 轴轴线锁紧;

c) 如果可能,*Y* 轴轴线锁紧。

指示器测头近似地置于刀具的工作位置,可在平行于夹具下定位面放置的平尺上进行测量。

如主轴能锁紧,则指示器可装在主轴上,否则指示器应装在机床的主轴的滑座上。

检查多个夹具时,夹具应在沿 *X* 轴轴线方向,在其移动范围内不少于 3 个点进行检验。

检验项目 G15

夹具下定位面和 Z 轴轴线运动间的垂直度：

a) 在平行于 X 轴轴线的 Z—X 垂直平面内；

b) 在平行于 Y 轴轴线的 Y—Z 垂直平面内。

简图

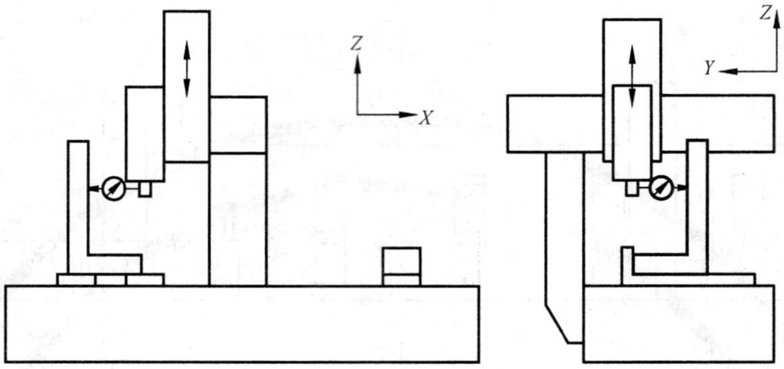

a) b)

公差

a)和 b)

0.05/300

检验工具

平尺、角尺或圆柱形角尺和指示器

检验方法

按 GB/T 17421.1—1998 中的 5.5.2.2.2

a) 如果可能，X 轴轴线锁紧；

b) 如果可能，Y 轴轴线锁紧。

角尺或圆柱形角尺置于夹具下定位面中央如主轴能锁紧，则指示器可装在主轴上，否则检验工具应装在机床安装主轴的滑座或竖梁上。

检验项目	G16

检验项目

a） 夹具纵向定位面和夹具下定位面间的垂直度

b） 夹具横向定位面和夹具下定位面间的垂直度

简图

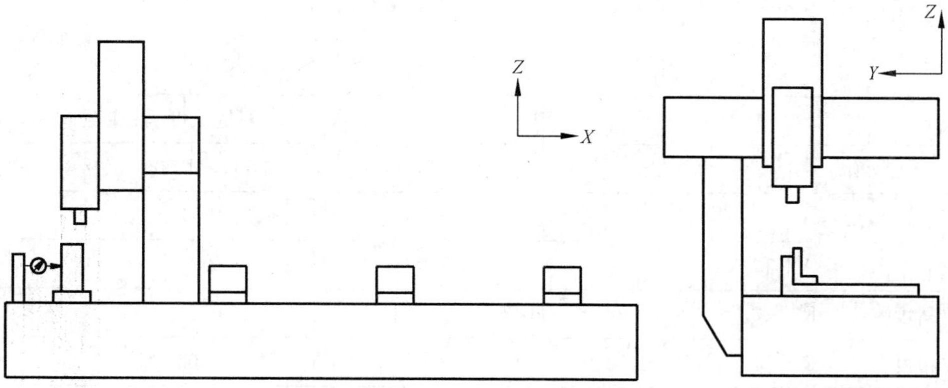

a） b）

公差

a） 0.08

b） 0.05

检验工具

塞尺或指示器、角尺或圆柱形角尺

检验方法

按 GB/T 17421.1—1998 中的 5.5.1.2.2

a） 夹具锁紧；

若用圆柱形角尺需旋转 180°重新测量，取两次测得的读数平均值。

5.3.2 定位精度和重复定位精度检验

5.3.2.1 线性轴线的定位

检验项目 P1

线性轴线的定位精度和重复定位精度

公差		测量长度(轴线至 2 000 mm)		
项　　目		≤500	500～1 000	1 000～2 000
双向定位精度	A	0.08	0.12	0.18
单向定位精度	A↑和A↓	0.06	0.10	0.14
双向重复定位精度	R	0.04	0.06	0.08
单向重复定位精度	R↑和R↓	0.03	0.05	0.06
轴线反向差值	B	0.03	0.05	0.06
平均反向差值	$\overline{B}$	0.03	0.04	0.05
双向定位系统偏差	E	0.07	0.10	0.15
单向定位系统偏差	E↑和E↓	0.04	0.06	0.08
轴线双向平均位置偏差	M	0.05	0.06	0.09
轴线大于 2 000 mm				
轴线双向定位系统偏差	E	0.15+(测量长度每增加 1 000,公差增加 0.06)		
轴线双向平均位置偏差	M	0.09+(测量长度每增加 1 000,公差增加 0.03)		
轴线反向差值	B	0.05+(测量长度每增加 1 000,公差增加 0.02)		

检验工具

激光干涉仪或具有类似精度的其他测量系统(线性标尺)

检验方法 (按 GB/T 17421.1—1998 中的 A10;GB/T 17421.2—2000 中的 4.3.2)

在检验过程中,三个基本线性轴线中的非检验轴线的运动部件,应尽可能置于其工作形成的中间位置,否则应置于影响测量偏差最小的位置处。

检验程序结果的表达应符合 GB/T 17421.2—2000 中第 4 章、第 5 章和第 7 章的有关规定。

5.3.2.2 回转轴线的定位

检验项目 P2

回转轴线的定位精度和重复定位精度(行程至 180°)

公差

项	目	
双向定位精度	A	1′12″
单向定位精度	A↑和 A↓	57″
双向重复定位精度	R	43″
单向重复定位精度	R↑和 R↓	22″
轴线反向差值	B	36″
平均反向差值	$\overline{B}$	29″
双向定位系统偏差	E	57″
单向定位系统偏差	E↑和 E↓	36″
轴线双向平均位置偏差	M	36″

检验工具

带分度工作台的激光角度干涉仪、带多角棱镜的自准直仪或具有类似精度的其他测量系统

检验方法 (按 GB/T 17421.1—1998 中的 A10;GB/T 17421.2—2000 中的 4.3.4)

当使用分度工作台时,使其回转轴线平行并靠近被检回转轴线。

检验程序结果的表达应符合 GB/T 17421.2—2000 中第 4 章、第 5 章和第 7 章的有关规定。

5.3.3 工作精度检验

5.3.3.1 做最大允许长度件加工的试验

完成标准试件加工试验(见图 2)。

5.3.3.2 标准试件型式、规格和标志

在本标准中提供了三种型式,可将工作精度检验的三种型式集中加工在两个规格的试件上。

试件的型式、规格和标志见表 3 及图 2。

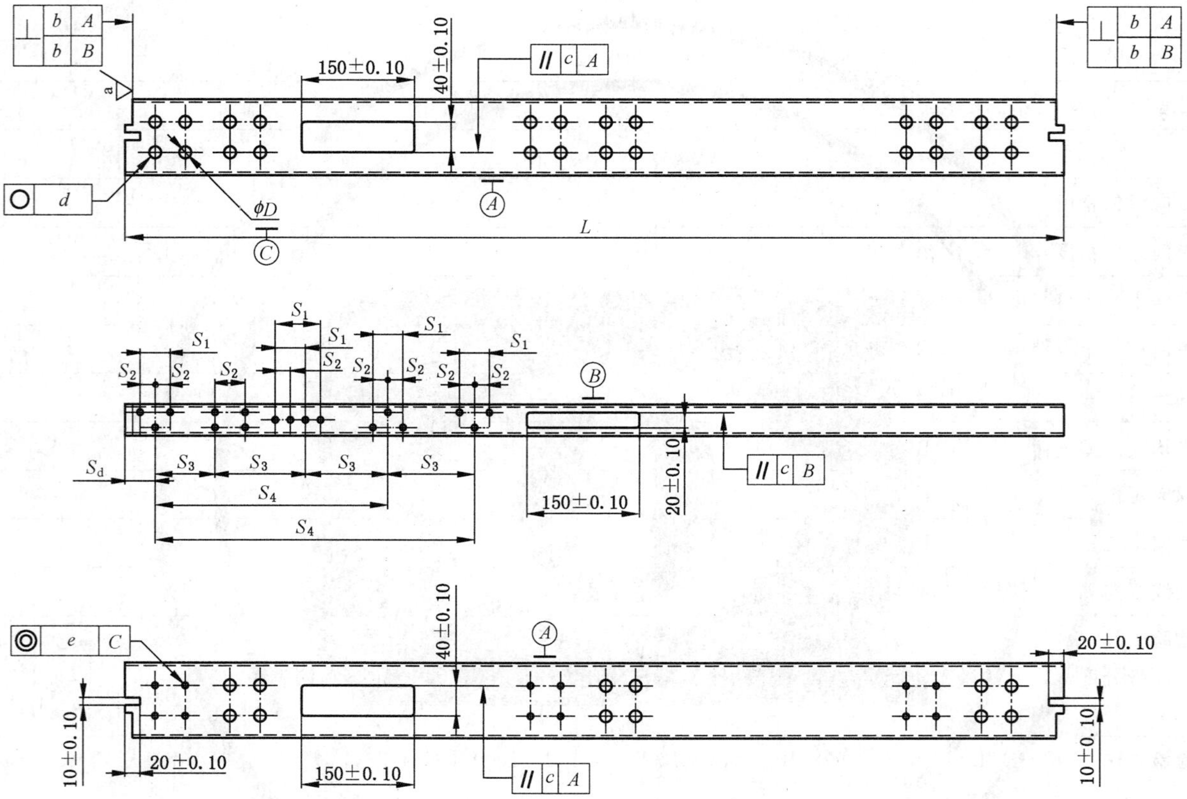

图 2 标准试件加工试验图

表 3 试件的型式、规格和标志

型式	规格/mm	标志
铣端面试件	2 500 5 000	见图 2
铣槽试件		
钻孔精度试件		

原则上在验收时按照加工型式仅加工一件。在特殊要求的情况下,例如机床性能的统计评定,按制造厂和用户间的协议确定加工试件的数量。

5.3.3.3 试件的要求

5.3.3.3.1 试件的材料

试件材料符合相关的标准要求。材质为铝合金 6061 或 6063，壁厚为 3 mm 的铝合金型材。不经过预加工。

5.3.3.3.2 试件的固定

试件应固定在夹具定位面上，分别靠紧三个定位面上，夹具装卡牢固，尽量靠近被加工的位置，分布合理，避免造成加工过程中刀具与夹具定位面和各定位面的干涉。

5.3.3.3.3 试件的刀具和切削参数

推荐的刀具：专用铝合金加工刀具（铝合金型材加工用单螺旋刃棒铣刀）

推荐切削参数：

切削速度：200 m/min～250 m/min；

进给速度：约为 5 m/min～10 m/min；

切削深度：铣削加工时，在径向切深为 0.2 mm。

5.3.3.3.4 试件工作精度要求

试件工作精度要求见表 4。

表 4 加工试件精度检验

序号	检验项目		允差≤	检验工具
1	铣端面	a) 被加工面的粗糙度 *a*	R_a6.3 μm	对比样块
		b) 加工面对下定位面的垂直度 *b*	0.1 mm	塞尺、角尺
2	铣削槽	c) 加工槽的尺寸公差	±0.1 mm	游标卡尺
		d) 加工槽对下定位面的平行度 *c*	0.1 mm	卡尺或百分表
		e) 插补铣削及钻孔的圆度 *d*	0.2 mm	卡尺
		f) 孔的同轴度 *e*	ϕ0.15 mm	卡尺、专用检具
3	钻孔精度试件	g) 同组内不相邻两孔距离 S1	±0.2 mm	卡尺、专用检具
		h) 同组内相邻两孔距离 S2	±0.15 mm	卡尺、专用检具
		i) 相邻两组孔距离 S3	±0.4 mm	卡尺、专用检具
		j) 不相邻两组孔距离 S4	±0.7 mm	卡尺、专用检具
		k) 端距和边距 Sd	±0.15 mm	卡尺、专用检具

5.3.3.3.5 记录的信息

按照本标准的要求，进行的检验应尽可能完整地将下列信息记录到检验报告中：

试件的材料和尺寸；

刀具的材料和尺寸；

切削速度；

进给速度；

切削深度(被加工件的壁厚)。

5.4 外观检验

按 4.6 的规定检验机床的外观质量。

6 检验规则

6.1 出厂检验

6.1.1 除空载噪声外,其余项目均应进行检验,检验合格后方可出厂。

6.1.2 出厂检验一般应包括以下内容:

a) 外观检验;

b) 参数检验(抽查);

c) 机床的空运转试验;

d) 机床的精度检验;

e) 其他。

6.2 型式试验

6.2.1 一般要求

应对机床要求的项目全部进行试验。

6.2.2 型式试验

有下列情况之一时,均按本标准进行型式试验:

a) 新产品试制或老产品转厂定型鉴定时;

b) 正式投产后,当结构、材料、工艺有较大改变,可能影响产品性能时;

c) 停产半年以上,恢复生产时;

d) 正常生产时,每半年应定期进行一次;

e) 质量监督部门提出进行型式试验要求时。

6.2.3 抽样方法与判定规则

6.2.3.1 抽样方法

在按出厂检验合格的产品中随机抽取一台(基数不少于 3 台)进行本标准规定的型式检验。

6.2.3.2 判定规则

经型式检验后,如出现不合格项时,允许再抽一台,对其进行全项目检验,仍出现不合格项时,则判该批产品为不合格。

7 标牌、随机技术文件、随机附件

7.1 标牌

产品标牌上的内容应正确并符合 GB/T 13306 的有关规定。内容包括:

a) 制造厂名称及商标;

b) 产品型号；

c) 产品名称；

d) 出厂编号及生产日期；

e) 产品执行标准编号。

7.2 随机技术文件

随机技术文件应包括使用说明书、合格证明书和装箱单。机床随机技术文件的编制方法宜符合 GB 9969、GB/T 23571 的规定。

7.3 随机附件

7.3.1 应随机供应下列附件和工具：

a) 垫铁 1套；

b) 专用调整工具 1套；

c) 通用调整工具 1套。

7.3.2 可按协议供应下列特殊附件：

a) 各种切削刀具；

b) 各种刀柄刀杆；

c) 拉钉；

d) 对刀仪；

e) 其他。

7.3.3 机床应备有保证基本性能的附件和工具。扩大机床使用性能的特殊夹具，根据用户要求按协议供应。附件和工具宜标有相应的标记或规格。

8 包装、运输、贮存

8.1 包装

8.1.1 包装质量应符合 JB/T 8356.1 的规定。

8.1.2 包装箱内应提供合格证书、使用说明书、编程说明书、装箱单及随机附件，并应放在可靠、适当的位置固定。

8.1.3 包装储运图示应醒目、清晰，符合 GB/T 191 的规定。

8.2 运输

产品在运输中固定可靠，应防止窜动和碰撞。

8.3 贮存

露天存放时，应采取防雨、防潮措施；库、室存放时，应保持室内通风、干燥，并避免腐蚀性气体侵害。

ICS 91.220
P 97

中华人民共和国国家标准

GB/T 28391—2012

建筑施工机械与设备　人力移动式液压动力站

Building construction machinery and equipment—Manually mobile hydraulic power units

2012-05-11 发布　　2012-10-01 实施

中华人民共和国国家质量监督检验检疫总局
中国国家标准化管理委员会　发布

前　言

本标准按照 GB/T 1.1—2009 给出的规则起草。

本标准根据人力移动式液压动力站的使用要求和研发、生产等情况以及国内现行相关标准的规定而制定的，其中的主要技术指标及其试验方法参照了美国 HTMA（液压工具制造协会）的相关技术文件。

本标准由中国机械工业联合会提出。

本标准由全国建筑施工机械与设备标准化技术委员会（SAC/TC 328）归口。

本标准起草单位：合肥英腾嘉科技发展有限责任公司、深圳市华测检测技术股份有限公司、北京建研机械科技有限公司。

本标准主要起草人：段胜杰、韦建军、李冰、陈文武、孙华山、蒋慧。

建筑施工机械与设备　人力移动式液压动力站

1　范围

本标准规定了人力移动式液压动力站(以下简称动力站)的范围、分类、要求、试验方法和检验规则。

本标准适用于以中小型发动机为动力源、通过手推或手拉来进行移动的液压动力站。该类液压动力站主要用于驱动手持式液压破碎镐等手持式液压施工工具(以下简称液压工具)。

注：爆炸性气体环境用的动力站,还应符合有关爆炸性气体环境用设备标准的规定。

2　规范性引用文件

下列文件对于本文件的应用是必不可少的。凡是注日期的引用文件,仅注日期的版本适用于本文件。凡是不注日期的引用文件,其最新版本(包括所有的修改单)适用于本文件。

GB/T 3766　液压系统通用技术条件

GB/T 8196　机械安全　防护装置　固定式和活动式防护装置设计与制造一般要求

GB/T 15706.1—2007　机械安全　基本概念与设计通则　第1部分:基本术语和方法

GB/T 15706.2—2007　机械安全　基本概念与设计通则　第2部分:技术原则

GB 16754　机械安全　急停　设计原则

GB/T 17299　土方机械　最小入口尺寸

GB/T 18153　机械安全　可接触表面温度　确定热表面温度限值的工效学数据

GB 23821　机械安全　防止上下肢触及危险区的安全距离

JG/T 83—1999　土方机械　护板与护罩的定义和技术要求

3　分类

3.1　型式

动力站的人力移动方式为手动推拉式。

动力站按其结构型式可分为整体式和拆分式;按其与液压工具之间的液压管路接口连接方式可分为快速接头连接式、螺纹连接式和法兰连接式。

3.2　主参数

动力站的主参数为发动机的额定功率和动力站的额定输出流量。制造商可以选择其中一个或两个主参数表示在自定义的型号代号中。

4　要求

4.1　通则

4.1.1　冷热表面和尖锐边角

在人员有可能接触的热或冷的表面,应按照JG/T 83—1999的4.8和GB/T 18153的要求配备防护装置。锐边尖角应符合 GB/T 15706.2—2007 的要求。

4.1.2 通风口

机械通风口和冷却口应按 GB 23821 的要求配备防护格栅或类似装置，防止手指或上肢触及运动件。

4.1.3 承受压力的软管、硬管和接头

硬管、软管和接头应能承受使用压力，软管应标上其额定工作压力。应符合 GB/T 3766 的相关要求。

4.1.4 材料

动力站所用的材料应对人员的安全和健康无害，并适用于预定的环境温度。制造商应在使用说明书中标明动力站的设计使用温度范围。

4.1.5 动力站的起吊点

应明确规定整机或部件的起吊点。起吊点应清楚标志。

4.1.6 动力站的人力移动

在坚硬平整的路面上，手拉移动动力站所需的力应不大于 350 N，手推所需的力应不大于 300 N。

手推或手拉杆手持处的离地高度应在 800 mm～1 000 mm 之间，或者可调整到前述的高度范围之内。

可调整的手推或手拉杆应有机械锁紧装置，用于在吊装和运输过程中将其锁住，或者制造商在使用说明书中说明可调整的手推或手拉杆的固定要求和方法。

4.1.7 维修部位的最小入口尺寸

应符合 GB/T 17299 的规定。

4.2 控制系统功能

4.2.1 通则

液压系统的控制功能应符合 GB/T 3766 的规定。

4.2.2 启动

动力站的主动力源只能通过人为操纵启动控制装置才能启动，并且无论何种原因停机，之后的重新启动也应如此。

应有安全防护装置以防止非正常的启动，如可锁闭的启动开关或可锁闭的电路开关。

4.2.3 停机

4.2.3.1 正常停机

动力站应设有停机装置以保证其能安全地完全停机。

4.2.3.2 紧急停机

如果动力站不配备紧急停机装置，则应在使用说明书中明确说明，并对由其驱动的液压工具的控制

方式等提出明确要求(如至少应是止一动式控制),否则动力站应配备紧急停机装置。紧急停机装置应能迅速地停止所有的危险运动。

4.2.3.3 动力中断

动力中断及中断后的重新启动应保证不发生危险,特别应符合下列要求:

——只能由操作者人为操作才可重新启动;

——若发出停机命令,动力站必须停机;

——机器的零部件或工具不会脱落或甩出;

——自动或手动停止运动部件的功能应有效;

——保护装置和防护措施应有效。

动力中断或液压系统的失压应保证不产生危险,且不得影响紧急停机装置的功能。

4.2.3.4 控制回路失效

控制回路失效或逻辑控制失效应不产生危险,并符合4.2.4的安全要求。

4.3 控制装置

4.3.1 通则

控制装置应根据相关标准明确标志,其摆放位置应能保证安全快速舒适地操作。

控制装置应保证其动作与效果一致。

4.3.2 紧急停机

紧急停机装置应符合GB 16754的要求,且应置于操作者容易触及的位置。

紧急停机装置动作后,应一直保持有效,直至人工重新设置为止。人工重新设置不应重新启动机器,而只能使机器通过正常启动程序重新启动。

4.3.3 验证

所有紧急停机和安全装置均应经过试验保证功能有效,并由制造商提供相应证书。

4.4 运动件的防护

4.4.1 通则

动力站运动件的设计、制造和布置应能避免GB/T 15706.1—2007所描述的危险。

4.4.2 传动件

对于旋转传动件,如传动轴、联轴器、传动带等有可能伤人的零部件,都应配备防护装置,以避免接触。防护装置应符合GB/T 8196的要求。防护装置应制造牢固并固定可靠。对于不常接近的传动件,应安装固定式防护装置,固定式防护装置应通过焊接或使用必要工具、钥匙才能打开或移动的方式进行固定。

注1:GB/T 15706.2—2007给出了传动件防护装置的通则。

对于因维修而需要经常接近的传动件,可配备活动式防护装置,并符合以下要求:

——防护装置打开时,应尽可能固定在机器上;

——在打开的位置应有支撑装置。

注2:支撑装置可以是锁、弹簧锁或弹簧销。

4.5 蓄电池安装

蓄电池组应牢固地安装在相应位置。应能保证电解液不会有溅到人员和周围其他设备的危险。电极应有防护，电路中应安装绝缘开关，应符合 JG/T 83—1999 的 4.11。

蓄电池组和/或蓄电池安装位置的设计、制造和封罩，应能保证即使在动力站倾翻时操作者也没有被电解液或蒸汽伤害的危险。应符合 JG/T 83—1999 中 4.10 的规定。

4.6 液压系统

4.6.1 通则

液压系统应符合 GB/T 15706.2—2007 的 4.10 和 GB/T 3766 的要求。

液压系统应清洗干净并加入符合液压系统使用要求的液压油。应使用无毒的液压油。

液压系统的工作压力应符合设计要求。

压力超过 15 MPa 的液压软管应配备扣压式管接头。

液压软管和硬管应有对发热表面和尖锐边角的隔离防护措施。

在操作中必须脱开的硬管和软管，应配置带有内置式单向阀的自密封接头。接头应有标识以确保正确再连接。

液压元件应适用于可移动的液压系统。液压元件和液压管路的安装、连接和密封应可靠。

液压油箱应设有液位指示器。动力站在设计允许的任何坡度上或角度工作时，油箱加油口的设计应能使液压油不溢出。

应设有油温计或油温监视器，在超过允许油温时应给出警示信号。

4.6.2 输出流量

动力站驱动液压工具在额定压力下工作时，动力站的输出流量偏差应不超过其额定值的±10%。

4.6.3 回油背压

当液压系统在额定输出流量下工作时，动力站液压系统的回油背压应不大于 1.7 MPa。

4.6.4 散热能力

动力站液压系统应有足够的散热能力。在环境温度为 25 ℃±2 ℃、动力站液压系统在额定压力和额定输出流量下运行的条件下，当液压系统油温达到热平衡时，液压油的温度应不大于 70 ℃。

动力站液压系统的散热能力应可根据其所驱动的液压工具负荷和系统产生的热量情况进行调整。

4.6.5 密封和耐压

动力站液压系统在 1.25 倍额定压力下连续运转 5 min，其各回路、各接合面和液压油箱应无泄漏，各结构件、传动件和连接件应无损坏、松动和永久变形。

4.7 噪声

动力站空载运转的噪声应不大于 85 dB(A)。按 5.3 测量的噪声值应写入使用说明书，见 4.9.5.2。

4.8 发动机和发动机排放

动力站发动机的废气排放应予以引导以使其远离操作位置。

在空气中可能存在或作业过程中可能散发出易燃气体的情况下工作时，排气系统应设有防止火花外射的装置。

4.9 使用说明

4.9.1 标牌

动力站的标牌应至少给出下列信息：

a) 制造商的名称和地址；

b) 产品名称、类型；

c) 出厂编号和出厂日期；

d) 发动机功率，单位为千瓦(kW)；

e) 整机质量，单位为千克(kg)；

f) 额定压力，单位为兆帕(MPa)；

g) 额定输出流量，单位为升每分钟(L/min)。

4.9.2 信息指示

控制动力站所需的信息应表示明确、易懂，优先用图形符号表示。

4.9.3 遗留危险的警示标志

尽管采用了所有措施但仍存在危险的地方或有不明显潜在危险的地方，应给出警示。

该类警示应优先采用容易理解的图形符号，并且和/或用4.9.5.1规定的语言写出。

4.9.4 维修

动力站的调整、维护、加油、修理、清洁和服务性工作，应在动力站停机的情况下进行。

如因技术原因，上述一个或多个工作无法在停机情况下进行时，应采取措施使工作能安全进行，见4.9.5.5。

4.9.5 动力站使用说明书

4.9.5.1 通则

使用说明书应符合GB/T 15706.2—2007的6.5。

每台动力站应提供有下列内容的使用说明书：

——操作说明；

——维修说明；

——备件清单；

——运输、组装(必要时)和保管贮存说明。

使用说明书是产品的一部分，是动力站安全、正确操作、维修和服务的重要文件，内容应简洁、恰当和完整。语言文字应适合产品使用者。信息应全面、清晰。

所有涉及人员安全的内容应采用与其他内容有明显区别的字体或形式标出。

4.9.5.2 操作说明

操作说明应使操作者明白如何使用机器，并应包括机器安全操作的所有重要信息。

操作说明至少应给出下列信息：

——动力站的类型、型号和出厂编号；

——制造商和销售公司、分销商或授权代理商的名称和完整地址。

操作说明应至少包含下列动力站安全使用的信息和说明：

a) 标牌列出的信息；
b) 授权维修和服务商的名称和地址；
c) 机器预定使用的详细说明；
d) 机器工作的完整说明；
e) 动力站的禁止使用和可预见的误用；
f) 操作者的操作和动作方向描述；
g) 在每次换班和移位后、启动设备之前，需检查紧急停机装置的功能是否正常；
h) 使用符号的说明；
i) 动力站及其附属装置总图；
j) 必要的图、图表和插图，并应有足够大的尺寸，能清楚表示出主要零部件的名称、功能、位置及其与整个动力站的关系；
k) 对可能伤害操作者或其他人员行为的特殊警示；
l) 在限定工况下的动力站工作说明，使排放的废气能有效疏导，不会回散到作业区域并引发危险；
m) 因为防护装置不足而可能出现遗留危险的信息；
n) 运输、组装和拆卸动力站时应采取的安全预防措施；
o) 动力站设计的环境温度极限。

4.9.5.3 操作说明中的特殊安全说明

为保证安全，下列安全说明应在单独的条款中说明：

a) 应让操作者清楚知道主要危险在哪里和应采取什么措施，以保证操作的安全；
b) 应规定操作者须经过操作的实践培训，特别是上述的安全预防措施；
c) 紧急停机装置的安装、使用方法和注意事项；
d) 动力站在限定的空间内工作时，对外部环境条件进行监控的设备的使用说明；
e) 动力站标准组件安装和拆卸的说明和信息；
f) 动力站可驱动的液压工具的规格、参数和要求，两者之间连接与拆卸的说明、信息和安全预防措施，两者连接之后启动之前的检查要求，两者连接之后的试运行要求和安全注意事项等；
g) 安放动力站的地面要求和固定要求。

4.9.5.4 维修说明

维修说明应至少包括下列内容：

a) 授权维修和服务商的名称和地址；
b) 每日、每周或其他预定的维护时间间隔；
c) 液压油的规格；
d) 较重的或其他难以装拆的零部件的安全安装和拆卸说明；
e) 电气和液压回路的图/功能表。插图应有足够大的尺寸，能清楚表示出主要零部件的名称、功能、位置及其与整个动力站的关系；
f) 制造商规定的对安全特别重要的零部件检查和更换周期说明。这些零部件磨损的检查方法也应给出；
g) 对可能伤害维修或其他人员行为的特殊警示。

4.9.5.5 维修说明中的特殊安全说明

为保证安全，下列安全说明应在单独的条款中说明：

如因技术原因，动力站的调整、维护、加油、修理、清洁和服务性等某些工作无法在停机情况下进行时，则该工作只能在下列条件下进行：

——应有两个对安全条例完全了解的人在现场，其中一人对另一人的作业安全进行监控指导；

——在所有情况下，监控指导人都可以立即控制停机或紧急停机装置；

——工作区域应有相应照明；

——只有当动力站完全停机且启动装置被隔离时，才允许一个人独自对动力站进行维修。

4.9.5.6 备件清单

备件清单应包含所有相关备件在动力站上的位置的明确标识和信息。

4.9.6 其他随机技术文件

随机还应至少提供装箱单、产品合格证等技术文件。

5 试验方法

5.1 试验条件

试验条件应符合下列要求：

a） 除有特别规定以外，试验时的环境温度为＋10 ℃～＋40 ℃；

b） 试验场地应开阔、无风；

c） 试验样机的技术资料应齐全；

d） 试验用仪器和量具应经过检定并在检定的有效期内，其精度应在下列范围内：

- 测量质量、力、压力、距离、时间、速度、流量的仪器和量具：±2%；
- 测量温度的仪器和量具：±2 ℃。

5.2 动力站的人力移动试验

在坚硬平整的路面上进行测量。用米尺测量手推或手拉杆手持处的离地高度，用推拉力计测量手推或手拉杆手持处的离地高度在800 mm～1 000 mm之间时使动力站移动所需的拉力或推力。见4.1.6。

5.3 噪声试验

在动力站四周距其5 m处（离地高1.5 m）各取1点、在设备正上方离地面1.5 m处取1点，在动力站空载运转10 min后，用声级计分别测量前述5点的噪声值。见4.7。

测量时，试验场地的背景噪声应低于被测样机空载运转噪声10 dB(A)以上。

5.4 输出流量试验

动力站驱动适配的液压工具（或等效的液压装置）工作，用当液压系统压力达到额定压力时，用流量计测量液压工具进油口流量，并计算流量偏差。见4.6.2。

5.5 回油背压试验

当动力站输出流量为额定输出流量时，测量液压工具回油出口末端处的背压，同时测量此时的液压油温度、环境温度和输出流量。

液压油温度的测量见5.6，其他见4.6.3。

5.6 散热能力试验

环境温度为25 ℃±2 ℃，液压系统在额定压力和额定输出流量下运行。当液压系统油温达到热平衡时，测量并记录输出流量、系统压力、回油背压、液压油温度以及环境温度。见4.6.4。

液压油温度为用另外的温度计测量的液压油箱中的油温。

5.7 密封和耐压试验

动力站液压系统在1.25倍额定压力下连续运转5 min，目测各回路、各接合面和液压油箱的泄漏情况以及各结构件、传动件和连接件的损坏、松动和永久变形情况。见4.6.5。

5.8 其他项目试验

其他项目的试验/验证方法见表1。各项目应首先采用与其相关的引用文件所给出的试验/验证方法。

表1 其他项目的试验验证方法

序号	项目名称	相应条款	试验/验证方法
1	冷热表面和尖锐边角	4.1.1	目测、性能试验/测量
2	通风口	4.1.2	目测、性能试验/测量
3	承受压力的软管、硬管和接头	4.1.3	目测、性能试验/测量、查验图样/计算书
4	材料	4.1.4	目测、性能试验/测量、查验图样/计算书
5	动力站的起吊点	4.1.5	目测、性能试验/测量
6	维修部位的最小入口尺寸	4.1.7	目测、性能试验/测量、查验图样/计算书
7	液压系统的控制功能	4.2.1	目测、性能试验/测量、审阅使用信息
8	启动	4.2.2	目测、性能试验/测量
9	正常停机	4.2.3.1	目测、性能试验/测量、审阅使用信息
10	紧急停机	4.2.3.2	目测、性能试验/测量、审阅使用信息
11	动力中断	4.2.3.3	目测、性能试验/测量
12	控制回路失效	4.2.3.4	目测、性能试验/测量
13	控制装置通则	4.3.1	目测、性能试验/测量、审阅使用信息
14	紧急停机	4.3.2	目测、性能试验/测量
15	运动件防护通则	4.4.1	目测、性能试验/测量
16	传动件防护	4.4.2	目测、性能试验/测量
17	蓄电池安装	4.5	目测、查验图样/计算书
18	液压系统通则	4.6.1	目测、性能试验/测量、查验图样/计算书、审阅使用信息
19	发动机和发动机排放	4.8	目测、性能试验/测量、审阅使用信息
20	标牌	4.9.1	目测、审阅使用信息
21	指示信息	4.9.2	目测、审阅使用信息
22	遗留危险的警示标志	4.9.3	目测、审阅使用信息

表 1（续）

序号	项目名称	相应条款	试验/验证方法
23	维修	4.9.4	审阅使用信息
24	使用说明书	4.9.5	审阅使用信息
25	其他随机技术文件	4.9.6	目测

注 1：目测：通过目测来验证零部件/文件的特征是否符合要求。

注 2：性能试验/测量：通过运行试验/仪器量具测量来验证性能/限值是否符合要求。

注 3：查验图样/计算书：通过查验图样和计算书来验证零部件/系统的设计特征是否符合要求。

注 4：审阅使用信息：通过审阅使用信息来验证相关要求是否在使用说明书中说明或作出标志。

6 检验规则

6.1 检验分类

动力站的检验分为出厂检验和型式检验。

6.2 出厂检验

6.2.1 出厂检验由制造商的质量检验部门逐台进行，检验项目全部合格并签发合格证后方可出厂。

6.2.2 出厂检验项目见表 2。

6.3 型式检验

6.3.1 凡有下列情况之一时，应进行型式检验：

a) 新产品定型或者老产品转厂生产定型时；

b) 正式生产后，当结构、材料或工艺有较大改变，可能影响性能时；

c) 正常生产每满五年时；

d) 产品停产三年以上，恢复生产时；

e) 国家质量监督机构提出进行型式检验要求时。

6.3.2 型式检验项目见表 2。

6.3.3 型式检验样机应为出厂检验的合格品，数量为一台，送样检验。

6.3.4 型式检验的合格判定规则为：

a) A 类项目有一项不合格，则判定产品不合格；

b) B 类项目有二项不合格，则判定产品不合格。

表 2 检验项目及其类别

序号	项目名称	类别	要求	试验方法	出厂检验	型式检验
1	冷热表面和尖锐边角	A	4.1.1	5.8		√
2	通风口	A	4.1.2	5.8		√
3	承受压力的软管、硬管和接头	A	4.1.3	5.8		√
4	材料	A	4.1.4	5.8		√
5	动力站的起吊点	A	4.1.5	5.8		√

表 2（续）

序号	项目名称	类别	要求	试验方法	出厂检验	型式检验
6	动力站的人力移动	B	4.1.6	5.2		√
7	维修部位的最小入口尺寸	A	4.1.7	5.8		√
8	液压系统的控制功能	A	4.2.1	5.8		√
9	启动	A	4.2.2	5.8		√
10	正常停机	A	4.2.3.1	5.8		√
11	紧急停机	A	4.2.3.2	5.8		√
12	动力中断	A	4.2.3.3	5.8		√
13	控制回路失效	A	4.2.3.4	5.8		√
14	控制装置通则	A	4.3.1	5.8		√
15	紧急停机	A	4.3.2	5.8		√
16	运动件防护通则	A	4.4.1	5.8		√
17	传动件防护	A	4.4.2	5.8		√
18	蓄电池安装	A	4.5	5.8		√
19	液压系统通则	A	4.6.1	5.8		√
20	输出流量	A	4.6.2	5.4	√	√
21	回油背压	A	4.6.3	5.5	√	√
22	散热能力	A	4.6.4	5.6	√	√
23	密封和耐压	A	4.6.5	5.7	√	√
24	噪声	B	4.7	5.3	√	√
25	发动机和发动机排放	A	4.8	5.8		√
26	标牌	A	4.9.1	5.8		√
27	指示信息	A	4.9.2	5.8		√
28	遗留危险的警示标志	A	4.9.3	5.8		√
29	维修	A	4.9.4	5.8		√
30	使用说明书	A	4.9.5	5.8		√
31	其他随机技术文件	A	4.9.6	5.8		√

ICS 91.220
P 97

中华人民共和国国家标准

GB/T 28392—2012

道路施工与养护机械设备 热风式沥青混合料再生修补机

Road construction and road maintenance machinery and equipment—Hot-air recirculating-type asphalt pavement hot recycling and maintenance machine

2012-05-11 发布　　2012-10-01 实施

中华人民共和国国家质量监督检验检疫总局
中国国家标准化管理委员会　发布

前　言

本标准按照GB/T 1.1—2009给出的规则起草。

本标准由中国机械工业联合会提出。

本标准由全国建筑施工机械与设备标准化技术委员会(SAC/TC 328)归口。

本标准主要起草单位:鞍山森远路桥股份有限公司、深圳市华测检测技术股份有限公司、北京建筑机械化研究院、北京建研机械科技有限公司。

本标准主要起草人:王恩义、付健、朱平、蒋慧、李艺、关保余、高枫。

道路施工与养护机械设备 热风式沥青混合料再生修补机

1 范围

本标准规定了热风式沥青混合料再生修补机(以下简称修补机)的术语和定义、分类、技术要求、试验方法、检验规则、标志、使用说明书、包装、运输及贮存。

本标准适用于在汽车二类底盘基础上进行改装的自行式修补机。

2 规范性引用文件

下列文件对于本文件的应用是必不可少的。凡是注日期的引用文件,仅注日期的版本适用于本文件。凡是不注日期的引用文件,其最新版本(包括所有的修改单)适用于本文件。

GB 1495 汽车加速行驶车外噪声限值及测量方法

GB 1589 道路车辆外廓尺寸、轴荷及质量限值

GB/T 3766 液压系统通用技术条件

GB 3847 车用压燃式发动机和压燃式发动机汽车排气烟度排放限值及测量方法

GB 4094 汽车操纵件、指示器及信号装置的标志

GB 4785 汽车及挂车外部照明和光信号装置的安装规定

GB 5226.1 机械电气安全 机械电气设备 第1部分:通用技术条件

GB 7258 机动车运行安全技术条件

GB/T 7932 气动系统通用技术条件

GB/T 7935 液压元件 通用技术条件

GB/T 9969 工业产品使用说明书 总则

GB 11567.1 汽车和挂车侧面防护要求

GB 11567.2 汽车和挂车后下部防护要求

GB/T 12673 汽车主要尺寸测量方法

GB/T 12674 汽车质量(重量)参数测定方法

GB 12676 汽车制动系统 结构、性能和试验方法

GB/T 14039 液压传动 油液 固体颗粒污染等级代号

GB 16710.1 工程机械 噪声限值

GB/T 16710.2 工程机械 定置试验条件下机外辐射噪声的测定

GB/T 17299 土方机械 最小入口尺寸

GB/T 17300 土方机械 通道装置

GB 17691 车用压燃式、气体燃料点燃式发动机与汽车排气污染物排放限值及测量方法(中国Ⅲ、Ⅳ、Ⅴ阶段)

GB 18296 汽车燃油箱 安全性能要求和试验方法

GB/T 18411 道路车辆 产品标牌

GB/T 20082 液压传动 液体污染 采用光学显微镜测定颗粒污染度的方法

GB 20178 土方机械 安全标志和危险图示 通则

GB/T 21153　土方机械　尺寸、性能和参数的单位与测量准确度

GB 23254　货车及挂车　车身反光标识

JB/T 5943　工程机械　焊接件通用技术条件

JB/T 5945　工程机械　装配通用技术条件

JB/T 5946　工程机械　涂装通用技术条件

JB/T 8822　高温离心通风机　技术条件

QC/T 252　专用汽车定型试验规程

QC/T 644　汽车金属燃油箱技术条件

公路沥青路面施工技术规范(中华人民共和国交通部 2004 年 9 月 4 日发布)

3　术语和定义

下列术语和定义适用于本文件。

3.1

回收沥青路面材料　reclaimed asphalt pavement;RAP

采用铣刨、开挖等方式从沥青路面上获得的旧路面材料。

3.2

再生混合料　recycled mixture

含有回收沥青路面材料(RAP)的混合料。

3.3

沥青混合料再生　asphalt pavement recycling

采用专用机械设备对回收沥青路面材料(RAP)进行处理,并掺加一定比例的新集料、新沥青、再生剂(必要时)等形成再生混合料的技术。

3.4

沥青混合料再生修补机　asphalt pavement recycling and maintenance machine

可进行沥青混合料再生和修补沥青路面病害的道路养护专用设备。

3.5

热风式沥青混合料再生修补机　hot-air recirculating-type asphalt pavement hot recycling and maintenance machine

采用循环热风方式进行沥青混合料再生的沥青混合料再生修补机。

3.6

再生搅拌滚筒　recycling stirrer

用于回收沥青路面材料加热再生的拌合滚筒。

3.6.1

再生搅拌滚筒有效容积　efficacious volume recycling stirrer

再生搅拌滚筒出料口最低处以下的滚筒容积。

3.6.2

最大搅拌能力　maximum mixing ability

再生搅拌滚筒旋转搅拌状态下,滚筒内的再生混合料开始向外泄漏时,再生搅拌滚筒内再生混合料的质量。

3.6.3

最大再生能力　maximum recycling productivity

环境温度 25 ℃、再生混合料出料温度 140 ℃时,修补机在最大搅拌能力状态下,单位时间内完成的

再生混合料的质量。

3.7

热风循环式加热装置 hot-air recirculating-type heating unit

以可循环的热空气为工作介质对回收沥青路面材料进行加热的专用装置。

3.7.1

路面加热器 asphalt pavement heater

用于加热沥青路面的专用装置。

3.7.2

有效加热深度 efficacious depth of heated asphalt pavement

沥青路面被加热后路表面下可以翻松部分的沥青混凝土厚度，该深度底层沥青混凝土的温度应不低于 80 ℃。

4 要求

4.1 整机

4.1.1 基本要求

4.1.1.1 修补机应符合本标准的要求，并按经规定程序批准的图样和技术文件制造。

4.1.1.2 用于改装的汽车二类底盘应具有汽车公告、环保公告、3C 认证和产品质量合格证。

4.1.1.3 修补机所用的原材料应符合有关标准的规定，并应有质量保证书，确认合格后方可使用。

4.1.1.4 修补机所用的外购件、外协件应有合格证，应按相应标准或图样进行检验，确认合格后方可进行装配。

4.1.1.5 修补机应能在环境温度 5 ℃～40 ℃条件下正常工作。

4.1.1.6 修补机的外廓尺寸、轴荷及质量限值应符合 GB 1589 的规定。

4.1.1.7 修补机的装配质量应符合 JB/T 5945 的规定。

4.1.1.8 修补机的整机标志及安装位置应符合 GB 7258 的规定。

4.1.1.9 修补机的结构布置应便于维护、保养，经常检修、润滑、调整、紧固的部位应具有足够的作业空间，其最小入口尺寸应符合 GB/T 17299 的规定。

4.1.1.10 修补机应有良好的密封性，各油管、接头、油塞、水箱、水管以及气路连接处不应渗漏。

4.1.1.11 汽车底盘的气压制动系统及气压稳定性能应符合 GB 7258 的规定。

4.1.2 外观质量要求

4.1.2.1 修补机的外表面不应有尖棱、锐边、毛刺及凹凸不平现象。

4.1.2.2 修补机的路面加热器、热风炉等表面温度较高的部位应采用耐高温油漆，涂装质量应符合 JB/T 5946 的规定。

4.1.2.3 焊接质量应符合 JB/T 5943 的规定。

4.1.2.4 各种仪表、标牌、标志应端正明显、字迹清晰、平整光洁，无明显的擦伤痕迹。

4.1.2.5 各种管路应排列整齐，固定牢固，无互相干涉、摩擦现象。

4.1.3 安全和环保要求

4.1.3.1 安全

4.1.3.1.1 运行安全和制动性能

4.1.3.1.1.1 修补机的运行安全技术性能应符合 GB 7258 的规定。

4.1.3.1.1.2 修补机制动系统的结构和性能应符合 GB 12676 的规定。

4.1.3.1.2 **安全防护装置**

4.1.3.1.2.1 对操作和维护人员安全构成危胁的所有旋转、往复运动和高温部位，均应有防护隔离装置。

4.1.3.1.2.2 操作人员的上下通道应设置扶手和护栏，踏板应防滑，应符合 GB/T 17300 的规定。

4.1.3.1.2.3 修补机的侧面及后下部防护应符合 GB 11567.1 和 GB 11567.2 的规定。

4.1.3.1.2.4 车身反光标识的性能和粘贴位置应符合 GB 23254 和 GB 7258 的规定。

4.1.3.2 **环保**

4.1.3.2.1 **排放**

修补机的排放限值应符合 GB 3847 和 GB 17691 的规定。

4.1.3.2.2 **噪声**

4.1.3.2.2.1 修补机加速行驶时机外噪声应符合 GB 1495 的规定。

4.1.3.2.2.2 修补机司机耳旁噪声应符合 GB 7258 的规定。

4.1.3.2.2.3 修补机作业时，机外辐射噪声限值应符合 GB 16710.1 的规定。

4.2 作业装置要求

4.2.1 液压系统

4.2.1.1 液压系统应符合 GB/T 3766 的相关规定，液压元件应符合 GB/T 7935 的相关规定。

4.2.1.2 液压系统油温应不高于 80 ℃。

4.2.1.3 液压油的固体颗粒污染等级应不大于 GB/T 14039 的-/18/15。

4.2.1.4 滤油器不满足使用工况时应自动报警。

4.2.2 气动系统

工作装置的气动系统应符合 GB/T 7932 的规定。

4.2.3 电气及操纵控制系统

4.2.3.1 修补机的外部照明和信号装置的安装应符合 GB 4785 和 GB 7258 的规定。

4.2.3.2 电气系统应符合 GB 5226.1 的规定。

4.2.3.3 操纵控制系统应操作方便，操纵件、指示器及信号装置的标志应符合 GB 4094 的规定。

4.2.3.4 修补机应安装夜间工作照明灯。

4.2.4 燃油箱

4.2.4.1 燃油箱的额定容量应能满足修补机连续作业 6 h 的需要。

4.2.4.2 燃油箱应有液位显示装置和低液位报警装置。

4.2.4.3 燃油箱体材料应符合 QC/T 644 的规定。

4.2.4.4 燃油箱的安全性能应符合 GB 18296 的规定。

4.2.5 热风炉

4.2.5.1 热风炉的燃烧器应为自动点火式。

4.2.5.2 热风炉燃烧器工作时，应燃烧充分，不冒黑烟。
4.2.5.3 热风炉燃烧器应有燃烧故障自动报警及自动切断燃油供给的装置。
4.2.5.4 热风炉燃烧器的最大功率应符合再生搅拌滚筒和路面加热器加热能力的要求。
4.2.5.5 热风炉循环风机应符合 JB/T 8822 的规定。
4.2.5.6 热风炉出风口最高温度应不低于 600 ℃。
4.2.5.7 热风炉回风口最高温度的设定应符合循环风机的耐高温要求。
4.2.5.8 热风炉工作时，热风循环加热装置的外表面温度应不高于环境温度加 50 ℃。

4.2.6 路面加热器

4.2.6.1 路面加热器应具有上下升降、左右平移和翻转功能，并符合设计要求。
4.2.6.2 运输状态时，路面加热器应有固定装置，且应牢固可靠。
4.2.6.3 路面加热器既可全区域加热，也可分区域加热。加热区域不应少于两个。
4.2.6.4 路面加热器应有温控装置，当达到设定温度时，加热器应能自动停止加热。
4.2.6.5 最大加热面积应符合设计值。
4.2.6.6 对沥青路面加热时，一次有效加热深度不应小于 60 mm、所用时间不应超过 20 min。
4.2.6.7 可对加热后的沥青路面进行自动翻松，翻松深度不应小于 60 mm。

4.2.7 再生搅拌滚筒

4.2.7.1 再生搅拌滚筒应运转平稳，无明显震动。
4.2.7.2 加热拌和再生混合料时，再生搅拌滚筒不应有明显的变形。
4.2.7.3 再生搅拌滚筒应能自动拌料和自动卸料，拌和时不应漏料。
4.2.7.4 再生搅拌滚筒外应有保温层。
4.2.7.5 最大搅拌能力和最大再生能力应符合设计要求。当环境温度为 25 ℃、出料温度不低于 140 ℃ 时，每次再生回收沥青路面材料所用的时间不应超过 25 min。
4.2.7.6 再生混合料的出料温度应能根据需要设定，到达设定温度后自动停止加热。
4.2.7.7 再生混合料应均匀一致，无花白、离析现象，符合《公路沥青路面施工技术规范》的相关要求。

4.2.8 上料斗

4.2.8.1 应能自动上料，上料能力应符合设计要求。
4.2.8.2 上料过程不应有漏料、卡阻现象，运行应稳定可靠。

4.2.9 沥青加热及喷洒装置

4.2.9.1 沥青箱容积应符合设计要求。
4.2.9.2 沥青输出流量应可调整。
4.2.9.3 沥青喷洒应均匀，连续喷洒时不应有堵塞现象。
4.2.9.4 应有沥青加热、保温及温度自动控制装置，当沥青温度达到设定值时，应自动停止加热。沥青温度应能自动显示。
4.2.9.5 应有沥青加热自动计时装置。
4.2.9.6 沥青输出管路应有自动加热、保温和清洗功能。
4.2.9.7 应能将沥青加热至喷洒温度(150 ℃)。
4.2.9.8 沥青喷洒应有控制装置，喷洒量 10 L/min～30 L/min。

4.2.10 乳化沥青喷洒装置

4.2.10.1 乳化沥青箱容积应符合设计要求。

4.2.10.2 乳化沥青输出流量应可调整。

4.2.10.3 乳化沥青应喷洒均匀,喷洒时不应有堵塞现象。

4.2.10.4 应有乳化沥青加热及温度自动控制装置,当乳化沥青温度达到设定值时,应自动停止加热。乳化沥青温度应能自动显示。

4.2.10.5 乳化沥青输出管路应有自动清洗功能。

4.2.10.6 乳化沥青喷洒应有控制装置,喷洒量 0.5 L/min~5 L/min。

4.2.11 废料箱

应能自动翻转倾卸废料。

4.2.12 作业可靠性要求

修补机作业可靠性试验考核时间为 300 h,首次故障前工作时间不应小于 150 h,平均无故障工作时间不应小于 150 h,可靠度不应小于 85%。

5 试验方法

5.1 试验准备

5.1.1 技术资料

试验时应提供下列技术资料:

a) 修补机使用说明书、底盘使用说明书;

b) 出厂合格证;

c) 产品标准及与试验有关的技术标准、文件;

d) 主要性能参数表。

5.1.2 试验样机

试验样机至少为 1 台,技术状态正常,装备齐全。

5.1.3 试验要求

5.1.3.1 试验应在环境温度 5 ℃~40 ℃的晴好天气进行,风速不超过 3 m/s。

5.1.3.2 试验时样机应按使用说明书的规定进行操作。

5.1.3.3 按使用说明书要求加注燃油、冷却液、液压油、润滑油(脂)等至规定的容量。

5.1.3.4 按使用说明书要求进行调试和保养,使样机处于正常状态。

5.1.4 试验用仪器和测量精度

5.1.4.1 试验用的仪器、量具应经国家法定计量检定机构检定,且在其检定有效期内。

5.1.4.2 在无特殊说明时,各种直接测量参数均取三次测量的平均值。测量精度应符合 GB/T 21153 的规定。

5.1.5 试验场地

5.1.5.1 定置试验场地

应为平整、坚实的干硬性路面,在样机的最大外形尺寸范围内,平面度应不大于 3 mm/m^2。

5.1.5.2 作业试验场地

对沥青路面的加热和修补作业试验应在路基完好、采用热拌密级配沥青混凝土铺筑的、面层厚度不小于60 mm的二级以上公路进行。

5.1.5.3 作业可靠性试验场地

应具有下列条件：

a) 面层厚度不小于60 mm的沥青路面或场地；
b) 路面或场地地面无积水或漫水。

5.1.5.4 噪声试验场地

应符合下列要求：

a) 试验场地应平坦而空旷，以试验样机中心为基点，在25 m半径范围内没有大的声波反射物，如建筑物、围墙等；
b) 试验场地的背景噪声应低于被测样机作业时辐射噪声10 dB(A)以上。

5.2 外廓尺寸、轴荷及密封检验

5.2.1 外廓尺寸、轴荷检验

5.2.1.1 修补机外廓尺寸检验按GB/T 12673的有关规定执行。

5.2.1.2 修补机轴荷检验按GB/T 12674的有关规定执行。

5.2.2 密封检验

5.2.2.1 样机作业1 h后停止运行，立即进行密封检验。

5.2.2.2 观察液压系统各连接处，静结合面处手摸无湿润、动结合面处目测无流痕为不渗漏。

5.2.2.3 观察水管路各连接处，无水滴滴下为不渗漏。

5.2.2.4 停机后30 min内，若气路系统气压表压力无下降为不漏气。

5.3 外观质量检验

5.3.1 修补机的表面、标志及管路的排列等外观质量用目测检查。

5.3.2 修补机外观油漆涂装质量的检验按JB/T 5946的有关规定执行。

5.3.3 修补机焊接质量的检验按JB/T 5943的有关规定执行。

5.4 整机定型试验

5.4.1 行驶磨合

按样机底盘使用说明书的规定进行磨合。磨合过程记录填写在附录B表B.1中。

5.4.2 作业装置磨合

按样机使用说明书的规定对作业装置进行磨合。磨合记录填写在附录B表B.1中。

5.4.3 定型试验

修补机整机定型试验按QC/T 252的规定进行。

5.5 安全与环保试验

5.5.1 安全

5.5.1.1 制动性能试验

修补机的制动性能试验按 GB 12676 的规定进行。

5.5.1.2 安全防护装置

5.5.1.2.1 修补机的侧面及后下部防护试验按 GB/T 11567.1 和 GB/T 11567.2 的规定进行。

5.5.1.2.2 修补机的外部照明和信号装置的安装及试验按 GB 4785 和 GB 7258 的规定进行。

5.5.1.2.3 修补机反光标识的性能试验和粘帖位置的检验按 GB 23254 和 GB 7258 的规定进行。

5.5.2 环保

5.5.2.1 发动机排气污染物试验

修补机排气污染物试验按 GB 3847 和 GB 17691 的规定进行。

5.5.2.2 噪声

5.5.2.2.1 修补机作业噪声试验场地应符合 5.1.5.4 的要求。

5.5.2.2.2 修补机加速行驶车外噪声试验按 GB 1495 的规定进行。

5.5.2.2.3 司机耳旁噪声试验按 GB 7258 的规定进行。

5.5.2.2.4 修补机作业噪声试验按 GB/T 16710.2 的规定进行。

5.6 作业装置性能试验

5.6.1 液压系统

5.6.1.1 液压油温度试验

5.6.1.1.1 试验仪器

温度计、计时器等。

5.6.1.1.2 试验方法

试验方法为：

a) 将温度计的温度感应端放入液压油箱内；

b) 液压系统工作 1.5 h 后进行油温试验；

c) 每作业间隔 20 min 测量并记录一次液压油的温度；

d) 当连续三次测量的油温波动值不大于 3 ℃时，停止试验；

e) 试验结果记入附录 B 表 B.2 中。

5.6.1.2 液压油固体颗粒污染度试验

液压油固体颗粒污染度试验按 GB/T 20082 的规定进行。

5.6.2 燃油箱

5.6.2.1 燃油箱体材料的检验按 QC/T 644 的规定进行。

5.6.2.2 燃油箱安全性能的检验按 GB 18296 的规定进行。

5.6.3 热风炉

5.6.3.1 热风炉燃烧器自动点火工作后，目测燃烧器排出的热风有无黑烟。

5.6.3.2 热风炉着火后，人为遮挡住火焰检测传感器使燃烧器检测不到火焰，此时，燃烧器应自动停止供油并停止燃烧作业。

5.6.3.3 热风炉燃烧器自动点火工作后，分别记录热风炉出风口和回风口的最高温度。

5.6.3.4 热风炉循环风机的试验按 JB/T 8822 的规定进行。

5.6.3.5 热风炉工作 2 h 后，用红外测温仪或红外热像仪测量热风炉外表面温度以及热风循环加热装置的外表面温度。

5.6.3.6 热风炉试验结果记入附录 B 表 B.3 中。

5.6.4 路面加热器

5.6.4.1 试验条件

试验场地应符合 5.1.5.2 的要求。

5.6.4.2 试验仪器

钢卷尺、钢板尺、角度尺、插入式数显温度计、红外测温仪或红外热像仪等。

5.6.4.3 试验方法

5.6.4.3.1 路面加热器升降试验

加热器处于工作位置，以地面为基准面，使加热器向上提升至极限位置，测量基准面之间的最大升降行程。升降行程记入附录 B 表 B.4 中。

5.6.4.3.2 路面加热器平移试验

加热器处于工作位置或运输位置，使加热器左、右单向平移至极限位置，测量左、右单向平移的行程。平移行程记入附录 B 表 B.4 中。

5.6.4.3.3 路面加热器翻转试验

加热器处于工作位置，以地面为基准面，使加热器由工作位置翻转至运输位置，测量最大翻转角度。翻转角度记入附录 B 表 B.4 中。

5.6.4.3.4 路面加热器加热时间、加热面积和有效加热深度试验

路面加热器处于工作位置，加热器开始加热并计时，当修补机上仪表显示路表面被加热至 160 ℃（该温度可根据实际路况进行调节并设定）时停止加热及计时：

a) 在加热区域内按图 1 所示选取 5 个彼此距离不小于 300 mm 的测点，测量路表面温度；
b) 人工用铁铲快速（一分钟内）挖掉 5 个测点处已软化的沥青路面材料至硬底止，测量路表面至硬底之间的距离（即为沥青路面有效加热深度）；
c) 测量加热区域的长度和宽度，计算出加热面积；
d) 试验结果记入附录 B 表 B.4 中。

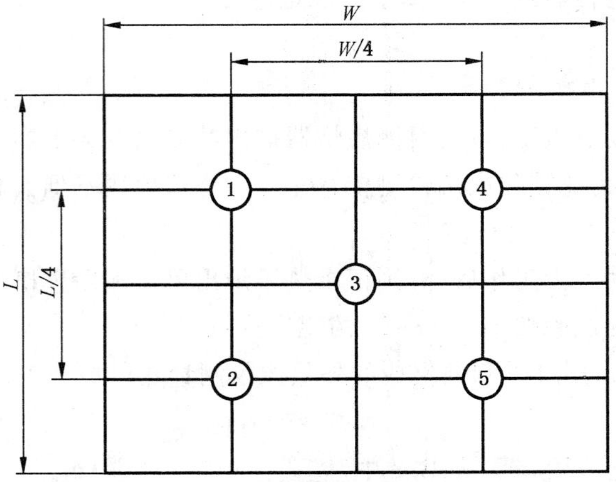

L——路面加热装置长度；
W——路面加热装置宽度。

图 1　加热温度及深度测点示意图

5.6.4.3.5　路面加热器的翻松深度试验

5.6.4.3.5.1　路面加热器处于工作位置，加热器开始加热并计时，当修补机上仪表显示路表面被加热至 160 ℃时(可根据路面情况设定)，启动自动翻松装置对加热后软化的沥青路面进行自动翻松。将路面加热器由工作位置翻转至运输位置，测量翻松后的深度。

5.6.4.3.5.2　试验结果记入附录 B 表 B.4 中。

5.6.5　再生搅拌滚筒

5.6.5.1　试验仪器

计时器、称量装置、插入式数显温度计等。

5.6.5.2　试验方法

5.6.5.2.1　最大搅拌能力试验

修补机再生搅拌滚筒进行搅拌作业时，当再生搅拌滚筒内的再生混合料开始向外泄漏时，视为再生搅拌滚筒已达最大搅拌能力，此时累计称量出的每一上料斗的回收沥青路面材料的质量之和即为最大搅拌能力。

试验结果记入附录 B 表 B.5 中。

5.6.5.2.2　再生时间试验

当再生搅拌滚筒达到最大搅拌能力后开始向再生搅拌滚筒内供热风并开始计时，当再生搅拌滚筒内的温度达到 140 ℃(可根据实际情况设定)时，停止供热风，计时停止。

5.6.5.2.3　最大再生能力试验

在最大搅拌能力状态下，修补机连续进行沥青混合料再生作业，按式(1)计算最大再生能力。

$$Q=0.06\left(\sum_{i=1}^{n}m_i/\sum_{i=1}^{n}t_i\right) \qquad \cdots\cdots(1)$$

式中：

Q ——最大再生能力，单位为吨每小时(t/h)；

m_i ——第 i 次再生作业的再生混合料质量，单位为千克(kg)；

t_i ——第 i 次再生作业的加热时间，单位为分(min)；

n ——试验次数($n \geqslant 5$)。

5.6.5.2.4 再生混合料温度试验

出料时，分别用插入式数显温度计的探杆插入料堆并测量五次，出料温度应符合施工要求(设定)温度。试验结果记入附录 B 表 B.5 中。

5.6.6 沥青加热及喷洒量试验

5.6.6.1 沥青加热时间试验

沥青箱内的固体沥青(25 ℃)为箱体容积的 85%，启动沥青加热装置，记录加热时间。

5.6.6.2 沥青喷洒量试验

沥青温度达到 150 ℃时，将沥青注入容器内，记录注满时间。

试验结果记入附录 B 表 B.6 中。

5.6.7 乳化沥青加热及喷洒量试验

5.6.7.1 乳化沥青加热时间试验

试验方法同 5.6.6.1，但加热温度为 60 ℃。

5.6.7.2 乳化沥青喷洒量试验

试验方法同 5.6.6.2。

试验结果记入附录 B 表 B.7 中。

5.7 作业可靠性试验

5.7.1 试验条件

应符合下列要求：

a) 应在无雨天气进行；

b) 试验场地应符合 5.1.5.3 的要求；

c) 进行试验的样机驾驶员应是经培训合格并取得操作许可证的技术工人；

d) 参加试验的维修保养人员应是熟悉修补机结构且有维修经验的技术工人。

5.7.2 试验方法

5.7.2.1 试验时间的规定

可靠性试验时间分为：

a) 作业时间：样机作业时间的累计值。加热沥青路面时间：单次计时从路面加热器加热路面开始，到翻松结束为止；再生沥青混合料时间：单次计时从向再生搅拌滚筒供热风开始，到出料为止；

b) 故障时间：故障时间的累计值。单次计时从故障发生开始到故障排除、并确定样机可正常运

转为止。包括查找、分析、处理、修整及调试等时间,用于等待等非排除故障时间不计;

c) 维修保养时间:按使用说明书规定进行的技术性例行保养的累计值。单次计时在保养工作开始到结束为止。

5.7.2.2 循环作业及试验

循环作业及试验记录如下:

a) 可靠性试验应采取连续循环作业的方式进行,平均每日不少于一个工作班,每工作班累计作业时间不少于 6 h;

b) 样机每连续工作 2 h 后,允许停机 15 min,每工作班累计工作 4 h 后,允许停机 30 min。在此停机时间内,允许给样机加油、加水或按使用说明书的规定进行例行维护保养;

c) 修补机在试验过程中发生故障时,应及时排除,不允许带故障作业;

d) 试验人员应注意观察样机各部位是否有异常现象和故障,做好故障原始记录及每班的试验记录;

e) 可靠性试验情况及班次记录记入附录 B 表 B.8。可靠性试验过程中故障原始记录记入附录 B 表 B.9。

5.7.2.3 故障的判定

故障按以下原则进行判定:

a) 在可靠性试验中,由于修补机本身潜在因素和固有缺陷所导致的故障,计为可靠性考核故障;

b) 由外界原因或操作人员违反操作规程而导致的故障,不计为可靠性考核故障;

c) 试验过程中同时发生二个以上的故障时,若故障之间有直接联系,按其中最严重的故障类别记录,若无直接联系则分别记录。

5.7.2.3.1 故障分类

修补机在可靠性试验期间发生的故障,按其对人身安全、零部件损坏程度、功能降低程度及修复的难易程度等因素分为致命故障、严重故障、一般故障和轻度故障四类。故障的的分类按附录 A 表 A.1 的规定进行。

5.7.2.3.2 故障的危害系数

各类故障的危害系数按附录 A 表 A.1 的规定选取。

5.7.2.3.3 可靠性评价指标

5.7.2.3.3.1 首次故障前工作时间

可靠性试验中样机在规定的使用条件下首次出现当量故障数为 1 或大于 1 的工作时间。

5.7.2.3.3.2 平均无故障工作时间 *MTBF*

修补机在规定的试验时间内的累计作业时间与当量故障次数之比称为平均无故障工作时间,按式(2)、式(3)计算。

$$MTBF=\frac{t_0}{r_b} \qquad \cdots\cdots(2)$$

式中:

t_0 ——累计作业时间,单位为小时(h);

r_b ——当量故障数(当 $r_b=0$ 或 $r_b<1$ 时,取 $r_b=1$);

$$r_b=\sum_{i=1}^{4}\varepsilon_i\eta_i \qquad \cdots\cdots (3)$$

式中:

ε_i——第 i 类故障危害系数,见附录 A 表 A.1;

η_i——第 i 类故障数。

5.7.2.3.3.3 可靠度 *R*

修补机在规定的条件下和规定的时间内完成规定功能的概率。按式(4)计算。

试验结果记入附录 B 表 B.10。

$$R=\frac{t_0}{t_0+t_1}\times 100\% \qquad \cdots\cdots (4)$$

式中:

R ——可靠度;

t_1 ——累计故障时间,单位为小时(h)。

6 检验规则

6.1 检验分类

修补机的检验分为出厂检验和型式试验。

6.2 出厂检验

6.2.1 出厂检验为逐台检验,由制造单位的质检部门检验合格后,签发合格证书方可出厂。

6.2.2 出厂检验项目见表 1。

6.3 型式试验

6.3.1 型式试验条件

符合下列情况之一者,应进行型式试验:

a) 新产品试制或老产品转厂生产的定型鉴定;

b) 正式生产后,如变型、重大改进、原材料及工艺有较大变动可能影响产品性能时;

c) 正常生产的定期检验;

d) 停产两年,恢复生产时;

e) 国家质量监督机构提出进行全面质量检验时。

6.3.2 型式试验项目

型式试验项目见表 1。

6.4 抽样

型式试验采取随机法抽取样机 1 台。

6.5 判定规则

6.5.1 检验项目依据被检项目对环境、安全以及对作业性能的影响程度,分为 A 类和 B 类。检验项目分类见表 1。

表 1 检验项目

序号	检验项目			检验内容		出厂检验	型式试验
	名称	要求条款	分类	名称	检验条款		
1	外廓尺寸、轴荷	4.1.1.6	B	外廓尺寸	5.2	△	△
				轴荷			△
2	密封	4.1.1.10	B	密封		△	△
3	外观质量	4.1.1.7	B	装配质量	5.3	△	△
		4.1.2.2		油漆及涂装质量		△	△
		4.1.2.3		焊接件及焊缝质量		△	△
4	安全和环保	4.1.3	A	行车制动	5.5	△	△
				驻车制动		△	△
				侧防		△	△
				后防		△	△
				反光标识		△	△
				排气污染物			△
				加速行驶车外噪声			△
				司机耳旁噪声			△
				作业噪声			△
5	作业装置	4.2.1	B	液压油温度	5.6.1	△	△
				液压油固体颗粒污染度			△
		4.2.4	B	燃油箱	5.6.2		△
		4.2.5	B	热风炉	5.6.3	△	△
		4.2.6	A	最大加热面积	5.6.4		△
				有效加热深度			△
			B	加热路面时间			△
		4.2.7.5	B	最大搅拌能力	5.6.5.2.1		△
			A	最大再生能力	5.6.5.2.3		△
			B	再生时间	5.6.5.2.2		△
		4.2.7.6	A	再生混合料温度	5.6.5.2.4		△
		4.2.9	B	沥青加热及喷洒量	5.6.6		△
		4.2.10	B	乳化沥青加热及喷洒量	5.6.7		△
6	作业可靠性	4.2.12	A	作业可靠性	5.7		△

注：△符号为应检测项目。

6.5.2 经型式试验，表 1 中 A 类检验项目中若有一项不合格则判定修补机为不合格；A 类检验项目达到标准要求，而 B 类检验项目中有 3 项以上未达到标准要求时可返修，返修后检验仍达不到要求，亦判定修补机为不合格。

7 标志、使用说明书、包装、运输及贮存

7.1 标志

7.1.1 修补机应设置永久性标牌，标牌的固定位置及型式、内容等应符合 GB/T 18411 和 GB 7258 的相关规定。

7.1.2 在涉及人身及设备安全的地方应设置明显醒目的安全标志和危险图示标志，安全标志和危险图示标志应符合 GB 20178 的规定。

7.2 使用说明书

修补机使用说明书的编写应符合 GB/T 9969 的规定。

7.3 包装

修补机为裸装，需防锈的部位(如液压油缸活塞杆等)应涂上油脂，并用防潮纸包扎；随机工具、备件及技术文件用密封包装箱包装，随机文件用防雨防潮材料包装，包装箱应与整机放在一起，随机出厂。

出厂时随机文件应包括：

a) 产品合格证(含底盘)；

b) 产品使用说明书(含底盘及发动机)、维修手册；

c) 随机工具及随机备件、附件清单；

d) 装箱单。

7.4 运输

修补机一般为自驶运输。若采用其他运输工具发运时，应符合公路、铁路及海运部门的规定，在发运前应关闭蓄电池开关。

7.5 贮存

7.5.1 修补机应存放在干燥、通风及无腐蚀性物品的库房内，露天存放时应有防雨措施。

7.5.2 长期存放时，易锈部位清理干净后涂上油脂，并按使用说明书的规定进行维护和保养。存放期超过两个月时，应将蓄电池拆下放入库房。应定期给轮胎充气并检查存放情况。

附　录　A
（规范性附录）
故障类别及故障危害系数

表 A.1　故障性质及危害程度

故障类别	故障名称	故障特征	故障示例	故障危害系数 ε
1	致命故障	严重危及或导致人身与设备安全，主要部件报废，导致修补机主要功能丧失，造成严重经济损失或对周围环境造成严重危害	1. 发动机严重损坏报废。 2. 转向机构失灵。 3. 制动器失效损坏。 4. 重要构件如车架断裂。 5. 车轮脱落造成严重后果	∞
2	严重故障	严重影响修补机的功能，主要性能指标超出规定范围以外，必须较长时间停机修理(4 h)，需要对重要的零部件进行更换	1. 主要作业性能严重下降。 2. 转向机构损坏。 3. 传动齿轮、传动轴承等主要零部件损坏。 4. 离合器、变速器、制动器损坏。 5. 燃烧器损坏。 6. 循环风机损坏。 7. 再生搅拌滚筒严重变形导致不能工作。 8. 热风系统严重漏风导致效率过低	3
3	一般故障	明显影响修补机的主要功能但未导致主要总成及零部件的损坏，更换一般零部件即可排除	1. 当气温在 5 ℃以上时，发动机连续三次不能启动。 2. 变速齿轮不能正常啮合。 3. 离合器不能正常结合及脱开。 4. 离合器、变速箱及主要液压元件发生异常响声。 5. 轴承温度超过 110 ℃。 6. 漏油、漏水及漏气严重。 7. 发动机连续二次自动熄火造成停机。 8. 加热、保温系统性能下降。 9. 沥青泵及主要液压元件损坏。 10. 沥青、乳化沥青系统性能下降。 11. 管路接头及密封件损坏。 12. 仪器、仪表失灵或损坏。 13. 热风炉自动点火失灵。 14. 再生滚筒不能转动。 15. 不能自动上料	1
4	轻度故障	对修补机的使用性能有轻度影响，但用更换易损件和用随机工具能够排除，维修费用低廉	1. 离合器因行程变化导致分离不彻底。 2. 焊接部位开裂、开焊长度小于 5%相对长度。 3. 液压油温过高。 4. 渗油、渗水。 5. 沥青、乳化沥青喷嘴堵塞。 6. 照明灯、转向灯不亮。 7. 非重要部件紧固件松动。 8. 出料口漏料	0.2

附 录 B
（资料性附录）
热风式沥青混合料再生修补机试验记录

表 B.1 磨合过程记录

热风式沥青混合料再生修补机型号____________ 制造厂名称____________

出厂编号____________ 出厂日期____________

项 目	年 月 日	地 点	时 间	记 事
运行时间合计				

注 1：项目栏，包括总装调整、磨合运行、修理等，按年月日顺序记入。

注 2：时间栏，记入每项所用时间。

注 3：记事栏，记入磨合、作业及调整修理（部位、程度、更换零部件）等事项。

表 B.2 液压系统液压油温度试验记录

热风式沥青混合料再生修补机型号＿＿＿＿＿＿＿＿ 试验地点＿＿＿＿＿＿＿＿
试 验 日 期＿＿＿＿＿＿＿＿ 试验人员＿＿＿＿＿＿＿＿
出 厂 编 号＿＿＿＿＿＿＿＿ 环境温度＿＿＿＿＿＿℃

测量顺序	间隔时间/min	油温测量值/℃	备 注
1			
2			
3			
…			
n			
系统形式			
修补机作业状态			

表 B.3 热风炉试验记录

热风式沥青混合料再生修补机型号＿＿＿＿＿＿＿＿ 试验地点＿＿＿＿＿＿＿＿
试验日期＿＿＿＿＿＿＿＿
出厂编号＿＿＿＿＿＿＿＿ 试验人员＿＿＿＿＿＿＿＿

项 目	设 计 值	测量(计算)值	备 注
热风炉点火时间			
热风炉熄火时间			
热风炉工作时间/min			
热风炉出风口最高温度/℃			
热风炉回风口最高温度/℃			
环境温度/℃			
热风炉外表面温度/℃			

表 B.4 路面加热器试验记录

热风式沥青混合料再生修补机型号____________________　　试验地点______________________________

试验日期______________________________

出厂编号____　　试验人员______________________________

测量项目	测量值			平均值	测量位置(状态)说明
	1	2	3		
升降行程/mm					
平移行程/mm					
翻转角度/(°)					
有效加热深度/mm					
翻松深度/mm					
加热时间/min					
加热后路面表面温度/℃					
有效加热深度温度/℃					
最大加热面积/m^2					

表 B.5 再生搅拌滚筒试验记录

热风式沥青混合料再生修补机型号____________________　　试验地点______________________________

试验日期______________________________

出厂编号____　　试验人员______________________________

项　目	设 计 值	测量(计算)值	备　注
再生搅拌滚筒容积/m^3			
再生搅拌滚筒有效容积/m^3			
最大搅拌能力/kg			
最大再生能力/(t/h)			
再生加热时间/min			
加热温度/℃			
出料温度/℃			
上料斗容积/m^3			
每斗料质量/kg			

表 B.6 沥青加热及喷洒量试验记录

热风式沥青混合料再生修补机型号____________　　试验地点____________

试验日期____________　　天气状况____________

出厂编号____________　　试验人员____________

项　　目	设 计 值	测　量(计算)值	备　注
沥青箱容积/L			
被加热沥青体积/m^3			
加热前沥青温度/℃			
加热后沥青温度/℃			
加热时间/h			
沥青喷洒温度/℃			
沥青喷洒时间/min			
沥青喷洒量/(L/min)			
沥青泵排量/(mL/r)			
沥青流量/(L/min)			

表 B.7 乳化沥青加热及喷洒量试验记录

热风式沥青混合料再生修补机型号____________　　试验地点____________

试验日期____________　　天气状况____________

出厂编号____________　　试验人员____________

项　　目	设 计 值	测　量(计算)值	备　注
乳化沥青箱容积/L			
被加热乳化沥青体积/m^3			
加热前乳化沥青温度/℃			
加热后乳化沥青温度/℃			
加热时间/h			
乳化沥青喷洒温度/℃			
乳化沥青喷洒时间/min			
乳化沥青喷洒量/(L/min)			
乳化沥青泵排量/(mL/r)			
乳化沥青流量/(L/min)			

表 B.8 作业可靠性作业班次试验记录

热风式沥青混合料再生修补机型号________________　　试验起止日期________________

出厂编号________________　　数据整理人员________________

试验日期	气候	气温/℃	作业内容	作业时间/h	维护保养			累计维护时间/h	故障			累计修复时间/h	备注
					内容	时间/h	人数		内容及修理情况	修理时间/h	人数		

表 B.9 作业可靠性试验故障原始记录

热风式沥青混合料再生修补机型号________ 试验日期________

出厂编号________

试验人员(签字)________ 维修人员(签字)________

序号	故障出现日期	损坏零部件			故障出现时累计作业时间/h	故障情况及原因	故障排除方法	故障停机时间/h	故障级别
		名称	代号	件数					
1									
2									
3									
4									
5									
6									
7									
8									
9									
10									
11									
12									
13									
14									
15									
16									
17									
18									
19									
20									

表 B.10 可靠性试验结果

热风式沥青混合料再生修补机型号________________　　试验起止日期____________________
出厂编号________________________________　　数据整理人员____________________

项　目	可靠性试验数据	备　注
试验班次		
累计加热沥青路面时间/h		
累计加热再生混合料时间/h		
累计再生混合料数量/t		
累计加热沥青路面面积/m^2		
累计故障时间/h		
折算故障次数		
首次故障前工作时间/h		
平均无故障工作时间/h		
可靠度/%		

ICS 91.220
P 97

中华人民共和国国家标准

GB/T 28393—2012

道路施工与养护机械设备 沥青碎石同步封层车

Road construction and road maintenance machinery and equipment—Synchronous chips seal truck

2012-05-11 发布 2012-10-01 实施

中华人民共和国国家质量监督检验检疫总局
中国国家标准化管理委员会 发布

前　言

本标准按照 GB/T 1.1—2009 给出的规则起草。

本标准由中国机械工业联合会提出。

本标准由全国建筑施工机械与设备标准化技术委员会(SAC/TC 328)归口。

本标准起草单位:西安达刚路面机械股份有限公司、西安筑路机械测试中心、浙江美通机械制造有限公司、江苏徐州工程机械研究院、深圳市华测检测技术股份有限公司、北京建筑机械化研究院、沈阳北方交通重工集团有限公司。

本标准主要起草人:谢立扬、李太杰、胡丞銮、吴凌云、朱平、蒋慧、皇甫建红、宫永杰、孟庆勇、张晨光、孙华山、赵彦军。

道路施工与养护机械设备　沥青碎石同步封层车

1　范围

本标准规定了沥青碎石同步封层车的术语和定义、技术要求、试验方法、检验规则、标志、包装、运输与贮存等。

本标准适用于沥青碎石同步封层车。

2　规范性引用文件

下列文件对于本文件的应用是必不可少的。凡是注日期的引用文件，仅注日期的版本适用于本文件。凡是不注日期的引用文件，其最新版本(包括所有的修改单)适用于本文件。

GB 1495　汽车加速行驶车外噪声限值及测量方法
GB 1589　道路车辆外廓尺寸、轴荷及质量限值
GB/T 3766　液压系统通用技术条件
GB 3847　车用压燃式发动机和压燃式发动机汽车排气烟度排放限值及测量方法
GB 4785　汽车及挂车外部照明和光信号装置的安装规定
GB/T 6420　货运挂车系列型谱
GB 7258　机动车运行安全技术条件
GB/T 9969 工业产品使用说明书　总则
GB 11567.1　汽车和挂车侧面防护要求
GB 11567.2　汽车和挂车后下部防护要求
GB/T 12536　汽车滑行试验方法
GB/T 12539　汽车爬陡坡试验方法
GB/T 12540　汽车最小转弯直径、最小转弯通道圆直径和外摆值测量方法
GB/T 12543　汽车加速性能试验方法
GB/T 12544　汽车最高车速试验方法
GB/T 12547　汽车最低稳定车速试验方法
GB 12676　汽车制动系统　结构、性能和试验方法
GB/T 16710.4　工程机械　动态试验条件下机外辐射噪声的测定
GB/T 16710.5　工程机械　动态试验条件下司机位置处噪声的测定
GB 16735　道路车辆　车辆识别代号(VIN)
GB/T 17300 土方机械　通道装置
GB/T 18411 道路车辆　产品标牌
GB 20178　土方机械　安全标志和危险图示　通则
JB/T 5943　工程机械　焊接件通用技术条件
JB/T 5945　工程机械　装配通用技术条件
JB/T 5946　工程机械　涂装通用技术条件
JB/T 9723　工程机械　最小入口尺寸

QC/T 252　专用汽车定型试验规程

QC/T 319　自卸汽车取力器技术条件

公路沥青路面施工技术规范(中华人民共和国交通部 2004 年 9 月 4 日发布)

3　术语和定义

下列术语和定义适用于本标准。

3.1

沥青碎石同步封层车　synchronous chips seal truck

装备有碎石料仓、保温沥青罐、沥青泵、加热系统和碎石撒布系统与沥青喷洒系统等,用于同步撒布碎石和喷洒沥青的作业车辆。

3.2

碎石料仓　aggregate bin

盛装公路施工用碎石并带有排出口的容器。

3.3

最大总质量　total mass

标准配置的沥青碎石同步封层车,其碎石料仓、沥青罐、液压油箱及燃油箱等均按各自规定容量分别加足石料、沥青、液压油、燃料油等时的设备总质量(包括驾驶操作人员,体重按每人 65 kg 计)。

3.4

标准作业工况　rating operating mode

环境温度(25±5) ℃、风速不大于 3 m/s、标准大气压下,封层宽度为最大设定值,沥青为石油沥青,碎石直径为(5～10) mm 所对应的工况。

3.5

沥青洒布量　asphalt spraying quantity

单位面积上洒布的沥青质量(kg/m^2)。

3.6

碎石撒布量　aggregate spreading quantity

单位面积上撒布的碎石毛体积(L/m^2)。

3.7

洒/撒布量设定值　spraying /spreading set point

根据施工工艺要求,设备上设定的沥青洒布量和碎石撒布量的值。

3.8

洒/撒布率　spraying/spreading rate

洒/撒布量测定结果服从正态分布,测定值落在洒/撒布量设定值误差限内的概率。

3.9

同步偏差　synchronized deviation

标准作业工况下,沥青撒布起始线与碎石撒布起始线间的地面距离。

4　技术要求

4.1　基本作业性能指标

沥青碎石同步封层车基本作业性能指标应符合表 1 的要求。

表 1　基本作业性能指标

序号	项　　目		计量单位	指标	备注
1	最大封层宽度		m	≥设计值[a]	分级可调
2	材料类型	沥青		改性沥青、石油沥青 乳化沥青	
		碎石		S14～S8	
3	沥青洒布量	设定值	kg/m^2	0.5～3	
		偏差限	kg/m^2	±0.1	
4	碎石撒布量	设定值	L/m^2	3～22	
		偏差限	L/m^2	±1	
5	最大碎石撒布量/沥青洒布量 配置范围		L/kg	20/(1.4～3)	
6	最小沥青撒布量/碎石撒布量 配置范围		kg/L	0.5/(3～6)	
7	横向洒(撒)布率	沥青	%	≥95	
		碎石	%	≥94	
8	纵向洒(撒)布率	沥青	%	≥96	
		碎石	%	≥95	
9	沥青、碎石洒(撒)布同步偏差		mm	≤150	
10	沥青罐静态保温性能		℃/8 h	≤20	满载质量
11	沥青罐加热升温性能		℃/h	≥10	满载质量
12	最高行驶车速		km/h	≥60	

[a] 设计值为 3.5 m 或 3.75 m。

4.2　整车

4.2.1　应按规定程序批准的图样及技术文件制造。

4.2.2　外购件应符合国家有关规定，并有制造厂的合格证。

4.2.3　半挂式沥青碎石同步封层车主要技术参数应符合 GB/T 6420 的规定。

4.2.4　制动装置、制动性能、侧倾稳定角应符合 GB 7258 中的规定。

4.2.5　驾驶室司机耳边噪声应不大于 85 dB(A)，机外辐射噪声应不大于 90 dB(A)。

4.2.6　排放标准应符合 GB 3847 的规定。

4.2.7　外部照明和信号装置的数量、安装位置应符合 GB 4785 的规定及相关技术要求。

4.2.8　整车外型尺寸、外廓尺寸与后悬应符合 GB 1589、GB 7258 的规定。

4.2.9　整车质量与重心位置应符合底盘设计规定。

4.2.10　沥青、碎石洒/撒布装置侧面及后下部安全防护应符合 GB 11567.1 和 GB 11567.2 的规定。

4.2.11　焊接质量应符合 JB/T 5943 的规定。

4.2.12　油漆涂层质量应符合 JB/T 5946 的规定。

4.2.13　装配质量应符合 JB/T 5945 的规定。

4.2.14　整机可靠性要求：首次故障前工作时间不少于 100 h；整机平均无故障工作时间不少于 120 h；可靠度不小于 85%。

4.3　专用装置

4.3.1　沥青罐

4.3.1.1　沥青罐的实测容积应不超过设计容积的±3%。
4.3.1.2　罐体必须具有保温性能，其温降应符合表 1 中 10 的规定。
4.3.1.3　沥青罐应具有给罐内沥青加热的装置。
4.3.1.4　罐体内部结构，应能减少在运输状态下罐内液体对罐壁的冲击，并要求罐体有足够的强度和刚度。
4.3.1.5　罐体应保证在使用中无渗漏现象出现。
4.3.1.6　罐体外蒙皮应紧贴、平整、无明显凹凸不平的现象。
4.3.1.7　沥青罐上部设置的圆形入口，直径应符合 JB/T 9723 的要求。
4.3.1.8　罐体应配备沥青容量指示器、沥青温度显示器、满位报警及低位控制装置。
4.3.1.9　罐体应设有确保产品安全使用的溢流管或呼吸管(阀)。

4.3.2　取力装置

取力装置应符合 QC/T 319 专用汽车取力器的规定。

4.3.3　气压系统

4.3.3.1　储气罐压力及容量应满足设备控制和管路冲洗的要求。
4.3.3.2　压力表的精度不低于 2.5 级，安装位置应便于观察。
4.3.3.3　阀门及气动系统零部件应作防锈处理。

4.3.4　液压系统

4.3.4.1　液压系统压力和流量应满足工作装置的设计要求。
4.3.4.2　液压系统应符合 GB/T 3766 的规定。
4.3.4.3　液压系统油温应不大于 80 ℃。
4.3.4.4　液压系统应具有良好的密封性能，各管路、接头应无渗漏。

4.3.5　沥青洒布系统

4.3.5.1　沥青泵压力和流量应满足洒布装置的压力和最大洒布量的要求。
4.3.5.2　具有能开、闭喷嘴的装置，启闭灵活、可靠。
4.3.5.3　洒布管轴心线应呈水平，沿长度方向的对称中心高度偏差不大于±3 mm/m。
4.3.5.4　沥青应呈扇形均匀喷出，落地呈三重叠分布，不允许出现流条状。
4.3.5.5　喷洒系统应进行清洗和防锈处理。
4.3.5.6　沥青洒布系统应具有以下功能：

a)　沥青过滤；
b)　保温隔热；
c)　沥青内循环；
d)　洒布宽度调节；
e)　手提洒布沥青；

f) 洒布管高度调整；

g) 沥青管道清洗；

h) 沥青吸入、排出和卸荷。

4.3.6 加热系统

4.3.6.1 燃油加热装置应符合：

a) 以喷燃压力油方式加热，其燃料系统应在工作压力下无渗漏；

b) 喷燃器应保证点火方便，火焰大小应能调节。

4.3.6.2 采用其他加热方式的加热装置应符合该加热方式的标准要求。

4.3.7 碎石撒布系统

4.3.7.1 碎石料仓应保证出料通畅，其容积误差应不超过设计值的±5%。

4.3.7.2 碎石料仓的各出料门启闭应独立可调，关闭后无漏料现象。

4.3.7.3 碎石撒布辊转速误差应不超过设计值的±2%。

4.3.8 电气、控制系统

4.3.8.1 各种仪表应工作可靠、灵敏、准确、读数清晰、观察方便。操纵仪表板处应安装照明灯。

4.3.8.2 电气控制系统应满足道路施工的各种工艺要求，操作简单，功能扩展方便。

4.3.8.3 控制系统应具有手动、半自动、全自动运行方式；可动态显示和控制生产主要环节，具有参数设定、数据管理等功能。

4.3.8.4 控制系统应具有良好的抗干扰能力、连锁保护及报警功能。

4.3.9 安全防护装置

4.3.9.1 应对司机和维护人员构成危险的所有旋转、往复运动和高温部位，均应设防护和隔离装置。

4.3.9.2 应在作业人员上下通道和作业位置应设置扶手和护栏等，踏板应防滑，并应符合 GB/T 17300 的规定。

4.3.9.3 应在涉及人身及设备安全的地方设置醒目的安全标志和危险图示标志，安全标志和危险图示应符合 GB 20178 的规定。

5 试验方法

5.1 试验前的准备

5.1.1 样机技术资料

5.1.1.1 样机使用说明书及设计技术参数，记入表 A.1。

5.1.1.2 样机出厂验收技术条件、检验合格证书。

5.1.1.3 样机主要配置零部件的技术参数。

5.1.2 测量仪器与测量精度

5.1.2.1 试验用仪器、量具必须经过国家法定机构鉴定合格，并在鉴定周期内方可使用。

5.1.2.2 各直接测量参数，若无特殊说明，均取三次测量的算术平均值，测量精度应符合表 2 的要求。

表2　测量精度要求

被量参数	精度要求		被量参数	精度要求
长度尺寸	±0.5%		温度	±0.5 ℃
质量	±1%		燃油消耗量	±2%
转速	±0.5%		容积	±1.5%
操纵力	±5%	取大值	大气压力	±0.13 kPa
	±5 N		流体压力	±2%
牵引力	±0.2%		烟度	±0.3 Rb
			声压级	±1 dB(A)
时间	±0.1 s		角度	±0.5°

5.2　试验场地

5.2.1　定置试验场地应为平整、坚实的地面，在样机最大外形尺寸范围内，地面各向坡度应不大于1%，平面度要求不大于3 mm/m^2。

5.2.2　作业性能试验场地应为平整、坚实的新筑路基或旧沥青路面。试验用直线路段不应小于300 m，宽度应为样机最大封层宽度的1.5倍，场地纵向坡度不大于2%。

5.3　样机的磨合与验收

5.3.1　提供的试验样机应该是经厂方检验合格的近期产品。验收记录填写在表A.2中。

5.3.2　所用汽车底盘应按说明书的规定进行磨合，并应符合QC/T 252的规定。

5.3.3　工作装置磨合按使用说明书的要求仔细操作，避免使用过大的负荷与过高的转速进行磨合。磨合时间不少于50 h。磨合记录填写在表A.3中。

5.4　定置参数试验

5.4.1　主要几何尺寸

5.4.1.1　试验条件：

a)　样机处于运输状态、各总成、部件、附件及附属装置(包括随车工具)，应装备齐全，并装在规定位置上，并按规定加注燃油及润滑油等；

b)　样机保持最大总质量状态，轮胎气压应符合该样机技术条件的规定，误差不超过9.8 kPa；

c)　样机清洗，去除油污，泥土或其他污物。

5.4.1.2　试验场地：同5.2.1。

5.4.1.3　试验仪器：钢卷尺、直尺、水平仪、角度仪、线锤等。

5.4.1.4　试验结果记入表A.4。

5.4.2　质量、轴荷及分配

5.4.2.1　试验条件：

a)　样机空载：样机应携带随机附件、工具；燃油、液压油等按规定加注；

b)　样机满载：按最大总质量；

c)　以上两种工况，驾驶室按规定乘员数，测量时样机应停稳，发动机熄火，变速器空挡，制动器松开。

5.4.2.2　试验场地：同 5.2.1。

5.4.2.3　试验仪器：地秤或测力计等。

5.4.2.4　试验方法：

样机空载先从一个方向行驶依次前桥、后桥上秤台，再依次前桥、后桥下秤台，分别称量前桥负荷 M_{01}'，整机质量 M_0'，后桥负荷 M_{02}'；然后样机掉头，从相反方向同样行驶依次上、下秤台，复测前桥负荷 M_{01}''，整机质量 M_0''，后桥负荷 M_{02}''。

样机空载以左侧车轮行驶上秤台测定整机左侧车轮负荷 $M_{0左}'$；然后样机掉头，从相反方向同样行驶上秤台，复测左侧车轮负荷 $M_{0左}''$。用同样方法测定整机右侧车轮负荷。

样机满载用同样方法测定。

5.4.2.5　试验结果：

a)　试验结果记入表 A.5。

b)　试验数据处理如下：

1)　空载整机质量

$$M_0 = \frac{M'_0 + M''_0}{2} \quad \cdots\cdots (1)$$

2)　空载前轴载荷率

$$\varepsilon_{01} = \frac{1}{1+(M'_{02}+M''_{02})/(M'_{01}+M''_{01})} \times 100\% \quad \cdots\cdots (2)$$

3)　空载前轴质量

$$M_{01} = \varepsilon_{01} \cdot M_0 \quad \cdots\cdots (3)$$

4)　空载后轴载荷率

$$\varepsilon_{02} = 1 - \varepsilon_{01} \quad \cdots\cdots (4)$$

5)　空载后轴质量

$$M_{02} = \varepsilon_{02} \cdot M_0 \quad \cdots\cdots (5)$$

6)　空载左侧质量

$$M_{0左} = \frac{M'_{0左} + M''_{0左}}{2} \quad \cdots\cdots (6)$$

7)　空载右侧质量

$$M_{0右} = \frac{M'_{0右} + M''_{0右}}{2} \quad \cdots\cdots (7)$$

8)　重心水平纵坐标

$$L_1 = \frac{M_{02}}{M_0} \cdot Z \quad \cdots\cdots (8)$$

式中：

L_1——空载时重心距前轴中心线的水平距离，单位为毫米(mm)；

Z ——轴距，单位为毫米(mm)。

9)　重心的水平横坐标

$$e_1 = \frac{A(M_{0左} - M_{0右})}{2(M_{0左} + M_{0右})} \quad \cdots\cdots (9)$$

式中：

e_1——空载时样机重心的水平横坐标(偏离中心线左侧距离)，单位为毫米(mm)；

A——近似地取前轮轮距和后轮轮距的算术平均值，单位为毫米(mm)。

注：当 e_1 为负值时，说明重心点在中心线右侧。

5.5 行驶性能试验

5.5.1 滑行试验

滑行试验按 GB/T 12536 的规定进行。

5.5.2 最高车速

最高车速试验按 GB/T 12544 的规定进行。

5.5.3 加速性能

加速性能试验按 GB/T 12543 的规定进行。

5.5.4 制动性能

制动性能试验按 GB 12676 的规定进行。

5.5.5 最小转弯直径

最小转弯直径的测定按 GB/T 12540 的规定进行。

5.5.6 爬坡性能

爬坡性能试验按 GB/T 12539 的规定进行。

5.5.7 最低稳定车速

最低稳定车速按 GB/T 12547 的规定进行。

5.6 撒布辊转速试验

5.6.1 试验条件：样机在额定作业工况下稳定运转。

5.6.2 试验方法：采用接触式或非接触式转速表直接测量撒布辊的转速。

5.6.3 试验结果记入表 A.6。

5.7 液压油温度试验

5.7.1 试验条件：

a) 在作业性能试验场地进行试验；

b) 样机在额定作业工况下液压系统进行连续工作。

5.7.2 试验仪器：温度计、转速仪、风速仪、空盒气压表。

5.7.3 试验方法：

a) 在液压油油箱内设置温度计；

b) 每 10 min 测量一次液压油温度；

c) 当连续三次测量液压油温的上升不超过 1 ℃或者液压油温度超过最高允许使用温度时，试验停止。

5.7.4 试验结果记入表 A.7。

5.8 作业性能试验

5.8.1 沥青洒布率试验

5.8.1.1 试验条件：

a) 试验前样机应充分预热，使水温和机油温度达到规定值；

b) 样机在设计最大洒布能力条件下工作；

c) 试验场地按 5.2.1，也可以在可靠性试验专用试验场地进行试验；

d) 洒布管距地面的高度应为设计值；

e) 洒布量设定值取值应符合《公路沥青路面施工技术规范》中 6.2.1 的要求；

f) 样机按设定行驶速度匀速通过采样区。

5.8.1.2 试验设备：

秒表、转速表、卷尺、标杆、天平、采样板(200 mm×200 mm)等，采样板应为对沥青有较强吸收能力的材料制成。

5.8.1.3 试验方法：

a) 横向洒布率试验采样时，沿横向(与前进方向垂直)采样板在有效洒布宽度内均匀布置，采样板数 $n=9$；

b) 纵向洒布率试验采样时，采样板沿纵向(前进方向)布置，间距 3 m，采样板数 $n=9$。

5.8.1.4 试验结果：

a) 试验结果记入表 A.8；

b) 试验数据处理如下：

沥青洒布纵(横)向洒布量均值按式(10)计算，标准差按式(11)计算；t-分布统计量 t_1、t_2 按式(12)计算，按表 3 用插值法计算相应概率 P_{m1}、P_{m2}；洒布率按式(13)计算。

$$\overline{X}=\frac{1}{n}\sum_{i=1}^{n}x_{iS} \qquad \cdots\cdots(10)$$

$$S=\sqrt{\frac{1}{n-1}\sum_{i=1}^{n}(x_{iS}-\overline{X})} \qquad \cdots\cdots(11)$$

$$t_1=\frac{\delta-|\overline{X}-u|}{S/\sqrt{n}};t_2=\frac{\delta+|\overline{X}-u|}{S/\sqrt{n}} \qquad \cdots\cdots(12)$$

$$P_m=P_{m1}+P_{m2} \qquad \cdots\cdots(13)$$

式中：

n ——沥青洒布量采样数；

x_{iS}——第 i 个采样板沥青洒布量采样值，单位为千克每平方米(kg/m^2)；

$\overline{X}$ ——沥青试验洒布量平均值，单位为千克每平方米(kg/m^2)；

S ——标准差，单位为千克每平方米(kg/m^2)；

u ——洒布量设计值，单位为千克每平方米(kg/m^2)；

δ ——洒布量设计值偏差限，$\delta=0.1$，单位为千克每平方米(kg/m^2)；

P_m——洒布率(%)。

表3　*t*-分布的 *t* 数值表

P_m / m	5.0	10.0	15.0	20.0	25.0	30.0	35.0	40.0	45.0	47.0	49.0	49.5	49.95
5	0.132	0.267	0.408	0.559	0.727	0.92	1.156	1.476	2.015	2.571	3.365	4.032	6.869
6	0.131	0.265	0.404	0.553	0.718	0.906	1.134	1.440	1.943	2.447	3.143	3.707	5.959
7	0.130	0.263	0.402	0.549	0.711	0.896	1.119	1.415	1.895	2.365	2.998	3.499	5.408
8	0.130	0.262	0.399	0.546	0.706	0.889	1.108	1.397	1.860	2.306	2.896	3.355	5.041
9	0.129	0.261	0.398	0.543	0.703	0.883	1.100	1.383	1.833	2.262	2.821	3.250	4.781
10	0.129	0.26	0.397	0.542	0.700	0.879	1.093	1.372	1.812	2.228	2.764	3.169	4.587

注1：表中 $m=n-1$，n 为测试数据取样数。

注2：当 t 值与表内数字不符时，用插值法求 P_m。

注3：表内数字为 t，当 $t=t_1$ 时，对应的概率 $P_m=P_{m1}$；$t=t_2$ 时，对应的概率 $P_m=P_{m2}$。

5.8.2　沥青最大洒布量与最小洒布量试验

5.8.2.1　试验条件：

a）试验条件：同5.8.1.1；

b）按最大洒布宽度工况进行测定。

5.8.2.2　试验仪器：同5.8.1.2。

5.8.2.3　试验方法：样机以最大设定洒布量和最小设定洒布量分别洒布，采样板设置9块，分三排沿横向左、中、右对称布置。

5.8.2.4　试验结果记入表A.9。

5.8.3　碎石撒布率试验

5.8.3.1　试验条件：

a）同5.8.1.1；

b）碎石撒布量设定值应与5.8.2沥青洒布量设定值相匹配；

c）样机行驶速度同沥青洒布率试验，匀速通过采样区。

5.8.3.2　试验仪器：秒表、转速表、卷尺、标杆、天平等。

5.8.3.3　试验方法：同5.8.1.3。

5.8.3.4　试验结果：

a）试验结果记入表A.8；

b）据处理方法同5.8.1.4 b)。

5.8.4　碎石最大撒布量与最小撒布量试验

5.8.4.1　试验条件：

a）同5.8.1.1；

b）按最大撒布宽度工况进行测定。

5.8.4.2　试验仪器：同5.8.3.2。

5.8.4.3　试验方法：同5.8.3.3。

5.8.4.4 试验结果记入表 A.10。

5.8.5 沥青、碎石洒(撒)布同步试验

5.8.5.1 试验条件：

a) 同 5.8.1.1；

b) 洒(撒)布宽度按最大设计洒(撒)布宽度；

c) 洒(撒)布量设定值应符合《公路沥青路面施工技术规范》的要求；

d) 沥青洒布管距地面的高度应为设计值；

e) 样机按设定行驶速度匀速行驶。

5.8.5.2 试验仪器：同 5.8.2.2。

5.8.5.3 试验方法：以沥青洒布起始线为基准，测量碎石撒布起始线到沥青洒布起始线间的距离。

5.8.5.4 试验结果记入表 A.11。

5.9 沥青罐保温、加热性能试验

5.9.1 定置保温性能试验

5.9.1.1 试验条件：

a) 在定置试验场地进行试验；

b) 天气无雨，风速不大于 3 m/s；

c) 沥青罐内注满液态沥青，温度 150 ℃～160 ℃；

d) 加热装置不工作。

5.9.1.2 试验仪器：温度传感器，温度记录仪等。

5.9.1.3 试验方法：

a) 测点布置：按罐内油温分布采用两点测量，上层测点位于沥青液面下 200 mm 处，下层测点位于加热管之间距底面 200 mm；

b) 保温试验 8 h，间隔 1 h 记录沥青温度，同时记录环境温度变化及降温时间。

5.9.1.4 试验结果记入表 A.12。

5.9.2 沥青升温性能试验

5.9.2.1 试验条件：

a) 在定置试验场地进行试验；

b) 燃油箱装满燃油，保证燃烧器连续工作时间不少于 6 h；

c) 沥青罐按规定注满沥青。

5.9.2.2 试验仪器：温度传感器、温度记录仪等。

5.9.2.3 试验方法：

a) 测点布置同 5.9.1.3a)；

b) 沥青罐内的沥青温度从 110 ℃左右进行升温试验，每 30 min 测量一次温度值，试验终了沥青温度为 160 ℃±5 ℃。

5.9.2.4 试验结果记入表 A.13。

5.10 噪声试验

5.10.1 行驶噪声的测量按 GB 1495 的规定进行。

5.10.2 作业噪声的测量按 GB/T 16710.4、GB/T 16710.5 的规定进行。

5.11 排放试验

柴油发动机排放试验按 GB 3847 的规定进行。

5.12 可靠性试验

5.12.1 行驶可靠性试验

行驶可靠性试验按 QC/T 252 的规定进行。

5.12.2 作业可靠性试验

5.12.2.1 试验方法

试验方法应符合以下要求：

a) 沥青碎石同步封层车应按施工要求进行作业；
b) 试验期间应按沥青碎石同步封层车使用说明书的规定进行例行保养和维修；
c) 沥青碎石同步封层车在试验过程中发生故障时，应及时排除故障，不允许带故障作业；
d) 可靠性试验应做好每班的试验记录；可靠性试验情况及班次记录记入表 A.14；
e) 可靠性试验过程中故障原始记录记入表 A.15。

5.12.2.2 试验时间的规定

可靠性试验时间分为：

a) 作业时间为沥青碎石同步封层车作业时间的累计值。单次计时从样机起步开始，到停机为止。停机待料时间不计入作业时间；
b) 故障时间为故障时间的累计值。单次计时从故障发生开始到故障排除、并确定样机可正常运转为止。其中包括查找、分析、处理、修整、调试等时间，用于等待等非排除故障时间不计；
c) 维修保养时间按沥青碎石同步封层车使用说明书规定进行的技术性例行保养时间的累计值。单次计时在养护工作开始到结束为止。

5.12.2.3 故障的判定

故障按以下规则判定：

a) 在可靠性试验中由于沥青碎石同步封层车自身潜在因素和固有缺陷所致的故障，计为可靠性考核故障；
b) 由外界原因或操作人员违反操作规程而导致的故障，不计为可靠性考核故障；
c) 试验过程中同时发生两个以上的故障时，若故障之间有直接联系，按其中最严重的故障类别计录，若无直接联系则分别记录。

5.12.2.4 故障分类

沥青碎石同步封层车在可靠性试验期间发生的故障，按其对人身安全、零部件损坏程度、功能降低程度及修复的难易等因素分为致命故障、严重故障、一般故障、轻度故障四类。故障分类按表 4 规定。

表 4　故障的分类

故障类别	故障划分原则	故障示例	危害度系数
致命故障	严重危及或导致人身伤亡，主要部件严重报废，导致沥青碎石同步封层车主要功能丧失，或对周围环境造成严重危害	1.发动机严重损坏报废。 2.重要构件(如车架)断裂。 3.车轮脱落造成严重后果。 4.制动器失效损坏。 5.转向失灵	∞
严重故障	严重影响沥青碎石同步封层车的功能，性能指标超出规范以外，需要停机修理，对重要的零部件进行更换或修理的故障	1.液压泵等主要液压元件损坏。 2.转向、取力机构、主要液压元件损坏。 3.沥青罐破裂。 4.离合器、制动器、变速器损坏	3
一般故障	明显影响沥青碎石同步封层车的主要功能，不导致主要总成、零部件的损坏，需对一般零部件进行更换或修理的	1.气温在 5 ℃以上时发动机连续三次不能启动。 2.变速器、离合器，主要液压元件及万向节发生异常响声或换挡困难。 3.底盘行驶速度不稳。 4.液压系统漏油。 5.洒布装置损坏。 6.焊接部位焊缝开裂长度大于 5%的相对长度。 7.液压油的温度超过 80 ℃。 8.转向灯、照明灯不亮	1
轻度故障	轻度影响沥青碎石同步封层车的功能，不需要更换或修理零部件(紧固件除外)，用随机工具可以排除的故障	1.焊接部位开裂(焊)、长度小于 5%相对长度。 2.沥青罐指示装置损坏	0.2

5.12.2.5　**可靠性评价指标**

5.12.2.5.1　**首次故障前工作时间**

可靠性试验中样机在规定的使用条件下首次出现当量故障数 N 为 1 或大于 1 的工作时间。

5.12.2.5.2　**平均无故障工作时间**

平均无故障工作时间按式(14)计算：

$$MTBF = \frac{T}{N} = \frac{\sum t_i}{\sum \varepsilon_i \times n_i} \quad \cdots\cdots(14)$$

式中：

$MTBF$ ——平均无故障工作时间，单位为小时(h)；

T ——累计作业时间，单位为小时(h)；

t_i ——单次作业时间，单位为小时(h)；

N ——当量故障数；

ε_i ——i 类故障的危害度系数；

n_i ——i 类故障次数。

注：当 $N=0$ 或 $N<1$ 时，令 $N=1$，但应在试验报告中予以说明。

5.12.2.5.3 可靠度

可靠度按式(15)计算

$$R=\frac{T}{T+T_1}\times 100\% \quad \cdots\cdots(15)$$

式中：

R ——可靠度，%；

T_1 ——累计故障时间，单位为小时(h)。

5.12.2.6 试验结果

试验结果记入表 A.16。

6 检验规则

6.1 检验分类

沥青碎石同步封层车产品检验分为出厂检验和型式检验。

6.2 出厂检验

6.2.1 出厂检验为逐台检验，由制造单位的质量检验部门检验合格并签发合格证书后方可出厂。

6.2.2 出厂检验项目见表 5。

表 5 检验项目

序号	检验项目	技术要求	实验方法	出厂检验	型式检验	检测项分类
1	外观质量	4.1.13、4.1.14、4.2.1	目测	△	△	
2	沥青罐容积	4.3.1.1	5.4.1	△	△	
3	碎石料仓容积	4.3.7.1	5.4.1	△	△	
4	最小离地间隙	4.2.1	5.4.1	△	△	
5	整机质量	4.2.11	5.4.2	△	△	
6	最高车速	4.1	5.5.2		△	
7	最小转弯直径	4.2.2	5.5.5		△	
8	撒布辊转速	4.3.7.3	5.6	△	△	
9	液压油温度	4.3.4.3	5.7	△	△	
10	沥青洒布率	4.1	5.8.1		△	
11	沥青最大洒布量与最小洒布量	4.1	5.8.2		△	
12	碎石撒布率	4.1	5.8.3		△	

表 5（续）

序号	检验项目	技术要求	实验方法	出厂检验	型式检验	检测项分类
13	碎石最大撒布量与最小撒布量	4.1	5.8.4		△	
14	沥青、碎石洒(撒)布同步偏差	4.1	5.8.5		△	
15	沥青罐保温性能	4.1	5.9.1		△	
16	沥青升温性能	4.1	5.9.2		△	
17	机外噪声	4.2.7	5.10		△	
18	操作位置噪声	4.2.7	5.10		△	
19	排放限值	4.2.8	5.11		△	
20	安全防护装置	4.3.9	5.4.1.1	△	△	
21	可靠性	4.2.16	5.12		△	

6.3 型式试验

6.3.1 有下列情况之一时，应进行型式检验：

a) 新产品试制定型试验；

b) 变型、重大改进、原材料及工艺等方面的较大变动可能影响产品性能时；

c) 正常生产的定期检验；

d) 国家质量监督机构进行质量检验时。

6.3.2 型式检验的项目见表 5。

7 抽样

型式检验采取随机抽样法抽取 1 台试验样机。

7.1 判定规则

经型式检验，安全环保项目中，若有一项不合格则判定为不合格品；安全环保项目全部达到标准要求，而其他项目有 3 项以上未达到本标准要求时，可由厂家返修，返修后检验仍达不到要求，亦判定为不合格品。

8 标志、使用说明书、包装、运输和贮存

8.1 标志

8.1.1 沥青碎石同步封层车出厂时，应在显著位置喷涂或粘贴产品标牌和有关标志，产品标牌和标志应符合 GB 7258、GB 16735 及 GB/T 18411 的规定。

8.1.2 产品标牌应包括以下内容：

a) 商标；

b) 产品型号和名称；

c) 产品主要技术参数；

d) 制造厂名称；

e) 车辆识别代号(VIN);

f) 出厂日期;

g) 出厂编号。

8.1.3 沥青碎石同步封层车应有警告和安全标志、起吊标志、润滑指示标记、操作及工作位置指示标记,应符合 GB 20178 的规定。

8.2 使用说明书

沥青碎石同步封层车使用说明书按 GB/T 9969 的规定编制。

8.3 包装、运输和贮存

8.3.1 包装

8.3.1.1 沥青碎石同步封层车出厂采用裸装,随车备件及工具应作防锈处理。

8.3.1.2 随机文件采用防潮材料包装。随机文件包括:

a) 产品合格证(含底盘);

b) 产品使用说明书(含底盘)、维修手册;

c) 随车工具及随车备件、附件清单;

d) 装箱单。

8.3.2 运输

8.3.2.1 整车或解体运输应固定稳妥,确保运输安全。

8.3.2.2 解体运输的管道及管道接头两端用专用堵头塞住。

8.3.3 贮存

8.3.3.1 沥青碎石同步封层车应存放在干燥通风的库房内,露天存放时应有防雨措施,并妥善保管。

8.3.3.2 长期存放时,应将燃油和水放净;易锈部位清除干净后涂油上脂,并按产品使用说明书的规定进行维护和保养,存放期超过二个月时,应将蓄电池拆下,放入专用仓库保存。

附 录 A
（规范性附录）
沥青碎石同步封层车试验记录

表 A.1 样机的主要性能参数(设计值)表

序号	项　　目		单位	数值	备注
1	最大封层宽度		m		
2	沥青、碎石洒(撒)布同步偏差		mm		
3	横向洒(撒)布率	沥青	%		
		碎石	%		
4	纵向洒(撒)布率	沥青	%		
		碎石	%		
5	沥青最大洒布量	kg/m^2			
6	沥青最小洒布量	kg/m^2			
7	碎石最大撒布量	L/m^2			
8	碎石最小撒布量	L/m^2			
9	沥青罐静态保温性能	℃/8 h			
10	沥青加热升温性能	℃/h			
11	碎石料仓容积	m^3			
12	沥青罐容量	m^3			
13	最高行驶车速	km/h			
14	最低工作速度	km/h			
15	转弯直径	m			
16	制动距离	m			
17	最大总质量	t			
18	专用装置采用的另置发动机	型号			
		额定功率	kW		
		冷却方式			
		燃油消耗率	g/(kW·h)		
19	外形尺寸	全长(*L*)	mm		
		全宽(*B*)	mm		
		全高(H)	mm		

表 A.2　验收检查记录表

样机名称：　　　　　　　　　　　　样机型号：
出厂编号：　　　　　　　　　　　　验收日期：
验收地点：　　　　　　　　　　　　验收人员：

序号	结构名称	工作状态	故障	排除措施	备注
1	液压系统				
2	电气系统				
3	气压系统				
4	沥青罐				
5	沥青加热系统				
6	沥青洒布系统				
7	碎石撒布系统				
检查结论：				试验负责人：	

表 A.3　磨合过程记录表

型号：　　　　　　　　　　　　制造厂名称：
出厂编号：　　　　　　　　　　出厂日期：

项　目	年　月　日	地点	时　间	备　注
运行时间合计				

表 A.4 主要几何参数检测记录表

样机名称： 出厂编号：

天气情况： 检测日期：

检测地点： 检测人员：

序号	检 测 项 目		单位	测量值	设计值	备注
1	整机外形尺寸	长	mm			
		宽	mm			
		高	mm			
2	轴距		mm			
3	轮距	前轮	mm			
		后轮	mm			
4	最小离地间隙		mm			
5	接近角		(°)			
6	离去角		(°)			
7	沥青洒布管最大宽度		mm			
8	碎石布料板最大宽度		mm			
9	碎石装载高度		mm			
10	沥青罐容积		m^3			
11	碎石料仓容积		m^3			
12	沥青洒布管轴心线离地高度	最大	mm			
		最小	mm			
13	洒布管轴心线长度方向偏差		mm/m			

表 A.5 样机质量、轴荷分配检测记录表

样机名称：　　　　　　　　　　出厂编号：
天气情况：　　　　　　　　　　检测日期：
检测地点：　　　　　　　　　　检测人员：

序号	检测项目			单位	检测值	设计值	备注
1	样机空载	整机质量		kg			
2		前轴	负荷	kg			
			负荷率	%			
3		后轴	负荷	kg			
			负荷率	%			
			负荷	kg			
			负荷率	%			
			负荷	kg			
			负荷率	%			
4	样机满载	整机质量		kg			
5		前轴	负荷	kg			
			负荷率	%			
6		后轴	负荷	kg			
			负荷率	%			
7		左侧轮	负荷	kg			
			负荷率	%			
8		右侧轮	负荷	kg			
			负荷率	%			
9	质心水平位置		纵向	mm			
			横向	mm			

表 A.6 撒布辊转速测量记录表

样机名称：　　　　　　　　　　出厂编号：
天气情况：　　　　　　　　　　检测日期：
检测地点：　　　　　　　　　　检测人员：

项　目	设计值/(r/min)	测量值/(r/min)	备　注
1			
2			

表 A.7　液压油温升实验记录表

样机型号：　　　　　　　　大气压力：　　　　　　　　天气、气温：
出厂编号：　　　　　　　　试验地点：　　　　　　　　风速：
发动机转速：　　　　　　　试验日期：　　　　　　　　试验人员：

序号	时间/min	温度/℃		备注
1				
2				
…				
n				

表 A.8　沥青、碎石洒(撒)布率试验数据

样机型号：　　　　　　　　沥青泵转速：　　　　　　　　试验地点：
出厂编号：　　　　　　　　试验日期：　　　　　　　　沥青温度：
车速：　　　　　　　　　　天气、气温：　　　　　　　　试验人员：

序号	横　向		纵　向	
	碎石撒布量 X_{is}/(L/m²)	沥青洒布量 X_{iL}/(kg/m²)	碎石撒布量 X_{is}/(L/m²)	沥青洒布量 X_{iL}/(kg/m²)
1				
2				
3				
4				
5				
6				
7				
8				
9				
平均值$\overline{X}$				
标准值 S				
设定值 $u \pm \delta$				
撒(洒)布率 P_m/%				

表 A.9 沥青最大洒布量与最小洒布量试验记录表

样机型号： 洒布宽度： 沥青温度：
出厂编号： 试验地点： 沥青泵转速：
车速： 试验日期： 主变速器挡位：
天气、气温： 试验人员：

序号	试样质量/kg					
	最大洒布量试验			最小洒布量试验		
	左	中	右	左	中	右
1						
2						
3						
平均						
最大洒布量(kg/m^2)						
最小洒布量/(kg/m^2)						
最大洒布量与最小洒布量之比						

表 A.10 碎石最大撒布量与最小撒布量试验记录表

样机型号： 撒布宽度：
出厂编号： 试验地点：
车速： 试验日期：
天气、气温： 试验人员：

序号	试样质量/kg					
	最大撒布量试验			最小撒布量试验		
	左	中	右	左	中	右
1						
2						
3						
平均						
最大撒布量/(L/m^2)						
最小撒布量/(L/m^2)						
最大撒布量与最小撒布量之比						

表 A.11　沥青、碎石洒(撒)布同步试验记录

样机型号：　　　　　　洒布宽度：　　　　　　沥青温度：

出厂编号：　　　　　　试验地点：　　　　　　沥青泵转速：

车速：　　　　　　　　试验日期：　　　　　　主变速器挡位：

天气、气温：　　　　　试验人员：

	沥青洒布起始距离/mm	碎石洒布起始距离/mm	同步距离/mm	备注
1				
2				
3				

表 A.12　沥青罐保温性能试验记录表

样机型号：　　　　　　试验时间：

风速、风向：　　　　　保温时间：

天气、气温：　　　　　试验人员：

大气压力：　　　　　　试验地点：

项目		时间/h				总温降/℃
		1	2	…	8	
温度/℃	测点 A					
	测点 B					
	平均值					
	环境温度					
平均小时温降/℃		测点 A		总平均		
		测点 B				
8 h 温降百分率/%		测点 A		总平均		
		测点 B				
静态 8 h 温降/(℃/8 h)						

表 A.13　沥青升温试验记录表

样机型号：　　　　试验日期：　　　　风速、风向：
升温时间：　　　　天气、气温：　　　　试验人员：
大气压力：　　　　试验地点：

<table>
<tr><td colspan="2" rowspan="2">项目</td><td colspan="7">时间/h</td><td rowspan="2">总温升/℃</td></tr>
<tr><td>0</td><td>0.5</td><td>1</td><td>1.5</td><td>2.0</td><td>2.5</td><td>…</td></tr>
<tr><td rowspan="3">温度℃</td><td>测点 A</td><td></td><td></td><td></td><td></td><td></td><td></td><td></td><td></td></tr>
<tr><td>测点 B</td><td></td><td></td><td></td><td></td><td></td><td></td><td></td><td></td></tr>
<tr><td>平均值</td><td></td><td></td><td></td><td></td><td></td><td></td><td></td><td></td></tr>
<tr><td colspan="2" rowspan="2">平均小时温升/(℃/h)</td><td>测点 A</td><td colspan="3"></td><td colspan="2" rowspan="2">总平均</td><td colspan="2" rowspan="2"></td></tr>
<tr><td>测点 B</td><td colspan="3"></td></tr>
</table>

表 A.14　可靠性试验作业班次试验记录表

样机型号：　　　　试验起止日期：
出厂编号：　　　　数据整理人员：

<table>
<tr><td rowspan="2">试验日期</td><td rowspan="2">气候</td><td rowspan="2">气温/℃</td><td rowspan="2">作业内容</td><td rowspan="2">作业时间/h</td><td colspan="3">维护保养</td><td rowspan="2">维护时间</td><td colspan="3">累计故障</td><td rowspan="2">累计修复时间/h</td><td rowspan="2">备注</td></tr>
<tr><td>内容</td><td>时间/h</td><td>人数</td><td>内容及修理情况</td><td>修理时间/h</td><td>人数</td></tr>
<tr><td></td><td></td><td></td><td></td><td></td><td></td><td></td><td></td><td></td><td></td><td></td><td></td><td></td><td></td></tr>
</table>

表 A.15　可靠性试验作业故障原始记录表

样机型号：　　　　试验日期：
试验人员(签字)：　　　　维修人员(签字)：

<table>
<tr><td rowspan="2">序号</td><td rowspan="2">故障出现日期</td><td colspan="3">损坏零部件</td><td rowspan="2">故障出现时累计作业时间/h</td><td rowspan="2">故障情况及原因</td><td rowspan="2">故障排除方法</td><td rowspan="2">故障停机时间/h</td><td rowspan="2">故障级别</td></tr>
<tr><td>名称</td><td>代号</td><td>件数</td></tr>
<tr><td></td><td></td><td></td><td></td><td></td><td></td><td></td><td></td><td></td><td></td></tr>
<tr><td></td><td></td><td></td><td></td><td></td><td></td><td></td><td></td><td></td><td></td></tr>
<tr><td></td><td></td><td></td><td></td><td></td><td></td><td></td><td></td><td></td><td></td></tr>
</table>

表 A.16　可靠性试验报告

样机型号：　　　　　　　　　　　　试验起止日期：

出厂编号：　　　　　　　　　　　　数据整理人员：

项目	单位	可靠性试验数据
试验班次		
累计作业时间	h	
累计故障时间	h	
累计养护时间	h	
累计作业面积	m^2	
折算故障次数	/	
首次故障前工作时间	h	
平均无故障工作时间	h	
可靠度	%	
备　注		

ICS 91.220
P 97

GB

中华人民共和国国家标准

GB/T 28394—2012

道路施工与养护机械设备 沥青路面微波加热装置

Road construction and road maintenance machinery and equipment—The microwave heating device for asphalt pavement

2012-05-11 发布 2012-10-01 实施

中华人民共和国国家质量监督检验检疫总局
中国国家标准化管理委员会 发布

前　言

本标准按照GB/T 1.1—2009给出的规则起草。

本标准由中国机械工业联合会提出。

本标准由全国建筑施工机械与设备标准化技术委员会(SAC/TC 328)归口。

本标准主要起草单位:江苏淮安威拓公路养护设备有限公司、江苏徐州工程机械研究院、长安大学、深圳市华测检测技术股份有限公司、佛山市威特公路养护设备有限公司、北京建研机械科技有限公司。

本标准主要起草人:张天琦、孟庆勇、焦生杰、郭冰、王元柱、孙艳秋、吴凌云、王维彪、敖勇海、朱平。

道路施工与养护机械设备
沥青路面微波加热装置

1 范围

本标准规定了沥青路面微波加热装置的术语和定义、要求、试验方法、检验规则、标志、随机文件、使用信息。

本标准适用于采用微波方式对沥青路面进行加热的装置。

2 规范性引用文件

下列文件对于本文件的应用是必不可少的。凡是注日期的引用文件，仅注日期的版本适用于本文件。凡是不注日期的引用文件，其最新版本(包括所有的修改单)适用于本文件。

GB 5959.6—2008 电热装置的安全 第6部分：工业微波加热设备的安全规范(IEC 60519-6：2002，IDT)

《公路沥青路面施工技术规范》(中华人民共和国交通部2004年9月4日发布)

3 术语和定义

下列术语和定义适用于本文件。

3.1

沥青路面微波加热装置 the microwave heating device for asphalt pavement

悬挂或放置在沥青路面微波养护设备主机上，配装单个或多个微波天线，具有微波发射、微波泄漏屏蔽等功能，使用时放置在需要加热的沥青路面上，将设备主机上的电能转换成微波能输出，从而加热软化沥青路面，以达到养护施工目的装置(以下简称加热装置)。

3.2

沥青路面微波养护设备主机 the main body of the microwave maintenance equipment for asphalt pavement

向加热装置提供特定的电源、冷却介质，在运输或转移状态下能可靠地悬挂或放置加热装置，工作时可安全地将加热装置放置在沥青路面上的设备(以下简称主体)，可为自行式或拖式。

3.3

微波天线 microwave antenna

由磁控管和输出激励腔器件构成的微波输出组件。

3.4

加热面积 heating area

满足施工温度的最大单次加热面积。

3.5

加热深度 heating depth

加热面积内达到规定施工温度的点至路表面垂直距离的平均值。

3.6

烧损　overburning

沥青路面或附加的沥青混合料在加热过程中产生烧焦受损的现象。

3.7

整体加热均匀性　overall heating homogeneity

加热面积和加热深度位置范围内，最高温度、最低温度与所有测试点温度平均值之间的差。

4　分类

4.1　按冷却方式分为水冷式和风冷式。

4.2　按移动方式分为悬挂式和手扶式。

5　要求

5.1　一般要求

5.1.1　加热装置应配备施工时的警示装置，如加热指示灯、车辆行驶导向灯。

5.1.2　加热装置应可根据路面病害大小分区工作，每个区可单独加热，也可同时加热。

5.1.3　手推式加热装置的操纵系统应符合一般人机工程要求。

5.1.4　加热装置应能适应凸起高度不大于80 mm的路面，其周边屏蔽装置应能适应相邻凸起和凹陷间距离不大于35 mm的路面。

5.1.5　微波频率应符合中华人民共和国信息产业部第40号令《中华人民共和国无线电频率划分规定》，推荐采用915 MHz±25 MHz、2 450 MHz±50 MHz、5 800 MHz±75 MHz、22 125 MHz±125 MHz。

5.2　加热性能要求

5.2.1　正常施工条件下，加热面积内路表面升温速率应符合表1要求。

表1　升温速率

序号	路面骨料类型	升温速率 ℃/min
1	玄武岩	≥6
2	花岗岩、石灰石	≥4

5.2.2　整体加热均匀性，温度差应不超过50 ℃。

5.2.3　正常施工条件下，加热深度应大于60 mm。

5.2.4　连续加热18 min，微波功率衰减率平均值应不大于10%。

5.2.5　加热井盖周边区域的路面时，不得对下方水泥混凝土、电缆等产生影响。

5.3　安全要求

5.3.1　加热装置应设置锁紧机构，确保运输转移安全可靠。

5.3.2　加热装置的微波泄漏限值和防护应符合GB 5959.6—2008的要求。

5.3.3　风机排风口和进风口应装有安全防护装置。

5.4 高压系统

高压电线电缆及高压连接器件对地应能耐压 DC10 000 V，进行 DC10 000 V 耐压试验时泄漏电流不得大于 5 mA。

6 试验方法

6.1 试验条件

6.1.1 试验地点海拔高度不大于 3 000 m。

6.1.2 环境温度为 10 ℃～45 ℃。

6.1.3 应在无雨雪天气进行，最大相对湿度不大于 90%。

6.1.4 风速不大于 1.5 m/s。

6.1.5 试验场地应为平整、坚实的沥青混凝土路面。试验场地的平整度为每平方米不大于 2.03 cm，试验时应保证路面或附加的沥青混合料内部不含金属件。

6.2 试验仪器

所用仪器、仪表、量具必须经过国家法定机构检定在其合格周期内方可使用，并应在试验前进行校准和标定。

6.3 测量精度

各测量参数及测量精度符合表 2 要求。

表 2 测量精度

序号	测量参数	精度要求
1	温度	±1.0 ℃
2	湿度	±3.5%
3	风速	±3%
4	长度	±1%
5	时间	±0.2 s
6	电压	±3%
7	电流	±1%
8	电阻	±5%
9	功率	±0.25%
10	微波泄漏	±0.2 $\mu W/cm^2$
11	电磁辐射	±0.2 V/m

6.4 试验准备

6.4.1 加热装置随主机处于运输状态。

6.4.2 加热装置随主机在 3 级以上道路行驶里程不小于 100 km。

6.4.3 悬挂式加热装置翻转、升降、横移动作分别不小于 50 次；手推式加热装置吊装不小于 50 次。

6.5 加热性能试验

6.5.1 平均温度试验

加热区域内按图1所示的试验沥青路面为《公路沥青路面施工技术规范》中规定的AC-13料(混合料湿度小于2%),在表面5个位置点作好标记。记录路面初始温度,启动加热装置,连续微波加热18 min,在加热停止60 s内测量5个位置点的温度,然后计算平均温度。在试验路面的不同位置共做3次,每次加热间隔时间为20 min,最后计算3次试验结果的平均值,试验结果记入附录A表A.1。

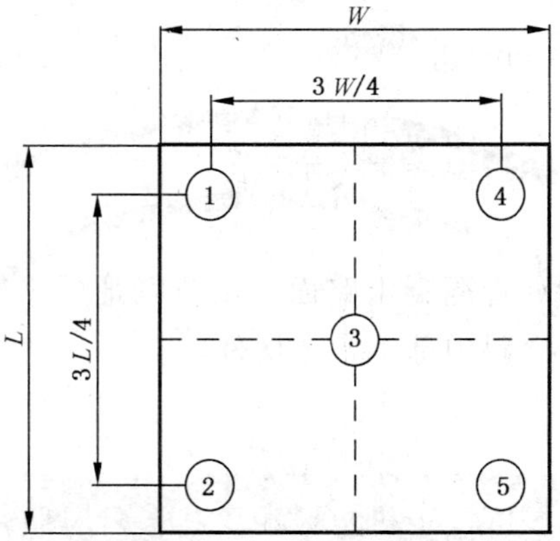

图中:

L——路面加热装置的长;

W——路面加热装置的宽

图1 测试示意图

6.5.2 升温速率计算

操作步骤按6.5.1的方法进行。升温速率由式(1)计算。

$$\nu_t = (T - T_0)/t_m \quad \cdots\cdots(1)$$

式中:

ν_t ——升温速率,单位为摄氏度每分(℃/min);

T ——加热试验的最终平均温度,单位为摄氏度(℃);

T_0——初始温度,单位为摄氏度(℃);

t_m ——加热装置工作时间,单位为分(min)。

结果记入附录A表A.1。

6.5.3 整体加热均匀性试验

操作步骤按6.5.1的方法进行,挖坑测量试验路面内部温度。分别测量以图1所示5个位置点为圆心,半径不大于40 mm、深度30 mm~55 mm的范围内最高温度和最低温度。该测试在加热停止4 min内完成,然后计算5个位置最高温度平均值、最低温度平均值和平均温度,记入附录A表A.2。取3次试验结果平均值,得到最高温度平均值、最低温度平均值和平均温度,通过式(2)、(3)计算整体加热均匀性:

$$\Delta T_1 = T_{max} - T_m \quad \cdots\cdots(2)$$

$$\Delta T_2 = T_m - T_{min} \quad \cdots\cdots(3)$$

式中:

ΔT_1——最高温度与平均温度的差,单位为摄氏度(℃);

ΔT_2——最低温度与平均温度的差,单位为摄氏度(℃);

T_{max}——最高温度平均值,单位为摄氏度(℃);

T_{min}——最低温度平均值,单位为摄氏度(℃);

T_m——平均温度,单位为摄氏度(℃)。

结果记入附录 A 表 A.3。

6.5.4 加热深度试验

操作步骤按 6.5.1 的方法进行,以图 1 所示 5 个位置点为圆心,挖掘半径不大于 40 mm 的区域,边挖边测量温度。当温度不小于 100 ℃时,测量该坑底部到路面的距离,计算 5 个位置测量结果的平均值,结果记入附录 A 表 A.4。

6.5.5 微波功率衰减试验

微波功率衰减试验按下述要求和方法进行:

a) 使用水作为负载,水池或水箱长宽尺寸大于加热装置,水深 30 cm 以上;

b) 工作时应保证屏蔽良好;

c) 在高压变压器输入端(低压侧)串接电参数测试仪,连续加热 18 min,在任意选择 n 个正常工作的单个磁控管回路进行测量,微波功率衰减率 β 按式(4)计算:

$$\beta=\frac{1}{n}\sum_{i=1}^{n}\frac{P_{n1}-P_{n2}}{P_{n1}} \qquad \cdots\cdots(4)$$

式中:

n——测试正常工作磁控管回路的样本个数($n\geqslant 3$);

P_{n1}——第 n 个样本正常工作第 1 min 的输入功率,单位为瓦特(W);

P_{n2}——在本次试验中,连续加热第 18 min 时记录的第 n 个样本的输入功率,单位为瓦特(W)。

d) 试验结果记入附录 A 表 A.5。

6.6 微波泄漏试验

加热装置微波泄漏试验方法按 GB 5959.6—2008 中 6.2、6.3 进行。

6.7 高压系统试验

在高压电缆线的导体和加热装置外壳之间,高压连接器件导体和加热装置外壳之间施加 DC10 000 V 负电压,耐压测试仪负极接加热装置外壳。测试时间 1 min,查看泄漏电流。

7 检验规则

7.1 出厂检验

7.1.1 加热装置应由制造厂质量检验部门逐台检验,出厂检验项目全部合格时,判定该产品合格并签发产品合格证后方可出厂。

7.1.2 出厂检验项目按 5.3～5.4 要求的项目。

7.2 型式检验

7.2.1 进行型式检验的样机须是出厂检验的合格产品。

7.2.2 凡属下列情况之一时,应进行型式检验:

a) 新产品试制定型或老产品转厂生产时;

b) 产品停产三年后，恢复生产时；

c) 正常生产产量累计500台时；

d) 正式生产后，如结构、材料、工艺有较大改变，可能影响产品性能时。

7.2.3 检验项目如下：

a) 全部出厂检验项目；

b) 5.2要求的项目。

8 标志、随机文件、使用信息

8.1 标志

8.1.1 产品应有标牌，标明下列内容：

a) 制造厂名称；

b) 制造日期；

c) 产品型号；

d) 微波频率。

8.1.2 应有符合GB 5959.6的警告标志。

8.2 随机文件

随机文件应包含：

a) 随主机的产品合格证书；

b) 随主机的产品使用说明书；

c) 随主机的产品维修保养手册；

d) 随机备件、附件及随机工具清单。

8.3 使用信息

8.3.1 在公路、铁路或水路运输时，加热装置随主体运输或单独运输，须采用有效措施防止损伤产品。

8.3.2 加热装置应存放在具有防雨、防晒、防潮、防尘、通风并具有消防设备的库房内。

8.3.3 长期贮存时应关闭加热装置总电源开关并将冷却液放尽，经长期存放启用前，必须按说明书规定对加热装置进行维护保养，特别是高压部分应按照检查要求严格检查。

加热装置短时间露天停放时应有防潮、防雨措施。

附　录　A
（资料性附录）
试验记录表

表 A.1　平均温度、升温速率试验记录表

样机型号：　　　　　　　　　　　　试验日期：

出厂编号：　　　　　　　　　　　　试验地点：

试验人员：

	位置 1 温度 ℃	位置 2 温度 ℃	位置 3 温度 ℃	位置 4 温度 ℃	位置 5 温度 ℃	平均温度 ℃
试验次数 1						
试验次数 2						
试验次数 3						
总平均温度/℃						
初始温度/℃						
加热时间/min						
升温速率/(℃/min)						

表 A.2　整体加热均匀性试验记录表

样机型号：　　　　　　　　　　　　试验日期：

出厂编号：　　　　　　　　　　　　试验地点：

试验人员：

		位置 1	位置 1	位置 1	位置 1	位置 1	平均值
试验次数 1	最高温度 ℃						
	最低温度 ℃						
	平均温度						
试验次数 2	最高温度 ℃						
	最低温度 ℃						
	平均温度						
试验次数 3	最高温度 ℃						
	最低点温度 ℃						
	平均温度						

表 A.3 整体加热均匀性试验记录表

样机型号：　　　　　　　　　　　　　　　　　　试验日期：

出厂编号：　　　　　　　　　　　　　　　　　　试验地点：

试验人员：

	试验次数 1	试验次数 2	试验次数 3	平均值
最高温度平均值/℃				
最低温度平均值/℃				
温度平均值/℃				
整体加热均匀性/℃				

表 A.4 加热深度试验记录表

样机型号：　　　　　　　　　　　　　　　　　　试验日期：

出厂编号：　　　　　　　　　　　　　　　　　　试验地点：

试验人员：

	位置 1	位置 2	位置 3	位置 4	位置 5	平均值
加热深度 mm						

表 A.5 微波功率衰减试验记录表

样机型号：　　　　　　　　　　　　　　　　　　试验日期：

出厂编号：　　　　　　　　　　　　　　　　　　试验地点：

试验人员：

	磁控管回路 1	磁控管回路 2	磁控管回路 3	……
第 1 分钟功率 W				
第 18 分钟功率 W				
微波功率衰减/%				

ICS 91.220
P 97

中华人民共和国国家标准

GB 28395—2012

混凝土及灰浆输送、喷射、浇注机械安全要求

Conveying, spraying and placing machines for concrete and mortar—Safety requirements

2012-05-11 发布 2013-03-01 实施

中华人民共和国国家质量监督检验检疫总局
中国国家标准化管理委员会 发布

前　言

本标准中，5.1.1，5.1.2，5.1.3，5.1.4，5.3.1.1，5.3.1.2，5.3.1.4，5.3.1.5，5.3.1.6，5.3.1.7，5.3.2.1，5.3.2.2，5.3.2.3，5.3.2.4，5.3.2.6，5.3.2.7，5.3.3.1，5.3.3.2，5.3.3.3，5.3.3.4，5.3.4，5.4 为强制性的，其他为推荐性的。

本标准修改采用 EN 12001:2003《混凝土及灰浆输送、喷射、浇注机械　安全要求》(英文版)。

本标准根据 EN 12001:2003 重新起草。

考虑到我国的实际情况，本标准对 EN 12001:2003 作了下列技术性修改：

a) EN 12001:2003 的规范性附录 B 改为资料性附录；

b) 删除 EN 12001:2003 的附录 ZA。

c) 删除 7.9 中的脚注。

为便于使用，本标准对 EN 12001:2003 作了下列编辑性修改：

a) 对于 EN 12001:2003 引用的欧洲标准已被转化为国际标准并等同采用为我国标准或直接等同采用为我国标准，本标准引用我国的这些国家标准代替对应的欧洲标准(见第 2 章)；

b) "EN 12001:2003"一词改为"本标准"；

c) 删除 EN 12001:2003 的前言和引言部分，增加本标准的前言和引言；

d) 第 4 章增加表 1 的引导语；

e) 第 5 章增加图 1～图 4 的引导语，增加表 2～表 5 的表标题和引导语；

f) EN 12001:2003 中的单位 t/m^3 改为 kg/m^3，bar 改为 MPa；

g) 附录 A 的文本格式以及附录 B 的表按照我国的表达习惯做了编辑性修改。

本标准的附录 A、附录 B 为资料性附录。

本标准由中国机械工业联合会提出。

本标准由全国建筑施工机械与设备标准化技术委员会(SAC/TC 328)归口。

本标准起草单位：长沙建设机械研究院、长沙中联重工科技发展股份有限公司、江苏徐州工程机械研究院。

本标准主要起草人：陈保钢、康海洋、孟庆勇、王佳茜、吴德志、吴凌云。

引　　言

本标准对所涉及设备的危险及安全要求、防护措施进行了说明。

本标准的编制目的是便于用户与制造商就产品使用中有关人身健康及安全规程方面进行沟通和协商。

当本C类标准中所规定条款与A类或B类标准中条款有差异时，对于遵照本C类标准设计制造的设备，其条款规定项均优先于其他标准。

本标准满足欧盟机械指令98/37/EC（由98/79/EC指令修订而来）的基本要求。

混凝土及灰浆输送、喷射、浇注机械
安全要求

1 范围

本标准规定了混凝土及灰浆输送、喷射、浇注机械的安全要求和用以消除或减少重大危险发生的技术措施。本标准内容涉及输送、喷射及布料机械在生产厂家所设计的工况下使用时可能出现的重大危害、危险状况及事件(参见第4章)。

本标准的安全要求适用于混凝土及灰浆输送机、喷射机、布料机及其部件。

设备可以为固定式或移动式。

本标准所适用的机械在3.3至3.7中说明。

本标准不包括:

——在输送、喷射及布料工作过程中移动的设备;

——本标准所适用设备的操作室;

——噪音(有重大危害);

——振动;

——电磁兼容性不在本标准规定之列。

汽车底盘以及输送、喷射及布料工作时不由主发动机驱动的设备上的动力系统,都不在本标准之列。作为特例,本标准同样不包括与搅拌运输车组合的设备(见3.3)。

对已有专门规定的操作(如易爆气体,电磁兼容性,电压、频率及容量不同于公用电源的电网供电,或因电子元件、地震、闪电、在公路上使用、在生产、运输、试运转过程中出现危险,非无线电操纵的无线遥控,压缩机以及压力容器等产生的相关情况),本标准不另作要求。

2 规范性引用文件

下列文件中的条款通过本标准的引用而成为本标准的条款。凡是注日期的引用文件,其随后所有的修改单(不包括勘误的内容)或修订版均不适用于本标准,然而,鼓励根据本标准达成协议的各方研究是否可使用这些文件的最新版本。凡是不注日期的引用文件,其最新版本适用于本标准。

GB 5226.1 机械安全 机械电气设备 第1部分:通用技术要求(GB 5226.1—2008,IEC 60204-1:2005,IDT)

GB/T 8196—2003 机械安全 防护装置 固定式和活动式防护装置设计与制造一般要求(ISO 14120:2002,MOD)

GB/T 15706.1—2007 机械安全 基本概念与设计通则 第1部分:基本术语与方法(ISO 12100-1:2003,IDT)

GB/T 15706.2—2007 机械安全 基本概念与设计通则 第2部分:技术原则(ISO 12100-2:2003,IDT)

GB 16754 机械安全 急停 设计原则(GB 16754—2008,ISO 13850:2006,IDT)

GB/T 16855.1 机械安全 控制系统有关安全部件 第1部分:设计通则(GB/T 16855.1—2008,ISO 13849-1:2006,IDT)

GB/T 18153 机械安全 可接触表面温度 确定热表面温度限值的工效学数据

GB/T 18831—2002 机械安全 带防护装置的联锁装置 设计和选择原则(ISO 14119:1998,

MOD)

GB 23821　机械安全　防止上下肢触及危险区的安全距离(GB 23821—2009,ISO 13857:2008,IDT)

EN 518:1995　结构木材　分级　外观强度分级标准的要求

EN 614-1:1995　机械安全　人体工程学设计原则　第1部分:术语及通用原则

EN 982:1996　机械安全　液力系统及其部件的安全要求　液压装置

EN 894-1:1997　机械安全　显示及控制装置设计的人体工程学要求　第1部分:人与显示及控制装置互动的通用原则

EN 894-2:1997　机械安全　显示及控制装置设计的人体工程学要求　第2部分:显示器

EN 894-3:2000　机械安全　显示及控制装置设计的人体工程学要求　第3部分:控制装置

EN 1070:1998　机械安全　术语

prEN 12609:1996　搅拌车　安全要求

EN 13309:2000　建筑机械　内置电源机械的电磁兼容性

3　术语和定义

EN 1070:1998 中所确立的以及下列术语和定义适用于本标准。

3.1

混凝土及灰浆　concrete and mortar

由水泥、分级骨料、水和添加剂等搅拌成的均质混合物。

3.2

添加剂　additive

添加在混凝土或灰浆中改变混合物特性的原料。

3.3

混凝土的输送、喷射及布料机械　conveying,spraying and placing machine for concrete

3.3.1

混凝土泵　concrete pumps

混凝土泵是带料斗泵送混凝土的施工设备,如图A.1.1所示。混凝土泵为柱塞泵或转子泵。料斗可用作搅拌容器。混凝土泵不论是否为牵引式,都应在固定状态下使用。泵送是通过机械方式在管路中实现物料输送。混凝土泵可与混凝土布料臂及喷射机械组合构成自行式设备,见图A.1.1、图A.1.2和图A.1.3。

注:与搅拌运输车组合的混凝土设备不在本标准规定之列。

3.3.2

混凝土喷射机　shotcreting machines

混凝土喷射机是带料斗可喷射混凝土料的施工设备。

料斗可用作搅拌器。喷射是经由输送管路通过机械或气力两种输送方式来实现的。采用气力喷射混凝土的压气机可以带气罐,也可以不带气罐。混凝土喷射机不论是否为自牵引式或牵引式,均应在固定状态下使用。如图A.1.3所示。

3.4

灰浆输送及喷射机械　mortar conveying and spraying machines

如图A.2,A.3及A.4所示,灰浆输送及喷射机械是用于输送和喷射灰浆的施工设备。灰浆在管路中的输送有机械(如图A.2.1、图A.3和图A.4所示)和气动(如图A.2.2所示)两种方式。若只有气动输送方式,料斗可作为一个气室,如图A.2.2所示。机械式泵送是靠螺杆泵实现的,搅拌机构可以结合在一起,如图A.2.1所示。灰浆输送及喷射机械必须在固定状态下使用,如图A.2、图A.3和图 A.4 所示。

3.5

混凝土布料臂　concrete placing booms

混凝土布料臂是动力驱动的、可回转的装置，由一节或多节伸展或折叠的臂架组成，用来为布料管路导向。

混凝土布料臂可安装在卡车、拖车或专用车辆上（如在复杂地形、隧道或铁轨上应用）。混凝土布料臂不论是否为自行驱动式或牵引式，均应在固定状态下使用。如图 A.1.2 和图 A.5 所示。

3.6

输送管系统　delivery line systems

输送管系统包括输送管、输送软管、管卡、阀和末端软管等，混凝土或灰浆等经由此类部件泵送。

3.7

控制台/面板　control station/panel

控制台是直接安装在机械上用以控制机械动作的控制设备所安装固定的位置。

以下两种有所区别：

——设备上的控制台；

——遥控操作面板。

对于具有遥控操作面板的机器，设备上的控制台作为应急控制设备。

4　重大危险分类

本章列举了本标准所涉及的重大危害、危险情况及事件，它们在这类机械的风险评估中被列为重大危险，并有必要采取措施来消除或降低其风险。重大危险见表 1。

表 1　重大危险列表

章条编号	危　险	位置/详情/后果	参照条款/附录
4.1	机械危险（见 GB/T 15706.1—2007，4.2）		
4.1.1	挤压	固定部件与活动部件之间容易触及的区域	5.3.1.1，5.3.1.2，5.3.1.4，5.3.1.6，5.3.1.7，5.3.2.1，5.3.2.2，5.3.2.3，5.3.2.6，5.3.2.7，5.3.3.2，5.3.3.3
4.1.2	剪切	接近输送及喷射机械设备内外部各固定部件与活动部件之间的区域； 从入口或其他地方接近料斗内固定部件与活动部件之间的区域	5.3.2.2
4.1.3	缠绕	接近无防护装置的轴	5.3.1.4，5.3.2.3
4.1.4	卷入	接近料斗内运动部件； 接近搅拌机构的运动部件； 接近 V 型输送带或链轮传动的啮合点	5.3.1.4，5.3.2.3
4.1.5	冲击	接近支腿及布料臂的运动部件	5.3.3.4，A.5
4.1.6	高压流体喷射	接近液压元件 接近输送管系统	5.3.4
4.1.7	零件或物料喷出	接近管道的出口处和磨损处	5.3.1.5，5.3.2.4，5.3.4
4.1.8	强度	强度不足	5.3.1.5，5.3.3.1
4.1.9	稳定性	失稳	5.3.1.5，5.3.2.4，5.3.2.5，5.3.3.1

表 1(续)

章条编号	危　　险	位置/详情/后果	参照条款/附录
4.1.10	滑倒	接近可能发生打滑的区域	5.1.2,5.3.1.5,5.3.2.5,5.3.3.1
4.2	电气危险(见 GB/T 15706.1—2007,4.3)	触电,电击或电烧伤	5.1.3
4.3	热灼伤危险(见 GB/T 15706.1—2007,4.4)	接近过热的机械部件	5.1.5
4.4	有害噪音(见 GB/T 15706.1—2007,4.5)	听力丧失及其他生理损害,口头交流能力及对警告信号的感知能力削弱	此项不在本标准规定之列
4.5	物料及消耗件使用危险(见 GB/T 15706.1—2007,4.8)	接触或吸入有害液体、气体、粉尘或悬浮物	7
4.6	人机工程(见 GB/T 15706.1—2007,4.9)	因控制台/面板设计不当而导致伤害; 光线不充足; 加油位置不合适; 进出通道不方便	5.1.6
4.7	系统故障导致危险(见 GB/T 15706.1—2007,4.3)	动力故障,控制系统故障	5.1.1,5.1.4,5.3.1.3,5.3.1.4,5.3.1.5,5.3.2.4,5.3.3.2

5 安全要求和/或防护措施

设备应遵循本章规定的安全要求和/或防护措施。

另外,对本标准未作相关规定的非重大危险(如锐边),设备应按 GB/T 15706 规定的原则进行设计。

当需要应用 B 类标准,生产厂家对需作选择的地方进行充分风险评估时,应采用如下标准:

GB 23821、GB 16754—1997、EN 518:1995、EN 614-1:1995、EN 894-1:1997、EN 894-2:1997、EN 894-3:2000、EN 982:1996、GB/T 18831—2002 和 GB 5226.1。

注:这种专门的风险评估是 C 类标准未涵盖危险的通用风险评估的一部分。

通用安全要求部分(见 5.1)是关于所有输送、喷射及布料机械的共有危险。特殊安全要求部分(见 5.2)是关于特定设备的特殊危险。

5.1 所有机械的通用安全要求

5.1.1 液压或气动系统失效而引起的危险

液压系统应依照 EN 982 设计。应特别考虑下列情形:

——工作中管路破裂(如提供管路破损安全措施);

——便于维护和检查(安装平衡阀/卸荷阀、机械锁死装置等)。

除双油缸驱动外,平衡阀应与油缸的压力腔相连,而不需额外的连接管路。

对于双油缸驱动,应只采用一个平衡阀。平衡阀与两油缸之间的连接管路应:

——增加 25%的安全系数;

——防止机械损伤。

5.1.2 滑倒风险

工作台、过道、舷梯都应防滑,如采用网纹板或栅板。

5.1.3 电气危险

电气装置应符合 GB 5226.1 的规定。对于使用工业用电的设备应增加明显的电气危险提示标识。

5.1.4 紧急停机系统

设备控制台上应有急停装置。如有不止一个控制台,则每个主控制台(非局部控制)上应有急停按钮。有线遥控可视为机器设备上的控制台。对无线控制，急停按钮应设在机器设备控制台上。遥控操作台应具有停机功能。

紧急停机系统应：

——最短时间内停止设备的所有系统功能；

——防止设备自动重启，机器应由操作人员进行重启；

——应符合 GB 16754 的规定。

5.1.5　热防护及废气排放

以接触时间为 10 s 计，可接触表面的最高温度应符合 GB/T 18153 的规定。

必要地方应采用防护装置或绝热材料。

排放废气应导离操作区(参见操作手册)。

5.1.6　人机工程

在人机工程方面，应适用 EN 614-1:1995、EN 894-1:1997、EN 894-2:1997 和 EN 894-3:2000 中的通用要求。

5.1.7　电源及控制系统故障

如不止一个控制台或控制面板，各功能(如起动、关机、开机)只能由一个控制台或控制面板操作实现。否则应有手动或自动切换开关，以实现一个控制台或控制面板到另一个控制台或控制面板的切换。

当出现系统故障时，应能手动或自动切换到另一控制台或控制面板。

内置电气系统的抗干扰性应符合 EN 13309 的规定。

5.2　特定机械的特殊安全要求

特殊安全要求按照机器类型进行分类说明。

包括以下机械类型：

——移动式和固定式混凝土泵送及喷射机械，见 5.3.1；

——灰浆输送及喷射机械，见 5.3.2(见 EN 12151:2007)；

——移动式和固定式混凝土布料臂，见 5.3.3；

——输送管路系统，见 5.3.4。

5.3　机械分组

5.3.1　移动式和固定式混凝土泵送及喷射机械

移动式和固定式混凝土泵送及喷射机械(见附录 A)的危险及安全措施见表 2。

筛框到料斗挤压点的距离见图 1，料斗壁与筛框的间隙见图 2，筛框网格宽度见图 3，杆式筛框间距见图 4。

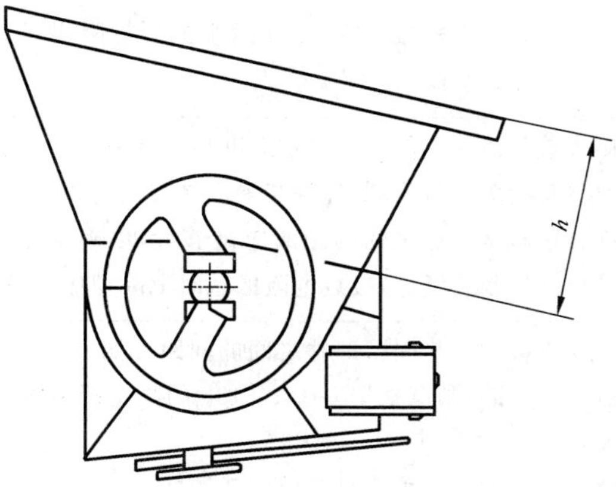

图 1

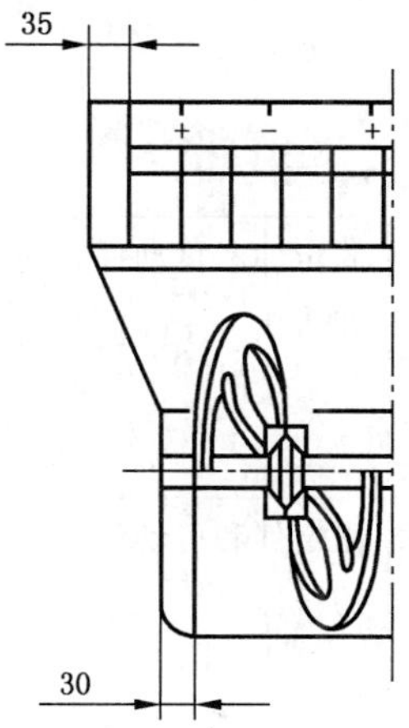

图 2

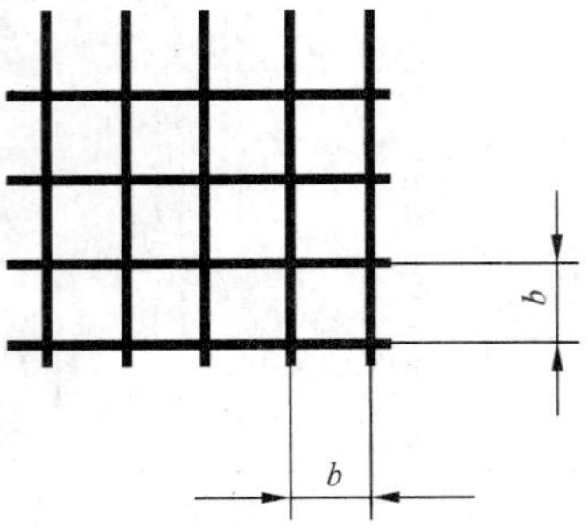

图 3

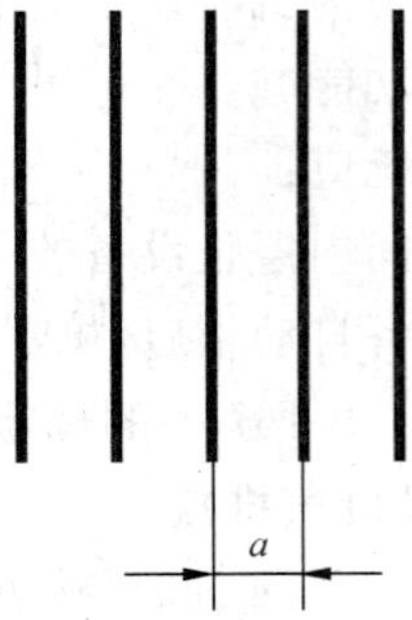

图 4

表 2　危险及安全措施

<table>
<tr><th>部件</th><th>危险类型</th><th>危　　险</th><th>参见
GB/T 15706.1—2007</th><th>安　全　措　施</th></tr>
<tr><td>5.3.1.1
料斗</td><td>机械</td><td>搅拌装置、分配阀、料斗壁和筛框盖之间的挤压</td><td>4.2.1</td><td>混凝土泵送和喷射机械料斗上的筛框，若一天打开一次或多次，则应与搅拌机构/分配阀互锁，即筛框盖打开时，搅拌机构/分配阀停止驱动。当筛框盖合上后，搅拌机构/分配阀不会重启。
混凝土泵送和喷射机械的料斗筛框，若打开频率低于一天一次，则应用螺栓紧固。
混凝土泵送和喷射机械的进料口，必须有符合下列尺寸要求的杆式或筛框式防护：
<table>
<tr><th colspan="2">杆式/mm</th><th colspan="2">筛框/mm</th></tr>
<tr><td>a</td><td>h</td><td>b</td><td>h</td></tr>
<tr><td>70</td><td>200</td><td>80</td><td>180</td></tr>
<tr><td>35</td><td>100</td><td>70</td><td>150</td></tr>
<tr><td></td><td></td><td>40</td><td>90</td></tr>
</table>
a——杆间最大允许间距(见图 4)。
b——筛框网格最大允许间距(见图 3)。
h——筛框到料斗挤压点及料斗顶部到搅拌叶片的最小间距(见图 1)。
注：杆距或网格间距的取值应兼顾粗骨料注入时的安全性和通过性(其他间距值可能阻碍粗骨料的注入)。</td></tr>
<tr><td>5.3.1.2
料斗</td><td>机械</td><td>固定件和可动件之间的挤压</td><td>4.2.1</td><td>铰接式盖和铰接式料斗应能在最上端位置锁固。
动力驱动的盖或料斗，其控制装置应具有锁定功能。
控制装置与挤压点之间的距离应足够大，以确保在操作人员松开控制装置后，接近危险区域时危险动作已停止</td></tr>
<tr><td>5.3.1.3
泵</td><td>机械</td><td>固定件和可动件之间的挤压</td><td>4.2.1</td><td>用螺栓连接的盖与周围部件之间的间距参照 GB 23821，若盖是可动的，则应根据 GB/T 8196 的规定提供固定防护装置。
用螺栓连接的料斗盖应只能使用工具打开</td></tr>
</table>

表 2（续）

部件	危险类型	危险	参见 GB/T 15706.1—2007	安全措施
5.3.1.4 传动区域	机械	铰接式盖和机械零件之间的挤压	4.2.1	铰接式盖应能在打开位置锁定
		转轴引起的缠绕	4.2.1	用螺栓连接的盖与周围部件之间的间距参照 GB 23821。用螺栓连接的盖用工具方可打开
		V 型皮带和驱动滑轮之间的卷入	4.2.1	用螺栓连接的盖与周围部件之间的间距参照 GB 23821。用螺栓连接的盖用工具方可打开
		机械的意外动作		发动机启动时，应避免无意的或意外的危险动作
5.3.1.5 整机	机械	强度	4.2.2	机器的设计应符合最新技术发展水平，应考虑机器的使用目的
		地面支撑不正确所引起的稳定性问题	4.2.2	应在支腿上标明最大支撑力
		在工地现场用吊具搬运的机器或相关零部件的失稳	4.2.2	机器及其部件如果在工地现场因装配需要用吊具搬运或提升，则应配有吊钩吊点
		在机器上可能滑倒	4.10	如果在地面难以进行某些维护、拆装和检查工作，则应有相应的工作支架或平台。 这些工作支架或平台应能安全使用，且在其上工作时不会滑倒（见 5.1.2）
		零件或物料的喷出	4.2.2	机器在结构上应满足：能无危险地排除混凝土输送管中的堵塞。这可以由反泵装置来实现
		在多个控制面板上交互控制设备所引起的机械部件的意外或失控动作	4.11	仅有事先选好的控制面板才能控制操作（有效切换的要点）。未经授权不得操作执行元件，并应在定位、设计和标识等环节防止错误识别执行元件
5.3.1.6 支腿	机械	可动支撑和固定部件、或可动支撑与不属于本机器的设备之间的挤压	4.2.1	参考 5.3.3.2
5.3.1.7 混凝土布料臂	机械	可动的布料臂和机器的固定部分之间的挤压； 机器的可动部件和不属于机器设备之间的挤压	4.2.1	参考 5.3.3.3

5.3.2 灰浆输送喷射机械

灰浆输送喷射机械（见附录 A）的危险及安全措施见表 3。

表 3 危险及安全措施

部件	危险类型	危　险	参见 GB/T 15706.1—2007	安 全 措 施
5.3.2.1 料斗	机械	搅拌装置、料斗壁和筛框盖之间的挤压	4.2.1	包含有搅拌器或螺旋叶片的料斗应配备筛框盖。尺寸参考 GB 23821。 对于较湿和表面粗糙度较大的物料，若 GB 23821 中列出的筛框栅格间距相对太小，则可以增大筛框栅格的间距。栅格的最大宽度为 60 mm。栅格和挤压点之间的距离最小为 120 mm。 对于带压缩机的灰浆输送机械，此类机械在物料灌入、混合之后，在送料之前应用盖子对压缩机的气室进行封压，其筛框网格的最大宽度为 70 mm。从搅拌叶片和料斗壁之间的挤压点到筛框盖的距离最小为 120 mm。 若筛框盖没有用螺栓紧固或一天打开一次或多次，则应确保在筛框盖打开时，搅拌装置或螺旋送料设备处于停止状态，并且机器不会重启。该停止机构不能由简单方式撤消。铰接式筛框盖在定位和安装上应保证其在打开位置时不会意外关闭。 料斗口应有防护装置以确保工作安全，应安装符合以下规格的格栅： 网格的最大允许宽度为 70 mm，且筛框到挤压点的最小间距为 150 mm。 或者网格的最大允许宽度为 40 mm，且筛框到挤压点的最小间距为 120 mm。 满足上述范围内的参数是允许的
5.3.2.2 料斗	机械	铰接式料斗和固定部件之间的挤压	4.2.1	料斗的可动部件应能在极限位置锁固，以防止意外动作。对于动力操纵的料斗的关闭，应安装具有锁定功能的控制装置。控制装置与挤压点之间应有足够的距离，以防操作人员接触到运动部件
		搅拌机构和料斗之间的剪切	4.2.1	设计料斗时应保证，当料斗盖打开时，搅拌机构不会出现意外动作。 因清洗需要打开料斗盖时，应避免人员触及挤压部件
5.3.2.3 传动区域	机械	铰接盖和固定机械部件之间的挤压	4.2.1	在机器上操作且没有使用工具时，若可能出现危险情况，则应确保人员不会接近危险区(如采用带自动切断设备的料斗盖)。若采用传动系统自动停止方式，则应有防止意外重启的安全装置。 铰接式盖应在定位或安装上保证其在打开位置时不能意外关闭
		转轴引起的缠绕	4.2.1	盖采用螺栓连接时，其安全距离参照 GB 23821。用螺栓连接的盖只能用工具打开
		V 型皮带和驱动滑轮之间的卷入	4.2.1	盖采用螺栓连接时，其安全距离参照 GB 23821。用螺栓连接的盖只能用工具打开
5.3.2.4 整机	机械	在工地现场用吊钩来搬运、提升的机器和相关零部件的失稳	4.2.2	在喷射和输送机械的工地现场因装配需要用吊具搬运、提升的机器或某部件，应当配有吊钩吊点

表 3（续）

部件	危险类型	危　险	参见 GB/T 15706.1—2007	安 全 措 施
5.3.2.4 整机	机械	多个控制面板上交互控制设备引起机械部件的意外或失控动作	4.11	仅有事先选好的一个控制面板可进行操作(有效切换的要点)
		意外的危险动作	4.11	如果执行元件会产生危险动作，则应安装具有锁定功能的控制装置。 未经授权不得操作执行元件，并应在定位、设计和标注等环节防止错误识别执行元件
		当输送设备的封口锁紧装置打开时零件或物料喷出	4.2.2	只有在系统已经卸压的情况下，输送设备的封口锁紧装置才能打开
		排除堵管问题	4.2.2	机器在设计上应确保反泵时不会有物料喷出伤人。应确保处理输送管路堵管问题时无任何危险。 例如，可通过以下方法实现上述目的：设计合适的喷嘴，或在回料管和料斗之间采用防溅射的附件，或设计合适的反泵机构
5.3.2.5 整机	机械	维护时在经过路径上滑倒	4.10	若在地面难以进行某些维护、拆装和检查工作，则应有相应的工作支架或平台。 这些工作支架或平台应能安全使用，在其上工作应没有任何危险(见 5.1.2)
		设计不当引起的失稳	4.2.2	包括筛框在内，操作人员有可能落脚的盖子应能承受 1.5 kN 的负荷
5.3.2.6 支腿	机械	可移动支撑和机器的固定件或不属于机器的其他设备之间的挤压	4.2.1	参见 5.3.3.2
5.3.2.7 布料臂	机械	可移动的混凝土布料臂和固定的机器部件或不属于机器的设备之间的挤压	4.2.1	参见 5.3.3.3

5.3.3 移动式和固定式混凝土布料臂

移动式和固定式混凝土布料臂(见附录 A)的危险及安全措施见表 4。

表 4　危险及安全措施

部件	危险类型	危　险	参见 GB/T 15706.1—2007	安 全 措 施
5.3.3.1 整机	机械	强度	4.2.2	机器在设计上应符合最新技术发展水平，应考虑机器的预期使用
		在装配工地现场用吊具搬运的机器和相关的零部件的失稳	4.2.2	在工地现场因装配需要用吊具搬运、提升的机器或某部件，应当配有吊钩吊点

表 4（续）

部件	危险类型	危　　险	参见 GB/T 15706.1—2007	安　全　措　施
5.3.3.1 整机	机械	维护时在经过路径上滑倒	4.10	若在地面难以进行某些维护、拆装和检查工作，则应有相应的工作支架或平台。 这些工作支架或平台应能安全使用，在其上工作应没有任何危险(见 5.1.2)
5.3.3.2 支腿	系统错误	多个控制台上的交互控制装置引起的机械部件的意外、失控动作	4.11	应只能有一个控制面板可以进行操作(有效切换的要点)。 支腿和臂架不应同时动作
		意外的危险动作		为防止意外动作： ——确保在“关”位置，防止机器出现非授权或无故动作； ——执行元件应在其定位、设计和标识等方面防止误操作引起危险动作； ——应安装具有锁定功能的控制装置； ——支腿伸缩和摆动时，速度应不大于 0.75 m/s； ——若执行元件在工作范围之外，则支腿的垂直运动速度应不大于 0.40 m/s； ——若执行元件在工作范围之内，则支腿的垂直运动速度应不大于 0.20 m/s
	机械	可动支撑和机器固定件或不属于机器的其他装置之间的挤压	4.2.1	用于回转、伸缩和升降的执行元件应安装具有锁定功能的控制装置，且该装置应安装在危险区域之外，或通过其他措施防止进入危险区域。 支腿的控制油路应彼此独立。 在设计上应保证支腿在运输状态时能锁定。 执行元件在定位、设计和标识方面应避免识别错误及操作方向错误。 确保执行元件在“关”位置，以防止出现非授权操作
5.3.3.3 混凝土布料臂	机械	移动的布料臂零件和机器固定部分之间的挤压。 机器的移动部件和不属于机器的其他设备之间的挤压	4.2.1	单节混凝土布料臂升降、布料臂回转的执行元件应安装具有锁定功能的控制装置。 当某一节混凝土布料臂运动时，该臂末端举升或放低的最大速度不得大于 0.75 m/s。 所有混凝土布料臂一起运动时，臂架末端的最大速度不大于 3 m/s。 布料臂水平回转时，其末端的最大水平运动速度不大于 1.5 m/s。 执行元件在定位、设计和标识方面应避免识别错误及操作方向错误。便携式(遥控)控制装置执行元件的布置参见附录 A。 确保执行元件在“关”位置，以防止出现意外操作
5.3.3.4 末端软管	机械	由失控的动作(如由泵送故障所引起)以及末端软管脱落引起的冲击		末端软管和其他伸长管应有防止其脱落的附加安全装置。 末端软管不能续接管及有插装式接口或其他危险出口。若由一个或多个人员操纵末端软管，则管长不应超过 4 m。 若布料时连接的是输送管而不是末端软管，则不能采用人工导向操作方式。出于稳定性考虑，输送管的安装应按照厂家提供的操作手册进行

5.3.4 输送管系统

输送管系统(参见附录A)的危险及安全措施见表5。

表5 危险及安全措施

部件	危险类型	危险	参见 GB/T 15706.1—2007	安全措施
输送管	机械	泵送物料高压下外泄所产生的高压流体喷射	4.2.1	输送管、软管以及连接件在设计上应确保能承受允许的工作压力,对于新输送管系统,其所能承受的爆管压力与工作压力之比,安全系数选取如下: ——末端软管:1.75; ——输送管、软管、连接件及其附件(如分配阀):2.00; ——灰浆输送喷射机器的软管及其接头:2.50。 应在设计上确保管卡不会意外打开。 若用压缩空气清洗输送管,则管道末端应连接有接收筐或类似装置。若末端装有软管,则应确保其不会出现失控的动作。 输送管系统应从设计和安装上保证操作人员在处理堵管故障时没有危险,如可以安装反泵装置。 机器在设计上应保证反泵时产生的物料喷射不会对人员造成危害

5.4 控制要求(电气和液压)

下列部件在功能上应符合GB/T 16855.1的规定。

5.4.1 料斗盖

若料斗盖一天打开一次或多次,动作阀和搅拌装置应有自动停机装置。自动停机装置可以为电气系统或(和)液压系统,或者为机械系统:

——电气系统应符合类别1;

——液压系统应符合类别1;

——机械系统应符合类别1。

若料斗盖打开频率低于一天一次,则料斗盖可用工具打开而不需配备互锁装置。

5.4.2 泵送活塞

驱动油缸和泵送活塞之间是水箱。水箱应用盖封闭且只能用工具打开。

5.4.3 支腿

支腿的控制系统应符合:

——电气系统:类别1;

——液压系统:类别1。

5.4.4 紧急停机装置

有线遥控应有二极线使之具有紧急停机功能(由于外部原因造成危险),或者应具备短路时能自检并切断电路功能。电气系统:紧急停机时电路切断,类别1。

对于无线遥控,执行元件在零位时不应有任何动作,控制出现错误(如模拟信号值输入错误)时也应如此。

电气系统:紧急停机时电路切断,类别1:

5.4.5 包括回转机构的布料臂

控制系统应符合:

——电气系统:类别1;

——液压系统:类别 1;
——混凝土布料臂所有功能均具有自复位功能的微动模式;
——布料臂作业范围内的紧急制动装置;
——若电气和液压控制出现故障,当紧急制动装置复位时机器不能意外启动。

在动力发生故障后恢复、或者紧急制动装置触发后复位的情况下,混凝土布料臂、回转机构和泵送机构不应意外起动。

5.5 稳定性

防止倾翻的安全性能。

5.5.1 混凝土泵车稳定性检验

应通过计算和试验的方法验证混凝土泵车的作业稳定性。

5.5.1.1 通过计算验证稳定性

若泵车能在最不利的倾翻位置承受以下载荷作用,则认为泵车具有足够的稳定性。

——自重载荷:
- 自重载荷指在工作中固有的所有固定或移动部件的重量,包括允许的输送管。

——工作载荷:
- 工作载荷是指所泵送混凝土的最大重量,这由根据计算选择的管道来确定;
- 混凝土的密度值应取 2 400 kg/m^3。

——附加载荷:
- 附加载荷包括侧向力和风载荷;
- 静态侧向力(用手牵引出口软管而产生的载荷)在最大工作区域时以 300 N 计算;
- 风载荷是风作用在臂架上产生的力。对于作业中的布料臂,风载荷可看作大小为 250 N/m^2 的动载荷。

——重力载荷:
- 重力载荷是上述自重载荷和工作载荷总和乘以系数 1.1;
- 所有力矩之和大于 0,其中倾覆力矩为负值。

5.5.1.2 加载试验

加载试验时,臂架应带动所有允许的输送管以及与混凝土重量相当的载荷,在最大回转范围内进行操作。

加载试验应在水平、平整的坚实地面上在最大工作范围内进行。在试验过程中车辆不能倾翻,并且车辆应至少有 3 点稳定支撑。

——试验载荷应按工作载荷乘以安全系数 1.25 来计算:
- 工作载荷是指所泵送混凝土的最大重量,由根据计算选择的管道来确定;
- 混凝土的密度值应取 2 400 kg/m^3。

——载荷的分配:
- 若臂架由几节臂展开或折叠而成,则根据每节臂所受的力或转矩,分别加载试验载荷。

5.5.2 移动式或固定式布料臂的稳定性检验

若布料臂安装在某个移动或固定的底架上,则底架也应满足相应的稳定性规定,或者进行稳定性的特别验证。

5.5.3 安装于起重机上的布料臂的稳定性检验

若布料臂安装于起重机上,则起重机应满足相应的稳定性规定。

5.5.4 固定支架或类似装置上的布料臂的稳定性检验

若布料臂被安装在固定支架或类似装置上,则布料臂的制造商应说明装置所承受的所有力和力矩,并且在稳定性计算中予以考虑。

6 安全要求及防护措施的检验

本章包括第5章规定的安全要求的检验方法。第5章中每一个安全要求均有其相应的检验方法。在检验过程中发现的任何问题都应在产品投入市场前予以纠正。

6.1 型式检验

型式检验包括：

——计算检查(见引言、5.3.2.5、5.3.4和5.5)：检查计算是否正确；

——设计检查：检查设计文件是否符合本标准的设计要求；

——每一种类型的检验包括：

- 一致性检验：检验机型的构造是否符合设计要求。这种检验可以包括所有的检验方法，如：
- 测量：规定的可测量参数是否符合要求；
- 检查：确定机器的质量及其特性是否符合要求；
- 功能测试：在正常工作周期或部分周期内，机器及其部件(包括所有安全装置)是否能按预期要求工作；
- 提供给用户的信息的检验：本标准中规定的关于安全使用、维护和检查设备的必要信息是否完整、充分。

6.2 部件的单独检验

检验的目的是确保每台机器在出厂前均符合本标准的要求。

单独检验包括：

——一致性检验：检验部件的构造是否符合设计要求，预制部件和用模具制造的元件可随机抽检；

——测量：规定的可测量参数是否符合要求；

——检查：确定机器的质量及其特性是否符合要求；

——功能测试：在正常工作周期或部分周期内，机器及其部件(包括所有安全装置)是否能按预期要求工作；

——静态试验：按照5.5.1.1的规定进行过载试验。通过试验确定是否符合稳定性试验要求。

6.3 最终检验

最终检验应包括：

——检查是否符合标准和规范，特别检验安全设施和安全措施是否完备、合适和有效；

——稳定性验证：稳定性应通过计算或测试来验证。试验应在试验载荷作用下进行。试验载荷为允许最大工作载荷乘以安全系数1.25；

——检查文件是否完整。

7 使用信息

7.1 随机文件(主要为操作手册)

操作手册应按照GB/T 15706.2—2007中5.5的要求编写，应包括人身防护装置的详细说明。

操作手册应包括以下内容：

7.1.1 操作人员：

——接受过培训且具备物料输送、喷射和布料机械操作和维护保养技能的专门人员；

——需熟知使用信息。

7.1.2 有关输送、喷射和布料装置加长的说明。

7.1.3 有关电力供应的连接的说明，并特别说明需要避免使用生活用电。

7.1.4 用户或操作人员应检查机器以确保：

——人员远离机器危险区域；

——支承表面能承受支腿作用的最大载荷；
——作业时安全装置没有更改或拆除；
——维护和保养后重新安装安全设施；
——发生影响安全性能的故障时中断操作；
——控制按钮置于“关”位置时应能可靠地防止意外起动；
——机器与开挖区域保持足够距离；
——与高压电线保持足够距离；
——行驶时，所有运动部件可靠定位，不会出现失控的运动；
——布料臂未完全收回到位，整车不能移动；
——若维护、装配、拆除和检修工作不能在水平地面上进行，则须有专用工作台；
——操作人员在操控位置能清楚看到危险区域。

7.1.5　操作手册和日志簿应放在机器上易于拿放的地方。

7.1.6　清洗程序和污水处理。

7.1.7　输送管的最小残余壁厚(检验的周期，检验的方式等)。

7.1.8　固定安装。

7.1.9　机器在不平整路面上的运动性能。

7.1.10　许可的输送路线。

7.1.11　工作环境的照明。

7.1.12　固定式布料臂在现场装配后需进行检验，并应有机器现场装配指导书，现场装配后应对机器进行全面检验。

7.2　日志簿

日志簿应该和附录B的内容一致，除灰浆机外，应该与设备一起提供。应告知用户将所有的检查和测试结果填入日志簿。

注：日志内容不受贸易要求限制。

7.3　复检

用户应安排好复检(包括混凝土泵，混凝土布料臂及其输送管)。

机器、混凝土布料臂及输送管，每年至少要由用户指定的专业人员复检一次，以确保其操作的可靠性。若机器累计工作时间达500 h或泵送混凝土达20 000 m^3，则即使离上次检查不到一年，也应进行复检。机器上应安装作业计时仪表以确定复检时间。记录泵送作业时间的计时仪表应始终处于工作状态而不能中断。使用年限超过5年的机器应按操作手册中的附加要求进行复检。

定期复检实质上是以目测和功能检查进行安全评估，检验结果应记录在日志簿中。

复检包括以下内容：

——部件和装置的使用状况，是否有裂纹、破裂、磨损、腐蚀和其他变化；
——安全装置是否完备、有效；
——确定上述检查中发现的可能损害安全性能的故障是否已纠正；
——制造商提供给用户的信息是否与有关维护和检修的特殊说明相一致。

7.4　移动式和固定式混凝土泵送和喷射机械

通过调整操作条件以最大限度减少堵管的发生。

7.5　灰浆输送喷射机械

用户、操作人员对机器危险区域的安全负有责任，并应确保：

——打开围罩之前应断开电源，围罩完全闭合后方可操作机器；
——废气通过管道导离工作区；
——应采用人身防护装置；

——机器不得安放在可能倾翻的危险区域；

——机器不得安放在可能有物体落下的危险区域。

7.6 移动式和固定式的混凝土布料臂

原则上不允许混凝土布料臂和末端软管的长度超过制造厂家的规定。

对末端软管的修改只限于制造厂家所编制的操作手册中规定的范围。

混凝土布料臂不能用来起吊重物。

在高风速(给出的最大风速)或工作停止的情况下,应立即将机器置于“关”位置。

泵送开始或中断后继续泵送时,所有人员应了解末端软管的危险范围。

如机器配有遥控,则操作人员应能清楚地看到布料现场。若不满足此条件,则应有其他人员进行协助。

机器安装时,应能看到作用在支腿上的最大反作用力的数值标识,确保支撑压力可靠地传递给地面。

若布料臂的改装(如加长)在首次调试前已经进行了检验,则这种改装不视为重大修改。

机器进行下列重大修改后,用户或操作人员应确保机器由具有相关资质的专业人员进行检查:

——承载件的结构改装;

——驱动系统的修改;

——承载件的更换或维修;

——进行焊接后。

7.7 输送管系统

输送管在最大工作压力下的最小壁厚应在操作手册中给出。

拆开输送管之前(或排除堵塞前),系统应通过反泵等方式释压。

气动清洗时,应拆除末端软管,装上接收管。

管路系统应可靠固定。

操作手册应规定对管壁特别是弯管管壁的磨损情况进行检查。

7.8 维护保养

操作手册应给出液压系统的维护数据,如检查周期,液位计、加油口和排油口的位置,检验和观察点的位置,如何处理废弃液压油,减压机构,蓄能器的维修、操作和检验数据,液压管件的工作年限以及年度检验等。

维护手册应包含必要的维护信息以及安全预防措施。

备件清单应包括并提供所有与安全相关的备件的明确标识,并应给出备件安装位置的相关信息。

7.9 标牌

7.9.1 混凝土泵应安装有清晰的永久性信息标牌,注明以下内容:

——厂商名和地址;

——生产日期;

——序列号或识别码(如有);

——序列或型号名称(如有);

——液压系统的允许工作压力(MPa);

——最大泵送压力(MPa);

——电气设备的工作参数(电压、频率、输出等);

——强制性标注。

7.9.2 灰浆输送、喷射机器应安装有永久性信息标牌,注明以下内容:

——厂商名和地址;

——生产日期;

——序列号或识别码；
——液压元件的允许工作压力(MPa)；
——最大泵送压力(MPa)；
——电气设备的工作参数(电压、频率、输出等)；
——强制性标注。

另外，还应给出以下7.9.3和7.9.4中的数据。

7.9.3 压缩机应安装有信息标牌，注明以下内容：
——流量；
——每级的极限压缩压力(MPa)；
——最大工作转速(r/min)；
——马达输出功率；
——电气设备的工作参数(电压、频率、输出等)。

7.9.4 气罐应安装有信息标牌，注明以下内容：
——压力容器的许可工作压力(MPa)；
——压力容器的容积(L)；
——压力容器样品的型号。

7.9.5 混凝土布料臂应安装有永久性清晰的信息标牌，注明以下内容：
——厂商名和地址；
——生产日期；
——序列号或识别码(如有)；
——序列或类型名称(如有)；
——液压系统的允许工作压力(MPa)；
——管路的最大公称直径(mm)；
——末端软管的最大允许长度(m)；
——最大支反力应标注在支腿上；
——电气设备的工作参数(电压、频率、输出等)；
——警示牌应标明禁止布料臂作为起重机使用，并应包括与高压线之间的安全距离的数据；
——强制性标注。

7.9.6 液压系统中液压组件应安装有永久性清晰的信息标牌，注明以下内容：
——厂商名和地址；
——生产日期；
——序列号或识别码(如有)；
——序列或型号名称(如有)；
——液压系统的允许工作压力(MPa)；
——最大流量(L/min)；
——排油口；
——电气设备的工作参数(电压、频率、输出等)；
——强制性标注。

7.9.7 输送管系统应安装包括以下易于辨认信息的永久性的标牌：
——厂商名和地址；
——公称直径；
——最大允许工作压力(MPa)；

输送管系统包括：输送管、软管、连接件、阀、管路截止阀等。

附 录 A
（资料性附录）
不同机械示意图

A.1 移动式和固定式混凝土泵和混凝土喷射机械

A.1.1 混凝土泵示意图见图 A.1.1。

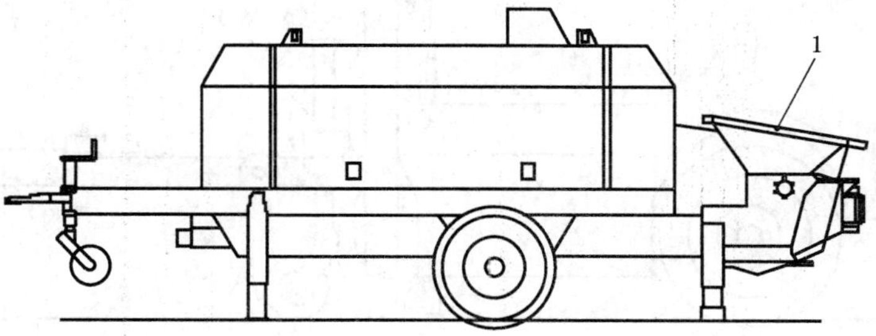

1——料斗。

图 A.1.1

A.1.2 混凝土泵车示意图见图 A.1.2。

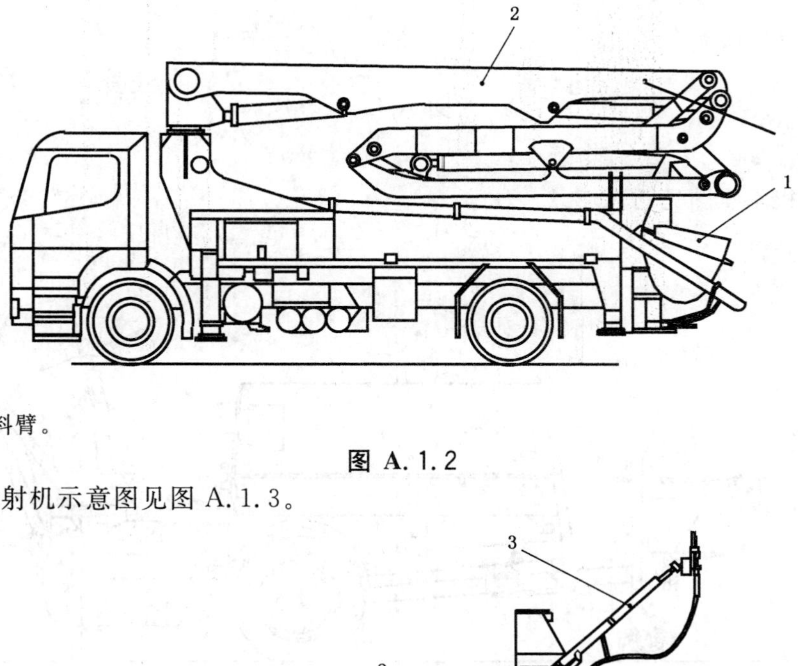

1——料斗；
2——混凝土布料臂。

图 A.1.2

A.1.3 混凝土喷射机示意图见图 A.1.3。

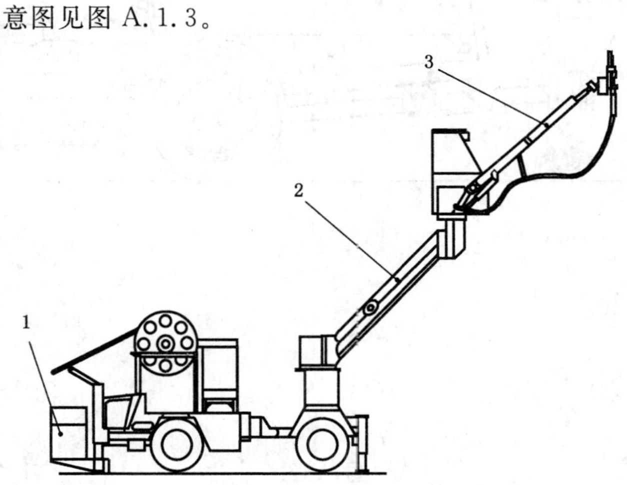

1——料斗；
2——混凝土布料臂；
3——控制喷射嘴的混凝土布料臂。

图 A.1.3

A.2 灰浆输送及喷射机械

A.2.1 灰浆输送喷射机示意图见图 A.2.1。

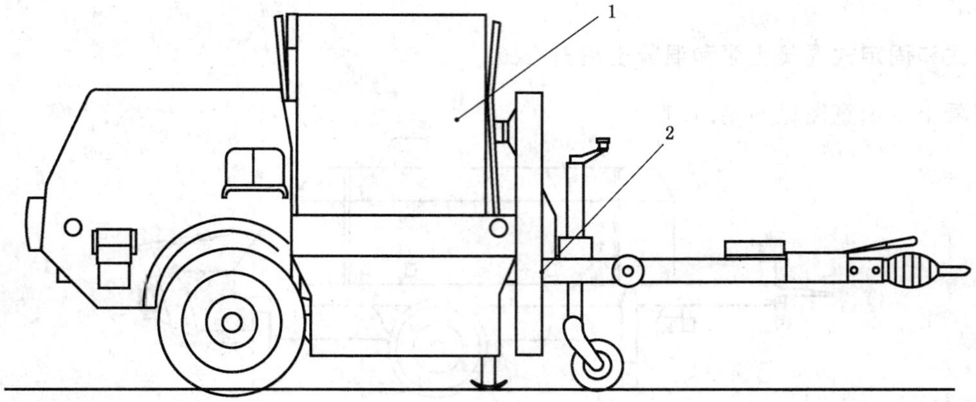

1——料斗；

2——螺杆。

图 A.2.1

A.2.2 灰浆输送机示意图见图 A.2.2。

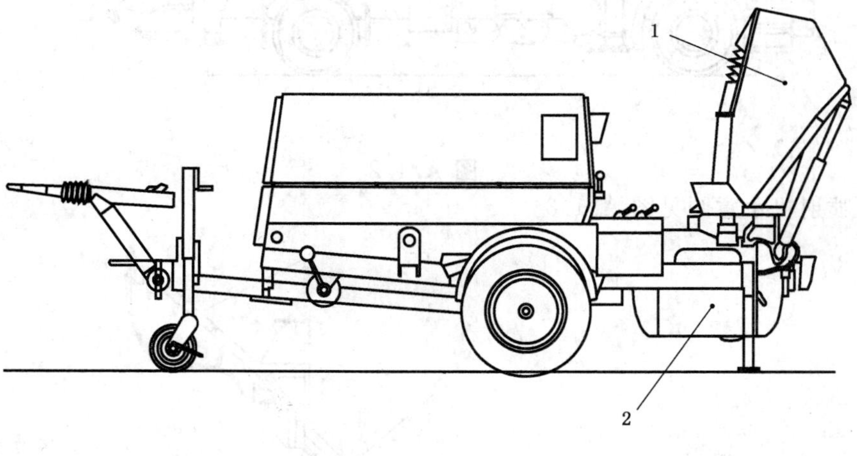

1——料斗；

2——气罐。

图 A.2.2

A.3 灰浆输送及喷射机械示意图见图 A.3。

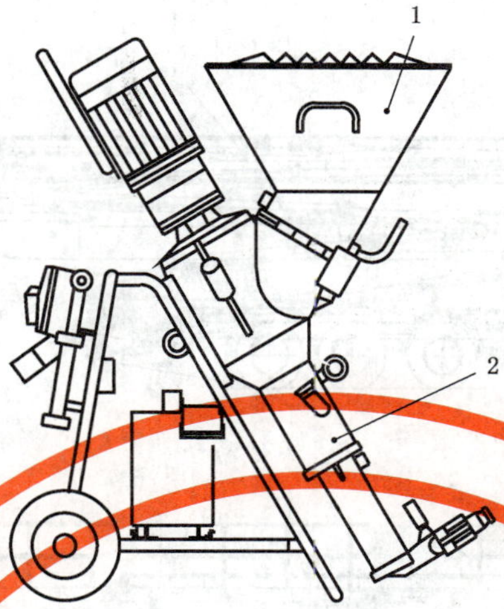

1——料斗；

2——搅拌和泵送部位。

图 A.3

A.4 灰浆输送及喷射机械示意图见图 A.4。

1——料斗；

2——搅拌和泵送部位。

图 A.4

A.5 移动式和固定式混凝土布料臂示意图见图 A.5。

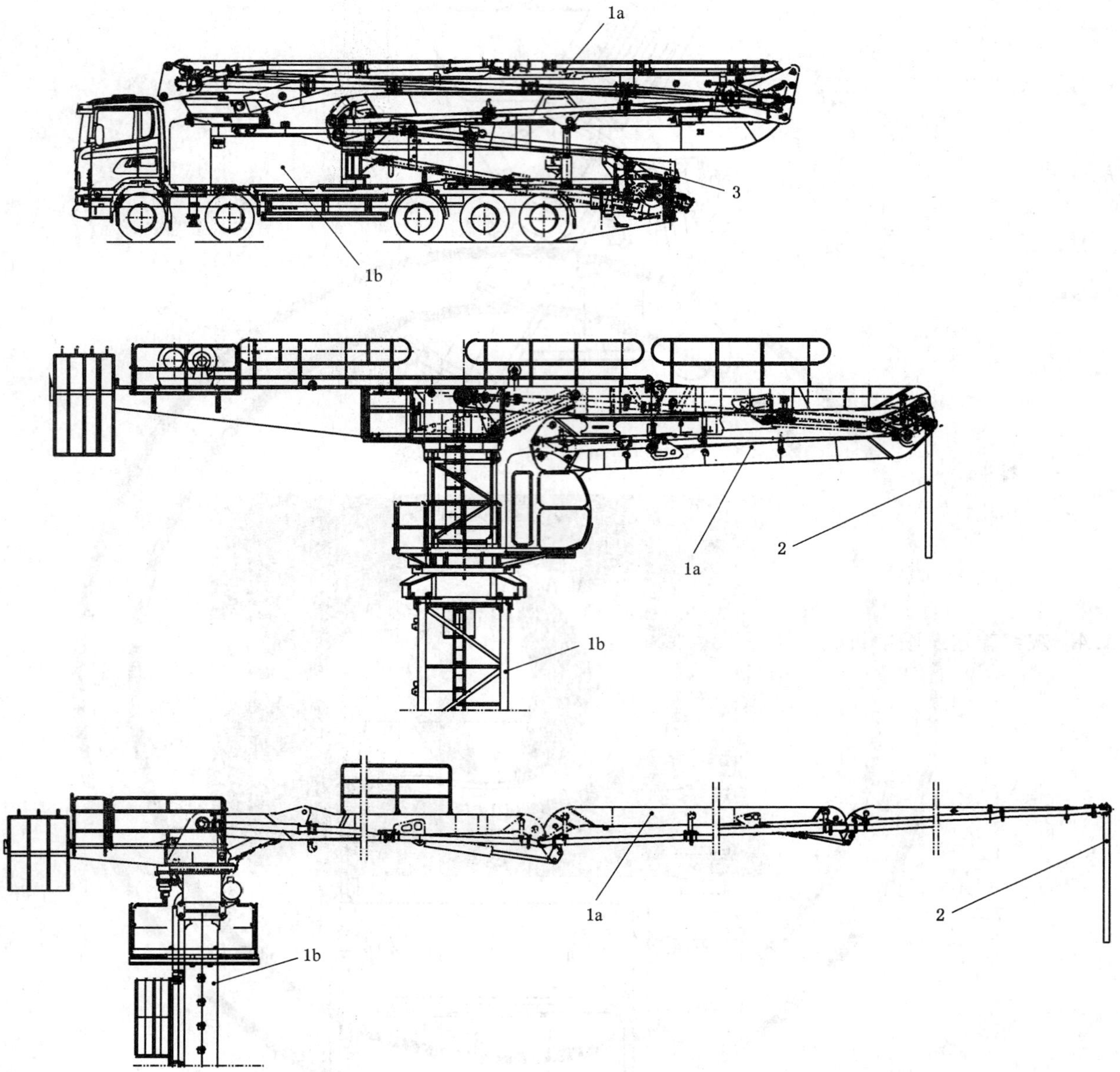

1a——混凝土布料臂；
1b——底架；
2——末端软管；
3——料斗。

图 A.5

A.6　末端软管使用安全示意图见图 A.6。

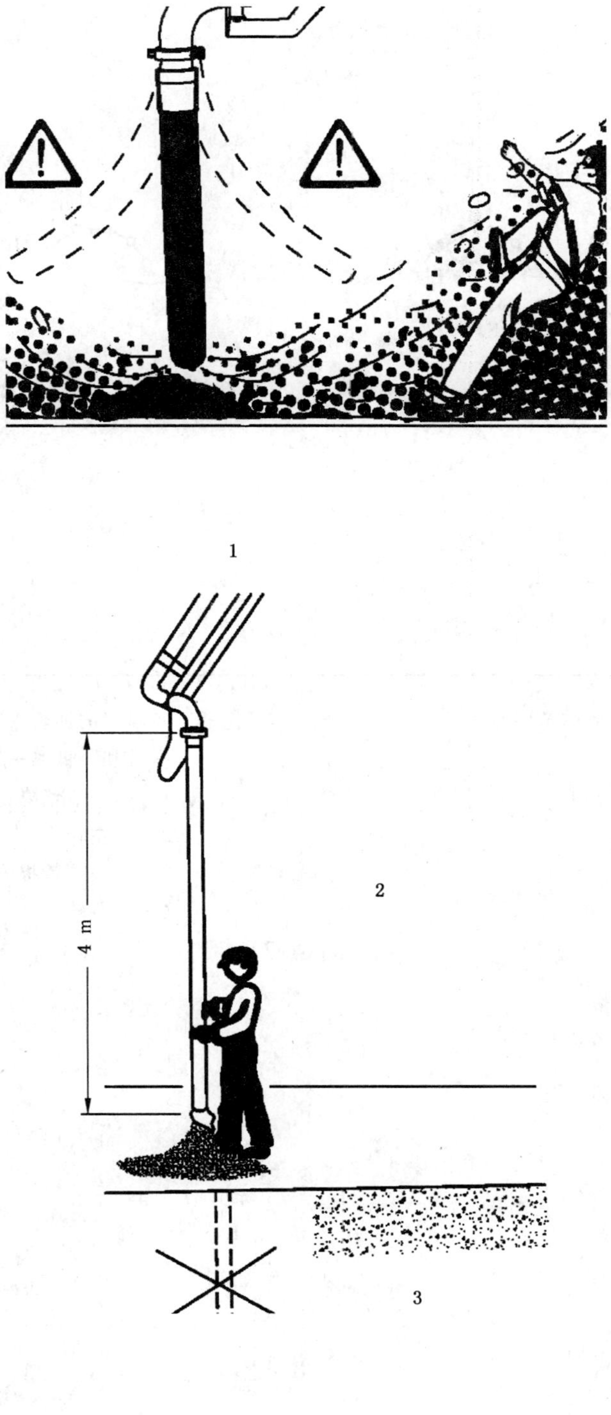

1——末端软管数据；

2——末端软管不超过 4 m；

3——如果采用人工导向则允许加长末端软管。

图 A.6

A.7　控制功能的设置示意图见图 A.7。

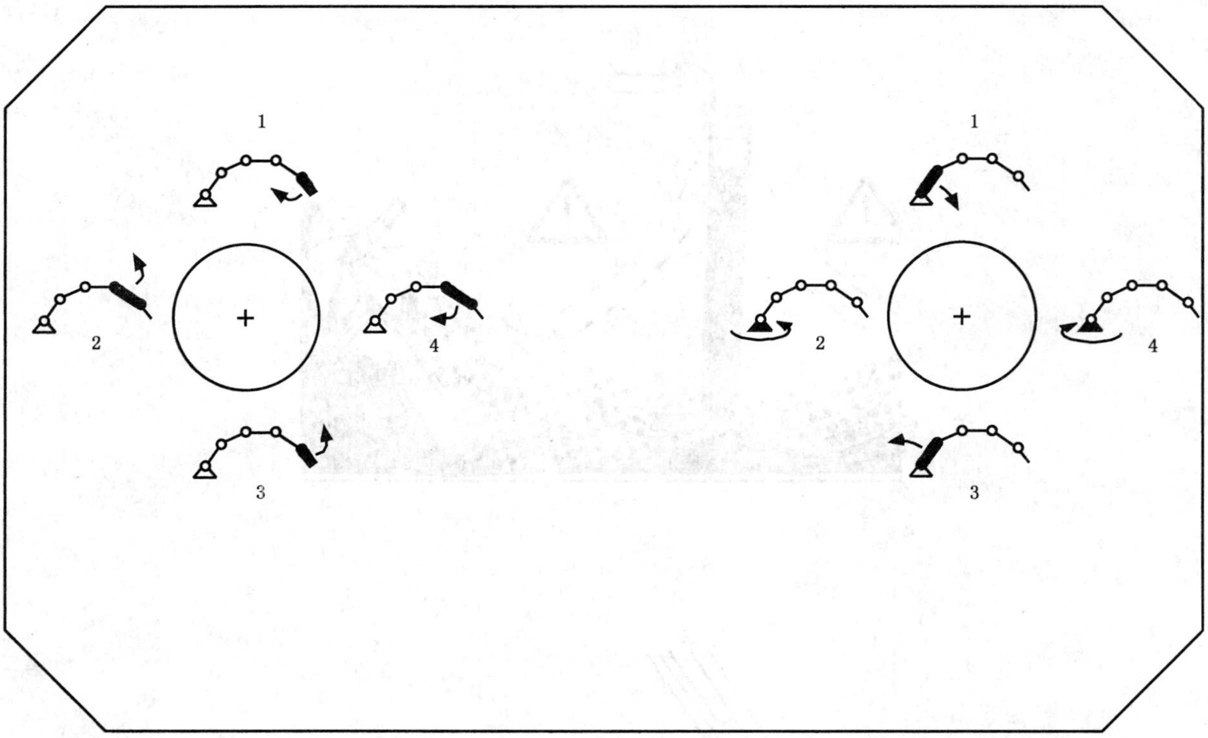

提升和降低末端软管前最后一节混凝土布料臂

1——五节臂降低；

2——四节臂提升；

3——五节臂提升；

4——四节臂降低。

布料臂的回转

提升和降低第一节臂的节点

1——一节臂降低；

2——左转；

3——一节臂提升；

4——右转。

图 A.7

附 录 B
（资料性附录）
混凝土泵和混凝土布料臂日志簿[1)]

混凝土泵			
制造商：			
类型：		序列号：	

混凝土布料臂			
制造商：			
类型：		混凝土布料臂序列号：	

底盘			
制造商：			
类型：		底盘序列号：	

客户（业主）：	

混凝土泵和混凝土布料臂日志簿的内容包括：

B.1 初始记录与装配

初始记录：

混凝土布料臂或混凝土泵在交付给用户前应进行检查，检查结果应记入日志簿并存档。

混凝土布料臂经检验符合国家危险防范规定、技术方针和规范后方能投入使用。具有相应资质专业人员在最终检验中发现的任何缺陷都应在投入使用前进行纠正。

日志簿不包括依据国家法规进行的检查。

在现场装配后，固定式混凝土布料臂应在试运转之前由具有相关资质的专业人员进行检验，以确保

1） 删除不适用部分。

设备装配正确、无故障。

混凝土泵、混凝土布料臂以及混凝土输送管必须定期由专业人员进行检查，根据实际使用情况，按每工作500 h或者输送量达20 000 m^3 检查一次，每年保证至少检查一次(常规检查)。超过5年以上的机器应根据操作手册的附加要求进行检查，见7.3。

专业人员指受过相关专业技术训练，具备丰富的经验，具有足够的混凝土泵和混凝土布料臂领域专业知识，充分熟悉国家相关法律法规、事故防范条例和技术方针、规则，并能对混凝土泵和混凝土布料臂的工作情况进行安全评估的人员。

除具有相关资质的专业人员外，也可指定下列人员进行常规检查：

——产品工程师；

——熟练机修工；

——制造厂家的售后服务工程师。

用户可以判断上述人员其是否能够从事相关检查工作。

混凝土泵和混凝土布料臂应配备日志簿，并将检查结果记入，由检查人员签字确认。

混凝土泵和混凝土布料臂应配备操作手册，提供混凝土泵的安装以及混凝土布料臂装配与拆卸的相关信息。

底架分类：

——移动式；

——固定式。

B.2 主记录表

——混凝土泵和混凝土泵车；

——固定式混凝土布料臂；

——检查结果的验证和检查程序。

B.3 固定式机械的检验记录表

B.4 其他机械的检验记录表

B.5 补充记录表

——混凝土布料臂的修改；

——混凝土泵的修改。

B.6 检查记录

——混凝土布料臂；

——混凝土泵。

日志簿应由具备相应资质的专业人员进行完整性检查并作补充。所有记录表不得丢弃。

B.6.1 主记录表

B.6.1.1 混凝土泵和混凝土泵车

混凝土泵制造商：					
类型：		序列号：		制造年份：	
液压系统允许的最大工作压力：				MPa	
最大泵送压力			MPa(出料口处)		

混凝土泵车制造商：						
类型：		序列号：			制造年份：	
最大布料半径(从回转中心算起)：					m	
混凝土输送管最大允许直径：					mm	
末端软管直径：			mm	长度：		m
液压系统允许的最大工作压力：					MPa	
最大泵送压力：			MPa			
支腿跨距， 前：			m	后：		m
支腿最大支反力：			KN			

底盘制造商：			
类型：		底盘序列号：	

上装制造商：			
型号：		制造年份：	

备注(修改、特殊特征)：

制造商：

（地点）　　　　　　（时间）　　　　　　（印章、签名）

B.6.1.2　固定式混凝土布料臂

混凝土布料臂制造商：						
类型：		序列号：			制造年份：	
最大布料半径(从回转中心开始算起)					m	
混凝土输送管最大允许直径					mm	
末端软管：			mm	长度：		m
液压系统允许的最大工作压力：					MPa	
最大泵送压力：			MPa			

底座					
支撑		型号：		序列号：	
管状塔身[a]	m	型号：		序列号：	
管状臂架基础[a]		型号：		序列号：	
X 型支腿[a]		型号：		序列号：	
地面支承框架[a]		型号：		序列号：	
轴支承框架[a]		型号：		序列号：	
液压爬升装置[a]		型号：		序列号：	
快速联接凸法兰[a]		型号：		序列号：	
快速联接凹法兰[a]		型号：		序列号：	
格构式塔身连接部件[a]		型号：		序列号：	
[a] 若有其他部件，如辅助装置等，见日志簿中关于独立底座的固定式混凝土布料臂部分。					

格构式塔身制造商：		类型：	

备注（修改、特殊特征等）：

制造商：______________________________

（地点）　　　　（时间）　　　　（印章、签名）

B.6.2　由专业人员、制造商完成的试运转前检验（初始检验）的主记录表

型号：______________

序列号：______________

初步检验：
初步检验已完成。

（时间、地点）　　　　　　　　（名称）

（签名）

设计检验：
设计检验已完成。

（时间、地点）　　　　　　　　（名称）

（签名）

最终检验：
最终检验已完成。
机器可以正常工作。

（时间、地点）　　　　　　　　（名称）

（签名）

B.6.2.1　承包商对主记录表补充记录

型号：______________

混凝土布料臂序列号：______________

混凝土布料臂的修改

1. 与主记录表比较，混凝土布料臂已进行以下修改：

2. 以下混凝土布料臂承载件已经更换或修复：

该混凝土布料臂已完成相关复检。
没有发现/发现以下缺陷[1)]：

机器有/没有使之不能投入正常工作的因素[1)]。
机器需要/不需要复检[1)]。

(时间、地点)　　　　专业人员：

(签名)　　　　(名称)

混凝土布料臂的修改

1. 与主记录表比较，混凝土布料臂已进行以下修改：

2. 以下混凝土布料臂承载件已经更换或修复：

该混凝土布料臂已完成相关复检。
没有发现/发现以下缺陷[1)]：

机器有/没有使之不能投入正常工作的因素[1)]。
机器需要/不需要复检[1)]。

(时间、地点)　　　　专业人员：

(签名)　　　　(名称)

B.6.2.2　主记录表补充记录

类型：

序列号：

混凝土泵的修改

1. 与主记录表相比，混凝土泵进行了以下修改：

1)　删除不适用部分。

____
____
____
____
____

(时间、地点)　　　　　　　　　　　专业人员：

(签名)　　　　　　　　　　　　　　(名称)

混凝土布料泵的修改

1. 与主记录表相比,混凝土泵进行了以下修改：

____
____
____
____
____

(时间、地点)　　　　　　　　　　　专业人员：

(签名)　　　　　　　　　　　　　　(名称)

B.6.3　移动式机械的部件分类

待测零部件名称见图 B.1。

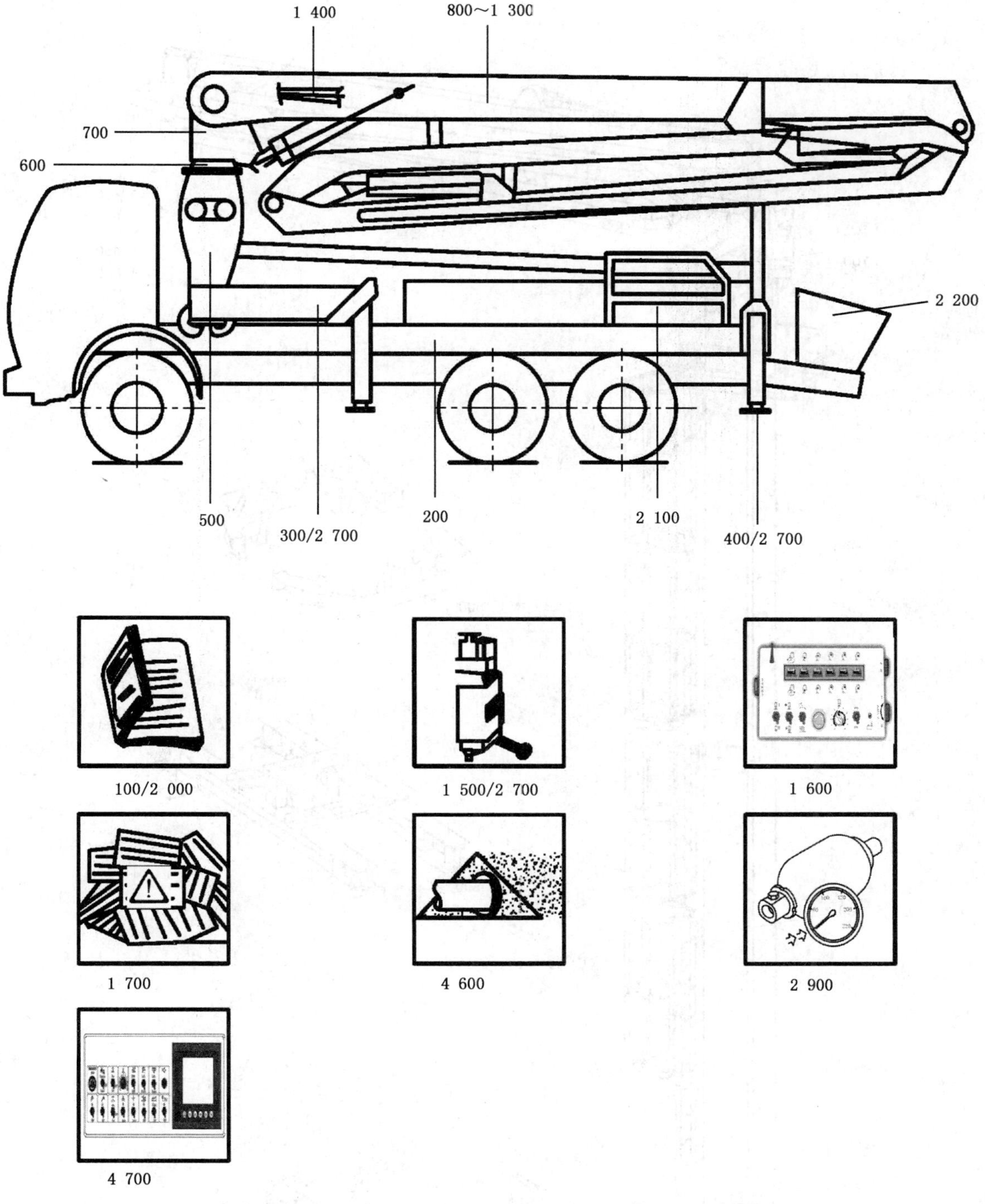

图 B.1

B.6.4 部件实例

待测零部件名称见图 B.2。

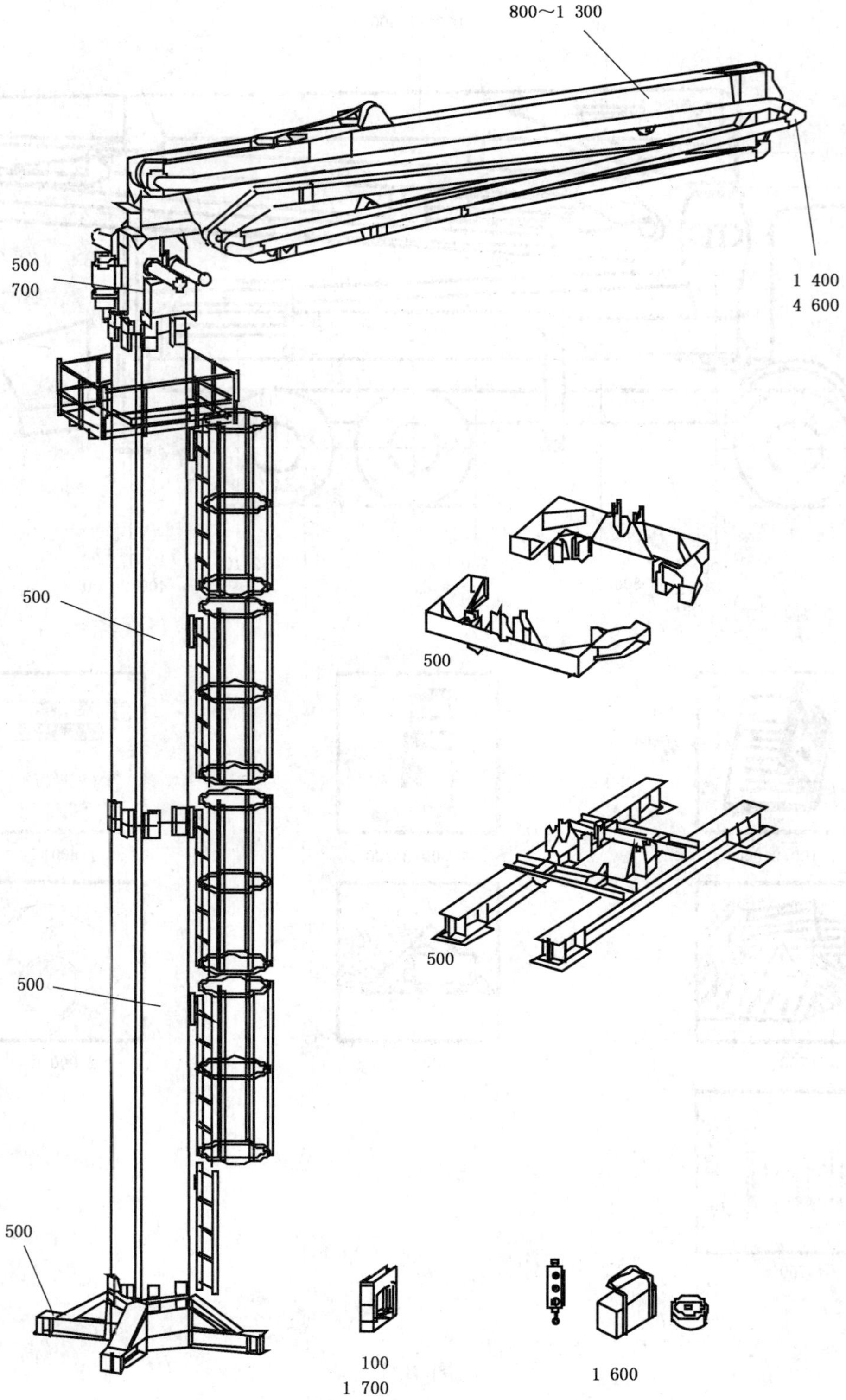

图 B.2

B.6.5 承包商关于混凝土布料臂的检验报告

检验报告编号：		序列号：		工作小时	h	
				输出方量	m³	

公司		邮政编码：		地址	
混凝土布料臂类型		混凝土布料臂序列号：		部门	

检验结果的验证

无故障	○	故障	○
需复检	○	停止操作	○
复检人(日期)			

故障代号：

00	无缺陷	08	腐蚀	16	渗漏	24	变形
01	裂纹	09	油漆损坏	17	烧坏	25	轴承间隙
02	断裂	10	磨穿	18	松动	26	润滑
03	泄漏	11	刮伤	19	堵塞	27	标识不清或缺失
04	无效	12	弯曲	20	锯开	28	零件缺失
05	寿命缩短	13	噪声	21	污染	29	液压故障
06	磨损	14	振动	22	接触不良	30	电气故障
07	碎裂	15	其他	23	温度	31	需复检

项	目	故障代号	项	目	故障代号
100	随机文件			摆动油缸	
	操作手册			支腿伸缩液压系统	
	备件清单			设定压力	
200	副车架		400	后支腿 右、左	
	车架附件			吊装块	
300	前支腿 右、左			伸缩腿	
	吊装块			箱梁	
	伸缩腿			在箱体区域上装结构	
	箱梁			箱梁安全装置	
	箱梁安全装置				
	回转支承		备注：		
	回转安全装置				
	支腿安全装置				
	支腿阀块				
	支腿油缸附件				
	支腿油缸				

填入相应的故障号代号，如01(裂纹)——不要打叉。需复检(31)以确定该故障时填(00,31)01。

原件：日志簿/副本1：制造商/副本2：进口商或供应商/副本3：专业检验人员。

检验报告编号：		序列号：		工作时间	h	
				输出方量	m^3	

公司		邮政编码：		地址	
混凝土布料臂类型		混凝土布料臂型号：		部门	

检验结果的验证

无故障	○	故障	○
需复检	○	停止操作	○
复检(日期)			

故障代号：

00	无缺陷	08	腐蚀	16	渗漏	24	变形
01	裂纹	09	油漆损坏	17	烧坏	25	轴承间隙
02	断裂	10	磨穿	18	松动	26	润滑
03	泄漏	11	刮伤	19	堵塞	27	标识不清或缺失
04	失效	12	弯曲	20	锯开	28	零件缺失
05	寿命缩短	13	噪声	21	污染	29	液压故障
06	磨损	14	振动	22	接触不良	30	电气故障
07	碎裂	15	其他	23	温度	31	需复检

	项　目	故障代号		项　目	故障代号
	回转支承			液压爬升装置	
	回转安全装置			格构式塔身连接附件	
	支腿安全装置			快速连接凹法兰	
	支腿阀块			快速连接凸法兰	
	支腿油缸附件		600	带球心滚珠回转	
	支腿油缸			回转体	
	摆动油缸			球装的回转环	
	支腿伸缩液压系统			球装的回转环附件	
500	混凝土臂架底座			驱动小齿轮	
	混凝土臂架底座附件			回转驱动附件	
	副车架			回转限位器	
	底盘车架			回转驱动(齿轮侧隙)	
	混凝土臂架支撑(钢结构)			回转驱动	
				刹车功能	
	混凝土臂架支撑			速度	
	吊装块			设定压力	
	液压管路			液压管路	
	管柱塔身____ m		700	带回转柱体的转台	
	管柱塔身____ m			转台	
	管状臂基础			回转支承	
	X形支腿			回转驱动(齿轮侧隙)	
	板支撑框架			速度	
	板支撑框架			压紧装置	
	轴支撑框架			液压管路	
	轴支撑框架			枢轴油缸	
备注：					

填入相应的故障代号，如01(裂纹)——不要打叉。需复检(31)以确定故障时填(00,31)01。

原件：日志簿/副本1：制造商/副本2：进口商或供应商/副本3：专业检验人员。

检验报告编号：		序列号：		工作时间	h	
				输出方量	m^3	

公司		邮政编码：		地址	
混凝土布料臂类型		混凝土布料臂序列号：		部门	

检验结果的验证

无故障	○	故障	○
需复检	○	停止操作	○
复检(日期)			

故障代号：

00	无缺陷	08	腐蚀	16	渗漏	24	变形
01	裂纹	09	油漆损坏	17	烧坏	25	轴承间隙
02	断裂	10	磨穿	18	松动	26	润滑
03	泄漏	11	刮伤	19	堵塞	27	标识不清或缺失
04	无效	12	弯曲	20	锯开	28	缺少零件
05	寿命缩短	13	噪声	21	污染	29	液压故障
06	磨损	14	振动	22	接触不良	30	电气故障
07	碎裂	15	其他	23	温度	31	需复检

项　目		故障代号	项　目		故障代号
800	臂架		900	一节臂的关节“A”	
	一节臂			连接轴	
	臂的制导与锁止			油缸 A	
	输送管托架			速度	
	钩挂			设定压力	
	二节臂			液压管路	
	臂的制导与锁止			安全阀(活塞侧)	
	输送管托架			安全阀(连杆侧)	
	钩挂		1000	一节臂与二节臂的关节“B”	
	三节臂			连接轴	
	臂的制导与锁止			油缸 B	
	输送管托架			速度	
	四节臂			设定压力	
	臂的制导与锁止			液压管路	
	输送管托架			安全阀(活塞侧)	
	五节臂			安全阀(连杆侧)	
	臂的制导与锁止			双油缸的同步性	
	输送管托架			备注：	

填入相应的故障代号，如 01(裂纹)——不要打叉。需复检(31)以确定故障时填(00,31)01。

原件：日志簿/副本 1：制造商/副本 2：进口商或供应商/副本 3：专业检验人员。

检验报告编号：		序列号：		工作时间	h	
				输出方量	m^3	

公司		邮政编码：		地点地址	
混凝土布料臂类型		混凝土布料臂序列号：		部门	

检验结果的验证

无故障	○	故障	○
需复检	○	停止操作	○
复检(日期)			

故障代号：

00	无缺陷	08	腐蚀	16	渗漏	24	变形
01	裂纹	09	油漆损坏	17	烧坏	25	轴承间隙
02	断裂	10	磨穿	18	松动	26	润滑
03	泄漏	11	刮伤	19	堵塞	27	标识不清或缺失
04	无效	12	弯曲	20	锯开	28	零件缺失
05	寿命缩短	13	噪声	21	污染	29	液压故障
06	磨损	14	振动	22	接触不良	30	电气故障
07	碎裂	15	其他	23	温度	31	需复检

项目		故障代号	项目		故障代号
1100	二节臂和三节臂的关节“C”		1300	四节臂和五节臂的关节“E”	
	导向杆			导向杆	
	压杆			压杆	
	连接轴			连接轴	
	油缸 C			油缸 E	
	速度			速度	
	设定压力			设定压力	
	液压管路			液压管路	
	安全阀(活塞侧)			安全阀(活塞侧)	
	安全阀(连杆侧)			安全阀(连杆侧)	
1200	三节臂和四节臂的关节“D”		1400	混凝土输送管	
	导向杆			安装的输送管直径与混凝土泵的工作压力相匹配	
	压杆			末端软管的直径及长度	
	连接轴			输送管壁足够厚	
	油缸 D			输送管线的转动节点	
	速度			管卡安全装置	
	设定压力			末端软管的安全装置	
	液压管路			过渡节	
	安全阀(活塞侧)			原装输送管　　是/不是	
	安全阀(连杆侧)			备注：	

填入相应的故障代号，如 01(裂纹)——不要打叉。需复检(31)以确定故障时填(00,31)01。

原件：日志簿/副本 1：制造商/副本 2：进口商或供应商/副本 3：专业检验人员。

检验报告编号：		序列号：		工作时间	h	
				输出方量	m^3	

公司		邮政编码：		地点地址	
混凝土布料臂类型		混凝土布料臂序列号：		部门	

检验结果的验证

无故障	○	故障	○
需复检	○	停止操作	○
复检(日期)			

故障代号：

00	无缺陷	08	腐蚀	16	渗漏	24	变形
01	裂纹	09	油漆损坏	17	烧坏	25	轴承间隙
02	断裂	10	磨穿	18	松动	26	润滑
03	泄漏	11	刮伤	19	堵塞	27	标识不清或缺失
04	无效	12	弯曲	20	锯开	28	零件缺失
05	寿命缩短	13	噪声	21	污染	29	液压故障
06	磨损	14	振动	22	接触不良	30	电气故障
07	碎裂	15	其他	23	温度	31	需复检

项	目	故障代号		项　　目	故障代号
1500	液压系统，控制器和液压阀			操作信息牌	
	减压阀			操作指示简写牌	
	设定压力			“禁止用作起重机”标牌	
	液压管路			混凝土泵和混凝土布料臂的指令标牌	
	手动操作(转换功能)			额定值标志	
	布料臂控制阀块			高压警告标志	
	液压泵			专业检验人员：	
1600	电气系统				
	遥程器(功能)			日期：	
	急停功能			名称(用大写字母)：	
	布料臂功能的电气选择开关				
	布料臂运动的电气控制开关			签名(盖章)：	
	电缆防护皮				
	中心润滑系统			客户：	
1700	标牌和标签				
	警示牌			签名：(盖章)	
	信息牌				
备注：				该检验报告归入日志簿	

填入相应的故障代号，如01(裂纹)——不要打叉。需复检(31)以确定故障时填(00,31)01。

原件：日志簿/副本1：制造商/副本2：进口商或供应商/副本3：专业检验人员。

B.6.6 混凝土泵的检验报告

<table>
<tr><td rowspan="2">检验报告编号：</td><td rowspan="2"></td><td rowspan="2">序列号：</td><td rowspan="2"></td><td>工作时间</td><td>h</td><td></td></tr>
<tr><td>输出方量</td><td>m³</td><td></td></tr>
</table>

公司		邮政编码：		地点地址	
混凝土泵类型		混凝土布料臂序列号：		部门	

检验结果的验证

无故障	○	故障	○
需复检	○	停止操作	○
复检(日期)			

故障代号：

00	无缺陷	08	腐蚀	16	渗漏	24	变形
01	裂纹	09	油漆损坏	17	烧坏	25	轴承间隙
02	断裂	10	磨穿	18	松动	26	润滑
03	泄漏	11	刮伤	19	堵塞	27	标识不清或缺失
04	无效	12	弯曲	20	锯开	28	缺少零件
05	寿命缩短	13	噪声	21	污染	29	液压故障
06	磨损	14	振动	22	接触不良	30	电气故障
07	碎裂	15	其他	23	温度	31	需复检

项目		故障代号	项目		故障代号
2000	随机文件		2700	液压控制系统	
	操作手册			减压阀	
	备件清单			设定压力	
2001	驱动单元			液压管路	
	联轴器和法兰			手动操作	
2200	传动单元		2800	油冷却器	
2300	液压泵		2900	蓄能器	
2400	油箱			根据压力容器法规进行的试验	
2500	燃油系统			压力表	
2600	万向轴				
			备注：		

填入相应的故障代号，如01(裂缝)——不要打叉。需复检(31)以确定故障时填(00,31)01。

原件：日志簿/副本1：制造商/副本2：进口商或供应商/副本3：专业检验人员。

检验报告编号：		序列号：		工作时间	h	
				输出方量	m^3	

公司		邮政编码：		地点地址	
混凝土泵类型		混凝土布料臂序列号：		部门	

检验结果的验证

无故障	○	故障	○
需复检	○	停止操作	○
复检(日期)			

故障代号：

00	无缺陷	08	腐蚀	16	渗漏	24	变形
01	裂纹	09	油漆损坏	17	烧坏	25	轴承间隙
02	断裂	10	磨穿	18	松动	26	润滑
03	泄漏	11	刮伤	19	堵塞	27	标识不清或缺失
04	失效	12	弯曲	20	锯开	28	零件缺失
05	寿命缩短	13	噪声	21	污染	29	液压故障
06	磨损	14	振动	22	接触不良	30	电气故障
07	碎裂	15	其他	23	温度	31	需复检

项目		故障代号	项目		故障代号
3000	中心润滑系统		4600	其他保护装置	
3100	液压马达			过道	
3200	液压管路			过道的防滑面	
3300	压缩机			防护栏	
3400	开关柜			料斗铰链式筛框盖(机械安全装置)	
3500					
3600	C型阀			料斗螺栓固定式筛框盖(附件)	
3700	S管阀				
3800	搅拌装置，料斗			筛框栅格间距	
	搅拌装置，完备			筛框与挤压点之间的距离	
3900	转子泵		铰链式筛框		
4000	真空泵送单元		筛框打开，搅拌机构立即停止运动		
4100	结构		筛框打开，分配阀立即停止运动		
4200	水箱		防止筛框落下的安全装置		
4300	底盘		清洗时关闭料斗转子外罩壳		
4400	清洗水泵				
4500	振动器				
备注：					

填入相应的故障代号，如01(裂缝)——不要打叉。需复检(31)以确定故障时填(00,31)01。

原件：日志簿/副本1：制造商/副本2：进口商或供应商/副本3：专业检验人员。

检验报告编号		序列号：	

故障代号：

00	无缺陷	08	腐蚀	16	渗漏	24	变形
01	裂纹	09	油漆损坏	17	烧坏	25	轴承间隙
02	断裂	10	磨穿	18	松动	26	润滑
03	泄漏	11	刮伤	19	堵塞	27	标识不清或缺失
04	无效	12	弯曲	20	锯开	28	零件缺失
05	寿命缩短	13	噪声	21	污染	29	液压故障
06	磨损	14	振动	22	接触不良	30	电气故障
07	碎裂	15	其他	23	温度	31	需复检

项目		故障代号
	旋转轴保护罩	
	V带保护罩	
	链的保护罩	
	分配油缸保护罩	
	所有存在烧伤或烫伤危险的零件具有防护罩，如排气装置等	
4700	电气装置	
	控制元件的功能	
	急停装置	
	接地连接	
	电缆保护外皮	
	温度传感器	
4800	泵的支撑	
	吊装块	
	伸支腿安全装置	
	支腿阀块	
	支腿油缸附件	
	支腿油缸设定压力	
备注：		

项目		故障代号
	其他	
	业主增加的附件	
	业主所做的修改	
专业检验人员：		
日期：		
名称：(用大写字母)		
签名 (盖章)		
该检验报告归入日志簿		

填入相应的故障代号，如01(裂纹)——不要打叉。需复检(31)以确定故障时填(00,31)01。

原件：日志簿/副本1：制造商/副本2：进口商或供应商/副本3：专业检验人员。

参 考 文 献

[1] prEN 12151:1995 混凝土及灰浆的备料机械设备 安全要求
[2] prEN 12609:1996 搅拌车 安全要求
[3] DIN 15018-1:1984 起重机 钢结构 验证与分析
[4] DIN 15019-2:1979 起重机 非轨道式流动起重机的稳定性 试验载荷与计算
[5] DIN 24117:1987 建筑和建材机械 混凝土泵用配送杆 计算原则和稳定性

ICS 03.220.40;13.100
R 09

中华人民共和国国家标准

GB 28396—2012

混合气潜水安全要求

The safety requirement for mixed gas diving

2012-06-29 发布 2013-05-01 实施

中华人民共和国国家质量监督检验检疫总局
中国国家标准化管理委员会 发布

前　言

本标准的全部技术内容为强制性。

本标准按照GB/T 1.1—2009给出的规则起草。

本标准参照国际潜水承包商协会《商业潜水与水下作业公认标准》(第五版,2004)和国际海事承包商协会《国际近海潜水实用规程》(1998)、《水面供气式混合气潜水作业》(2005)及《潜水设备与系统检查指南:水面供气式混合气潜水系统》(2006),以及美国劳工部职业安全健康管理局《职业安全健康标准》(1996)和美国国土安全部海岸警备队《航海职业安全健康标准》(1989)的有关内容制定。

本标准由中华人民共和国交通运输部提出。

本标准由交通运输部救捞与水下工程标准化技术委员会归口。

本标准起草单位:交通运输部上海打捞局、深圳市杉叶实业有限公司。

本标准主要起草人:张辉、叶似虬、肖晓凌、潘明光、刘慕亮、徐进、郭晓平、张磊、李家颂、刘远。

混合气潜水安全要求

1 范围

本标准规定了以氦氧混合气为呼吸介质的水面供气式混合气潜水对人员、设备和系统，以及作业程序的要求。

本标准适用于潜水深度120 m以浅的氦氧混合气潜水，也适用于暴露于1.2 MPa以内氦氧混合气的模拟潜水。

2 规范性引用文件

下列文件对于本文件的应用是必不可少的。凡是注日期的引用文件，仅注日期的版本适用于本文件。凡是不注日期的引用文件，其最新版本(包括所有修改单)适用于本文件。

GB 4844.2 纯氦

GB 8982 医用及航空呼吸用氧

GB 20827 职业潜水员体格检查要求

GB 26123—2010 空气潜水安全要求

3 术语、定义和缩略语

3.1 术语和定义

GB 26123中确定的以及下列术语和定义适用于本文件。

3.1.1

氦氧混合气潜水 heliox diving

使用人工配制的氦氧混合气作为呼吸气体的潜水，不包括氦氧饱和潜水。

3.1.2

闭式潜水钟 closed bell

一种运送潜水员往返于水面与水下作业地点之间的运载设备，其钟体可密闭，并可与甲板减压舱对接。

3.1.3

氦语音 helium speech

呼吸含氦混合气时的异常语音。其特征为语音的基频和共振频率升高、音品改变、呈鼻音、可懂度降低。

3.2 缩略语

下列缩略语适用于本文件。

BIBS——内置式呼吸装置(built-in breathing system)

JSA ——工作安全分析(job safety analysis)

PTW——作业许可证(permit to work)

4 人员要求

氦氧混合气潜水人员包括潜水员、潜水监督、潜水照料员、预备潜水员、潜水机电员、生命支持员、潜水医学技士和潜水医师等，其培训、资格认证和管理应符合主管部门的相关要求。从事水下作业或需进入高气压环境人员的体格条件应符合 GB 20827 的要求。

5 设备和系统要求

5.1 个人装具

5.1.1 应符合 GB 26123—2010 中 5.1.1～5.1.11 的相关要求。

5.1.2 应急气瓶应灌装氦氧混合气。

5.2 软管和脐带

5.2.1 应符合 GB 26123—2010 中 5.2 的相关要求。

5.2.2 应符合输送氦氧混合气的要求。

5.2.3 输送氧浓度 25%以上的氦氧混合气的软管应按用氧规定处理。

5.3 供气系统

5.3.1 应符合 GB 26123—2010 中 5.3 的相关要求。

5.3.2 还应符合下列要求：

a) 根据配气条件，配备氧气充填泵、膜式压缩机等特殊设备；

b) 储存容器和输送管道专用；

c) 输送管道具备专门标识；

d) 储存和输送氧浓度 25%以上的氦氧混合气的容器和管道按用氧规定处理；

e) 泵送氦氧混合气的膜式压缩机不得泵送空气；

f) 泵送氧气的气动增压泵应专用。

5.4 甲板减压舱

5.4.1 应符合 GB 26123—2010 中 5.4 的相关要求。

5.4.2 最大工作压力应不低于最大潜水深度的压力。

5.4.3 应具备供潜水员治疗用氦氧混合气的供气管道，并与舱内 BIBS 连接。

5.4.4 应配有氦语音矫正器。

5.4.5 当需要与潜水钟对接时，应配有对接通道和连接卡环。

5.5 潜水控制面板

5.5.1 应符合 GB 26123—2010 中 5.5 的相关要求。

5.5.2 应具备分别连接混合气主气源、应急气源和空气气源的接口。

5.5.3 应配有在线氧分析仪。

5.6 入出水系统

5.6.1 本标准所指的入出水系统包括潜水吊笼、开式潜水钟和闭式潜水钟。

5.6.2 潜水吊笼应符合 GB 26123—2010 中 5.6.2 和 5.6.4 相关要求，应具有两只以上氦氧混合气应急气瓶，其容积能满足潜水员在最大潜水深度停留 30 min 的要求。还应配有一只以上空气应急气瓶。

5.6.3 开式潜水钟应符合 GB 26123—2010 中 5.6.2 和 5.6.5 的相关要求，应具有两只以上氦氧混合气应急气瓶，其容积能满足潜水员在最大潜水深度停留 30 min 的要求。还应配有一只以上空气应急气瓶。钟内配有为潜水员供气和上部通风的氦氧混合气和空气供气阀。

5.6.4 闭式潜水钟除符合 GB 26123—2010 中 5.6.2 的要求外，还应符合下列要求：

a) GB 26123—2010 中 5.6.4a)～5.6.4f)和 5.6.5c)～5.6.5g)的要求。

b) 钟外应配有：

1) 两只以上氦氧混合气应急气瓶，其容积能满足潜水员在最大潜水深度停留 30 min 的要求，还应配有一只以上空气应急气瓶；

2) 阀件贯穿件、密封面、应急气瓶等的防护装置；

3) 两个以上观察窗，观察窗的防护装置，如从舱外观察舱内，无盲区存在；

4) 与减压舱对接的通道和连接卡环；

5) 所有管道穿舱件的截断阀；

6) 频率为 37.5 kHz 的信标；

7) 配压载物释放装置时，能防止其意外释放；

8) 支撑架。

c) 钟内应配有：

1) 内、外测深表；

2) 供潜水员读取应急气瓶压力的压力表；

3) 与潜水控制室联系的有线和应急双向通信系统；

4) 加热装置；

5) 氧气分析仪和二氧化碳检测管；

6) 二氧化碳清除装置；

7) 供气系统，当潜水钟通风时，不影响潜水员的呼吸供气流量；

8) 每名潜水员一个独立的从水面供气或由潜水钟应急气瓶供气的呼吸装置，呼吸气源能相互切换；

9) 代谢氧补偿装置，确保 24 h 补氧量；

10) 急救箱；

11) 工具箱；

12) 应急程序和应急敲击代码手册；

13) 所有管道贯穿件的截断阀。

d) 其他配备要求：

1) 电气系统应符合 GB 26123—2010 中 5.9 的要求，电气穿舱件能承受两倍以上双向的潜水钟设计压力；

2) 潜水控制台应配备潜水钟管道和阀件路线图。

5.7 吊放系统

5.7.1 应符合 GB 26123—2010 中 5.7 的相关要求。

5.7.2 闭式潜水钟的吊放系统还应符合下列要求：

a) 配有潜水钟导向绞车，包括绞车、导向索具和压重；

b) 起吊门架上配有脐带动力滑轮和潜水钟锁定钩；

c) 当潜水钟与甲板减压舱水平对接时，配有协助对接的滑轨。

5.8 通信系统

5.8.1 应符合 GB 26123—2010 中 5.8 的相关要求。

5.8.2 潜水监督与潜水员、预备潜水员之间的通信应符合氦语音矫正要求。

5.9 电气系统

应符合 GB 26123—2010 中 5.9 的相关要求。

5.10 仪器和仪表

应符合 GB 26123—2010 中 5.10 的相关要求。

6 作业程序要求

6.1 现场文件的配备

应符合 GB 26123—2010 中 6.1 的相关要求。

6.2 紧急救助与急救

应符合 GB 26123—2010 中 6.2 的相关要求。

6.3 计划和应急计划的制定

应符合 GB 26123—2010 中 6.3 的相关要求。

6.4 风险评估和 JSA

应符合 GB 26123—2010 中 6.4 的相关要求。

6.5 人员的配备

6.5.1 应至少八人，包括一名潜水监督、一名潜水员、一名水下照料员/预备潜水员、一名水面预备潜水员、两名照料员、一名生命支持员和一名潜水机电员。

6.5.2 当每天潜水次数超过一次时，应相应增加人员配备。

6.6 个人防护用品的配备

应符合 GB 26123—2010 中 6.6 的相关要求。

6.7 装具、设备和系统的配备

6.7.1 应符合 GB 26123—2010 中 6.7.3 空气潜水最低设备配备要求，其中潜水服应为干式服或热水服。

6.7.2 应配有两套以上独立的混合气主气源、一套以上混合气应急气源、两台氦语音校正器、两套热水服、一台热水机。

6.7.3 如指派水下照料员，应增加一套潜水员个人装具。

6.7.4 应配有一台潜水吊笼或开式潜水钟或闭式潜水钟，以及相应的吊放系统。

6.7.5 应配有甲板减压舱，以及用于减压和治疗的空气、氦氧混合气和氧气。

6.8 呼吸气体的配制与分析

6.8.1 配制混合气的设备应经过脱脂处理。

6.8.2 用于配制混合气的氦气应符合 GB 4844.2 一等品的纯度要求，氧气应符合 GB 8982 的纯度要求。

6.8.3 潜水混合气的氧浓度应根据潜水深度确定，氧分压应控制在 140 kPa～160 kPa。

6.8.4 潜水吊笼、开式潜水钟或闭式潜水钟的应急气瓶混合气的氧浓度应符合 6.8.3 的要求；潜水员个人携带的应急气瓶混合气的氧浓度应根据最大潜水深度确定，氧分压应控制在水面环境时不低于 16 kPa，最大潜水深度时不高于 250 kPa。

6.8.5 治疗用氦氧混合气的氧浓度应至少配备 20%和 50%两种。

6.8.6 配制的混合气应进行氧浓度分析，并在停放 24 h 后应再次取样分析，每次使用前应重新分析。

6.9 呼吸气体的配备

6.9.1 潜水员主气源和应急气源应为两个独立的混合气气源。

6.9.2 水下预备潜水员主气源和应急气源应为两个独立的混合气气源，其中应急气源可由潜水员主气源代替。

6.9.3 水面预备潜水员的主气源应独立于潜水员和水下预备潜水员的供气系统。

6.9.4 还应符合 GB 26123—2010 中 6.8.3～6.8.6 的要求。

6.10 装具、设备和系统的现场检查和测试

6.10.1 应遵照 GB 26123—2010 中附录 A 的相关要求执行。

6.10.2 还应满足下列各项：

a) 应急气瓶灌装的氦氧混合气的氧浓度符合 6.8.3 要求；

b) 水温 8 ℃～15 ℃时着干式服，水温小于 8 ℃时着热水服；

c) 供气系统输送氧浓度超过 25%的氦氧混合气的高压管道和软管按用氧规定处理；

d) 减压舱的最大工作压力与最大潜水深度相符，配有供给潜水员治疗用氦氧混合气的供气管道，并与舱内 BIBS 连接，供气通畅，配有氦语音矫正器，通话清晰；

e) 潜水控制面板配有为潜水员和预备潜水员输入混合气主气源和应急气源的接口，混合气与空气管道能有效区分，供气通畅；

f) 闭式潜水钟按照 5.6.4 的要求逐项检查，检查其结构有无变形、破损，有无泄漏，测试其功能是否正常；

g) 闭式潜水钟的吊放系统按照 5.7 的要求逐项检查，检查其结构有无变形、破损，有无泄漏，测试其功能是否正常。

6.11 现场通信建立

应符合 GB 26123—2010 中 6.10 的相关要求。

6.12 入水和出水方式

6.12.1 应使用潜水吊笼、开式潜水钟或闭式潜水钟作为入、出水方式。

6.12.2 应符合 GB 26123—2010 中 6.11.3 的要求。

6.12.3 潜水深度超过 90 m 时，应使用闭式潜水钟。无闭式潜水钟，因特殊情况需要潜水时，应评估现场具体条件，采取更有效的安全防护措施，在确保潜水员安全的前提下方可潜水。

6.13 潜水报告的记录要求

应参照 GB 26123—2010 中附录 B 的相关要求记录。

6.14 作业审核与 PTW

应符合 GB 26123—2010 中 6.13 的相关要求。

6.15 任务的布置与沟通

应符合 GB 26123—2010 中 6.14 的相关要求。

6.16 预备潜水员

6.16.1 应符合 GB 26123—2010 中 6.15 的相关要求。

6.16.2 预备潜水员在潜水吊笼或潜水钟内待命时，水面也应配备一名预备潜水员。

6.17 现场警示标志

应符合 GB 26123—2010 中 6.16 的相关要求。

6.18 不宜潜水和终止潜水的条件

应符合 GB 26123—2010 中 6.17 的相关要求。

6.19 最大潜水深度

应不大于 120 m。

6.20 潜水员脐带长度

6.20.1 从潜水钟出潜潜水员脐带的长度应不超过 30 m。

6.20.2 潜水钟内照料员脐带的长度应比潜水员脐带长 2 m～3 m。

6.21 反复潜水

不应进行反复潜水。

6.22 潜水的水文气象条件

6.22.1 水流速度应不大于 0.5 m/s。水流速度超出上述限制条件，因特殊情况需要潜水时，应评估现场具体条件，采取更有效的安全防护措施，确保潜水员安全。

6.22.2 蒲福风力等级应不大于 5 级(风速 17 节～21 节，浪高 1.8 m)。蒲福风力等级大于 5 级小于 6 级(风速 22 节～27 节，浪高 3.0 m)时，应评估现场具体条件决定是否潜水。

6.23 气体转换

6.23.1 潜水深度小于 80 m 时，可在水面直接转换空气与氦氧混合气。

6.23.2 潜水深度大于 80 m 时，应在 20 m～60 m 之间转换空气与氦氧混合气。

6.23.3 减压时，由氦氧混合气转换空气的速度应缓慢。

6.23.4 气体转换的完成应以氦语音的出现和消失为标志。

6.24 减压方案选择

6.24.1 应根据潜水深度、水下工作时间，结合潜水工作强度、水质情况、水文气象和潜水员个体差异等多种因素选择减压方案。

6.24.2 减压方案应得到潜水医师的认可后采用。

6.25 潜水后的安排

6.25.1 应符合 GB 26123—2010 中 6.22.1～6.22.3 和 6.22.5～6.22.7 的要求。

6.25.2 潜水员水下减压潜水出水或减压出舱后，应在甲板减压舱附近停留不少于 2 h，且 5 h 内不能远离减压舱。

6.26 最低休息时间

应符合 GB 26123—2010 中 6.23 的相关要求。

6.27 潜水作业事故报告、调查、统计与处理

应符合 GB 26123—2010 中 6.24 的相关要求。

ICS 73.040
D 20

GB

中华人民共和国国家标准

GB/T 28397—2012

煤炭矿区循环经济评价指标及计算方法

Evaluation indexes and computation of circular economy for coal mining area

2012-06-29 发布　　　　2012-10-01 实施

中华人民共和国国家质量监督检验检疫总局
中国国家标准化管理委员会　发布

前　言

本标准按照 GB/T 1.1—2009 给出的规则起草。

本标准由中国煤炭工业协会提出。

本标准由全国煤炭标准化技术委员会(SAC/TC 42)归口。

本标准起草单位:中国矿业大学(北京)、煤炭科学研究总院北京煤化工研究分院。

本标准主要起草人:丁日佳、张瑞、罗陨飞、姜英、任传鹏、刘峰、刘富、郝素利、信春华。

煤炭矿区循环经济评价指标及计算方法

1 范围

本标准规定了煤炭矿区循环经济评价的术语和定义、评价指标体系和评价指数计算方法。

本标准适用于对煤炭矿区内煤炭企业循环经济评价的指导。

2 术语和定义

下列术语和定义适用于本文件。

2.1

煤炭矿区循环经济　coal mining area circular economy

煤炭矿区内煤炭开采、加工、转化和利用等过程中进行的减量化、再利用、资源化活动的总称。

2.2

资源产出指标　resources output indicator

投入煤炭、水、土地等主要资源要素所产出的生产总值指标，反映了资源的利用效率。

2.3

资源消耗指标　resources consumption indicator

开采、加工、转化和利用万吨煤炭、产出万元生产总值所消耗的资源指标，反映了节能降耗，推进减量化，从源头上降低资源消耗的程度。

2.4

资源综合利用指标　resources comprehensive utilization indicator

煤矸石、伴生矿产、矿井水、煤层气等伴生资源及废物的资源化综合利用指标，反映了其转化为资源的程度，即资源化的成效。

2.5

废物减排指标　waste reducing emissions indicator

煤矸石、灰渣、废水、废气等最终排放量减少程度指标，反映了通过减量化、再利用和资源化，从源头上减少资源消耗和废物产生，降低废物最终排放量、减轻环境污染的效果。

2.6

循环经济评价指标体系　evaluation indicator frame of circular economy

由相互联系、相对独立、互相补充的系列循环经济评价指标所组成的，用于评价循环经济水平的指标集合。

2.7

评价指标基准值　baseline of evaluation indicator

衡量各定量评价指标是否符合煤炭矿区循环经济基本要求的评价基准。

2.8

权重值　weight of evaluation indicator

衡量各评价指标在煤炭矿区循环经济评价指标体系中的重要程度。

3 评价指标体系

3.1 指标体系结构

评价指标体系包括一级评价指标和二级评价指标。一级评价指标是具有普适性、概括性的指标，可分为资源产出指标、资源消耗指标、资源综合利用指标、废物减排指标。二级评价指标是在一级评价指标之下，可代表煤炭矿区循环经济特点的、具体的、可操作的、可验证的指标。

3.2 指标体系

煤炭矿区循环经济评价指标体系及其各指标的计算方法见表1。

表1 煤炭矿区循环经济评价指标体系及计算方法

一级评价指标	二级评价指标		
	指标项目	单位	计算方法
资源产出指标	采区回采率	%	采区实际采出煤量与采区动用储量的比值
	开采万吨煤炭产出率	万元/万 t	生产总值与煤炭产量的比值
	土地产出率	万元/hm^2	生产总值与占地面积的比值
	水资源产出率	万元/万 t	生产总值与水资源消耗总量的比值
资源消耗指标	万元生产总值储量消耗	万 t/万元	煤炭动用储量与生产总值的比值
	万元生产总值能耗	tce/万元	能源消耗总量与生产总值的比值
	开采万吨煤炭能耗	tce/万 t	煤炭开采能源消耗总量与煤炭产量的比值
	开采万吨煤炭水耗	万 t/万 t	煤炭开采水消耗总量与煤炭产量的比值
	加工万吨煤炭能耗	tce/万 t	煤炭加工能源消耗总量与煤炭加工量的比值
	加工万吨煤炭水耗	万 t/万 t	煤炭加工水消耗总量与煤炭加工量的比值
	转化万吨煤炭能耗	tce/万 t	煤炭转化利用能源消耗总量与煤炭转化利用量的比值
	转化万吨煤炭水耗	万 t/万 t	煤炭转化利用水消耗总量与煤炭转化利用量的比值
资源综合利用指标	煤矸石利用率	%	煤矸石利用量与本年煤矸石产生量的比值
	伴生矿产采出率	%	伴生矿产采出量与本年伴生矿产动用资源量的比值
	矿井水利用率	%	矿井水利用量与本年矿井水产生量的比值
	工业用水循环利用率	%	工业循环用水量与本年工业用水总量的比值
	煤层气(煤矿瓦斯)利用率	%	煤层气(煤矿瓦斯)利用量与本年煤层气(煤矿瓦斯)产出量的比值
	土地复垦利用率	%	土地复垦面积与塌陷区总面积的比值
	粉煤灰及灰渣利用率	%	粉煤灰及灰渣利用量与本年粉煤灰及灰渣产生量的比值
	煤化工废渣利用率	%	煤化工废渣利用量与本年煤化工废渣产生量的比值

表 1（续）

一级评价指标	二级评价指标		
	指标项目	单位	计算方法
废物减排指标	煤矸石减排率	%	本年单位煤炭产量煤矸石减排量与上年排放量的比值
	粉煤灰及灰渣减排率	%	本年单位发电量粉煤灰及灰渣减排量与上年排放量的比值
	煤化工废渣减排率	%	本年单位煤化工产品废渣减排量与上年排放量的比值
	废水减排率	%	本年单位产值废水减排量与上年排放量的比值
	废气减排率	%	本年单位产值废气减排量与上年排放量的比值

4 评价指数计算方法导则

4.1 二级评价指标的单项评价指数

评价指标分为正向指标和逆向指标，其中资源产出指标、资源综合利用指标、废物减排指标为正向指标，数值越大越符合煤炭矿区循环经济发展的要求；资源消耗指标为逆向指标，数值越小越符合煤炭矿区循环经济发展的要求。

对正向指标，单项评价指数 $S_{i(+)}$ 为单项评价指标实际值与基准值的比值，按式(1)计算：

$$S_{i(+)}=\frac{S_{xi}}{S_{oi}} \qquad \cdots\cdots(1)$$

对逆向指标，单项评价指数 $S_{i(-)}$ 为单项评价指标基准值与实际值的比值，按式(2)计算：

$$S_{i(-)}=\frac{S_{oi}}{S_{xi}} \qquad \cdots\cdots(2)$$

式中：

S_i ——第 i 项评价指标的单项评价指数，$i=1,2,\cdots,25$；

S_{xi}——第 i 项评价指标的实际值，按表 1 给出的二级评价指标计算方法取值；

S_{oi}——第 i 项评价指标的基准值，可取该评价指标的相关标准、评价对象均值或某评价对象实测值等。

4.2 综合评价指数

综合评价指数为各单项评价指数与其评价指标权重值的乘积之和，反映了煤炭矿区循环经济发展的总体水平，数值越大其总体水平越高，按式(3)计算：

$$I=\sum_{i=1}^{n} S_i \cdot W_i \qquad \cdots\cdots(3)$$

式中：

I ——煤炭矿区循环经济的综合评价指数；

n ——参与评价的二级评价指标项目数；

W_i——第 i 项评价指标的权重值，由附录 A 给出的权重值的确定方法取值。

4.3 二级评价指标缺项的综合评价指数

如果实际参与评价的二级评价指标项目数少于其所属一级评价指标所包括的全部二级评价指标的项目数(如:有的煤炭矿区没有伴生矿产,二级评价指标伴生矿产采出率缺项),则应将该项二级评价指标的权重值乘以修正系数 K_i,调整其权重值。

二级评价指标缺项的综合评价指数按式(4)计算:

$$I = \sum_{i=1}^{m} S_i \times W_i \times K_i \qquad \cdots\cdots(4)$$

式中:

m ——实际参与评价的二级评价指标项目数;

K_i ——第 i 项二级评价指标权重值的修正系数,见式(5):

$$K_i = \frac{K_1}{K_2} \qquad \cdots\cdots(5)$$

K_1 ——本指标体系所列与该二级评价指标有关的一级评价指标的权重值;

K_2 ——实际参与评价的属于该一级评价指标的各二级评价指标的权重值之和。

附 录 A
（资料性附录）
权重值的确定方法

A.1 导言

不同的计算方法具有各自的特点和适用条件，应依据煤炭矿区特点，单独使用某种计算方法或综合使用多种计算方法。

A.2 权重值的确定方法

A.2.1 层次分析法（AHP 法）

层次分析法是一种将定性分析和定量分析相结合的多目标决策方法。AHP 的基本思想是先按问题要求建立起一个描述系统功能或特征的内部独立的递阶层次结构，通过两两比较因素（或目标、准则、指标）的相对重要性，给出相应的比例标度，构造上层某要素对下层相关元素的判断矩阵，以给出相关元素对上层某要素的相对重要序列。

A.2.1.1 构造判断矩阵

判断矩阵表示针对上一层次某因素而言，本层次与之有关的各因素之间的相对重要性。以确定一级评价指标的权重为例，构造的判断矩阵 A 见表 A.1。同理可构造各二级评价指标的判断矩阵 B_1、B_2、B_3、B_4。

表 A.1 一级评价指标的判断矩阵

A	资源产出 B_1	资源消耗 B_2	资源综合利用 B_3	废物减排 B_4
资源产出 B_1	b_{11}	b_{12}	b_{13}	b_{14}
资源消耗 B_2	b_{21}	b_{22}	b_{23}	b_{24}
资源综合利用 B_3	b_{31}	b_{32}	b_{33}	b_{34}
废物减排 B_4	b_{41}	b_{42}	b_{43}	b_{44}

其中，b_{ij} 是对于 A 而言，B_i 对 B_j 相对重要性的数值表示，b_{ij} 的取值根据所选择标度的不同而不同。一般采用 1～9 比例标度，即 b_{ij} 取 1，2，3，…，9 及它们的倒数，其含义见表 A.2。表 A.2 中只对标度 9、7、5、3、1 及其倒数给出了两个元素相比较时的重要程度的取值，标度 8、6、4、2 和 $\frac{1}{8}$、$\frac{1}{6}$、$\frac{1}{4}$、$\frac{1}{2}$ 则描述了分别界于与它相邻的两个奇数标度之间的取值。

表 A.2　1～9 标度含义表

标度	含　义	标度	含　义
9	两个元素相比，前者比后者极重要	$\frac{1}{9}$	两个元素相比，后者比前者极重要
8		$\frac{1}{8}$	
7	两个元素相比，前者比后者强烈重要	$\frac{1}{7}$	两个元素相比，后者比前者强烈重要
6		$\frac{1}{6}$	
5	两个元素相比，前者比后者重要	$\frac{1}{5}$	两个元素相比，后者比前者重要
4		$\frac{1}{4}$	
3	两个元素相比，前者比后者稍重要	$\frac{1}{3}$	两个元素相比，后者比前者稍重要
2		$\frac{1}{2}$	
1	两个元素相比，前者和后者同样重要	1	两个元素相比，后者和前者同样重要

A.2.1.2　确定各级评价指标的权重值

一级评价指标的判断矩阵 A 的特征值方程为 $AW_a=\lambda_{\max}W_a$，求得特征根 $\lambda_{\max}$ 和特征向量 W_a。当判断矩阵 A 通过一致性检验后，W_a 即为一级评价指标的权重，$W_a=[w_1,w_2,w_3,w_4]$。

同理，通过二级评价指标的判断矩阵 B_1、B_2、B_3、B_4，可确定各一级评价指标下二级评价指标的权重：

$$W_{b1}=[w_{11},w_{12},\cdots,w_{14}]$$
$$W_{b2}=[w_{21},w_{22},\cdots,w_{28}]$$
$$W_{b3}=[w_{31},w_{32},\cdots,w_{38}]$$
$$W_{b4}=[w_{41},w_{42},\cdots,w_{45}]$$

A.2.1.3　确定各项评价指标的权重值

第 i 项评价指标的权重值为煤炭矿区循环经济评价目标下各二级评价指标的权重值，按式(A.1)～式(A.4)计算：

$$W_i=w_1\times[w_{11},w_{12},\cdots,w_{14}]=[W_1,W_2,\cdots,W_4]\quad i=1,2,\cdots,4 \qquad \cdots\cdots\cdots(A.1)$$
$$W_i=w_2\times[w_{21},w_{22},\cdots,w_{28}]=[W_5,W_6,\cdots,W_{12}]\quad i=5,6,\cdots,12 \qquad \cdots\cdots\cdots(A.2)$$
$$W_i=w_3\times[w_{31},w_{32},\cdots,w_{38}]=[W_{13},W_{14},\cdots,W_{20}]\quad i=13,14,\cdots,20 \qquad \cdots\cdots\cdots(A.3)$$
$$W_i=w_4\times[w_{41},w_{42},\cdots,w_{45}]=[W_{21},W_{22},\cdots,W_{25}]\quad i=21,22,\cdots,25 \qquad \cdots\cdots\cdots(A.4)$$

A.2.2　专家咨询法(Delphi 法)

就各评价指标的权重值，分发调查表向专家函询意见，由组织者汇总整理，作为参考意见再次分发给每位专家，供他们分析判断并提出新的意见，反复多次，使意见趋于一致，最后得出结论。

ICS 73.100.20
D 98

GB

中华人民共和国国家标准

GB/T 28398—2012

煤炭企业能源消费统计规范

Norms of energy consumption statistics for coal enterprises

2012-06-29 发布　　2012-10-01 实施

中华人民共和国国家质量监督检验检疫总局
中国国家标准化管理委员会　发布

前　言

本标准按照 GB/T 1.1—2009 给出的规则起草。

本标准由中国煤炭工业协会提出。

本标准由全国煤炭标准化技术委员会(SAC/TC 42)归口。

本标准起草单位:煤炭工业节能技术服务中心、煤炭科学研究总院北京煤化工研究分院、龙口矿业集团有限公司。

本标准主要起草人:张国光、罗陨飞、常颖、盛明、姜英、丁秀凯、蒋翠蓉。

煤炭企业能源消费统计规范

1 范围

本标准规定了煤炭企业能源消费统计的基本原则、能源消费量的分类、各类能源计算的基本原则、综合能源消费量的计算和煤矿工序能耗统计计算方法。

本标准适用于各类煤炭企业。

2 规范性引用文件

下列文件对于本文件的应用是必不可少的。凡是注日期的引用文件，仅注日期的版本适用于本文件。凡是不注日期的引用文件，其最新版本(包括所有的修改单)适用于本文件。

GB 3101 有关量、单位和符号的一般原则

3 术语和定义

下列术语和定义适用于本文件。

3.1

工业总产值 gross industrial output value

以货币表现的工业企业在统计期内生产的工业产品总量。

3.2

工业增加值 the industrial added value

工业企业在统计期内以货币形式表现的工业生产活动的最终成果，是企业生产过程中新增加的价值。

3.3

万元产值综合能耗 million in overall energy consumption value

统计期内企业能源消费总量与工业总产值的比值。

3.4

万元工业增加值综合能耗 million in overall energy consumption of industrial added value

统计期内企业能源消费总量与工业增加值的比值。

3.5

煤炭企业能源消费量 energy consumption of coal enterprises

煤炭企业在统计期内实际消费的一次能源或二次能源折标准煤之和。

3.6

煤炭生产能源消费量 energy consumption of coal production

煤炭企业在统计期内主要生产能源消费和辅助生产能源消费折标煤之和。

3.7

主要生产能源消费量 main production energy consumption

煤炭企业在统计期内直接用于煤炭开采的各种能源消费折标煤之和。

3.8

辅助生产能源消费量　auxiliary production energy consumption

煤炭企业在统计期内为主要生产配套的辅助生产系统所消费的各种能源折标煤之和。

3.9

其他工业生产能源消费量　miscellaneous industrial energy consumption

煤炭企业在统计期内除煤炭生产能源消费以外的其他工业生产单位所消费的各种能源折标煤之和。

3.10

废弃物利用节能量　saving energy of wastes integrated utilization

统计期内煤炭企业产出的废弃物，作为能源的利用量，按其热值折标准煤，如煤矸石、油母页岩、矿井瓦斯等。

3.11

废弃物其他利用量　other utilization of wastes integrated

统计期内煤炭企业产出的废弃物不作为能源利用的量，如复垦、铺路或其他用处。

3.12

洗(选)煤能源消费　energy consumption of coal preparation

统计期内煤炭企业洗(选)煤厂所消费的各种能源折标准煤之和。

3.13

能源加工转换　energy conversion

统计期内把一种或多种能源，经过加工转换装置使其发生物理、化学变化，产出更高级的能源产品。

3.14

能源加工转换投入量　conversion process inputs

统计期内经加工转换生产出的二次能源及其他石油制品和焦化产品，所投入到加工转换设备的各种能源折标准煤之和。

3.15

能源加工转换产出量　processing conversion output

统计期内经过加工转换后产出的各项能源产品折标准煤之和。

3.16

能源加工转换损失量　processing conversion losses

统计期内投入加工转换的各种能源量(标准煤)之和与产出各种能源量之和的差额。

3.17

能源加工转换效率　processing efficiency

统计期内经加工转换后产出量与投入能源量之比。

3.18

耗能工质　energy consumption working medium

在生产过程中所消耗的不作为原料使用、也不进入产品，而在生产或制取时需要直接消耗能源的工作物质。

4　能源消费统计的基本原则

4.1　能源消费统计应遵循基准统一、概念明确、数据可靠的原则，避免重计漏计。

4.2　能源消费量应由能源实际消费单位进行统计。能源进入首道生产工序，改变了原来的形状或性能，或已实际投入使用的即作为能源实际消费。已拨至能源消费单位但在统计期尚未消费的能源，应作为库存量，不计入能源消费量。

4.3 回收利用余热余能，如生产过程中回收利用各种余热、余气(如高炉煤气、转炉煤气及化学反应热等)，均不计为能源消费量。

4.4 耗能工质(如水、氧气、压缩空气等)除进行单位产品能耗指标计算时，不作为能源消费量进行统计。耗能工质(如水、氧气、压缩空气等)进行单位产品能耗指标计算时能源等价值见附录A。

4.5 企业自产能源作为企业另一种产品的原材料，又分别计算产量的应统计消费量。但产品生产过程中消费的半成品和中间产品不统计消费量。

4.6 可以多次周转使用的能源，只统计一次投入，以后重复使用不应该统计消费量。

4.7 能源统计品种：原煤、洗精煤、其他洗煤、焦炭、重油、汽油、煤油、柴油、液化石油气、天然气、焦炉煤气、其他煤气、电力、其他能源、废弃物利用量等。

4.8 各类能源消费统计均应分别折合为标准煤进行计算。

5 能源消费量的分类

煤炭企业能源消费量划分为两类：煤炭生产能源消费量、其他工业生产能源消费量。

——煤炭生产能源消费量包括主要生产能源消费量和辅助生产能源消费量。主要生产能源消费量包含井工开采中的采掘开、通风、排水、瓦斯抽放、运输、提升等，露天开采中的穿孔、爆破、采装、运输、排土等。辅助生产能源消费量包括矿内机修、矿灯充电、生产照明、生产供水、井口浴室、生产采暖、井口食堂、烤衣、井口选矸、灭火灌浆、化验室、矿建等。

——其他工业生产能源消费量包括洗(选)煤、建材、炼焦、造气、发电、机械制造、火药及煤的其他综合利用等。

6 各类能源计算的基本原则

6.1 统计期内的各种能源折算标准煤系数应采用实测的收到基低位发热量的加权平均值计算。不能满足实测条件时，参见附录B。

6.2 统计电力消费量时应以当量热值进行计算。

6.3 计量单位、符号及换算执行GB 3101。

7 综合能耗的计算

7.1 综合能源消费量为企业煤炭能源消费量与能源加工转换产出的能源折标准煤之和、回收利用能源折标准煤之和、废弃物节能利用量折标准煤之和的差值。

7.2 吨原煤生产综合能耗为煤炭生产能源消费量与原煤产量的比值。

7.3 吨原煤生产电耗为煤炭生产消费电量与原煤产量的比值。

7.4 洗(选)煤电耗为洗(选)煤所消费的电量与入洗(选)原煤量的比值。

7.5 计算单位有效数字修约见附录C。

8 煤矿工序能耗统计计算

8.1 煤矿工序能耗指煤炭生产整个过程中某个区间、某个部位在一定时间内所消费的能源量与其工作量的比值，即单位工作量的能耗量。

8.2 工作量包含产出物的数量、压力或距离。

8.3 工序能耗有两种计算方法，一种是统计系统计算方法，另一种是设备种类统计计算方法。

系统工序能耗的计算：

$$统计期内工序能耗=\frac{统计期内所消耗的能源量}{统计期内工作量}$$

设备种类工序能耗的计算：

$$主通风机工序能耗=\frac{耗能量(kW\cdot h)}{通风量(Mm^3\cdot Pa)}$$

$$主排水工序能耗=\frac{耗能量(kW\cdot h)}{排水量(t\cdot hm)}$$

$$提升机工序能耗=\frac{耗能量(kW\cdot h)}{提升量(t\cdot hm)}$$

$$压风机工序能耗=\frac{耗能量(kW\cdot h)}{风量(m^3\cdot MPa)}$$

$$锅炉能耗=\frac{耗煤量(千克标煤)}{蒸汽量(吨标汽)}$$

$$皮带机能耗=\frac{耗能量(kW\cdot h)}{提升量(t\cdot hm)}$$

8.4 有效数字修约

工序能耗的计算结果取小数点后三位。

附　录　A
（资料性附录）
耗能工质能源等价值

耗能工质能源等价值见表 A.1。

表 A.1　耗能工质能源等价值表

品种	单位耗能工质耗能量	折标准煤系数
新水	2.51 MJ/t(600 kcal/t)	0.085 7
软水	14.23 MJ/t(3 400 kcal/t)	0.485 7
除氧水	28.45 MJ/t(6 800 kcal/t)	0.971 4
压缩空气	1.17 MJ/m^3(280 kcal/m^3)	0.040 0
鼓风	0.88 MJ/m^3(210 kcal/m^3)	0.030 0
氧气	11.72 MJ/m^3(2 800 kcal/m^3)	0.400 0
氮气(作副产品时)	11.72 MJ/m^3(2 800 kcal/m^3)	0.400 0
氮气(作主产品时)	19.66 MJ/m^3(4 700 kcal/m^3)	0.671 4
二氧化碳气	6.28 MJ/m^3(1 500 kcal/m^3)	0.214 3
乙炔	243.67 MJ/m^3	8.314 3
电石	60.92 MJ/kg	2.078 6

附　录　B
（资料性附录）
各种能源折算标准煤系数

各种能源折算标准煤系数见表 B.1。

表 B.1　各种能源折算标准煤系数表

能源名称	平均低位发热量	折标准煤系数
原煤	20 908 kJ/kg (5 000 kcal/kg)	0.714 3
洗精煤	26 344 kJ/kg (6 300 kcal/kg)	0.900 0
其他洗煤		
1）　洗中煤	8 363 kJ/kg (2 000 kcal/kg)	0.285 7
2）　煤泥	8 363 kJ/kg～12 545 kJ/kg (2 000 kcal/kg～3 000 kcal/kg)	0.285 7～0.428 6
焦炭	28 435 kJ/kg (6 800 kcal/kg)	0.971 4
原油	41 816 kJ/kg (10 000 kcal/kg)	1.428 6
重油	41 816 kJ/kg (10 000 kcal/kg)	1.428 6
煤油	43 070 kJ/kg (10 300 kcal/kg)	1.471 4
汽油	43 070 kJ/kg (10 300 kcal/kg)	1.471 4
柴油	42 652 kJ/kg (10 200 kcal/kg)	1.457 1
煤焦油	33 453 kJ/kg (8 000 kcal/kg)	1.142 9
渣油	41 816 kJ/kg (10 000 kcal/kg)	1.428 6
液化石油气	50 179 kJ/kg (12 000 kcal/kg)	1.714 3
炼厂干气	46 055 kJ/kg (11 000 kcal/kg)	1.571 4
油田天然气	38 931 kJ/m^3(9 310 kcal/m^3)	1.330 0
气田天然气	35 544 kJ/m^3(8 500 kcal/m^3)	1.214 3
煤矿瓦斯气	14 636 kJ/m^3～16 726 kJ/m^3(3 500 kcal/m^3～4 000 kcal/m^3)	0.500 0～0.571 4
焦炉煤气	16 726 kJ/m^3～17 981 kJ/m^3(4 000 kcal/m^3～4 300 kcal/m^3)	0.571 4～0.614 3
高炉煤气	3 763 kJ/m^3	0.128 6
其他煤气		
1）　发生炉煤气	5 227 kJ/m^3(1 250 kcal/m^3)	0.178 6
2）　重油催化裂解煤气	19 235 kJ/m^3(4 600 kcal/m^3)	0.651 7
3）　重油热裂解煤气	35 544 kJ/m^3(8 500 kcal/m^3)	1.214 3
4）　焦炭制气	16 308 kJ/m^3(3 900 kcal/m^3)	0.557 1
5）　压力气化煤气	15 054 kJ/m^3(3 600 kcal/m^3)	0.514 3
6）　水煤气	10 454 kJ/m^3(2 500 kcal/m^3)	0.357 1
粗苯	41 816 kJ/kg (10 000 kcal/kg)	1.428 6
热力		0.034 12
电力(当量)	3 600 kJ/(kW·h)[860 kcal/(kW·h)]	0.122 9
蒸汽(低压)	3 673 MJ/t(900 Mcal/t)	0.128 6

附 录 C
（资料性附录）
计算单位及小数位数

计算单位及小数位数见表C.1。

表C.1 计算单位及小数位数表

名称	计算单位	保留小数位数
原煤	吨	2
洗精煤	吨	2
其他洗煤	吨	2
焦炭	吨	2
汽油	吨	2
煤油	吨	2
柴油	吨	2
焦炉煤气	万立方米	2
煤气化煤气	万立方米	2
矿井瓦斯	万立方米	2
电力	万千瓦时	2
其他能源	吨	2
原煤产量	万吨	2
工业总产值	万元	2
折标准煤量	标准煤	2
折标系数[a]		4

[a] 折标准煤量＝实物量×折标系数。

ICS 03.220.40
R 09

中华人民共和国国家标准

GB/T 28399—2012

商品车辆滚装专用码头滚装作业安全操作规程

The safety rules for handling in Ro-Ro terminal

2012-06-29 发布

2012-10-01 实施

中华人民共和国国家质量监督检验检疫总局
中国国家标准化管理委员会 发布

前　　言

本标准按照 GB/T 1.1—2009 给出的规则起草。

本标准由中华人民共和国交通运输部提出。

本标准由中华人民共和国交通运输部水运局归口。

本标准起草单位：上海国际港务（集团）股份有限公司、上海海通国际汽车码头有限公司。

本标准主要起草人：包起帆、沈伟明、罗文斌、代晨浩、闻君、徐阳。

商品车辆滚装专用码头滚装作业安全操作规程

1 范围

本标准规定了商品车辆滚装专用码头滚装作业安全操作规程，包括车辆的操作、绑扎和拆绑扎、信号员的指挥等作业的安全作业技术要求。

本标准适用于商品车辆(以下简称车辆)滚装专用码头滚装作业。

2 规范性引用文件

下列文件对于本文件的应用是必不可少的。凡是注日期的引用文件，仅注日期的版本适用于本文件。凡是不注日期的引用文件，其最新版本(包括所有的修改单)适用于本文件。

GB/T 8487 港口装卸术语

JT/T 557 港口装卸区域照明照度及测量方法

3 术语和定义

GB/T 8487 中所确立的以及下列术语和定义适用于本文件。

3.1

滚装作业 roll-on roll-off

货物经跳板在码头与船舶之间通过其自身的车轮或其他滚动行驶系统进行装卸的作业方式。

3.2

定位 position

在船舱内将车辆从临时停放位置行驶到规定积载位置的操作过程。

3.3

移位 hold-break

在船舱内将车辆从积载位置行驶到临时停放位置的操作过程。

3.4

短驳 convey

将车辆行驶上船至临时停放场所或将临时停放场所内的车辆行驶下船的操作过程。

4 一般要求

4.1 从事车辆滚装作业的人员包括驾驶员、信号员、绑扎工等，上岗前应进行相关培训。

4.2 全体作业人员应穿着统一的、洁净且无外露硬质物的工作服(衣裤)、手套和安全鞋进行滚装作业。

4.3 车辆滚装作业时，舱内、码头、堆场的照明照度应符合 JT/T 557 的要求。

4.4 作业开始前，船方应做好以下工作：

a) 在跳板下应放置无损码头层面的衬垫物；

b) 跳板、升降平台等操作所需的船舶设备设施应处于良好的技术和工作状态；

c) 作业层的船舱高度，斜坡、通道等出入口的高度与宽度应符合车辆滚装作业通行要求；

d) 船舱内的通道和甲板应按照要求被正确设置和打开；

e) 作业甲板上的照明设备、通风设备应处于良好的工作状态；

f) 应配备充足、良好的绑扎工具，放置在适当位置。

4.5 船方准备工作结束后，港方应召集全体作业人员，明确以下内容：

a) 各作业组的安全作业路线；

b) 舱内作业环境及注意事项；

c) 特殊车辆的操作方法及驾驶时的注意事项。

4.6 作业开始前，作业人员应巡查作业路线，做好以下工作：

a) 确认船舶跳板与码头面的夹角满足车辆通行要求；

b) 核实作业层的船舱高度和斜坡通道出入口的高度和宽度符合通行要求；

c) 清除行驶路线上的障碍物；

d) 在作业路线上配置交通锥筒引导交通，同时封闭其他行驶路线；

e) 对于危险或难于操作的地方，应设立警示标志，配置交通信号员指挥作业；

f) 作业场所变动后，应再一次进行同样的确认程序。

5 短驳

5.1 启动

5.1.1 驾驶员动车前，应先确认车辆目的港或卸货港、车轮方向、车门边有无影响开车门的障碍物，并检查车辆外观无残损。

5.1.2 打开车门时应注意钥匙不能碰到车辆钥匙孔外的其他部分，进入驾驶舱后应按制造商的规定操作车辆，还应按下列顺序启动车辆：

a) 调整驾驶座位到合适位置；

b) 调整内视镜；

c) 检查挡位(自动挡车辆应挂停车挡，手动挡车辆应挂低速挡)，手制动处于锁止状态；

d) 打开主驾驶座一侧车窗(特殊天气除外)；

e) 开启车灯；

f) 手动挡车辆脚踏离合器和制动踏板，自动挡车辆脚踏制动踏板，开启发动机。

5.1.3 应根据信号员的指挥，缓慢启动车辆，不应突然加速及转向。

5.2 行驶

5.2.1 驾驶员应按照装卸作业开始前确认的行驶路线行驶。

5.2.2 行驶速度遵循下列要求：

a) 港内道路按港区规定限速行驶；

b) 船舱和堆场内的行驶速度不超过 20 km/h；

c) 转弯或通过跳板时行驶速度不超过 5 km/h。

5.2.3 行驶过程中应合理调整行驶速度，保持安全距离，当车速为 20 km/h 时，前后两车间距应该保持在 15 m 左右，恶劣天气条件下应保持 20 m 以上。

5.2.4 下列区域应低速缓行：

a) 视线受限的地方；

b) 进口通道的水密、气密门；

c) 通过跳板进出角时；

d) 船舱斜坡道处上下时；

e) 容易打滑的路面；

f) 净高度较低的甲板。

5.2.5 行驶过程不应有乱按喇叭、超车、急加速、急刹车、急打方向盘等突发危险性动作。

5.2.6 一个坡道上应只允许一辆车通行，其他车辆应在通道口等待指挥通行（跨越两层甲板以上的坡道除外）。

5.2.7 堵车等待通行时，两车之间应保持10 m左右的安全距离，并注意斜坡通道不应停车。

5.2.8 在特殊情况下需临时停车时，应打开危险报警闪光灯，驶离通行道路，停放到不影响其他车辆通行的安全地带，在确保安全的情况下，通知作业队队长采取应急措施。

5.2.9 不应从甲板上的绑扎带或其他任何可能会影响车辆安全的物体上行驶。

5.3 停车

5.3.1 到达指定停放区域后，应按下列顺序缓慢停车：

a) 回直方向盘；

b) 手动挡车辆应挂低速挡，自动挡车辆应挂停车挡；

c) 拉紧手制动；

d) 关闭发动机；

e) 关闭车灯与车窗；

f) 驾驶座位退到最后。

5.3.2 车辆停放好后，应小心打开车门，避免碰撞。

5.3.3 在停放区域无人指挥时，不应独自倒车操作。

5.3.4 离开车辆后应从安全路径返回作业交通车内。

5.4 作业交通车行驶

5.4.1 在临时停放场所停车时，应听从指挥缓慢停车，并注意留有足够的调头空间。

5.4.2 作业人员下车后，应把作业交通车停放到不影响车辆行驶的地方，等候短驳驾驶员上车。

5.5 指挥

5.5.1 信号员应在规定的位置按规定要求指挥车辆通行。

5.5.2 在斜坡通道处只能允许一辆车通行。

5.5.3 当天气变化或船内拥堵时，应调整通行速度与间距。

5.5.4 夜间或光线不足时应使用能发光的信号棒指挥作业。

6 定位和移位

6.1 启动

6.1.1 驾驶员在动车前应确认定位或移位的位置和车轮方向，并核实目的港或卸货港。

6.1.2 打开车门上车，按5.1.2的规定启动车辆。

6.1.3 驾驶员根据信号员的指挥，缓慢启动车辆，不应突然加速及转向。

6.2 行驶

6.2.1 驾驶员应听从信号员的指挥将车辆行驶至指定位置。

6.2.2 车辆速度应控制在5 km/h以下。

6.3 定位停车

6.3.1 车辆在船舱内的定位停放间距宜按表1要求。

表1 车辆定位停放间距要求

单位为厘米

项目	位置	要求距离
各车辆的左右	门和门之间	≥10
	门和船体构物之间	≥10
	方向盘侧门和船体构物之间	≥30
各车辆的前后	保险杠之间	≥30
	保险杠和船体之间	≥30
车门开门宽限		≥30
出入口附近		≥50×50

6.3.2 在舱内消防器材、船方作业车等操作设备周围停放车辆时应根据船方的要求确定停车空间。

6.3.3 到达指定定位位置后，应按下列顺序缓慢停车：

a) 自动挡车辆应挂停车挡，手动挡车辆停放在甲板或上坡(车头向上)时应挂低速挡，手动挡车辆停放在下坡(车头向下)时应挂倒车挡；

b) 拉紧手制动；

c) 关闭发动机；

d) 关闭车灯与车窗；

e) 驾驶座位退后到最后；

f) 拔出钥匙后放在规定的位置。

6.3.4 驾驶员离开车辆后将原来的保护用品复原。

6.4 移位停车

6.4.1 到达指定停放区域后，应按5.3.1的规定缓慢停车。

6.4.2 车辆停放好后，应小心打开车门避免碰撞。

6.5 指挥

6.5.1 信号员指挥倒车定、移位应在车辆侧后方；指挥顺车定、移位应在车辆侧前方，使用哨子、信号棒/手势进行指挥。

6.5.2 方向盘的每个切换动作都应吹短哨并同时用信号棒/手势指示方向盘的方向。

6.5.3 要求停车时，信号棒应直立不动或手势定格，哨音为单长哨。

6.5.4 如因车辆、环境等特殊原因，驾驶员无法看到信号员指挥信号时，应根据实际情况增加信号员协助指挥定位作业。

6.6 其他

6.6.1 车辆如需定位在坡道上时，应在坡道低端的轮胎下放置三角形垫木。

6.6.2 坡道上应优先停放自动挡车辆。

7 绑扎和拆绑扎

7.1 一般要求

7.1.1 绑扎工事先应将绑扎材料放在车位就近的安全位置。

7.1.2 绑扎工应确定车辆完全制动和司机下车后方可绑扎。

7.1.3 车辆定位后应及时进行绑扎，并检查。

7.1.4 在进行绑扎或拆绑扎时，应首先目测绑扎位置，再开始进行操作，不应触摸、倚靠车辆，或把任何东西放在车辆上。

7.1.5 通道上的绑扎材料应及时清理，并放置和固定在不影响车辆装卸的位置。

7.1.6 在车辆通道内收集或搬运绑扎材料时，绑扎材料应低于车辆保险杠的高度。

7.2 绑扎

7.2.1 绑扎时应让绑扎带在水平和垂直的方向上保持30°～60°的角度，45°为最佳，见图1。

图1 绑扎的最佳角度

7.2.2 在无专用绑扎点的车辆上应使用绑扎环，以减少损坏保险杠的风险，见图2。

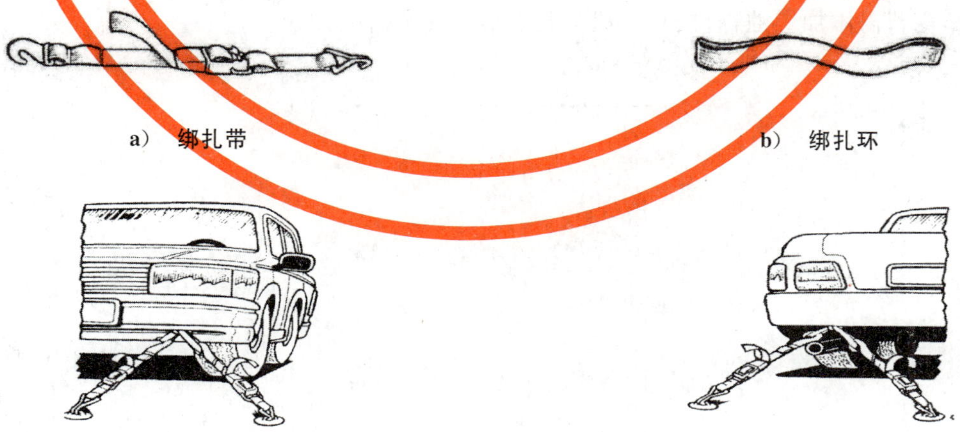

a） 绑扎带　　b） 绑扎环

c） 车头的绑扎　　d） 车尾的绑扎

图2 绑扎环的使用

7.2.3 轮毂上绑扎应使用绑扎环，避免损坏轮箍，让绑扎带贴在轮子上，并应保持绑扎带的拉力方向指向轮子的中心，绑扎带与甲板层的角度宜为20°～40°，见图3。

图 3　轮箍绑扎的角度

7.2.4　当车辆停放在坡道上时，应先绑扎车辆的上端，并增加绑扎材料。

7.2.5　垂直于船舶艏艉线积载的车辆，应增加绑扎材料。

7.2.6　处于工作状态的绑扎带之间不应互相接触或接触其他物体。

7.2.7　绑扎后应检查绑扎是否牢固。

7.3　拆绑扎

7.3.1　按照车辆的排列顺序进行操作，进行拆绑扎前，应注意检查车辆外观，如有损伤应及时报告。

7.3.2　停放在坡道上的车辆应从坡道的最下端开始拆除绑扎。

7.3.3　拆除下来的绑扎材料应放在原地，根据车辆的移位进度收取绑扎材料，不应在车辆移位前收取车辆之间的绑扎材料。

8　其他要求

8.1　作业人员需通过甲板或跳板时，应沿专用人行通道行走。

8.2　作业中车辆若需添加燃油，应按有关消防要求落实安全措施。

ICS 77.120.99
H 65

中华人民共和国国家标准

GB/T 28400—2012

钕镁合金

Neodymium magnesium alloy

2012-06-29 发布　　　　2013-03-01 实施

中华人民共和国国家质量监督检验检疫总局
中国国家标准化管理委员会　发布

前　言

本标准按照 GB/T 1.1—2009 给出的规则起草。

本标准由全国稀土标准化技术委员会(SAC/TC 229)归口。

本标准起草单位:湖南稀土金属材料研究院、包头稀土研究院、中国科学院长春应用化学研究所、有研稀土新材料股份有限公司。

本标准主要起草人:刘荣丽、翁国庆、解萍、张德平、栾文洲。

钕 镁 合 金

1 范围

本标准规定了钕镁合金产品的要求、试验方法、检验规则与标志、包装、运输、贮存及质量证明书。

本标准适用于电解法、熔配法生产的钕镁合金，主要用于生产铸造和变形镁合金所用的添加剂。

2 规范性引用文件

下列文件对于本文件的应用是必不可少的。凡是注日期的引用文件，仅注日期的版本适用于本文件。凡是不注日期的引用文件，其最新版本(包括所有的修改单)适用于本文件。

GB/T 8170 数值修约规则与极限数值的表示与判定

GB/T 12690.1 稀土金属及其氧化物中非稀土杂质化学分析方法 高频-红外吸收法测定碳、硫量

XB/T 614.1 钆镁合金化学分析方法 第1部分:稀土总量的测定 重量法

3 要求

3.1 化学成分

产品的化学成分应符合表1的规定。需方如对产品有特殊要求，由供需双方协商解决。

表 1

产品牌号	化学成分(质量分数)/%									
	RE	Mg	Nd/RE 不小于	杂质含量，不大于						
				稀土杂质/RE	非稀土杂质					
					Si	Fe	Al	Cu	Ni	C
045035	35±2	余量	99.5	0.5	0.05	0.15	0.05	0.01	0.01	0.08
045030	30±2	余量	99.5	0.5	0.05	0.15	0.05	0.01	0.01	0.08
045025	25±2	余量	99.5	0.5	0.05	0.15	0.05	0.01	0.01	0.08

3.2 外观

3.2.1 产品为铸态合金。

3.2.2 产品表面及其断口均呈银灰色，应洁净，无目视可见的夹杂物和氧化脱落粉末。

4 试验方法

4.1 化学成分试验方法

4.1.1 产品中稀土总量的分析方法按XB/T 614.1的规定进行。

4.1.2 产品中碳的分析方法按 GB/T 12690.1 的规定进行。
4.1.3 产品中其他稀土杂质及非稀土杂质含量的分析方法按供方现行方法进行。

4.2 外观检验方法

4.2.1 断口组织检验从每批合金锭中任取一锭，用压力试验机打断口，用目视进行检查。
4.2.2 产品外观用目视检查。

4.3 数值修约

数值修约按 GB/T 8170 的规定进行。

5 检验规则

5.1 检查与验收

5.1.1 产品由供方质量检验部门进行检验，保证产品质量符合本标准规定，并填写产品质量证明书。
5.1.2 需方应对收到的产品进行检验，如检验结果与本标准规定不符，应在收到产品之日起 2 个月内向供方提出，由供需双方协商解决。如需仲裁，可委托双方认可的单位进行，并在需方共同取样。

5.2 组批

产品以每一炉次为一批，应成批提交检验。

5.3 检验项目

每批产品应进行化学成分、外观及断口组织检验。

5.4 取样与制样

5.4.1 化学成分分析的仲裁取样数量按表 2 的规定进行。

表 2

每批重量/kg	≤10	>10～50	>50～100	>100～200	>200～500	>500
取样件数/块	2	3	4	5	8	10

5.4.2 化学成分的仲裁取样方法按下述规定进行：

取样时先将试样打磨干净，用直径 5 mm～10 mm 钻头在合金锭中部和两端等距离处取三点以上钻通取样。弃去距锭块表面 1 mm～1.5 mm 的钻屑，然后钻取试样，取样量不少于 10 g。将所得试样迅速混匀缩分至所需数量，立即放入带盖的磨口瓶中密封保存。

5.5 检验结果判定

化学成分、外观及断口组织检验仲裁结果与本标准规定不符合时，则从该批产品中取双倍试样对不合格项目进行复验，如仍有一项结果不合格，则判该批产品为不合格。

6 标志、包装、运输、贮存及质量证明书

6.1 标志、包装

6.1.1 包装桶(箱)外应有不褪色明显标志，注明：

a） 供方名称；

b） 产品名称；

c） 牌号、批号、净重、毛重；

d） 出厂日期；

e） “防潮”标志或字样。

6.1.2 产品装入包装桶后灌石蜡或真空密封，外包装桶一般为铁桶或铝桶，包装形式也可由供需双方商定。

6.2 运输、贮存

产品运输时严防淋雨。需存放干燥处，不得露天放置。

6.3 质量证明书

每批产品应附质量证明书，注明：

a） 供方名称；

b） 产品名称；

c） 牌号、批号、净重、毛重、件数；

d） 各项分析检验结果和供方质量检验部门印记；

e） 本标准编号；

f） 检验日期；

g） 出厂日期。

中华人民共和国国家标准

GB 28401—2012

食品安全国家标准
食品添加剂 磷脂

2012-05-17 发布 2012-07-17 实施

中华人民共和国卫生部 发布

食品安全国家标准
食品添加剂　磷脂

1　范围

本标准适用于以大豆、葵花籽等植物油籽料或其加工副产物为主要原料，经脱水、脱杂、脱色或脱脂等工序制得的食品添加剂磷脂。

2　技术要求

2.1　感官要求：应符合表1的规定。

表1　感官要求

项　目	要　求	检验方法
色泽	黄色至棕色	取适量样品置于洁净透明的玻璃器皿中，在自然光线下，观察其色泽和状态，并嗅其味
气味	具有磷脂特有的气味，无异味	
状态	黏稠液状、膏状、粉状或颗粒状	

2.2　理化指标：应符合表2的规定。

表2　理化指标

项　目		指　标	检验方法
丙酮不溶物，w/%	≥	60	SN/T 0802.2[a]
干燥减量，w/%	≤	2.0	GB 5009.3 直接干燥法[b]
正己烷不溶物，w/%	≤	0.3	附录A中A.3
酸值(以KOH计)/(mg/g)	≤	36	附录A中A.4
过氧化值/(meq/kg)	≤	10	附录A中A.5
重金属(以Pb计)/(mg/kg)	≤	20	GB/T 5009.74
总砷(以As计)/(mg/kg)	≤	3.0	GB/T 5009.11
残留溶剂/(mg/kg)	≤	50	GB/T 5009.37 残留溶剂

[a] 结果计算中"乙醚不溶物含量"用"正己烷不溶物含量"替代计算。
[b] 干燥温度和时间分别为105 ℃和1 h。

附 录 A
检 验 方 法

A.1 一般规定

本标准所用试剂和水，在没有注明其他要求时，均指分析纯试剂和GB/T 6682—2008中规定的三级水。试验中所用标准滴定溶液、杂质测定用标准溶液、制剂及制品，在没有注明其他要求时，均按GB/T 601、GB/T 602、GB/T 603的规定制备。试验中所用溶液在未注明用何种溶剂配制时，均指水溶液。

A.2 鉴别试验

A.2.1 取0.5%样品的乙醇溶液2 mL置于试管中，加5%氯化镉乙醇溶液1～2滴，即产生白色沉淀。
A.2.2 取10%样品的乙醇溶液2 mL置于试管中，加硝酸铋钾溶液(取硝酸铋8 g，加硝酸20 mL使其溶解；另取碘化钾27.2 g，加水50 mL使其溶解，合并上述两种溶液，加水稀释至100 mL)1～2滴，即产生砖红色沉淀。

A.3 正己烷不溶物的测定

A.3.1 试剂和材料

正己烷。

A.3.2 仪器和设备

A.3.2.1 抽滤器：500 mL。
A.3.2.2 玻璃砂芯坩埚：G3。

A.3.3 分析步骤

A.3.3.1 将清洁的坩埚在101 ℃～105 ℃烘箱中烘至恒重。
A.3.3.2 称取混合均匀的试样10.0 g，精确至0.000 1 g，置于烧杯中，加入正己烷约100 mL，用玻璃棒搅拌溶解后，通过已恒重的坩埚抽滤。
A.3.3.3 用25 mL正己烷分两次洗涤烧杯和玻璃棒并将不溶物全部移入坩埚内，用正己烷洗涤坩埚内壁和不溶物，最后尽量抽除坩埚内残留正己烷。
A.3.3.4 取下坩埚，用脱脂棉沾少许正己烷擦净坩埚外壁。将坩埚于101 ℃～105 ℃烘箱中烘干1 h，取出，放入干燥器中冷却至室温，称重。再烘干20 min，冷却，称重，直至恒重。

A.3.4 结果计算

正己烷不溶物含量以质量分数w_1计，数值以%表示，按式(A.1)计算：

$$w_1=\frac{m_1-m_2}{m}\times 100\% \qquad \cdots\cdots(A.1)$$

式中：

m_1——空坩埚及不溶物总质量的数值，单位为克(g)；

m_2——空坩埚质量的数值，单位为克(g)；

m ——试样质量的数值，单位为克(g)。

实验结果以平行测定结果的算术平均值为准。在重复性条件下获得的两次独立测定结果的绝对差值不得超过算术平均值的5%。

A.4 酸值的测定

A.4.1 试剂和材料

A.4.1.1 石油醚。

A.4.1.2 氢氧化钠标准滴定溶液：$c(NaOH)=0.1$ mol/L。

A.4.1.3 中性乙醇：质量分数为95%。使用前以酚酞指示液作指示剂，用氢氧化钠标准滴定溶液滴定至溶液呈微红色，并维持5 s不褪色为终点。

A.4.1.4 酚酞指示液：10 g/L。

A.4.2 分析步骤

称取约2 g混合均匀的试样，精确至0.001 g，置于250 mL锥形瓶中，加入50 mL石油醚，轻轻振摇使之溶解，然后加入50 mL中性乙醇，摇匀。加入4滴酚酞指示液，用氢氧化钠标准滴定溶液快速滴定，边滴边振摇，接近终点时，减慢滴定速度至每次1～2滴，至粉红色出现并维持5 s不褪色即为终点。

A.4.3 结果计算

酸值以氢氧化钾(KOH)的质量分数 w_2 计，数值以毫克每克(mg/g)表示，按式(A.2)计算：

$$w_2=\frac{V\times c\times 56.1}{m_0} \qquad \cdots\cdots(\text{A.2})$$

式中：

V ——滴定时消耗的氢氧化钠标准滴定溶液体积的数值，单位为毫升(mL)；

c ——氢氧化钠标准滴定溶液浓度的数值，单位为摩尔每升(mol/L)；

56.1——氢氧化钾的摩尔质量的数值，单位为克每摩尔(g/mol)[$M(KOH)=56.1$]；

m_0 ——试样质量的数值，单位为克(g)。

实验结果以平行测定结果的算术平均值为准。在重复性条件下获得的两次独立测定结果的绝对差值不得超过算术平均值的5 %。

A.5 过氧化值的测定

A.5.1 试剂和材料

A.5.1.1 乙酸与三氯甲烷混合液：体积比3∶2，将3份冰乙酸与2份三氯甲烷混合。

A.5.1.2 饱和碘化钾溶液：新配制且不得含有游离碘和碘酸盐。确保溶液中有结晶存在，存放于避光处。如果在30 mL乙酸与三氯甲烷混合液中加入0.5 mL饱和碘化钾溶液和2滴淀粉指示液，若溶液出现蓝色并需要硫代硫酸钠标准滴定溶液1滴以上才能消除，则需重新配制此溶液。

A.5.1.3 硫代硫酸钠标准滴定溶液：$c(Na_2S_2O_3)=0.01$ mol/L，将 $c(Na_2S_2O_3)=0.1$ mol/L 的硫代硫酸钠标准滴定溶液稀释10倍制得。

A.5.1.4 淀粉指示液：10 g/L。

注：上述所有试剂和水中不得含有溶解氧。

A.5.2 仪器和设备

实验室常规仪器。使用的所有器皿不得含有还原性或氧化性物质。磨砂玻璃表面不得涂油。

A.5.3 分析步骤

称取约 5 g 混合均匀的试样，精确至 0.001 g，置于 250 mL 碘瓶中，加入 30 mL 冰乙酸与三氯甲烷混合液，振摇使试样充分溶解。加入 0.5 mL 饱和碘化钾溶液，紧密盖塞反应 1 min，反应过程中至少轻摇碘瓶 3 次。然后立即加入 30 mL 水和 0.5 mL 淀粉指示液，用硫代硫酸钠标准滴定溶液滴定，边滴边振摇，临近终点时，不断振摇使所有的碘从溶剂层释放出来，逐滴添加硫代硫酸钠标准滴定溶液至溶液蓝色消失，即为终点。同时进行空白试验，当空白试验消耗的硫代硫酸钠标准滴定溶液超过 0.1 mL 时，应更换试剂重新对试样进行测定。

A.5.4 结果计算

过氧化值以 w_3 计，数值以每千克中活性氧的毫克当量(meq/kg)表示，按式(A.3)计算：

$$w_3 = \frac{1\,000 \times (V - V_0) \times c}{m_3} \qquad \cdots\cdots\cdots\cdots (A.3)$$

式中：

V ——滴定试样所消耗硫代硫酸钠标准滴定溶液体积的数值，单位为毫升(mL)；

V_0 ——滴定空白所消耗硫代硫酸钠标准滴定溶液体积的数值，单位为毫升(mL)；

c ——硫代硫酸钠标准滴定溶液浓度的准确数值，单位为摩尔每升(mol/L)；

m_3 ——试样质量的数值，单位为克(g)；

1 000——换算因子。

实验结果以平行测定结果的算术平均值为准。在重复性条件下获得的两次独立测定结果的绝对差值不得超过算术平均值的 5%。

中华人民共和国国家标准

GB 28402—2012

食品安全国家标准
食品添加剂　普鲁兰多糖

2012-05-17 发布　　　　2012-07-17 实施

中华人民共和国卫生部　发布

食品安全国家标准

食品添加剂 普鲁兰多糖

1 范围

本标准适用于由出芽短梗霉(*Aureobasidium pullulans*)对碳水化合物进行纯种培养发酵后,经加工制成的食品添加剂普鲁兰多糖。

2 分子式和结构式

2.1 分子式

$(C_6H_{10}O_5)_n$

2.2 结构式

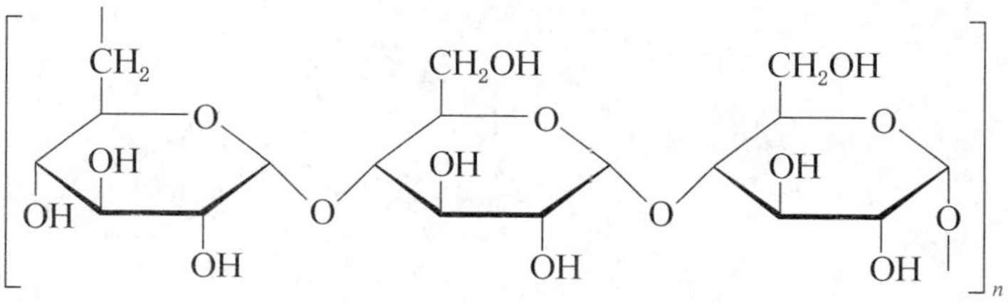

3 技术要求

3.1 感官要求:应符合表1的规定。

表1 感官要求

项　目	要　求	检验方法
色泽	近白色	取适量样品置于清洁、干燥的玻璃容器中,在自然光线下观察其色泽和状态
状态	粉末	

3.2 理化指标:应符合表2的规定。

表2 理化指标

项　目	指　标	检验方法
黏度(10%溶液,30 ℃)/(mm^2/s)	15~180	附录A中A.3
单糖、二糖和寡糖(以葡萄糖计),w/% ≤	10	附录A中A.4
总氮,w/% ≤	0.05	GB/T 609

表 2（续）

项　目		指　标	检验方法
干燥减量，*w*/%	≤	10	GB 5009.3 直接干燥法[a]
铅(Pb)/(mg/kg)	≤	2.0	GB 5009.12
灼烧残渣，*w*/%	≤	8	GB 5009.4
pH		6.0～8.0	附录 A 中 A.5

[a] 干燥温度和时间分别为 105 ℃和 2.5 h。

3.3　微生物指标：应符合表 3 的规定。

表 3　微生物限量

项　目		指　标	检验方法
菌落总数/(CFU/g)	≤	10 000	GB 4789.2
大肠菌群/(MPN/g)	<	3.0	GB 4789.3

附　录　A
检 验 方 法

A.1　一般规定

标准所用试剂和水，在没有注明其他要求时，均指分析纯试剂和 GB/T 6682—2008 中规定的三级水。试验中所用标准滴定溶液、杂质测定用标准溶液、制剂及制品，在没有注明其他要求时，均按 GB/T 601、GB/T 602、GB/T 603 的规定制备。试验中所用溶液在未注明用何种溶剂配制时，均指水溶液。

A.2　鉴别试验

A.2.1　称取 10 g 样品，用 100 mL 水溶解，溶解过程中边搅拌边加入样品，形成黏稠溶液。

A.2.2　在 10 mL 样品溶液(A.2.1)中加入 0.1 mL 普鲁兰酶水溶液(活性为 10 个单位/mL)，混合，静置，得到没有黏性的溶液。

A.2.3　称取 1 g 样品，用 50 mL 水溶解，取 10 mL 此溶液加入 2 mL 聚乙烯醇 600，立即形成白色沉淀。

A.3　黏度的测定

A.3.1　仪器和设备

A.3.1.1　内径 2 mm 平氏玻璃毛细管黏度计。

A.3.1.2　搅拌器(800 r/min)。

A.3.2　分析步骤

A.3.2.1　样品溶液的制备

量取 100 mL 水于搅拌杯中，置于搅拌器上，开启搅拌。精确称取 10.0 g 经 105 ℃干燥 2.5 h 的样品，缓慢加入到搅拌杯中，于 800 r/min 下搅拌至全溶解，再静置 1 h。

A.3.2.2　测定

用 10 mL 吸管吸取 10 mL 样品溶液，注入黏度计中，将黏度计垂直放入 25 ℃±0.1 ℃保温箱中，保温 20 min，用吸耳球将黏度计中液体吸至双球间第一刻度线上 5 mm 处，让样品自由流动，待液体下流至第一刻度线时，按下秒表计时，到达第二刻度线时，计时停止，下流时间以 s 计，计算黏度。

A.3.3　结果计算

样品黏度 w_0 按式(A.1)计算：

$$w_0 = C \times \tau \qquad \text{(A.1)}$$

式中：

w_0——样品黏度，单位为厘斯(mm^2/s)；

C——黏度计的常数值，单位为厘斯每秒(mm^2/s^2)；

τ ——流动时间，单位为秒(s)。

实验结果以平行测定结果的算术平均值为准。在重复性条件下获得的两次独立测定结果的绝对差值不大于算术平均值的2%。

A.4 单糖、二糖和寡糖的测定

A.4.1 方法提要

试样用甲醇和氯化钾沉淀之后，用蒽酮-硫酸法测定试样中的单糖、二糖和寡糖含量。

A.4.2 试剂和材料

A.4.2.1 葡萄糖。

A.4.2.2 甲醇。

A.4.2.3 蒽酮溶液：取0.2 g蒽酮溶解于100 g 75%（体积分数）的硫酸溶液中，现用现配。

A.4.2.4 饱和氯化钾溶液：量取适量水，置于烧杯中，加入氯化钾晶体，边加入边搅拌，加至所加晶体不再溶解时，然后静置取上层清液。

A.4.3 仪器和设备

分光光度计，检测波长为620 nm。

A.4.4 分析步骤

A.4.4.1 标准溶液的制备

称取0.2 g葡萄糖，精确至0.001 g，用水溶解，稀释定容至1 L，从中量取0.2 mL，加入到5 mL蒽酮溶液中，混合均匀，此为标准溶液。

A.4.4.2 空白溶液的制备

量取0.2 mL水，加入到5 mL蒽酮溶液中，混合均匀，此为空白溶液。

A.4.4.3 试样液的制备

称取0.8 g试样，精确至0.001 g，用水溶解，稀释定容至100 mL，此为试样贮备液。量取1 mL试样贮备液，置于一个离心管中，加入0.1 mL饱和氯化钾溶液和3 mL甲醇，剧烈混合20 s，在11 000 r/min条件下离心10 min。量取0.2 mL离心后的上清液，加入到5 mL蒽酮溶液中，混合均匀，此为试样液。

A.4.4.4 测定

将试样液、标准溶液和空白溶液放在90 ℃水浴中保温15 min，用分光光度计，在620 nm处分别测定这些溶液的吸光度。

A.4.5 结果计算

单糖、二糖和寡糖的含量以葡萄糖的质量分数w_1计，数值以%表示，按式(A.2)计算：

$$w_1=\frac{(A_t-A_b)\times 0.41\times m_1}{(A_s-A_b)\times m_0}\times 100\% \qquad \cdots\cdots\cdots\cdots(A.2)$$

式中：

A_t ——测得的试样液的吸光度值；

A_b ——测得的空白溶液的吸光度值；

0.41——换算系数；

A_s ——测得的标准溶液的吸光度值；

m_1 ——葡萄糖质量的数值，单位为克(g)；

m_0 ——样品质量的数值，单位为克(g)。

实验结果以平行测定结果的算术平均值为准。在重复性条件下获得的两次独立测定结果的绝对差值不大于算术平均值的2%。

A.5 pH的测定

A.5.1 仪器和设备

A.5.1.1 酸度计：精度0.01 pH单位。

A.5.1.2 分析天平：精度0.001 g。

A.5.1.3 搅拌器：800 r/min。

A.5.2 分析步骤

A.5.2.1 量取270 mL水于搅拌杯中，置于搅拌器上，开启搅拌。

A.5.2.2 精确称量30.0 g试样，缓慢加入到搅拌杯中，于800 r/min下搅拌30 min。

A.5.2.3 在25 ℃±1 ℃条件下用酸度计测溶液的pH(精确至0.01 pH单位)。

实验结果以平行测定结果的算术平均值为准。在重复性条件下获得的两次独立测定结果的绝对差值不大于算术平均值的2%。

中华人民共和国国家标准

GB 28403—2012

食品安全国家标准
食品添加剂　瓜尔胶

2012-05-17 发布　　　　2012-07-17 实施

中华人民共和国卫生部　发布

食品安全国家标准
食品添加剂 瓜尔胶

1 范围

本标准适用于以瓜尔豆[*Cyamops tetragonolobus*(L.)Taub]胚乳片为原料，经水化、粉碎等步骤加工制得的食品添加剂瓜尔胶。

2 结构式

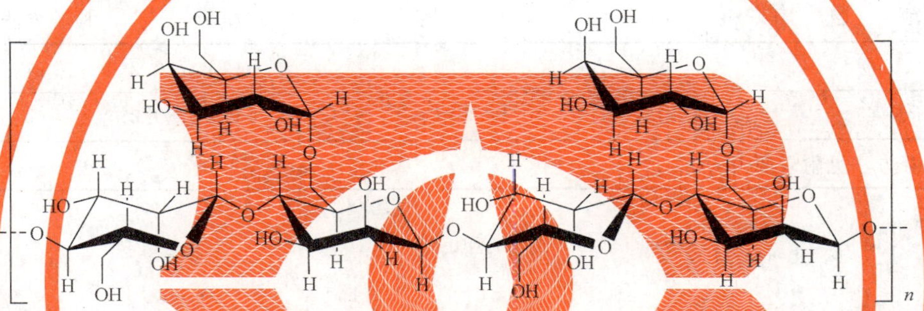

3 技术要求

3.1 感官要求：应符合表1的规定。

表1 感官要求

项目	要求	检验方法
色泽	白色至淡黄色	取适量样品置于清洁、干燥的玻璃皿中，在自然光线下，观察其色泽和状态，嗅其气味
状态	粉末	
气味	几乎无味或有淡淡的豆腥味	

3.2 理化指标：应符合表2的规定。

表2 理化指标

项目		指标	检验方法
黏度/(mPa·s)		符合声称	附录A中A.3
干燥减量，w/%	≤	15.0	GB 5009.3 直接干燥法[a]
灰分，w/%	≤	1.5	GB 5009.4
酸不溶物，w/%	≤	7.0	附录A中A.4
蛋白质，w/%	≤	7.0	GB 5009.5[b]

表 2（续）

项　　目	指　　标	检验方法
铅(Pb)/(mg/kg)　　≤	2.0	GB 5009.12
总砷(以 As 计)/(mg/kg)　　≤	3.0	GB/T 5009.11
硼酸盐试验	通过试验	附录 A 中 A.5
淀粉试验	通过试验	附录 A 中 A.6
[a] 干燥温度和时间分别为 105 ℃和 5 h。 [b] 蛋白质系数为 6.25。		

3.3　微生物指标：应符合表 3 的规定。

表 3　微生物指标

项　　目	指　　标	检验方法
菌落总数/(CFU/g)　　≤	5 000	GB 4789.2[a]
大肠菌群/(MPN/g)　　<	30	GB 4789.3[a]
[a] 样品稀释方法见附录 A 中 A.7。		

附 录 A
检验方法

A.1 一般规定

本标准所用试剂和水，在没有注明其他要求时，均指分析纯试剂和GB/T 6682—2008中规定的三级水。试验中所用标准滴定溶液、杂质测定用标准溶液、制剂及制品，在没有注明其他要求时，均按GB/T 601、GB/T 602、GB/T 603的规定制备。试验中所用溶液在未注明用何种溶剂配制时，均指水溶液。

A.2 鉴别试验

A.2.1 样品能溶于冷、热水，不溶于乙醇、丙酮等有机溶剂。

A.2.2 在试样溶液中加入10 g/L硼砂溶液10 mL后立即搅拌，形成可挑挂的冻胶。

A.2.3 称取0.200 g试样于研钵中，加入含碘5 g/L、碘化钾10 g/L的水溶液2 mL～3 mL，经研磨后放于载玻片上，在显微镜下观察，瓜尔胶呈圆形至梨形的封闭单元，其中的组分被染为黄色至褐色。

A.3 黏度的测定

A.3.1 仪器和设备

A.3.1.1 旋转黏度计。

A.3.1.2 高速搅拌器。

A.3.1.3 电热恒温水浴。

A.3.1.4 电热恒温干燥箱。

A.3.1.5 天平(感量为1 mg)。

A.3.2 测定

将瓜尔胶样品置于干燥箱中105 ℃烘干2 h，至恒重。准确量取495 mL水，置于搅拌杯中，开启高速搅拌器。准确称取干燥后的样品5.000 g，缓慢加入到搅拌杯中。从样品加入时开始计时，搅拌5 min。将配制好的胶液转移到具塞锥形瓶中，25 ℃水浴中放置2 h，用旋转黏度计测定其黏度。

A.4 酸不溶物的测定

A.4.1 试剂和材料

助滤剂：硅藻土，经105 ℃，4 h干燥处理。

A.4.2 仪器和设备

A.4.2.1 电热恒温水浴。

A.4.2.2 电热恒温干燥箱。

A.4.2.3 天平(感量为1 mg)。

A.4.2.4 古氏坩埚(经 105 ℃,4 h 干燥处理)。

A.4.2.5 干燥器。

A.4.3 测定

称取试样 2.000 g,溶于一盛有 150 mL 水和 1.5 mL 硫酸的 250 mL 烧杯中。用表面皿盖住烧杯,在沸水浴上加热 6 h,加热过程中用玻璃棒经常摩擦烧杯内壁。加热完后,称取助滤剂 0.500 g,加入到试样中,使用已知质量的古氏坩埚进行过滤。用热水洗涤滤渣数次,将坩埚连同内容物于 105 ℃下干燥 4 h,在干燥器内冷却后称量。

A.4.4 结果计算

酸不溶物以质量分数 w_1 计,数值以%表示,按式(A.1)计算:

$$w_1 = \frac{m_1 - m_2 - m_3}{m_4} \times 100\% \qquad \text{(A.1)}$$

式中:

m_1——最终称量总质量的数值,单位为克(g);

m_2——助滤剂质量的数值,单位为克(g);

m_3——坩埚质量的数值,单位为克(g);

m_4——试样质量的数值,单位为克(g)。

实验结果以平行测定结果的算术平均值为准。在重复性条件下获得的两次独立测定结果的绝对差值与算术平均值的比值不大于 2.0%。

A.5 硼酸盐的测定

A.5.1 试剂和材料

A.5.1.1 盐酸溶液:10%盐酸水溶液。

A.5.1.2 氨试液:28%的氨水 400 mL 加水至 1 000 mL。

A.5.1.3 姜黄试纸。

A.5.2 分析步骤

称取试样 1.000 g,置于一盛有 100 mL 水的 250 mL 烧杯中,搅拌溶解。加入 10 mL 盐酸溶液。不得有以下现象出现:滴一滴混合液在姜黄试纸上出现褐红色,干燥后颜色加深,当用氨试液浸湿时变成黑绿色,则视为含有硼酸盐。

A.6 淀粉试验

A.6.1 试剂和材料

碘试液:称取碘 14.000 g,溶于含有碘化钾 36.000 g 的 100 mL 水溶液中,加入三滴盐酸,用水稀释至 1 000 mL。

A.6.2 分析步骤

称取试样 1.000 g,置于一盛有 100 mL 水的 250 mL 烧杯中,搅拌溶解。加入碘试液,不得有蓝色出现。

A.7 菌落总数及大肠菌群测定

A.7.1 溶液配制

无菌操作，准确称取 1.000 g 瓜尔胶，溶解于 100 mL 无菌生理盐水中，配制成 0.01 稀释度溶液。

A.7.2 测定

其他步骤按 GB 4789.2、GB 4789.3 大肠菌群 MPN 计数法规定的方法进行。

中华人民共和国国家标准

GB 28404—2012

食品安全国家标准
保健食品中α-亚麻酸、二十碳五烯酸、二十二碳五烯酸和二十二碳六烯酸的测定

2012-05-17 发布　　2012-07-17 实施

中华人民共和国卫生部　发布

食品安全国家标准

保健食品中α-亚麻酸、二十碳五烯酸、二十二碳五烯酸和二十二碳六烯酸的测定

1 范围

本标准规定了保健食品中α-亚麻酸、二十碳五烯酸(简称 EPA,下同)、二十二碳五烯酸(简称 DPA,下同)和二十二碳六烯酸(简称 DHA,下同)的气相色谱测定方法。

本标准适用于保健品食品中α-亚麻酸、EPA、DPA、DHA 的测定,不适用于以脂肪酸乙酯为有效成分的保健食品中α-亚麻酸、EPA、DPA、DHA 的测定。

2 原理

试样经酸水解后提取脂肪,其中α-亚麻酸、二十碳五烯酸(EPA)、二十二碳五烯酸(DPA)、二十二碳六烯酸(DHA)经酯交换生成甲酯后,通过气相色谱分离检测,以保留时间定性,外标法定量。

3 试剂和材料

注:除非另有说明,本方法所用试剂均为分析纯,水为 GB/T 6682 规定的一级水。

3.1 试剂

3.1.1 氢氧化钾(KOH)。

3.1.2 盐酸(HCl)。

3.1.3 无水乙醚($C_2H_5OC_2H_5$)。

3.1.4 乙醇(CH_3CH_2OH):体积分数≥95%。

3.1.5 石油醚:沸程 30 ℃~60 ℃。

3.1.6 正己烷[$CH_3(CH_2)_4CH_3$]:色谱纯。

3.1.7 甲醇(CH_3OH):色谱纯。

3.1.8 无水硫酸钠(Na_2SO_4)。

3.2 试剂配制

氢氧化钾甲醇溶液(0.5 mol/L):称取 2.8 g 氢氧化钾,用甲醇溶解并定容至 100 mL,混匀。

3.3 标准品

3.3.1 α-亚麻酸甲酯($C_{19}H_{32}O_2$):纯度≥99.0%。

3.3.2 EPA 甲酯($C_{21}H_{32}O_2$):纯度≥98.5%。

3.3.3 DPA 甲酯($C_{23}H_{36}O_2$):纯度≥98.0%。

3.3.4 DHA 甲酯($C_{23}H_{34}O_2$):纯度≥98.5%。

3.4 标准溶液的配制

3.4.1 单个脂肪酸甲酯标准储备液(4.0 mg/mL):称取 100.0 mg α-亚麻酸甲酯、EPA 甲酯、DPA 甲酯、DHA 甲酯标准物质于 25.0 mL 容量瓶中,分别用正己烷溶解并定容至刻度,摇匀。此溶液应贮存于−18 ℃冰箱中。

3.4.2 脂肪酸甲酯混合标准中间液(1.0 mg/mL):分别吸取脂肪酸甲酯标准储备液 2.50 mL 于 10.0 mL 容量瓶中,摇匀,亦为标准曲线最高浓度,临用时配制。

3.4.3 脂肪酸甲酯标准工作液:分别吸取脂肪酸甲酯中间液 0.40 mL、0.80 mL、1.0 mL、2.0 mL、4.0 mL 于 10.0 mL 容量瓶中,用正己烷定容,此浓度即为 0.040 mg/mL、0.080 mg/mL、0.10 mg/mL、0.20 mg/mL、0.40 mg/mL 的标准工作液,临用时配制。

4 仪器与设备

4.1 气相色谱仪:配有氢火焰离子化检测器(FID)。

4.2 天平:感量为 1 mg 和 0.1 mg。

4.3 旋转蒸发仪。

4.4 离心机:转速≥4 000 r/min。

4.5 涡旋混合器。

4.6 恒温水浴锅。

5 分析步骤

5.1 试样制备

5.1.1 试样处理

5.1.1.1 固体试样

称取已粉碎混合均匀的待测试样 0.5 g~2 g(精确到 0.001 g)(含待测组分 5 mg/g~10 mg/g)加入 50 mL 比色管中,加 8 mL 水,混匀后再加 10 mL 盐酸。将比色管放入 70 ℃~80 ℃水浴中,每隔 5 min~10 min 以涡旋混合器混合一次,至试样水解完全为止,约需 40 min~50 min。取出比色管,加入 10 mL 乙醇,混合。冷却至室温后将混合物移入 100 mL 具塞量筒中,以 25 mL 无水乙醚分次洗比色管,一并倒入量筒中。密塞振摇 1 min。加入 25 mL 石油醚,密塞振摇 1 min,静置 30 min,分层,将吸出的有机层经过无水硫酸钠(约 5 g)滤入浓缩瓶中。再加入 25 mL 无水乙醚密塞振摇 1 min,25 mL 石油醚,密塞振摇 1 min,静置、分层,将吸出的有机层经过无水硫酸钠(约 5 g)滤入浓缩瓶中。按"再加入 25 mL 无水乙醚……,静置、分层,将吸出的有机层经过无水硫酸钠(约 5 g)滤入浓缩瓶中"重复操作一次,将全部提取液用旋转蒸发仪于 45 ℃减压浓缩至近干。用正己烷少量多次溶解浓缩物,转移至 25 mL 容量瓶并定容,摇匀。按 5.1.2 步骤甲酯化处理。

5.1.1.2 油类制品

称取混合均匀的油类制品 0.2 g~1 g(精确到 0.001 g)(含待测组分 10 mg/g~20 mg/g)至 25 mL 容量瓶中,加入 5 mL 正己烷轻摇溶解,并用正己烷定容至刻度,摇匀。按 5.1.2 步骤甲酯化处理,脂肪酸乙酯型油类制品的物理鉴别参见附录 A。

5.1.2 甲酯化

吸取待测液(5.1.1.1,5.1.1.2)2.0 mL 至 10 mL 具塞刻度试管中,加入 2.0 mL 氢氧化钾甲醇溶液,立即移至涡旋混合器上振荡混合 5 min,静置 5 min,加入 6 mL 蒸馏水,上下振摇 0.5 min,静置分层后,吸取下层液体,弃去后再反复用少量蒸馏水进行洗涤,并用吸管弃去水层,直至洗至中性(若有机相有乳化现象,以 4 000 r/min 离心 10 min),吸取正己烷层待上机测试用。

注:如使用塑料离心管或塑料刻度试管进行试样处理须同步进行空白对照试验。

5.2 气相色谱参考条件

5.2.1 色谱柱:键合交联聚乙二醇固定相,柱长 30 m,内径 0.32 mm,膜厚 0.5 μm 或同等性能的色谱柱。

5.2.2 柱温箱温度:起始温度 180 ℃,10 ℃/min 升温至 220 ℃,再以 8 ℃/min 升温至 250 ℃,保持 13 min。

5.2.3 进样口温度:250 ℃;进样量 1 μL,分流比 20∶1。

5.2.4 FID 检测器温度:270 ℃。

5.2.5 载气:高纯氮气,流量 1.0 mL/min,尾吹 25 mL/min。

5.2.6 氢气:40 mL/min;空气:450 mL/min。

5.3 标准曲线的制作

将 1 μL 的标准系列各浓度溶液(3.4.2,3.4.3),注入气相色谱仪中,测得相应的峰面积或峰高,以标准工作液的浓度为横坐标,以峰面积或峰高为纵坐标,绘制标准曲线(标准溶液气相色谱图见附录 B 中图 B.1)。

5.4 试验溶液的测定

将 1 μL 的试样待测液(5.1.2)注入气相色谱仪中,以保留时间定性,测得峰面积或峰高,根据标准曲线得到待测液中各脂肪酸甲酯的组分浓度(样品溶液气相色谱图见附录 B 中图 B.2)。

6 分析结果的表述

试样中 α-亚麻酸、EPA、DPA、DHA 含量按式(1)计算:

$$X_i = \frac{c_i \times V \times F \times 100}{m \times 1\ 000} \qquad \cdots\cdots(1)$$

式中:

X_i ——试样中 α-亚麻酸、EPA、DPA、DHA 的含量,单位为克每百克(g/100 g);

c_i ——由标准曲线查得测定样液中各脂肪酸甲酯的浓度,单位为毫克每毫升(mg/mL);

V ——被测定样液的最终定容体积,单位为毫升(mL);

m ——试样的称样质量,单位为克(g);

F ——各脂肪酸甲酯转化为脂肪酸的换算系数,其中:α-亚麻酸甲酯转化为 α-亚麻酸的转换系数为 0.952 0;EPA 甲酯转化为 EPA 脂肪酸的转换系数为 0.955 7;DPA 甲酯转化为 DPA 脂肪酸的转换系数为 0.959 2;DHA 甲酯转化为 DHA 脂肪酸的转换系数为 0.959 0;

100 ——单位转换;

1 000 ——单位转换。

计算结果以重复条件下获得的两次独立测定结果的算术平均值表示，保留两位有效数字。

7 精密度

在重复性条件下获得的两次独立测定结果的绝对差值不超过算术平均值的10%。

8 其他

当试样量为0.5 g，定容体积为25 mL，各脂肪酸的定量限分别为α-亚麻酸0.010 g/100 g，EPA 0.018 g/100 g，DPA 0.024 g/100 g，DHA 0.018 g/100 g。

附 录 A
脂肪酸乙酯型油类制品的物理鉴别

称取 1 g 样品，加入 1.0 mL 无水乙醇，于涡旋混合器(2 000 r/min)混匀 30 s，静置，观察油在乙醇中的溶解情况。如果油样不溶于乙醇，出现明显的油和乙醇分层的现象，则判断此产品为脂肪酸甘油酯型油类制品，可采用本标准进行分析；若静置后，看不见油状液滴，溶解完全且溶液清澈透明，可判断此产品为脂肪酸乙酯型油类制品，不能使用本标准进行分析。

附 录 B
标准溶液和试样溶液典型气相色谱图

B.1 α-亚麻酸甲酯、EPA 甲酯、DPA 甲酯、DHA 甲酯的标准溶液色谱图,见图 B.1。

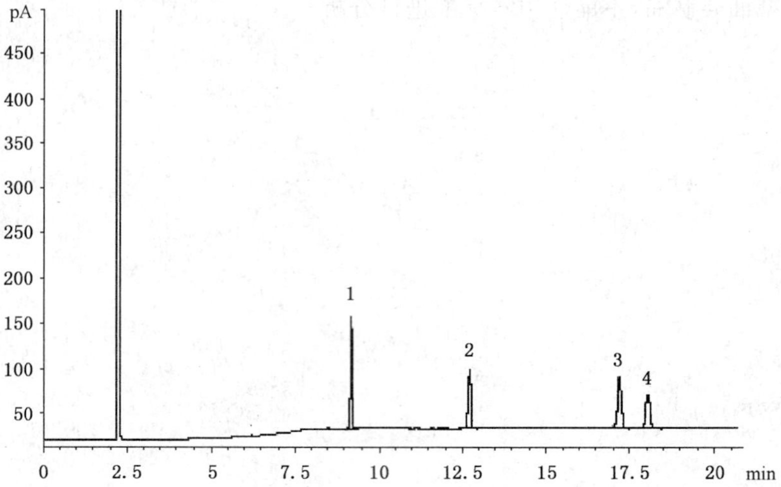

1——α-亚麻酸甲酯;
2——EPA 甲酯;
3——DPA 甲酯;
4——DHA 甲酯。

图 B.1 α-亚麻酸甲酯、EPA 甲酯、DPA 甲酯、DHA 甲酯标准溶液色谱图

B.2 含有 α-亚麻酸甲酯、EPA 甲酯、DPA 甲酯、DHA 甲酯的试样溶液色谱图，见图 B.2。

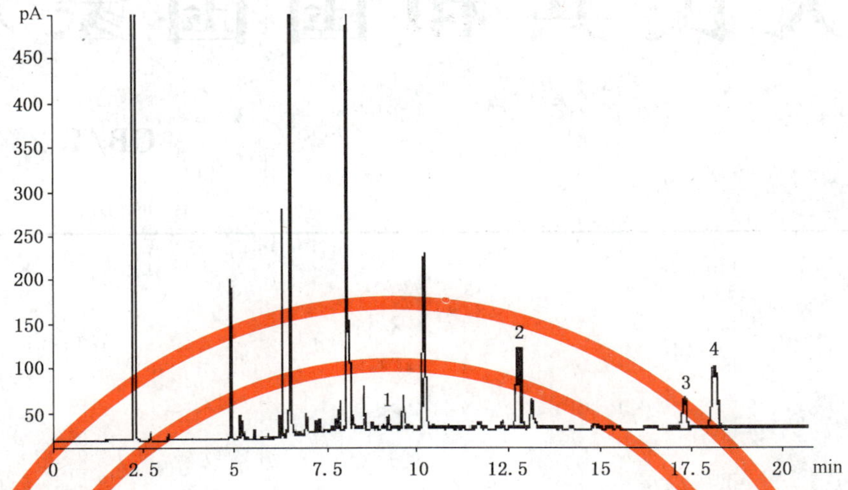

1——α-亚麻酸甲酯；
2——EPA 甲酯；
3——DPA 甲酯；
4——DHA 甲酯。

图 B.2 含有 α-亚麻酸甲酯、EPA 甲酯、DPA 甲酯、DHA 甲酯的试样溶液色谱图

ICS 07.040
A 76

中华人民共和国国家标准

GB/T 28405—2012

农用地定级规程

Regulations for classification on agriculture land

2012-06-29 发布

2012-10-01 实施

中华人民共和国国家质量监督检验检疫总局
中国国家标准化管理委员会 发布

前　言

本标准按照 GB/T 1.1—2009 给出的规则起草。

本标准由中华人民共和国国土资源部提出。

本标准由全国国土资源标准化技术委员会(SCA/TC 93)归口。

本标准起草单位:国土资源部土地利用管理司、国土资源部土地整治中心、中国农业大学、北京师范大学、河北师范大学。

本标准主要起草人:胡存智、郧文聚、吴海洋、廖永林、邱维理、张凤荣、朱德举、范树印、关文荣、陈原、胡江、苗利梅、马仁会、安萍莉、李保莲、徐保根、刘彦、杨丽平、程锋、王洪波。

引　　言

为全面掌握我国农用地资源的质量等级状况，科学评价和管理农用地，促进我国农用地的合理利用，统一农用地定级程序和方法，做到定级结果客观、公正、合理，根据《中华人民共和国土地管理法》等法律、法规，结合我国国情，制定本标准。

农用地定级规程

1 范围

本标准规定了农用地定级工作的总则、准备工作、确定定级指数、级别划分与校验、成果编绘、成果验收和应用等。

本标准适用于县级行政区内现有农用地和宜农未利用地。

2 规范性引用文件

下列文件对于本文件的应用是必不可少的。凡是注日期的引用文件，仅注日期的版本适用于本文件。凡是不注日期的引用文件，其最新版本(包括所有的修改单)适用于本文件。

GB/T 2260 中华人民共和国行政区划代码

GB/T 19231—2003 土地基本术语

GB/T 21010—2007 土地利用现状分类

GB/T 28407 农用地质量分等规程

3 术语和定义

GB/T 19231—2003、GB/T 21010—2007、GB/T 28407 界定的以及下列术语和定义适用于本文件。

3.1

农用地 agriculture land

直接用于农业生产的土地，包括耕地、林地、草地、农田水利用地、养殖水面等。

3.2

农用地级 agriculture land class

在行政区内，依据构成土地质量的自然属性、社会经济状况和区位条件，根据地方土地管理和实际情况需要，遵照与委托方要求相一致的原则，即根据一定的农用地定级目的，按照规定的方法和程序进行的农用地质量综合、定量评定，划分出的农用地级别。

3.3

修正法 revise method

在农用地分等成果的基础上，根据定级目的，选择区位条件、耕作便利度等因素计算修正系数，对分等成果进行修正，评定出农用地级别的方法。

3.4

因素法 factor method

通过对构成土地质量的自然属性、社会经济状况和区位条件的综合分析，确定因素因子体系及影响权重，计算单元因素总分值，以此为依据客观评定农用地级别的方法。

3.5

样地法 standard farmland method

以选定的标准样地为参照，建立定级因素计分规则，通过比较，计算定级单元因素分值，评定农用地级别的方法。

4 总则

4.1 原则

4.1.1 综合分析原则

农用地质量等级是各种自然属性、社会经济状况和区位条件综合作用的结果，农用地定级是以造成土地质量差异的各种因素进行综合分析为基础。

4.1.2 主导因素原则

农用地定级是根据影响农用地级别的因素因子及其作用的差异，重点分析对农用地质量及土地利用水平具有重要作用的主导因素，突出主导因素对定级结果的作用。

4.1.3 土地收益差异原则

农用地定级要能反映土地自然质量条件、土地利用水平、社会经济水平的差异对土地生产力水平及土地收益水平的影响。

4.1.4 定量分析与定性分析相结合原则

农用地定级是把定性的、经验的分析进行量化，以定量计算为主。对现阶段难以定量的自然属性、社会经济状况和区位条件采用必要的定性分析，将定性分析的结果进行量化，并运用于农用地定级成果的确定中，提高农用地定级成果的精度。

4.2 工作内容

农用地定级的主要内容如下：

a) 工作准备，编写任务书；
b) 收集资料与外业调查；
c) 整理资料及定量化处理；
d) 计算定级指数及评定级别；
e) 校核级别与落实边界；
f) 编制图件、统计与量算面积、编写成果报告；
g) 成果验收；
h) 成果归档与更新应用。

4.3 技术步骤

农用地定级的技术步骤如下：

a) 确定定级方法；
b) 确定定级因素；
c) 计算定级因素分值；
d) 编制定级因素因子分值图；
e) 划分定级单元；
f) 计算定级单元各定级因素分值；
g) 计算定级指数，初步划分土地级别；
h) 校验和调整初步定级成果；

i) 统计和量算面积；

j) 编制图件、报告和基础资料汇编。

4.4 工作底图的比例尺

工作底图采用1∶10 000至1∶50 000的比例尺，原则上要与土地利用现状调查精度一致。

4.5 成果

成果包括纸质成果与电子成果，具体为：文字报告、数据表格、图件、基础资料汇编及数据库等。成果编绘按第8章的要求。

4.6 相关技术应用

应用地理信息系统、数据库和计算机网络等信息技术开展农用地定级工作。

5 准备工作

5.1 编写任务书

任务书内容包括：

a) 定级区域和范围；

b) 工作程序及方法；

c) 技术资料和基础图件；

d) 组织领导；

e) 工作人员、时间安排和经费预算；

f) 成果要求。

5.2 准备表格

根据具体区域农用地定级的工作需要准备工作表格，表格样式见附录A。

5.3 收集资料

5.3.1 农用地自然属性资料

农用地自然属性资料包括：

a) 气候：平均温度、积温、降水量、蒸发量、无霜期和灾害气候等因素；

b) 水文：水源类型(地表水、地下水)、水量和水质等；

c) 土壤：土壤类型、表层土壤有机质含量、表层土壤质地、有效土层厚度、土壤盐碱状况、剖面构型、障碍层特征、土壤侵蚀状况、土壤污染状况、土壤保水供水状况、土壤中砾石含量和地表岩石露头度等；

d) 地形地貌：地貌类型、海拔、坡度、坡向、坡型和地形部位等。

5.3.2 农用地利用资料

主要农用地种植农作物的面积、单产、总产的统计资料、样点土地利用条件、农业生产实测资料、农用地经营规模、经营效益、利用集约度、利用现状、利用方式和农业技术实验资料等。

5.3.3 农用地社会经济资料

灌溉条件(水源保证率、灌溉保证率)、排水条件、人均耕地、单位面积资金投入、单位面积纯收益、农民人均收入、林网化程度、田间供电、农村道路网分布、道路级别标准、距区域经济中心距离、耕作距离、耕作装备、田块大小、田块形状和田块分散程度等资料。

5.3.4 农用地区位资料

中心城市影响度、农贸市场影响度、道路通达度和对外交通便利度等资料。

5.3.5 图件资料

土地利用现状图、土壤图、地形图、土地利用规划图及其他相关图件。

5.3.6 其他资料

农业区划资料、土壤普查资料、土地利用现状调查资料、土地利用规划、土地利用变更资料、农业统计资料、当地市场价格资料、农用地承租价格资料(承包与转包价格资料)、征地统一年产值标准和征地区片综合价格资料等。

5.3.7 农用地分等资料

已完成农用地分等工作的,收集农用地分等基础资料汇编、中间成果及最终成果资料。

5.4 资料核实与初步整理

5.4.1 资料核实

数据资料真实可靠、计量单位统一,对不符合实际的数据和个别异常值要校正或剔除。

5.4.2 初步整理

对现有资料数据统一分类、编码;对不足、不实、不详、陈旧的资料做好记录,以便进行外业补充调查。

6 确定定级指数

定级指数是划分农用地级别的基本依据,确定方法有修正法、因素法和样地法三种。

6.1 修正法

6.1.1 确定修正基础

明确本次定级是以自然质量分(C_{Li})、自然质量等指数(R_i)、利用等指数(Y_i)、经济等指数(G_i)或其他分等数据中的哪种数据作为修正基础。

6.1.2 确定修正因素

6.1.2.1 修正因素选择范围

修正因素指在分等因素之外对农用地级别有显著影响的因素。备选修正因素包括:

a) 土地区位条件:包括中心城市影响度、农贸中心影响度和交通状况等;

b) 耕作便利条件:包括耕作距离、田间道路和田块形状等;

c) 土地利用状况:包括土地利用现状、利用方式、经营效益、利用集约度等;

d) 其他因素。

6.1.2.2 确定修正因素

确定修正因素要求如下：

a) 用特尔菲法、因素成对比较法、层次分析法等方法对备选修正因素进行筛选和补充，初步选择修正因素，重点考虑经济条件、区位条件对级别的影响；

b) 在全面开展工作之前，选择(1～2)个乡进行试评，根据试评结果确定修正因素。

6.1.3 资料整理与量化

6.1.3.1 现有资料初步整理

主要整理定级区域农用地分等资料，包括分等时收集的各种基础资料、分等中间成果及最终成果等。主要内容为：

a) 根据定级需要，对分等资料进行复核、分类和分析论证；

b) 对不能满足定级工作要求的资料做好记录，以便进行补充调查。

6.1.3.2 修正因素资料整理与量化

农用地定级修正因素资料的整理与量化方法见6.1.4。

6.1.4 外业调查

外业调查宜结合分等工作进行；外业调查可根据定级指数的计算需要，侧重农用地区位条件、耕作便利程度等修正因素资料。

6.1.5 编制定级修正因素分值图

编制定级修正因素分值图的要求如下：

a) 采用与农用地定级单元图同比例尺的素图为工作底图；

b) 将定级修正因素分值标注在工作底图上；

c) 标注图名、图例、图号等其他制图要素；

d) 可先编制出定级因子分值图，再综合成定级修正因素分值图；

e) 定级修正因素分值图可用计算机系统生成。

6.1.6 划分定级单元

可在农用地分等单元图的基础上划分，也可按照6.1.7的规定划分。

6.1.7 计算单元修正因素质量分

将定级单元图叠置在定级修正因素分值图上，采用6.1.8规定的方法对单元内定级因素分值进行取值和计算。

6.1.8 计算修正系数(k_{ji})

修正系数反映了修正因素在定级范围内相对变化程度，计算公式见式(1)：

$$k_{ji}=\frac{K_{ji}}{K_j} \quad \cdots\cdots(1)$$

式中：

j ——第 j 个修正因素；

k_{ji} ——第 i 个单元第 j 个修正因素修正系数；

K_{ji} ——第 i 个单元第 j 个修正因素分值；

$\overline{K}_j$ ——区域内第 j 个修正因素平均分值；

i ——第 i 个定级单元。

6.1.9 编制修正系数图

将修正系数计算成果标注在定级单元图上，编制修正系数图。

6.1.10 计算定级指数

计算方法有两种：

a) 连乘修正法，以农用地经济等指数（G_i）为例，见式(2)：

$$H_i = G_i \cdot \Pi w_j k_{ij} \qquad (2)$$

式中：

H_i ——第 i 个定级单元的定级指数；

G_i ——第 i 个单元所对应的农用地经济等指数；

w_j ——第 j 个修正因素的权重；

k_{ij} ——第 i 个单元第 j 个修正因素修正系数。

b) 加权修正法，以农用地经济等指数（G_i）为例，见式(3)：

$$H_i = G_i \cdot \sum_{j=1}^{n} w_j k_{ij} \qquad (3)$$

式中：

H_i ——第 i 个单元的定级指数；

G_i ——第 i 个单元所对应的分等指数；

w_j ——第 j 个修正因素的权重；

k_{ij} ——第 i 个单元第 j 个修正因素修正系数。

6.2 因素法

6.2.1 确定定级因素体系及权重

定级因素指对农用地质量差异有显著影响的自然因素、社会经济因素和区位因素，某些因素可分解为多个因子，构成因素体系。权重反映定级因素因子对农用地质量的影响程度。

6.2.1.1 选择定级因素的原则

选择定级因素的原则如下：

a) 主导因素原则：选取本地区对土地级别影响起主导作用的因素，突出主导因素对定级结果的作用；
b) 差异性原则：定级因素对不同区域的影响要有较大的差异，因素因子指标值有较大的变化范围；
c) 相对稳定性原则：所选取的因素要有相对稳定性，避免选取易变因素；
d) 可行性原则：农用地定级工作的深度要与当地现有资料和技术水平相协调，可从现有资料中选取定级因素，必要时进行野外补测。

6.2.1.2 确定方法

选用特尔菲法、因素成对比较法、层次分析法等方法中的一种或几种确定因素及权重。开展农用地定级的地区可根据当地实际情况，筛选或补充表A.1给出的定级因素。

6.2.2 编制“定级因素～质量分”关系表

根据各定级因素对农用地质量影响程度，对指标值进行分级，并给出相应的质量分，要求如下：

a) 因素质量分与土地质量的优劣呈正相关，即土地质量越好，质量分越高，反之，质量分越低；

b) 质量分体系采用百分制；

c) 质量分只与因素的显著作用区间相对应。

6.2.3 检验

在全面开展定级工作之前，选择1～2个乡镇进行试评，对初步确定的因素体系及权重、“定级因素～质量分”关系表进行检验。如果试评结果与实际不符，则需重新调整。

6.2.4 定级资料整理与量化

6.2.4.1 定级因素资料整理

农用地定级因素资料整理包括以下内容：

a) 整理核实定级因素资料，资料不足时，需要进行外业补充调查，方法见6.2.5；

b) 将定级因素资料标注在工作底图上。

6.2.4.2 定级因素因子指标量化

根据定级因素对农用地级别的影响方式确定量化方法。确定量化方法如下：

a) 面状因素：指定级因素指标的优劣仅对具备此指标的地块有影响（如土壤质地），面状因素是非扩散性因素，量化方法采用最大最小值法或均值度法；

b) 线状因素：指定级因素指标的优劣不仅对具备此指标的地块有影响，还对一定距离范围内的农用地产生影响（如交通条件），线状因素是平行扩散性因素，随着距离的增加，其影响强度按一定规律衰减，量化方法采用直线衰减法或指数衰减法；

c) 点状因素：指定级因素指标的优劣不仅对具备此指标的地块有影响，还对其周围农用地产生影响（如农贸中心），点状因素是同心圆扩散性因素，量化方法采用直线衰减法或指数衰减法；

d) 对于有交叉影响的因素因子（如各级农贸中心、道路等），需要进行功能分割或衰减迭加处理。

量化方法参见附录B。

6.2.5 外业调查

6.2.5.1 工作内容

农用地定级外业调查的工作内容如下：

a) 根据定级任务书的要求确定调查内容；

b) 对无法从相关业务部门直接获取的因素因子资料，采用实地调查的方法收集；

c) 对现势性较差的资料进行校核修正；

d) 收集当地农民或熟悉情况的农技人员对农用地质量的经验评价结果，用于样点的辅助选取和定级成果的校验。

6.2.5.2 工作要求

农用地定级外业调查的工作要求如下：

a) 重点调查正常年景最近3年的农产品产量、价格、成本等经济数据；

b） 重点调查对农用地质量发生决定性影响的现状区位条件和近期规划数据；

c） 完成农用地分等工作的地区，可使用分等调查成果；

d） 外业调查的原则、方法、程序、精度要求见附录C。

6.2.6 编制因素分值图

按照相对值法编制，如现有资料不足或精度不够，可先进行外业补充调查。因素分值图编制要求如下：

a） 采用与农用地定级单元图同比例尺的土地利用现状图为工作底图；

b） 将定级因素分值标注在工作底图上；

c） 标注图名、图例、图号等其他制图要素；

d） 因素因子分值图可用计算机手段生成。

6.2.7 划分定级单元

定级单元是定级指数测算的基本空间单位，单元内土地质量相对均一、单元之间有较大差异。

6.2.7.1 划分要求

定级单元是农用地定级的最小空间单位，定级单元划分要求如下：

a） 单元之间的土地特征差异明显，不同地貌部位的土地不划为同一单元，山脉走向两侧水热分配有明显差异的不划为同一单元，地下水、土壤条件、盐碱度等定级因素指标有明显差异的不划为同一单元，不同基础岩性地质的地块不划为同一单元；

b） 单元边界不跨越地块边界；

c） 单元边界采用控制区域格局的地貌走向线和分界线，河流、沟渠、道路、堤坝等线状地物和有明显标志的权属界线。

6.2.7.2 划分方法

农用地定级单元划分方法主要有：

a） 叠置法。将同比例的土地利用现状图与地形图、土壤图叠加，形成的封闭图斑即为有一定地形特征、土壤性质和耕地类型的定级单元。若图斑小于最小上图面积（6 mm^2）则需要进行归并。叠置法适用于土地利用现状类型多、地貌类型较复杂的地区；

b） 地块法。以工作底图上明显的地物界线或权属界线为边界，将主导特性相对均一的地块，划分为农用地定级单元。也可直接采用土地利用现状图中的图斑作为定级单元。地块法适用于所有定级类型和地区；

c） 网格法。用一定大小的网格作为定级单元。网格大小以能区分不同特性的地块为标准，可采用固定网格，也可采用动态网格。网格法划分定级单元适用于定级因素空间变化不明显地区；

d） 多边形法。将所有定级因素分值图进行叠加，最终生成的封闭多边形即为定级单元。多边形法适用于所有定级类型和地区。

6.2.8 计算定级单元因素分值

将定级单元图叠置在定级因素分值图上，根据实际情况选择以下方法计算：

a） 以定级单元所包含的因素等分线平均值代表单元分值；

b） 以定级单元跨越的不同分值区的面积加权平均分代表单元分值；

c） 以定级单元几何中心点的分值代表单元分值；

d） 以定级单元各转折点、明显变化点的平均值代表单元分值；

e) 综合运用上述方法，计算分值；

f) 点、线状定级因素分值按相应衰减公式计算，面状因素分值则直接读取中心点所在指标区域的作用分值。

6.2.9 计算定级指数

可用定级因子分值直接计算，也可先将定级因子综合成定级因素分值后再计算。计算方法主要有：

a) 加权求和法见式(4)：

$$H_i = \sum_{j=1}^{n} w_j \cdot f_{ij} \quad \cdots\cdots (4)$$

式中：

H_i ——第 i 个定级单元的定级指数；

i ——定级单元编号；

j ——定级因素因子编号；

w_j ——第 j 个定级因素因子的权重；

f_{ij} ——第 i 个定级单元内第 j 个定级因素因子的分值。

b) 几何平均法见式(5)：

$$H_i = \left(\prod_{i=1,j=1}^{p,n} f_{ij}\right)^{\frac{1}{n}} \quad \cdots\cdots (5)$$

式中：

H_i ——第 i 个定级单元的定级指数；

i ——定级单元的编号；

j ——定级因素因子编号；

f_{ij} ——第 i 个定级单元内第 j 个定级因素因子的分值，n 为定级因素因子个数；

p ——定级单元总数。

c) 限制系数法

当某地定级因素对土地定级存在强限制性时，选择限制系数计算法，见式(6)：

$$H_i = \frac{\prod_{j=1}^{m} F_j \cdot \sum_{i=1,k=1}^{p,u} w_k \cdot f_{ik}}{100^m} \quad \cdots\cdots (6)$$

式中：

H_i ——第 i 个定级单元的定级指数；

i ——定级单元的编号；

j ——强限制性定级因素因子编号；

k ——非限制性定级因素因子编号；

F_j ——第 j 个强限制性定级因素因子分值；

f_{ik} ——第 i 个定级单元内第 k 个非限制性定级因素因子的分值；

w_k ——第 k 个非限制性定级因素因子的权重；

m ——强限制性定级因素因子个数；

p ——定级单元总数；

u ——非限制性定级因素因子个数。

6.3 样地法

6.3.1 内容与程序

内容与程序见图 1。

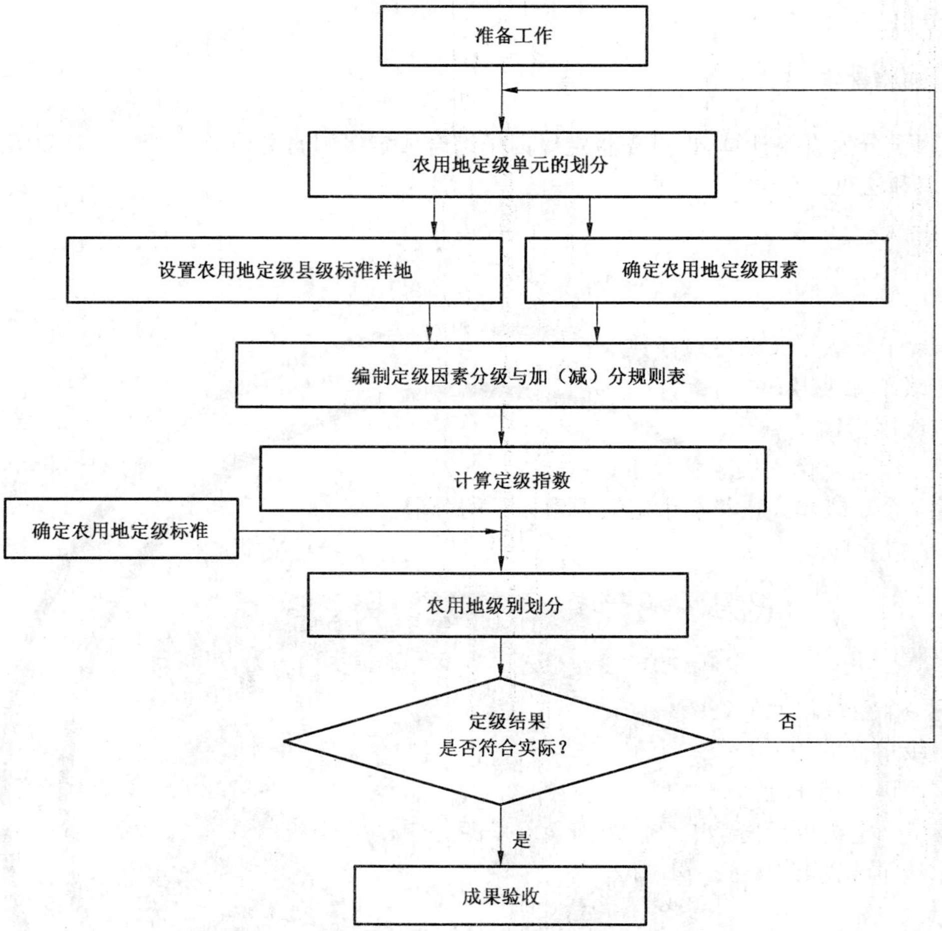

图 1　农用地样地法定级的内容与程序

6.3.2　划分单元

划分方法按 6.2.7 的要求。定级单元在县域内统一编号，以乡（镇）为单位填表登记，表格样式见表 A.5。

6.3.3　设置标准样地

县级标准样地指县域内技术与管理水平处于平均状况时，从大宗作物产量水平最高范围的一类土地中选取的定级单元。选取要求如下：

a)　每个乡镇内至少布设一个标准样地，选择农业生产条件最优的定级单元作为标准样地，标准样地的现实生产力水平在当地最高；
b)　标准样地是土地利用总体规划确定为基本农田的定级单元；
c)　标准样地在表 A.5 中注明；
d)　标准样地按表 A.6 的格式进行登记；
e)　拍摄标准样地典型地段的景观照片和土壤剖面照片；
f)　标准样地及其典型地段的坐标需要在农用地定级单元图上注明。

6.3.4 确定定级因素

6.3.4.1 原则

定级因素指标要在定级工作区内有明显差异;定级因素分作物确定。

6.3.4.2 方法

根据实际情况,按照大宗作物从表 A.1 中分别选取农用地定级因素,当表 A.1 中的因素不能满足需要时,可以补充。选取方法按 6.2.1 的要求。

6.3.4.3 因素特征值调查

农用地定级因素特征值调查要求如下:

a) 按乡镇逐单元、逐因素调查,并填表登记,表格样式见表 A.5 和表 A.6;

b) 因素特征值从已有土地利用、土壤、地貌等资料中查取,若已有资料不能满足需要,则需进行野外补充调查;

c) 在因素特征值调查的同时,还需收集定级单元最近 3 年的产量数据,有条件的地方可使用实测产量数据;

因素特征值调查要符合附录 C 的规定。

6.3.5 编制因素分级记分规则表

6.3.5.1 因素分级

定级因素分级以 3~6 个级别为宜,分级方法有两种:

a) 根据试验或实测资料,建立定级因素与农作物产量水平之间的函数关系,确定因素分级数目及各级上下限;

b) 用经验法确定因素分级数目及各级上下限。

6.3.5.2 编制标准样地特征分值表

农用地定级标准样地特征分值表按如下要求编制:

a) 将农业综合生产条件最优的标准样地定义为 1 号标准样地,其分值定为 100 分,按照定级因素对农业生产的影响程度,将 100 分分配给各个定级因素;

b) 其他标准样地定级因素的分值,可根据定级因素的分级情况,与 1 号标准样地的相应因素特征值比较后确定,比较过程中若出现农用地综合特征优于 1 号标准样地的情况,则需调整标准样地的编号及其分值;

c) 将结果填入表格,表格样式见表 A.7。

6.3.5.3 编制定级因素记分规则表

各因素每个级别的记分量有两种确定方式:

a) 等差方式,具体方法见表 A.8 中的“土层厚度”记分规则;

b) 非等差方式,具体方法见表 A.8 中的“坡度”记分规则。

将确定的记分规则填入表格,表格样式见表 A.8。

6.3.6 计算定级指数

6.3.6.1 计算单元记分量

将定级单元各定级因素的特征值与标准样地的特征值对比,根据记分规则计算定级因素记分量,并将各定级因素记分量求和，结果作为单元记分量。

6.3.6.2 计算定级指数

计算方法见式(7)：

$$H_i = F_i + \sum_{j=1}^{m} a_{ij} \quad \cdots\cdots (7)$$

式中：

H_i ——第 i 个定级单元的定级指数；

F_i ——第 i 个定级单元相应的标准样地分值；

a_{ij} ——第 i 个定级单元内第 j 个定级因素的记分量。

7 级别划分与校验

7.1 初步划分级别

根据单元定级指数，采用等间距法、数轴法或总分频率曲线法初步划分级别，要求如下：

a) 等间距法：按照定级指数，采用相同间距划分级别；

b) 数轴法：将定级指数标绘在数轴上，选择点数稀少处作为级别界限；

c) 总分频率曲线法：对定级指数进行频率统计，绘制频率直方图，选择频率曲线突变处作为级别界限。

具体操作步骤见附录 D。

7.2 校验

对初步划分的农用地级别进行校验，确保农用地级别在县域范围内可比。

7.2.1 校验内容

校验定级单元划分的合理性、定级因素选取的准确性、定级结果计算的正确性。

7.2.2 校验方法

农用地定级校验方法如下：

a) 在所有定级单元中随机抽取不超过总数 5% 的单元进行野外实测，将实测结果与定级结果进行比较，如果与实际不符的单元数小于抽取单元总数的 5%，则认为计算结果总体上合格，但需要对不合格单元的相应内容进行校正；如果大于 5%，则按工作步骤进行全面核查、自检、校正；

b) 初步定级成果完成后，主管部门组织专家组进行论证，并写出书面论证意见，承担单位根据论证意见，进行修改完善，并将有关资料进行归档保存；

c) 初步划分的农用地级别要具有明显的正级差收益，否则需要重新进行调整与计算；

d) 对初步定级成果至少采用两种方法进行校验。

7.3 级别调整与确定

农用地级别调整与校验方法如下：

a) 对不合格的定级单元，需要按照定级程序重新计算；

b) 详细记录调整过程，并与原有计算资料一并整理，归入档案；

c) 校验合格的农用地级别确定为农用地定级结果，将级别边界落实到大比例尺现状图上，并核实相应土地利用类型和权属单位。

8 成果编绘

农用地定级成果包括图件、数据、文字报告及相应的电子文档。

8.1 图件编绘

8.1.1 农用地定级图件

农用地定级图件包括工作底图、中间成果图和农用地级别图，具体如下：

a) 工作底图：农用地定级工作底图采用 1∶10 000 至 1∶50 000 的土地利用现状图，原则上应与土地利用现状调查精度一致。

b) 中间成果图：

1) 定级单元图；

2) 定级因素因子分值图；

3) 定级修正系数图。

c) 最终成果图：农用地级别图。

8.1.2 农用地级别成果图编绘要求

8.1.2.1 比例尺

农用地级别图的比例尺为 1∶10 000 至 1∶50 000，原则上应与土地利用现状调查精度一致。

8.1.2.2 上图要素

8.1.2.2.1 农用地级别图要能直观反映农用地质量的优劣，反映不同级别农用地的分布、面积等状况，上图要素包括：

a) 县级、乡级、村级行政界线；

b) 级别界线；

c) 重要的线状地物或明显地物点等。

8.1.2.2.2 图面配置还包括图名、图廓、图例、比例尺、坐标系统、方位坐标、面积汇总表、编图单位、编图时间、邻区名称界线等内容。

8.1.2.3 级别图斑

编制级别图时需要将级别相同的相邻定级单元进行归并，形成级别图斑，图斑面积不小于 6 mm^2。

8.1.2.4 图件内容标注

用图示、注记等标注定级成果，具体要求如下：

a) 用阿拉伯数字(1,2,3,…)分别表示级别(一级、二级、三级、……)；

b) 用黑色实线表示级别界线；

c) 各地根据需要编绘彩色级别图，级别图以暖色调为主，级别色差明显，图面色调和谐。

图式见附录 E。

8.2 面积量算与统计

农用地级别面积量算与统计要求如下：

a） 农用地级别面积按土地利用现状调查图图斑进行统计，填入表格，表格样式见表A.9；

b） 打破图斑的单元面积量算，以图斑面积加以控制；

c） 认真核对面积数据，建立统计台帐，归入档案；

d） 经核实、汇总后的级别面积以公顷表示，精确到小数点后两位。

8.3 编制成果报告及基础资料汇编

8.3.1 工作报告

农用地定级工作报告反映定级工作过程，包括定级工作的目的、任务、工作依据、人员组成、工作进度、资料收集与整理、技术运用、经费开支、经验教训、问题与对策、成果应用建议等。

8.3.2 技术报告

农用地定级报告的主要内容要求如下：

a） 区域的自然、经济和社会概况；

b） 定级技术方法，包括定级指数计算方法的确定、定级因素量化、级别划分的方法、校验与调整定级成果的方法、计算机技术在定级中的应用和其他需要说明的技术问题；

c） 定级成果及其分析，包括农用地级别分布特点及规律、地域组合特点、差异原因、农用地利用中存在的主要问题等；

d） 定级成果应用分析。

8.3.3 基础资料汇编

农用地定级基础资料汇编要求如下：

a） 原始数据与资料；

b） 中间成果资料；

c） 相关的工作文件、技术文件等；

d） 基础资料信息数据库及成果统计册、电子文档等。

9 成果验收与更新应用

9.1 成果验收

9.1.1 验收条件

农用地定级工作承担单位按照主管部门批准的任务书要求，全面完成定级任务并经自检合格后，方可提出验收申请。

9.1.2 验收内容

验收内容以本标准各项规定为准，包括定级工作程序、方法、成果、档案、检验方法与结果等方面。重点检查农用地定级结果、技术报告、数据表、成果图、基础资料汇编及相应的电子文档成果。

9.1.3 验收程序和方法

9.1.3.1 验收的申请与受理

任务承担单位向上级主管部门提出验收申请，并提交验收所需资料；验收申请受理后，主管部门下发验收通知，提出验收工作要求，组织验收。

9.1.3.2 验收方法

按照任务书，采取全面核查与抽样核查相结合、室内核算与实地勘查相结合的方法进行验收，承担单位对相关成果的电子版进行演示。

9.1.4 验收组织

验收由下达任务部门组织，验收组由相关专业人员组成。

9.1.5 验收项目与标准

农用地定级验收项目与标准如下：

a) 定级因素选择合理性检查；
b) 单元划分检查，抽查单元总数的5%～10%，错误率不超过5%；
c) 定级指数计算方法、过程、结果检查；
d) 级别结果检查，抽查图斑总数的5%～10%，错误率不超过5%；
e) 统计面积和图斑量算面积核查，抽查总数的10%～20%，错误率不超过5%；
f) 编图检查，抽查图斑总数的10%～20%，其图示、符号、注记等错误率不超过5%；
g) 定级报告检查，核查内容是否全面、论述是否清楚、工作中的技术问题处理是否得当。

符合以上各项要求的，评为合格。

9.1.6 验收报告

验收组写出验收报告，经验收组成员签字后，报下达任务部门审查、确认。

9.2 成果更新

9.2.1 要求

为保持成果的现势性，农用地质量影响因素发生变化后，可根据实际情况对定级成果进行全部更新或局部更新。

9.2.2 周期

每2年至3年，对农用地级别进行社会经济因素调整，修订原成果；每6年全面更新农用地级别；农用地质量发生较大变化的局部地区，需要及时更新。

9.2.3 程序

按本标准规定的农用地定级工作程序进行。

9.3 成果归档与应用

9.3.1 档案管理

9.3.1.1 初始定级档案

档案内容需要能全面反映农用地定级工作的全过程，对受理任务、编写任务书、定级工作程序与方法、工作成果及检查验收等各环节形成的各种资料及文件都要收集、整理齐全，及时归档，确保档案材料的完整。

9.3.1.2 **更新成果档案**

成果更新工作中，注意保持新老资料的连续性；成果更新后的资料作为当前农用地定级成果存档；原农用地定级成果作为历史资料存档。

9.3.2 **成果应用**

通过验收并经公布(公示)的成果才能应用。

附　录　A
（规范性附录）
农用地定级工作附表

农用地定级工作附表见表 A.1～表 A.9。

表 A.1　农用地定级备选因素因子

自然因素	局部气候差异	温度、积温、降水量、蒸发量、酸雨、灾害气候（风、雹等）、无霜期等
	地形地貌	地貌类型、地形部位、海拔高度、坡度、坡向、侵蚀程度、其他
	土壤条件	土层厚度、障碍层深度、土壤质地、剖面构型、土壤 pH 值、土壤盐碱状况、土壤污染状况、土体构型、土壤侵蚀状况、土壤养分状况、土壤中砾石含量等
	水资源状况	地下水埋深、水源保证率、水源水质、其他
社会经济因素	基础设施条件	林网化程度、灌溉保证率、排水条件、田间道路、田间供电等
	耕作便利条件	耕作距离、耕作装备、田块大小、田块形状、田块平整度、田面高差等
	土地利用状况	经营规模、经营效益、利用集约度、人均耕地、利用现状、利用方式
区位因素	区位条件	中心城市影响度、农贸市场影响度
	交通条件	道路通达度、对外交通便利度等

表 A.2　农用地定级因素权重调查表

因素	因素 1	因素 2	因素 3	因素 4	……
上轮均值 E					
上轮方差 σ^2					
本轮权重					

表 A.3　农用地定级因素因子权重调查表

因素	因子 1	因子 2	因子 3	因子 4	……
上轮均值 E					
上轮方差 σ^2					
本轮权重					

表 A.4　农用地投入-产出效益调查表

样本编号：　　　　　　土地位置：　　　　　县(市)　　　　　乡(镇)　　　　　村

项目				单位	作物 1	作物 2	作物 3	……
产出	播种面积			hm^2				
产出	产量			kg/hm^2				
产出	市场价格			元/kg				
产出	征购价格			元/kg				
产出	平均价格			元/kg				
产出	平均单产			kg/hm^2				
产出	副产品产量			kg/hm^2				
产出	副产品价格			元/kg				
产出	合计总产出			元				
物化投入	种籽		数量	kg				
物化投入	种籽		单价	元/kg				
物化投入	种籽		总费用	元				
物化投入	农家肥		数量	kg				
物化投入	农家肥		单价	元/kg				
物化投入	农家肥		总费用	元				
物化投入	农药		数量	kg				
物化投入	农药		单价	元/kg				
物化投入	农药		总费用	元				
物化投入	生长剂			元				
物化投入	农耕和机械耕							
物化投入	化肥	氮肥	数量	kg				
物化投入	化肥	氮肥	单价	元/kg				
物化投入	化肥	氮肥	总费用	元				
物化投入	化肥	磷肥	数量	kg				
物化投入	化肥	磷肥	单价	元/kg				
物化投入	化肥	磷肥	总费用	元				
物化投入	化肥	钾肥	数量	kg				
物化投入	化肥	钾肥	单价	元/kg				
物化投入	化肥	钾肥	总费用	元				
物化投入	化肥	复合肥	数量	kg				
物化投入	化肥	复合肥	单价	元/kg				
物化投入	化肥	复合肥	总费用	元				

表 A.4（续）

项目			单位	作物 1	作物 2	作物 3	……
物化投入	用水	数量	m^3				
		单价	元/m^3				
		总费用	元				
	塑膜	数量	kg				
		单价	元/kg				
		总费用	元				
	机械作业	标准公顷	hm^2				
		标准单价	元/hm^2				
		总费用	元				
	固定资产折旧	资产价值	元				
		资产折旧率	%				
		资产折旧额	元				
	小农具购置及维修费		元				
其他投入			元				
活劳动投入		合计用工量	工日				
		每工工资	元/工日				
		工资总额	元				
管理投入	农业管理费		元/hm^2				
	农业贷款利息		元/hm^2				
	公共生产费用		元/hm^2				
效益分析	总收益		元/hm^2				
	总投入		元/hm^2				
	纯收入		元/hm^2				
	每公顷纯收入		元/hm^2				

调查人：　　　　　　　　　　调查时间：　　　　　年　　月　　日

表 A.5　样地法农用地定级表格式

乡级区域名称：

农用地定级单元							农用地定级因素						加减分总和	定级指数 H_i	农用地级别
定级单元编号	是否选为标准样地	面积/hm^2	权属性质	作物名称	现实产量水平/(kg/hm^2)	标准粮水平/(kg/hm^2)	灌溉保证率/%		土层厚度/cm		因素 n				
							特征值	加减分 a_{ij}	特征值	加减分 a_{ij}	特征值	加减分 a_{ij}			
单元 1															
单元 2															
…															
单元 n															

注 1：填表时，要逐个乡级区域进行登记，1 个乡级区域填 1 张表。

注 2：作物要填写指定作物名称，或该定级单元经常种植的作物名称，或最适宜的作物。

注 3：标准粮水平的换算方法按照 GB/T 28407《农用地质量分等规程》的有关规定执行。

表 A.6 标准样地属性登记表

标准样地编号	定级单元编号	所在乡级区域的名称	面积/hm²	标准样地典型地段坐标	权属性质	到2020年的规划用途	产量水平/(kg/hm²)	标准粮水平/(kg/hm²)	标准样地分值
1									
2									
…									
n									

注1：对标准样地编号时，按单位面积的产量水平从高到低顺序排列，产量水平最高的为1号。

注2：如果省在县内设有省级标准样地，则在县内的省级标准样地编排在前，作为县内农用地定级的标准样地使用。

表 A.7 标准样地特征分值表

标准样地编号	标准样地所在的乡镇名称	灌溉保证率		土层厚度/cm		因素 n		F 总分
		特征值	分值	特征值	分值	特征值	分值	
1								
2								
…								
n								

表 A.8 定级因素分级记分规则表

作物(类别)名称：

定级因素		因素分级					
		一级	二级	三级	四级	五级	六级
土层厚度	特征值/cm						
	加(减)分						
灌溉保证率	特征值/%						
	加(减)分						
坡度	特征值/(°)						
	加(减)分						
因素 n							

表 A.9 土地级别面积统计表

县　乡　村

行政区权属单位	图幅号图斑号	土地级				合计/hm²
		1	2	3	……	
合计/hm²						

附　录　B
（资料性附录）
农用地定级因素因子量化、无量纲化方法

B.1　评价指标量化方法

对于扩散型的因素，如中心城镇影响度、农贸中心影响度、道路通达度，随着距离的增加，其作用分值会按一定规律衰减（指数衰减或直线衰减）；而面状因素具有非扩散性，则直接采用区域赋值的方法确定其作用分值。

B.1.1　扩散型因素作用分值计算方法

B.1.1.1　指数衰减法

指数衰减法的计算见式（B.1）：

$$f_i = M_i^{(1-r_i)} \quad (r_i = d_i/d) \qquad \cdots\cdots\text{（B.1）}$$

式中：

f_i ——因素在某个相对距离上对土地的作用分值；

M_i ——某个因素个体第 i 级规模指数；

d_i ——实际距离；

d ——因素影响半径；

r ——$r_i = d_i/d$，为地块相对距离。

B.1.1.2　直线衰减法

直线衰减法的计算见式（B.2）：

$$f_i = M_i(1-r_i) \quad (r_i = d_i/d) \qquad \cdots\cdots\text{（B.2）}$$

式中：

f_i ——因素在某个相对距离上对土地的作用分值；

M_i ——某个因素个体第 i 级规模指数；

d_i ——实际距离；

d ——因素影响半径；

r_i ——$r_i = d_i/d$，为地块相对距离。

B.1.1.3　各级扩散源的作用分值

各级扩散源的作用分值计算见式（B.3）：

$$M_i = 100K_i \quad (0 \leqslant K \leqslant 1) \qquad \cdots\cdots\text{（B.3）}$$

式中：

M_i ——第 i 级扩散源的作用分值；

K_i ——第 i 级扩散源的作用指数，K_i 值依据各级扩散源的类型、规模、功能等条件确定。

B.1.1.4　扩散因素作用分值

计算公式见式（B.4）：

$$F=\sum_{i=1}^{n}f_i \qquad \text{(B.4)}$$

式中：

F ——某空间扩散因素作用分值；

n ——某空间扩散因素级别数；

f_i ——某空间扩散因子作用分值。

B.1.2 面状因素因子作用分值计算方法

B.1.2.1 最大最小值法

对面状赋分的因素、因子，其指标分值计算通常分两步进行。

第一步：按公式 $f_i=100(x_i-x_{\min})/(x_{\max}-x_{\min})$ 计算指标分值初值，式中 f_i 为某因素、因子指标值的作用分，$x_{\min}$、$x_{\max}$、x_i 分别为指标最小值、最大值和某值，但对末一级指标的分值不按零考虑，而是根据土地质量的衰减程度由经验法确定。

第二步：对求算出的指标分值初值部分进行修正。具体修正要视土地质量衰减是否均衡等情况而定，均衡衰减修正幅度最小甚至为零，非均衡衰减视情况做一定修正。以修正后的分值作为指标分值最终值。

对无指标值表示，只有定性说明的因素、因子，可直接按各区域因素、因子状况赋予一定分值，分值体系采用(0,100)的半封闭区间。

B.1.2.2 均值度法

a) 均质区的度量标准

$$D=\lambda(1-I) \qquad \text{(B.5)}$$

式中：

D ——均质度；

λ ——系数；

I ——信息论中的熵。

熵是信息论中度量随机事件在某项实验中肯定程度的概率，其计算公式见式(B.6)：

$$H[X]=-\sum_{i=1}^{n}P_i\log P_i \qquad \text{(B.6)}$$

式中：

$H[X]$——表示随机变量 X 的熵。

P_i 为 X 取 X_i 时的概率，则区域的均质度 D 可由式(B.7)计算：

$$D=\lambda\left[1+\sum_{i=1}^{n}\frac{W_i}{\sum_{i=1}^{n}W_i}\log\frac{W_i}{\sum_{i=1}^{n}W_i}\right] \qquad \text{(B.7)}$$

式中：

W_i ——表示均质地域内第 i 种类型土地的面积；

n ——为该均质地域具有的土地类型数。

当均质度达到误差允许范围时，可认为所划区域为均质区；当均质度较低时，需要重新划分均质区，直到均质度符合要求为止。一般认为均质度在[0.90,1.00]区间内，所划均质区具有较好的均质性。

b) 均质区的划分及赋值

1) 数值型均质区的划分及赋值。衡量定级因素因子优劣的原始数据为可以度量的数值，依据这些数据划分的均质区称为数值型均质区。如人均耕地等。其划分过程为：对原始样点数据进行聚类分析，或作频率分布曲线，选取分界点值，确定均质区级别数，并采用式(B.8)赋值：

$$P_i = 100(b_i - b_{劣})/(b_{优} - b_{劣}) \quad \cdots\cdots(B.8)$$

式中：

P_i ——某因素因子第 i 级均质区作用分值；

b_i ——某因素因子第 i 级均质区原始数据的均值；

$b_{优}$ ——某因素因子最优均质区原始数据的均值；

$b_{劣}$ ——某因素因子最劣均质区原始数据的均值。

2) 域值型均质区的划分及赋值。定级因素因子的原始数据，为包含一定区域的域值，且已划分出若干级别，我们称其为域值型均质区。如有机质含量、速效钾等，通过分析其数值关系，对可以合并的进行合并，对域值区域跨度过大的进行分解，最终在原级别的基础上确定参评级别，并利用下式(B.9)进行赋值：

$$F_i = 100(T_i - T_{劣})/(T_{优} - T_{劣}) \quad \cdots\cdots(B.9)$$

式中：

F_i ——某因素因子第 i 级均质区的作用分值；

T_i ——某因素因子第 i 级均质区域值中的中值；

$T_{优}$ ——某因素因子最优级均质区域值的中值，有上下界线的，直接取其中值，只有下界的依据级差确定；

$T_{劣}$ ——某因素因子最劣级均质区域值的中值，有上下界线的，直接取其中值，只有上界的依据级差确定。

3) 语言型均质区的分级及赋值。区域状态为语言表述的均质区我们称其为语言型均质区，如地貌类型、土壤类型等。一般以其基本类型为均质区分级数，对面积过小的可作适当调整，均质区界线以原类型界线为主确定。该类均质区由于缺乏可度量的数值，无法直接对其赋值，故采用各均质区与能够反映土地质量的可度量的指标的关系来确定。确定步骤为：先选取与所要赋值均质区有较高相关程度的土地质量指标，如土地产量、产值、土地纯收益等，计算所选指标在每级均质区域内样点加权和的均值，将均值标准化后，以相应的标准化数值作为该均质区赋值的依据(见式(B.10))：

$$Q_i = 100(y_i - y_{劣})/(y_{优} - y_{劣}) \quad \cdots\cdots(B.10)$$

式中：

Q_i ——某因素因子第 i 个均质区的作用值；

y_i ——某因素因子第 i 个均质区反映土地质量的标准化值；

$y_{劣}$ ——某因素因子最劣级均质区反映土地质量的标准化值；

$y_{优}$ ——某因素因子最优级均质区反映的土地质量的标准化值。

B.2 评价指标无量纲化方法

B.2.1 由于农用地定级因素较多，涉及自然、经济、社会等多方面，这些因素综合作用形成土地质量特征。因素组合方式不同，组合体中各因素作用程度不同，对土地质量形成趋向不同。在对因素进行综合评价时，可根据因素特点采取相应的度量单位，又因各因素度量时单位不一致，使因素间缺乏可比性。而评价土地质量级别需将因素进行作用程度比较，因此需要对各因素指标进行无量纲处理，清除计量单位的影响，使不同性质、不同度量的指标具有同一可比性。

B.2.2 分析定级因素与土地质量的关系，共有三种情况：

——正向型关系，即因素指标值越大，反映土地质量状况越好，如土壤有机质、土层厚度等；

——逆向型关系，即因素指标值越大，反映土地质量越差，如土壤含盐量、灾害性天气频率等；

——适度型关系，即因素指标有一适度值，在此适度值上，土地质量最优，大于或小于此适度值，土地质量均由优向劣方向发展，如土壤酸碱度，pH 值为 7 时，土壤对多种作物生长均适宜，pH 值大于 7 或小于 7 时，土壤碱度和酸度随数值变大或变小而增高，土地对作物限制程度愈来愈大，生产力逐渐降低。

针对上述这三种情况，因素指标无量纲处理公式分别为式(B.11)、式(B.12)、式(B.13)和式(B.14)：

a) 正向型因素

$$A_i = a_i / a_{\max} \cdot 100 \quad \cdots\cdots (B.11)$$

b) 逆向型因素

$$A_i = a_{\min} / a_i \cdot 100 \quad \cdots\cdots (B.12)$$

c) 适度型因素

设 a 为某因素适度值：

$$\text{当 } a_i \geqslant a \text{ 时}, A_i = a / a_i \cdot 100 \quad \cdots\cdots (B.13)$$

$$\text{当 } a_i < a \text{ 时}, A_i = a_i / a \cdot 100 \quad \cdots\cdots (B.14)$$

式中：

a_i ——处理前某因素指标值；

$a_{\max}$——处理前某因素最大指标值；

$a_{\min}$——处理前某因素最小指标值；

A_i ——处理后某因素指标值。

各因素指标进行无量纲化处理后，可直接用于土地质量评价分值计算中。

附 录 C
(规范性附录)
农用地定级野外调查导则

C.1 自然质量状况调查

自然质量状况调查主要包括准备工作、外业调绘、内业工作等阶段。

C.1.1 准备工作

C.1.1.1 组织专业队伍：土壤调查是一项综合性很强的科学工作，涉及地学、土壤学、农学、测绘学、土地管理等多门学科，要求调查人员具备上述各科的知识和科学素质。

C.1.1.2 制定工作计划：可根据农用地定级任务及现有资料，初步拟定总的工作计划。内容包括：调查的项目、内容、精度要求、工作阶段的划分和时间安排。

C.1.1.3 资料准备：主要是收集、整理、分析所需要的调查区的各种专业图件与数字、文字资料、工作底图(包括土地利用现状图、地形图、遥感图、航片图等)。

C.1.1.4 仪器和设备的准备：调查前要准备好调查必须的仪器、工具和设备。

C.1.2 外业调绘

C.1.2.1 路线勘查

路线勘查的目的是为了解调查区的自然景观、土壤类型、土地利用等概况。路线勘查的线路往往是垂直于主要地貌类型的断面线，这样可以走最短的路线，了解全面的概况。路线勘查时，原则上要求通过不同的地形部位，特别是一定的通视良好的高程点，如交通和地形条件不允许，不要强求，以保证安全；在丘陵区和山区，可以根据地形条件，分区分组进行；在平原区可以机械分区，可以通过某些因素差异而进行分区，不得已则可直线穿插。

C.1.2.2 野外调查内容

自然质量状况野外调查内容包括：土壤剖面点的特性、土壤剖面点地表景观描述，必要时还要采集土壤样本。

C.1.2.2.1 土壤剖面点的布置、选择与挖掘

在土壤调查中，需要进行土壤剖面观察。为了正确了解土壤剖面形态和土壤分布情况，需要根据一定的规范来布置剖面点和具体选择剖面点。

在野外工作中，除了尽量观测到一些已有的天然断面以外，都要特地为了观察土壤的层次变化关系而挖掘一定数量的土坑，称为土壤剖面坑。因为自然断面固然有断面大而深、省工、省时等优点，但它往往经过长期风化、蒸发，土壤中的元素和水分状况迥然不同于真正的没经过暴露的土壤实况，所以，天然断面只能作为参考，不能作为正式的土壤剖面。

剖面点位实地选择的具体要求是：

a) 剖面点对所要制图的地面景观具有代表性；

b) 要求地形条件相对一致，即土壤发育条件相对平稳。土壤类型的侵蚀除外；

c) 避开路旁、渠埂、积肥坑、旧宅基和坟墓附近等土层被扰乱的地点；

d) 在剖面挖掘过程中,如发现土层中有炭片、砖瓦片等人为干扰的侵入体,除了研究熟化土壤以外,一般宜换它处,另行挖掘。

C.1.2.2.2 土壤剖面点地表景观描述

土壤剖面点地表景观描述内容如下:

a) 地形/地貌
   1) 地貌:主要描述剖面所在地的地貌类型及其地表形态,因为地貌只是说明其发生类型,地表形态是进一步从量的方面描述其立体空间。剖面所在地的地貌类型及地貌部位:一个大的地形区中常见的地貌类型有山地、丘陵、河谷、扇形地、阶地……等,在每一个地貌类型上可进一步分出不同的地貌部位,如扇形地的上部、中部和下部,以至扇缘地区等,一个丘陵体的侧坡,可分出坡顶、坡肩、坡身、坡脚等;
   2) 地形坡度。
b) 基础岩性

对上述内容描述后,还要对地表景观拍彩色照片,并注明照片编号。编号规则:县级行政区划代码(6位)+流水编号(2位),行政区划代码按 GB/T 2260 执行。

C.1.2.2.3 土壤剖面形态描述

土壤剖面形态描述是土壤调查野外工作中的重要组成部分,因为土壤剖面不仅综合地记录和反映了各种因素对土体的影响,也反映了该土壤剖面肥力特性,因此:

a) 土壤剖面的描述、记载按分层土壤剖面性状的术语标准严格进行,如土壤质地、颜色等。
b) 描述后进而注意其如下的总结性评价,如:
   1) 土体构型;
   2) 有效土层厚度;
   3) 障碍层埋深;
   4) 地下水埋深;
   5) 盐渍化程度;
   6) 土壤 pH 值。
c) 对土壤剖面形态描述后,在竖有标尺的一侧对剖面拍彩色照片,并注明照片编号。编号规则:县级行政区划代码(6位)+流水编号(2位),行政区划代码按 GB/T 2260 执行。

C.1.3 内业工作

外业调查结束后,还需要对原始资料进行室内整理及土样进化分析,分析结果填入野外调查表中。并根据调查及理化分析结果,进行成果图的设计、清绘与整饰。

C.1.4 资料整理

每个补充调查点均有新挖的土壤剖面,可顺利地对定级因素进行指标诊断;同一评价单元内可设置数个调查点,实测定级因素值,取其平均数;调查成果是定级的重要基础资料,原始记录文字、表格、图件、剖面照片及其说明、环境照片及其说明,都以每一点为一组整理成册,定级工作完成时整理成基础资料汇编、存入档案。

C.2 农用地利用状况与经营状况调查

农用地利用状况与农用地经营状况调查主要包括农用地的产出与生产投入的调查。

C.2.1 产出数据调查

以村为基本调查单位；按标准耕作制度中所确定的标准作物和指定作物的实物产出量计算，以单位面积产量表示（kg/hm^2）；采用实测、评估和历史资料分析相结合的综合分析方法，调查结果要满足调查精度的要求。

调查结果填入表格中，表格样式见表 A.4。

C.2.2 投入数据调查

以村为基本调查单位；按标准耕作制度中所确定的标准作物和指定作物的实际投入量计算，以单位面积投入量表示（元/hm^2）；物质投入包括种子、化肥、农药、地膜等，根据国家市场指导价计算，农家肥按当地平均价格计算；活劳动包括各生产环节的劳动力投入和必要的农田维护劳动力投入，按当地平均价格计算；采用实测、评估和历史资料分析相结合的综合分析方法，调查结果要满足调查精度的要求。调查结果填入表格中。表式见表 A.4。

C.2.3 精度要求

全面调查正常年景，最近几年的农用地利用状况与农用地经营状况，根据开展定级县的统一安排，以村为单位进行，分甲、乙两级精度，按甲级精度实施，个别地方如确有困难可暂按乙级精度进行。基本要求如下：

a) 甲级精度

采取分层抽样方式均匀布点，统计单产水平（或土地条件），从高到低（或从优到劣）分为（3～7）个层次，每个层次设置（3～5）个采样点，共计（9～35）个样点；每个样点对其所在定级类型或评价单元的自然属性和经济属性具有代表性；每个样点的投入产出数据与标准耕作制度所确定的标准作物和指定作物的种植安排相对应；每个样点所代表的面积按能完整反映投入产出情况的地块面积确定；需要对样点数据进行整理，剔除异常数据再进行数理统计分析；样本数据能够通过数理统计检验。

b) 乙级精度

利用已有的农经、统计、土肥资料整理，进行必要的外业补充调查；整理出的投入产出数据在不同的土地条件上都有分布；整理出的原始数据如不能对应到地块，需要与其所在的定级类型相对应，满足这一条件的数据不应少于 10 个；

按上述方法获得的投入产出数据需要进行检验和校订。可按土地条件分（3～7）层，每层取（5～10）个样点，实测投入产出数据对其进行检验。

附 录 D
（规范性附录）
农用地级别划分方法

D.1 数轴法

数轴法指把各定级单元的定级指数看成是一个一维变量，点绘在一维数轴上，按指数在数轴上的分布状况划分土地级。

D.1.1 建立定级指数数轴，在平面上建立一个一维数轴，在数轴的方向线上连续标注单元定级指数值的数值。

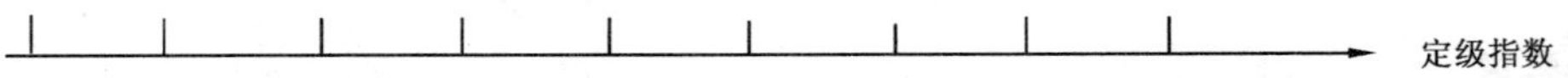

D.1.2 每一个单元的定级指数，在数轴上有一个唯一的点与之对应。这样，将单元定级指数对号点绘在数轴上方。如果一个指数值对应多个单元，则依次向上绘，形成高低不等的单元分值集中与分散分布图。

D.1.3 在完成上述工作后，可通过对数轴的观察，根据数轴上点的分布稀疏与集中的情况，在相对稀疏处分开，把相对密集的地方划分成一个集合，定出其代表的级别，并绘出各级别的分值区间（如图 D.1 所示）。

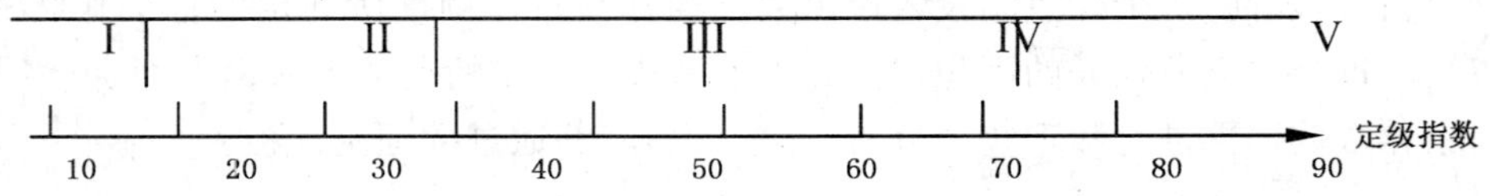

图 D.1 单元定级指数分布图

级别确定后，经实地勘察级别界线，进行级别合理性检验后，量算级别面积，进行汇总。

注：数轴法有直观、简便易操作的优点，其不足之处是当评价单元很多时，需要很长的数轴，表达上不太方便。

D.2 定级指数频率曲线法

该方法的基本思路是：先将每个定级指数作为样本，对其进行频率统计，并绘制相应的曲线，然后按土地优劣实际情况，选择若干频率曲线突变处，结合野外调查与定性分析，确定土地级别间的界线值和总级数。

D.2.1 进行样点的分组，确定全距、组数、组限（组与组之间的界限）。

全距＝最大定级指数－最小定级指数＝$\max(x)-\min(x)$

组数 n 按经验规律判断确定。

组距＝全距/组数＝$[\max(x)-\min(x)]/n$

最小值的下限＝最小值－1/2 组距

最小值的上限＝下限＋组距，依次类推其他组上限和下限。

制作定级指数频率值计算表，见表 D.1。

表 D.1 综合指标频率值及其计算表

分组号	组距下限	组距上限	单元个数	频率值
1				
2				
⋮				

D.2.2 统计各组样本数，并计算频率。式(D.1)如下：

$$p = n_F / N \qquad \cdots\cdots(D.1)$$

式中：

n_F ——为第F组的评价单元数；

N ——评价单元总数。

D.2.3 绘制频率曲线，横坐标表示样本分组，纵坐标表示频率大小。

D.2.4 根据频率曲线的突变点，结合野外考察定性分析，确定土地级别间界限值的土地级总数。

D.2.5 根据各评价单元土地级别的定级指数和土地级别间的界值，判断各评价单元所属的土地级别。土地级别界线划在频率分布空白区或频率分布的低值区，不能将土地级别界线划在频率分布的最高点或相对最高点。作为示意，图D.2为某地的定级指数频率曲线图。

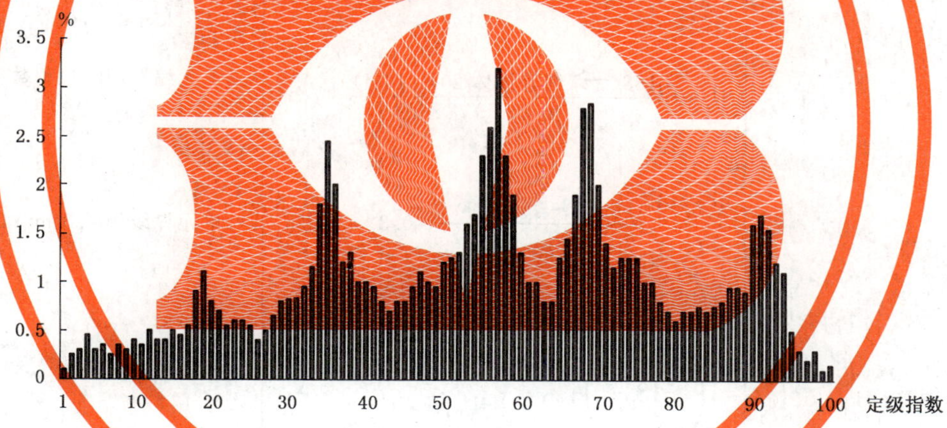

图 D.2 定级指数频率曲线图

以上几种方法均是在土地单元定级指数的基础上进行，当单元定级指数求取后，选用任何一种方法都能划分土地级别，具有直观、易读、易操作的共同特点。

附　录　E
（规范性附录）
农用地级别图图式

图式名称	图式	备注
(1) 级别界线	———— 0.4	界线用0.4 mm的实线绘出
(2) 农用地级别	9	级别用阿拉伯数字表示
(3) 面积	4 156 细等线体32H(24H)	级别图上面积用阿拉伯数字表示在级别右下角，单位为公顷
(4) 单元编号	188 →细等线体20H(16H)	单元编号用阿拉伯数字表示
(5) 单元界线	———— 0.3	单元界线用0.3 mm的实线绘出
(6) 标准地块编号	(18) → 细等线体32H(24H)	

参 考 文 献

[1] GB/T 18507—2001 城镇土地分等定级规程

ICS 07.040
A 76

中华人民共和国国家标准

GB/T 28406—2012

农用地估价规程

Regulations for valuation on agriculture land

2012-06-29 发布

2012-10-01 实施

中华人民共和国国家质量监督检验检疫总局
中国国家标准化管理委员会
发布

前　言

本标准按照 GB/T 1.1—2009 给出的规则起草。

本标准由中华人民共和国国土资源部提出。

本标准由全国国土资源标准化技术委员会(SAC/TC 93)归口。

本标准起草单位:国土资源部土地利用管理司、北京国土联房地产评估中心有限公司、中国农业大学、北京大学、中国人民大学、中国土地勘测规划院、国土资源部土地整治中心。

本标准主要起草人:胡存智、张显胜、朱道林、冯长春、王军、吴海洋、周建春、关文荣、郧文聚、刘彦、杨丽平、吕萍。

引　　言

为全面掌握我国农用地资产状况，科学管理和合理有效地利用农用地，规范农用地估价行为，统一估价程序和方法，保证农用地估价结果客观、公正、科学、合理，根据《中华人民共和国土地管理法》等法律、法规，结合我国国情，制定本标准。

农用地估价规程

1 范围

本标准规定了我国农用地估价工作的总则、估价方法、宗地估价方法以及基准地价评估方法。

本标准适用于县级行政区内现有农用地和宜农未利用地。

2 规范性引用文件

下列文件对于本文件的应用是必不可少的。凡是注日期的引用文件，仅注日期的版本适用于本文件。凡是不注日期的引用文件，其最新版本（包括所有的修改单）适用于本文件。

GB/T 19231—2003 土地基本术语

GB/T 21010—2007 土地利用现状分类

GB/T 28405 农用地定级规程

GB/T 28407 农用地质量分等规程

3 术语和定义

GB/T 19231—2003、GB/T 21010—2007、GB/T 28405、GB/T 28407 界定的以及下列术语和定义适用于本文件。

3.1

农用地 agriculture land

直接用于农业生产的土地，包括耕地、林地、草地、农田水利用地、养殖水面等。

3.2

后备土地资源 reserved land resource

目前尚未利用的各种荒芜、贫瘠和废弃、闲置，经过改造、加工、复垦、建设后可以利用为农用地的土地。

3.3

均质地域 homogeneous terrain

农用地质量和价格水平基本相同的土地区域。

3.4

农用地宗地 cadastral parcel of agriculture land

权属明确、界线清楚、用途一致、相对独立或连片的农用地地块。

3.5

基准地块 base block

是在农用地均质地域内设定的，其自然、社会经济等条件在该地域内具有代表性，使用状况相对稳定的地块，具有代表性、中庸性和稳定性。

3.6

农用地价格 price of agriculture land

在正常市场条件下，于特定期日，由农用地的自然因素、社会经济因素和特殊因素等决定的价格。

3.7

农用地宗地价格 lot price of agriculture land

具体某一宗农用地在正常市场条件下特定期日的价格。

3.8

农用地基准地价 base price of agriculture land

县(市)政府根据需要针对农用地不同级别或不同均质地域,按照不同利用类型,分别评估确定的某一估价期日的平均价格。

4 总则

4.1 农用地估价基本原则

4.1.1 预期收益原则

农用地估价以估价对象在正常利用条件下的未来客观有效的预期收益为依据。

4.1.2 替代原则

农用地评估以近邻地区或类似地区的功能相同、条件相似、交易方式一致的农用地交易实例的市场价格为参考,经比较修正后估算出待估农用地价格。

4.1.3 报酬递增递减原则

在技术不变,其他要素不变的前提下,对相同面积的土地不断追加某种要素的投入所带来的报酬的增量(边际报酬)迟早会出现下降。这一规律在农业生产经营中普遍存在,估价中充分依据这一原则。

4.1.4 贡献原则

农用地的总收益是由土地、劳动力、资本、经营管理等各种投入要素共同作用的结果,估价时要充分考虑上述各要素对农用地总收益的实际贡献水平。

4.1.5 合理有效利用原则

在一定的社会经济条件下,农用地的利用方式需要能充分发挥其土地的效用,产生良好的经济效益,而且要保持土地质量不下降,并对其周围的土地利用不会造成负面影响或危害。

判断和确定农用地合理有效利用方式要考虑:

a) 持续的使用:根据农用地所处的区域环境和自身条件,所确定的农用地利用方式是可持续的;

b) 有效的使用:在确定的利用方式下,农用地所产生的经济效益是最佳的;

c) 合法的使用:合理有效的农用地利用方式,符合现行的法规、政策、规划等规定。

4.1.6 变动原则

农用地价格是由各种价格影响因素互相作用而形成的,这些价格影响因素经常在变化,农用地价格就在这些价格影响因素的不断变化中形成。估价人员要把握价格影响因素及价格变动规律,准确地评估价格。

4.1.7 供需原则

农用地估价以农用地市场供需决定农用地价格为依据,同时充分考虑农用地供需的特殊性和农用地市场的地域性。

4.1.8 估价时点原则

农用地估价结果是估价对象在估价时点的客观合理价格或价值，农用地估价的结果具有时间相关性和时效性。

4.2 农用地价格影响因素

影响农用地价格的因素主要包括自然因素、社会经济因素和特殊因素。本标准确定农用地价格的指导性影响因素体系如下：

a) 自然因素，是指影响农用地生产力的各种自然条件，包括≥10 ℃有效积温、降雨量、降雨均衡度、无霜期、灾害性气候状况、地形坡度、土壤质地、有效土层厚度、土壤障碍层深度、土壤有机质含量、土壤盐渍化程度、地下水埋深、田块大小、地块形状等。

b) 社会经济因素，是指影响农用地收益的社会经济发展条件、土地制度和交通条件等，包括区域城市化水平、城市规模、农业生产传统、人均土地指标(人均耕地、人均农用地)、农民人均收入水平、单位土地投入资本量、单位土地投入劳动量、农产品市场供求、农田基本设施状况、农机应用方便度、土地利用规划限制、交通通达度等。

c) 特殊因素，是指影响农用地生产力和收益所独有的条件或不利因素，如特殊的气候条件、土壤条件、环境条件、环境污染状况等。

具体因素指标见附录A。

4.3 农用地估价成果

4.3.1 农用地宗地估价成果

宗地估价结果报告；宗地估价技术报告；宗地估价附件。

4.3.2 农用地基准地价评估成果

农用地基准地价评估成果内容包括：

a) 文字报告：主要包括农用地基准地价评估工作报告、农用地基准地价评估技术报告等；

b) 基准地价图：主要有综合及各用途农用地基准地价最终成果图、样点地价图、基准地块图等；

c) 表格：主要包括基准地价表、基准地价修正系数表和影响因素指标说明表；

d) 有关计算机软件和管理信息数据库。

5 农用地估价方法

5.1 收益还原法

将待估农用地未来各期正常年纯收益(地租)，以适当的土地还原率还原，从而估算出待估农用地价格的一种方法。

5.1.1 适用范围

收益还原法适用于在正常条件下有客观收益且土地纯收益较容易测算的农用地价格评估。采用收益还原法进行宗地价格评估时，以宗地为单位进行评估，即考虑农用地收益是由宗地总面积产生的，不可只考虑农用地收益面积。

采用收益还原法评估农用地价格，所计算的年纯收益与其权利状况相对应。

5.1.2 评估程序

收益还原法评估程序如下：

a) 搜集与待估宗地有关的收益和费用等资料；

b) 测算年总收益；

c) 测算年总费用；

d) 计算年纯收益；

e) 确定土地还原率；

f) 选用适当的公式计算农用地价格。

5.1.3 年总收益的分析计算

年总收益是指待估宗地按法定用途，合理有效地利用土地所取得的持续而稳定的客观正常年收益。确定年总收益时可根据待估农用地生产经营的方式，进行具体分析。分析方法如下：

a) 待估宗地为直接生产经营方式，用农产品年收入作为年总收益。

农产品年收入，是指农用地用于农业生产过程中，每年平均的农业生产产品的收入，包括主产品收入和副产品收入。收入的计算根据其产量和估价期日的正常市场价格进行。

b) 待估宗地为租赁经营，年租金收入及保证金或押金的利息收入之和作为年总收益。

租金收入及保证金或押金的利息收入，是指农用地由其产权拥有者用于出租时，每年所获得的客观租金及承租方支付的保证金或押金的利息。客观租金根据实际租金水平考虑评估期日当地正常的市场租金水平进行分析计算；保证金或押金的利息按其数量及评估期日中国人民银行的一年期定期存款利息率进行计算。

5.1.4 年总费用的分析计算

年总费用是指待估宗地的使用者在进行生产经营活动中所支付的年平均客观总费用。在确定年总费用时根据待估农用地生产经营活动的方式，进行具体分析。分析方法如下：

a) 待估宗地为直接生产经营方式，用农用地维护费和生产农副产品的费用之和作为总费用。

农用地维护费一般指农用地基本配套设施的年平均维修费用；生产经营农副产品的费用一般包括生产农副产品过程中所支付的直接及间接费用，包括种苗费(或种子费、幼畜禽费)、肥料费(或饲料费)、人工费、畜工费、机工费、农药费、材料费、水电费、农舍费(或畜禽舍费)、农具费以及有关的税款、利息等。对于投入所形成的固定资产，按其使用年限摊销费用。

b) 待估宗地为租赁经营，用农用地租赁过程中发生的年平均费用作为年总费用。它主要指在进行土地租赁过程中所支付的年平均客观总费用。

5.1.5 求取年纯收益

土地年纯收益为年总收益与年总费用之差。

对于投入所形成的固定资产，需要扣除其所产生的纯收益。

如果所求取的年纯收益为负值，可根据实际生产经营状况考虑农用地的客观收益。

5.1.6 土地还原率的确定

土地还原率可按下列方法确定：

a) 租价比方法：即选择与评估对象处于同一地区或近邻地区，相同用途的三宗以上近期发生交易的，且在交易类型上与评估对象相似的农用地交易实例，以交易实例的土地租金或土地纯收益与其价格的比率的均值作为土地还原率。

b) 安全利率加风险调整值法:即土地还原率=安全利率+风险调整值。安全利率可选用同一时期的一年期国债年利率或银行一年期定期存款年利率,风险调整值可根据农业生产所遇到的灾害性天气、评估对象所处地区的社会经济发展水平和农用地市场等状况对其影响程度而确定。

c) 投资风险与投资收益率综合排序插入法:将社会上各种相关类型投资,按它们的收益率与风险大小排序,然后分析判断估价对象所对应的范围,确定其还原率。

在估价实践中可根据当地农用地市场情况,选择适当的方法,确定土地还原率。

5.1.7 计算收益价格

5.1.7.1 计算收益价格的基本公式见式(1):

$$P=\frac{a}{r} \qquad\cdots\cdots(1)$$

式中:

P ——土地价格;

a ——土地年纯收益;

r ——土地还原率。

5.1.7.2 有限年期的待估农用地价格可根据其使用年期进行年期修正。

当土地纯收益每年不变,土地还原率每年不变且大于0,土地使用年期为 n 的公式见式(2):

$$P=\frac{a}{r}\left[1-\frac{1}{(1+r)^n}\right] \qquad\cdots\cdots(2)$$

式中:

P、a、r 含义同式(1);

n——土地使用年期。

5.1.7.3 土地纯收益每年有变化的,可按其变化规律采用相应的公式进行计算。

5.2 市场比较法

是根据替代原理,将待估农用地与近期市场上已发生交易的类似农用地进行比较,并对类似农用地的成交价格进行适当修正,以此估算待估农用地价格的方法。

5.2.1 适用范围

市场比较法适用于农用地市场交易比较活跃的地区。市场比较法除可直接用于评估农用地的价格外,还可用于其他估价方法中有关参数的求取。

5.2.2 估价步骤

市场比较法评估步骤如下:

a) 收集和选择比较交易实例;

b) 建立价格可比基础;

c) 进行交易情况修正;

d) 进行交易期日修正;

e) 进行影响因素修正;

f) 进行年期修正;

g) 计算比准价格。

5.2.3 收集与选择比较交易实例

5.2.3.1 比较交易实例收集与选择

比较交易实例收集与选择要求如下：

a） 首选与评估对象处于同一地区的实例，次选处于近邻地区或类似地区的实例；

b） 用途相同；

c） 价格类型相同或可比；

d） 成交日期与估价期日接近，不宜超过三年；

e） 为正常交易案例或调整为正常交易的案例；

f） 至少选择三个可比较实例。

5.2.3.2 交易实例搜集与调查内容

交易实例收集与调查内容如下：

a） 交易双方的情况及交易目的；

b） 交易实例的状况，包括宗地本身的各种自然条件、社会经济条件和特殊条件等；

c） 成交价格；

d） 付款方式；

e） 成交日期。

5.2.4 建立价格可比基础

选取比较实例后，还需要对比较实例的成交价格进行换算处理，建立价格可比基础，统一表达方式和地价内涵，主要包括以下内容：

a） 统一地价内涵；

b） 统一付款方式，统一为在成交日期时一次总付清的付款方式；

c） 统一采用单位面积地价，并统一面积内涵和面积单位；

d） 统一币种和货币单位。不同币种之间的换算，按中国人民银行公布的成交日期时的市场汇率中间价计算。

5.2.5 交易情况修正

5.2.5.1 非正常交易情况的判定

交易情况修正，是排除交易行为中的一些特殊因素所造成的比较实例的价格偏差，将其成交价格修正为正常交易情况下的价格。引起特殊交易行为因素一般有以下几种：

a） 有利害关系者之间的交易；

b） 急买急卖的交易；

c） 受债权债务关系影响的交易；

d） 交易双方或者一方有特别动机或者特别偏好的交易；

e） 相邻地块的合并交易；

f） 特殊方式的交易；

g） 交易税费非正常负担的交易；

h） 有纠纷的交易。

5.2.5.2 交易情况修正

在选择交易实例时，如果交易实例存在上述特殊交易情况，则尽量避免选择，不得已必须采用时就需要进行交易情况修正。修正方法如下：

a) 交易情况分析

测定各种特殊因素对土地交易价格的影响程度，即分析在正常情况和这些特殊情况下，土地交易价格可能产生的偏差大小。测定方法可以利用已掌握的同类型土地交易资料分析计算，确定修正系数。也可以由估价人员根据长期的经验积累，判断确定修正系数。对交易税费非正常负担的修正，将成交价格调整为依照国家及当地有关规定，交易双方负担各自应负担的税费额确定修正系数。

b) 计算情况修正系数

计算公式见式(3)：

$$K_c = I_{cp}/I_{cb} \tag{3}$$

式中：

K_c ——情况修正系数；

I_{cp} ——待估农用地情况指数；

I_{cb} ——交易实例农用地情况指数。

5.2.6 期日修正

将交易实例在其成交期日时的价格调整为估价期日的价格。具体可采用以下方法：

a) 利用本地区农用地价格指数计算修正系数，计算公式见式(4)：

$$K_t = I_p/I_b \tag{4}$$

式中：

K_t ——期日修正系数；

I_p ——估价期日的地价指数；

I_b ——交易日期的地价指数。

b) 利用类似农用地价格变动率确定期日修正系数(K_t)；

c) 在无农用地价格指数或变动率的情况下，估价人员可以根据当地土地价格的变动情况和发展趋势及自己的经验进行判断，确定期日修正系数(K_t)；

d) 通过分析土地价格随时间推移的变动规律，采用时间序列分析，建立土地价格与时间的相互关系模型求取期日修正系数(K_t)。

5.2.7 影响因素修正

5.2.7.1 确定修正因素

根据农用地价格的影响因素体系和估价对象与比较实例之间的特殊条件，确定影响因素修正体系，并分别描述估价对象与各比较实例的各种影响因素状况，确定修正指数，计算修正系数。

影响因素根据4.2中“农用地价格影响因素”和估价对象与比较实例的具体条件确定。

影响因素状况描述需要具体、明确，并尽量采用量化指标，避免采用“好”、“较好”、“较差”、“一般”等形容词。

5.2.7.2 自然因素修正系数

自然因素修正系数计算公式见式(5)：

$$K_n = \prod_{i=1}^{n}(I_{oi}/I_{bi}) \tag{5}$$

式中：

K_n ——自然因素的修正系数；

I_{oi} ——待估农用地 i 因素的指数；

I_{bi} ——交易实例 i 因素的指数；

n ——影响因素个数。

5.2.7.3 社会经济因素修正系数

社会经济因素修正系数计算公式见式(6)：

$$K_e = \prod_{i=1}^{n} (I_{oi}/I_{bi}) \quad \cdots\cdots(6)$$

式中：

K_e——社会经济因素的修正系数；

I_{oi}、I_{bi}、n 同式(5)。

5.2.7.4 特殊因素修正系数

特殊因素修正系数计算公式见式(7)：

$$K_s = \prod_{i=1}^{n} (I_{oi}/I_{bi}) \quad \cdots\cdots(7)$$

式中：

K_s——特殊因素的修正系数；

I_{oi}、I_{bi}、n 同式(5)。

5.2.8 土地使用年期修正

土地使用年期修正是将各比较实例的不同使用年期修正到待估宗地的使用年期，以消除因土地使用年期不同而对价格带来的影响。年期修正系数按式(8)计算：

$$K_y = [1 - 1/(1+r)^m]/[1 - 1/(1+r)^n] \quad \cdots\cdots(8)$$

式中：

K_y ——将比较实例年期修正到待估农用地使用年期的年期修正系数；

r ——土地还原率；

m ——待估农用地的使用年期；

n ——比较实例的使用年期。

5.2.9 确定待估农用地价格

比准价格的计算公式见式(9)：

$$P = P_b \times K_c \times K_t \times K_n \times K_e \times K_s \times K_y \quad \cdots\cdots(9)$$

式中：

P ——比准价格；

P_b——交易实例价格；

K_c、K_t、K_n、K_e、K_s、K_y 含义同上。

所选取的若干个交易实例价格经过上述各项比较修正后，可选用下列方法之一计算待估农用地价格：

a) 简单算术平均法；

b) 加权算术平均法；

c) 中位数法；

d) 众数法。

5.3 成本逼近法

5.3.1 内涵

以新开垦农用地或土地整理过程中所耗费的各项客观费用之和为主要依据，再加上一定的利润、利息、应缴纳的税金和农用地增值收益，并进行各种修正来确定农用地价格的方法。

基本公式见式(10)：

$$P = E_a + E_d + T + R_1 + R_2 + R_3 \quad \cdots\cdots(10)$$

式中：

P ——农用地价格；

E_a——土地取得费；

E_d——农用地开发费；

T ——税费；

R_1——利息；

R_2——利润；

R_3——农用地增值收益。

5.3.2 适用范围

成本逼近法适用于经过未利用土地开发或土地整理后的农用地价格评估。

5.3.3 估价步骤

成本逼近法估价步骤如下：

a) 判断评估对象是否适用成本逼近法；

b) 搜集与估价有关的成本费用、利息、利润及待估农用地增值收益等资料；

c) 通过直接或间接方式求取估价对象的土地取得费、农用地开发费及相关的税费、利息、利润；

d) 确定农用地增值收益；

e) 按成本逼近法公式求取待估农用地的价格；

f) 确定已开发土地的修正因素，并进行修正；

g) 确定待估农用地的最终地价。

5.3.4 确定土地取得费

农用地取得费主要表现为取得未利用土地或中低产田时客观发生的费用。

5.3.5 确定农用地开发费

农用地开发费是为使土地达到一定的农业利用条件而进行的各种投入的客观费用，如农田平整、处理耕作层、建设农田水利设施、田间道路、田间防护林等。

根据农业生产的要求，农用地的开发程度主要包括以下几方面：

a) 通路：分通田间人行路、机耕路等情况；

b) 灌溉：分上游有蓄水设施的自流灌溉、地下水灌溉、喷灌灌溉、滴灌灌溉等；

c) 排水：分析能否顺畅地自然排水、有无排水沟渠等；

d) 通电：考察田间耕作能否方便地使用电力；

e） 土地平整：平整度应能满足农业生产的基本要求，有至少 20 cm 的疏松土壤的耕作层。

在具体分析农用地的开发程度时，则可区分田块内外的情况，并根据各种农田基本设施的投资主体与评估对象的产权主体的权属利益关系确定评估设定的土地开发程度，并合理确定开发费用。

5.3.6 确定各项税费

主要是指取得待开发农用地和在进行农用地开发过程中所应支付的有关税费，具体项目和取费标准按国家和当地的有关规定确定。

5.3.7 确定农用地开发利息

土地的取得费用和开发费用均可根据其投资的特点和所经历的时间计算利息，利息率按评估期日的中国人民银行公布的贷款利息率来确定，土地开发期为 1 年以内的利息率按单利计算，开发期超过 1 年以上的利息率按复利计算。

计息期间以农用地开发周期为基础，考虑各项投资的投入特点确定。农用地开发周期根据农用地开发的总面积、农用地开发程度和开发难度等方面确定。

5.3.8 确定农用地开发利润

利润是对农用地开发投资的回报，是土地取得费用和开发费用在合理的投资回报率（利润率）下应得的经济报酬。利润率根据开发农用地所处地区的经济环境、开发农用地的利用类型（行业特点）和开发周期等方面确定。

5.3.9 确定农用地增值收益

农用地增值收益是指待估农用地因追加投资进行农用地开发整理，使农用地生产能力得到提高，而引起的农用地价格的增值。农用地增值收益率根据开发农用地所处地区的经济环境、开发农用地的利用类型（行业特点）等方面确定。

5.3.10 计算农用地价格

根据上述各项的计算结果，利用成本逼近法的公式计算初始农用地价格。

5.3.11 对农用地价格进行年期修正

5.3.11.1 年期修正方法

若求取的是有限年期的农用地价格时，则需要判断是否进行年期修正，修正公式如下：

a） 年期修正公式见式(11)：

$$P_T = P_0 \times K_y \qquad \cdots\cdots (11)$$

式中：

P_T ——年期修正后的农用地价格；

P_0 ——年期修正前的农用地价格；

K_y ——年期修正系数。

b） 年期修正系数的计算公式见式(12)：

$$K_y = 1 - 1/(1+r)^n \qquad \cdots\cdots (12)$$

式中：

K_y ——年期修正系数；

r ——农用地还原率；

n ——农用地使用年期。

5.3.11.2 年期修正标准

判断是否进行年期修正的标准如下：

a) 当农用地增值收益是以有限年期的市场价格与成本价格的差额确定时，年期修正已在增值收益中体现，不再另行修正；
b) 当农用地增值收益是以无限年期的市场价格与成本价格的差额确定时，农用地增值收益与成本价格一道进行年期修正；
c) 当农用地为承包、转包等农用地时，按使用年期或剩余使用年期进行修正；
d) 当评估的是农用地无限年期价格时不用进行年期修正。

5.3.12 区位修正

当区位对于农用地的经营类型影响较大时，还需要对农用地价格进行区位修正。

5.4 剩余法

5.4.1 内涵

在预计开发完成后农用地正常交易价格的基础上，扣除预计的正常开发成本及有关专业费用、利息、利润和税收等，以价格余额来估算待估农用地价格的方法。

基本公式见式(13)：

$$P = A - B - C \qquad (13)$$

式中：

P ——待估农用地的价格；
A ——总开发价值或开发完成后的农用地总价格；
B ——整个开发项目的开发成本；
C ——开发者合理利润。

5.4.2 适用范围

剩余法适合待开发农用地的价格评估。

5.4.3 评估步骤

剩余法评估步骤如下：

a) 调查待估农用地的基本情况；
b) 确定待估农用地的最有效利用方式；
c) 估计开发周期和投资进度安排；
d) 估算开发完成后的农用地总价格；
e) 估算开发成本和开发者合理利润；
f) 确定待估农用地价格。

5.4.4 评估要点

剩余法评估要点如下：

a) 估算开发完成后的农用地价格，可根据待估农用地的最有效利用方式和当地农用地市场现状及未来变化趋势，采用市场比较法进行。对开发完成后拟采用出租或自营方式的农用地价格，也可以根据同一市场状况采用收益还原法来确定其价格；

b) 开发周期和投资进度安排可参照类似的农用地开发过程进行确定；

c) 开发成本是项目开发期间所发生的一切费用的总和，主要包括开发建设投资成本、有关专业费用、投资利息和税收等；

d) 开发项目的正常利润一般以农用地总价格或全部预付资本的一定比例计算。利润率宜采用同一市场上类似农用地开发项目的平均利润率进行确定。

5.5 评分估价法

5.5.1 内涵

按照一定的原则，建立影响农用地价格的因素体系和因素评分标准，依据因素评分标准对待估农用地的相应条件进行评价赋分，按其得分值的大小，乘以客观的农用地单位分值价格，从而得到农用地价格的一种估价方法。

5.5.2 适用范围

评分估价法适用于所有农用地价格评估，特别适用于成片农用地价格评估，但前提是先确定农用地单位分值价格。

5.5.3 评估步骤

评分估价法的评估步骤如下：

a) 建立农用地价格影响因素体系；

b) 制定农用地价格影响因素评分标准；

c) 依据 a)、b)对待估宗地进行评分；

d) 确定客观的农用地单位分值价格；

e) 计算待估宗地价格。

5.5.4 建立农用地价格影响因素体系

农用地价格影响因素体系建立见附录 A 和附录 B，由县(市)级土地行政主管部门根据当地的实际情况制定。

5.5.5 制定农用地价格影响因素评分标准

由县(市、区)级土地行政主管部门依据农用地价格影响因素体系制定本区域内的农用地评分表。对农用地价格影响越大的因素，评分值越高。

自然因素和社会经济因素的得分之和最高为 100。

当待估农用地没有特殊因素时，特殊因素的得分为 0；当有特殊因素时，可根据特殊因素对农用地的实际影响程度对其进行评分。

5.5.6 调查待估宗地的基本情况，对待估宗地进行评分

按照农用地评分表中的因素体系，逐项对待估宗地的基本情况进行调查，并确定各因素的分值。

5.5.7 确定单位分值价格

农用地单位分值价格是指一定区域范围内，一定时期，农用地分值与农用地价格进行转换的价格。由县(市)级土地行政主管部门确定该县统一的农用地单位分值价格。农用地单位分值价格可用农用地

市场价格资料进行回归求取。

农用地单位分值价格的回归模型有两种类型，见式(14)和式(15)：

$$P_B = C \times S \qquad (14)$$

式中：

P_B ——农用地价格；

C ——农用地单位分值价格；

S ——农用地总分值。

$$P_B = A \cdot S^C \qquad (15)$$

式中：

P_B、C、S 含义同式(14)；

A——回归系数。

县(市)级土地行政主管部门根据本县的实际情况，从以上两种回归模型中选取一种，求取农用地单位分值价格。

5.5.8 待估宗地价格计算

选择适当的公式计算待估宗地的价格。

农用地价格的计算公式见式(16)：

$$P = C \times S \quad \text{或} \quad P = A \times S^C \qquad (16)$$

式中：

P ——待估农用地价格；

C ——农用地单位分值价格；

S ——待估农用地的总分值；

A ——回归系数。

5.5.9 对农用地价格进行年期修正

若求取的是有限年期的农用地价格时，需进行年期修正：

a) 年期修正同式(11)；

b) 年期修正系数同式(12)。

5.6 基准地价修正法

5.6.1 适用范围

利用基准地价成果评估宗地价适用于有基准地价成果区域的农用地价格评估。

5.6.2 系数修正法

5.6.2.1 基准地价系数修正法的公式

系数修正法公式见式(17)：

$$P = P_0 \times (1 \pm \sum_{i=0}^{n} K) \times K_t \times K_y \qquad (17)$$

式中：

P ——待估农用地价格；

P_0 ——基准地价；

$\sum_{i=0}^{n} K$ ——宗地地价影响因素修正系数和；

K_t ——交易期日修正系数；

K_y ——年期修正系数。

5.6.2.2 评估步骤

系数修正法的评估步骤如下：

a) 搜集有关基准地价资料：包括基准地价报告、基准地价图、宗地地价修正体系及有关各种地价影响因素资料等；

b) 确定待估宗地所处级别及基准地价：根据当地农用地基准地价评估报告、基准地价图和有关基准地价批文，确定待估宗地所处级别及基准地价，并说明基准地价内涵；

c) 分析待估宗地的地价影响因素，编制待估宗地地价影响因素条件说明表：按照影响因素指标说明表中的影响因素体系调查待估宗地的各影响因素状况，并对各因素状况进行准确描述；

d) 依据影响因素指标说明表和修正系数表确定修正系数：根据各影响因素状况，按照影响因素指标说明表中的划分标准确定各因素的级别标准，并查对修正系数表确定修正系数，按式(18)计算系数和：

$$\sum_{i=0}^{n} K = K_1 + K_2 + K_3 + \cdots + K_n \quad \cdots\cdots\cdots\cdots (18)$$

式中：

$\sum_{i=0}^{n} K$ ——宗地地价影响因素修正系数和；

$K_1, K_2 \cdots, K_n$ ——分别为待估宗地第 1、2…n 因素的修正系数。

e) 期日修正：待估宗地的估价期日与基准地价的评估期日若不相同，则需根据地价的变化程度进行期日修正；

f) 年期修正：当待估农用地土地使用年期为有限年期时，需要进行年期修正；

g) 计算待估农用地价格：在确定好各修正系数后，采用式(17)计算待估农用地价格。

5.6.3 定级指数模型评估法

利用基准地价评估过程中所建立的定级指数与地价模型，通过评判待估农用地定级指数，并将其代入模型，测算出待估农用地价格的方法。

具体评估步骤和方法为：

a) 搜集有关基准地价资料，包括基准地价评估报告、基准地价图、定级指数模型资料等；

b) 确定待估农用地级别、基准地价及适用模型；

c) 调查分析确定待估农用地定级指数；

d) 将定级指数代入模型，计算待估农用地价格；

e) 对计算出的待估农用地价格进行估价期日和年期修正。

5.6.4 基准地块法

采用基准地块法评估农用地宗地价格，是利用基准地价评估过程中已经建立的基准地块档案，通过比较修正评估出待估农用地价格的方法。

评估步骤和方法同市场比较法。

6 农用地宗地估价

6.1 估价程序

农用地宗地估价的具体程序为：

a) 接受估价委托；

b) 明确估价基本事项；

c) 拟订估价作业计划；

d) 估价资料的收集与整理；

e) 实地查勘待估农用地；

f) 选定估价方法，试算宗地价格；

g) 分析调整试算宗地价格，确定估价结果；

h) 撰写估价报告书；

i) 估价报告提交、备案及估价资料分类归档。

6.2 明确估价基本事项

农用地宗地估价的基本注意事项如下：

a) 确定估价对象：确定待估宗地类型、范围、权利状况和宗地条件等；

b) 确定估价目的：要有明确的估价目的；

c) 确定估价期日：要确定某一估价期日；

d) 确定估价作业日期；

e) 其他有关事项。

6.3 拟订估价作业计划

估价作业计划主要包括下列内容：

a) 确定估价项目性质和工作量；

b) 拟调查搜集的资料及其来源渠道；

c) 拟采用的估价技术路线和估价方法；

d) 预计所需的时间；

e) 拟订作业的步骤、作业进度和成果组成。

6.4 估价资料收集与整理

6.4.1 宗地估价资料收集

6.4.1.1 区域自然条件及社会经济发展状况

收集待估农用地所在区域的自然条件及社会经济发展总体状况资料，区域自然条件资料主要包括光温水等气候资料、岩性地质等地质资料、地表水和地下水等水文资料和土壤资料、地形地貌等；社会经济发展状况资料包括区域土地资源状况、产业政策、区域社会经济发展水平、土地市场状况、现代化农用技术水平等。

6.4.1.2 土地利用状况

收集待估农用地有关位置、用途、四至、土地面积、土地形状、土地等级、地上附着物状况、地籍资料等。

6.4.1.3 土地权利状况资料

收集待估农用地有关土地权利状况资料，如他项权利资料。

6.4.1.4 土地等级状况

收集有关待估农用地的等别和级别资料。

6.4.1.5 地价影响因素资料

收集影响待估农用地价格的有关自然因素、社会经济因素和特殊因素资料。

6.4.1.6 交易实例资料

收集交易实例农用地的资料，包括其位置、面积、用途、成交时间、双方当事人、地块条件、使用年限、交易条件、影响地价的医素、土地价格等。

6.4.1.7 收益资料

收集待估农用地的农产品收入或年租金收入资料。

6.4.1.8 成本费用资料

收集农用地的开发成本及生产费用(农用地维护费、种苗费、肥料费、人工费、畜工费、机工费、农药费、水电费、农舍费、工具费)等方面的资料。

6.4.1.9 基准地价资料

收集基准地价报告、基准地价图、宗地地价修正体系及有关各种影响地价因素的资料。

6.4.1.10 参数数据

收集有关借贷利息率、税率、利润率、还原利率、农用地单位分值价格等参数资料。

6.4.1.11 其他资料

有关经济指数及农用地价格变动指数；农用地利用的政策法规、条例、规定；有关农用地利用规划等资料。

6.4.2 宗地估价资料整理

6.4.2.1 宗地估价资料核实与剔除

用于农用地估价的资料数据需要严格核实，来源可靠，无显著异常，对明显不合要求的和特殊极值要予以剔除。

6.4.2.2 宗地估价资料整理

对现有资料进行初步整理，并判断是否满足本次估价的农用地宗地的要求，并记录所缺资料，以便补充调查和收集；对不全、不可靠的现有资料作好记录，以便补充资料和收集；对现有资料数据要妥善保管，并存入档案。

6.5 实地查勘待估农用地

估价人员需要到估价对象现场，查勘估价对象的位置、田块平整、周围环境、农作物长势等，并对事先收集的有关估价对象的坐落、四至、面积、产权等资料进行核实，同时搜集补充估价所需的其他资料，以及对估价对象及其周围环境或临路状况进行拍照等。

6.6 选定估价方法，试算宗地价格

估价方法可根据估价的目的、估价对象的特点、所收集到的资料状况选定。对同一估价对象须选用两种以上的估价方法进行估价。

6.7 确定估价结果

根据待估宗地情况及各种方法的评估结果，选用以下方法确定最终估价结果：

a) 简单算术平均法；

b) 加权算术平均法；

c) 综合分析法。

6.8 撰写估价报告

宗地估价报告书包括估价结果报告和估价技术报告，估价人员按估价报告的规范格式撰写估价报告。估价报告规范格式见附录C。

6.9 估价报告提交、备案及估价资料分类归档

估价报告完成后，要及时提交给委托方，按规定送主管部门备案，并对所用估价资料和宗地估价报告书进行分类整理和归档保管，以备查用。

7 不同利用类型的农用地宗地估价

7.1 耕地地价的评估

7.1.1 耕地地价的影响因素

7.1.1.1 水田地价的影响因素

根据4.3所确定的因素体系并结合水田的利用性质确定水田的地价影响因素。在确定水田的地价影响因素时，要注意田块的保水能力、水源条件、灾害性气候等因素对地价的影响。

7.1.1.2 旱地地价的影响因素

根据4.3所确定的因素体系并结合旱地的利用性质确定旱地的地价影响因素。在确定旱地的地价影响因素时，要注意地块形状、地形坡度、灌溉条件、灾害性气候等因素对地价的影响。

7.1.1.3 水浇地地价的影响因素

根据4.3所确定的因素体系并结合水浇地的利用性质确定水浇地的地价影响因素。在确定水浇地的地价影响因素时，要注意田块的保水能力、水源条件、地下水埋深等因素对地价的影响。

7.1.2 耕地地价的评估方法

耕地地价评估根据其利用状况和所处地区条件，可采用收益还原法、市场比较法、评分估价法和基准地价修正法等；如果是新开发整理的耕地，可采用成本逼近法；如果是待开发的耕地，可采用剩余法，

7.1.3 耕地地价评估的技术要点

耕地地价评估的技术要点如下：

a) 在评估耕地价格时，首先根据土地所处区域条件、近三年来耕地的实际耕作状况及可能的新的

耕作利用方式，确定耕作制度、复种指数等，并根据其耕作制度分析其利用状况及收益能力；

b) 要充分考虑农田基本设施对耕地价格的影响，包括引水渠、排水渠、田间道路、机耕道路等，分析其可用程度对地价产生的影响，对于通过性设施对农用地可能产生的负面影响也要充分考虑；

c) 用收益还原法评估耕地地价时，其估价结果的可信度主要取决于土地的预期纯收益和还原率是否准确。在测算耕地纯收益时，总收益和总费用的测算要全，一般采用实测的方式，即具体计算待估宗地在一年内各种产出物的经济价值和各种投入的费用总和，收益及费用数据可采用近三年的客观平均值；

d) 采用市场比较法时，注意比较案例交易对象与评估对象的构成是否一致，即交易对象是否包括地上农作物、农田设施等，如果不一致则要进行一致性调整。比较案例的利用方式和耕作制度需与评估对象一致。

7.2 园地地价的评估

7.2.1 影响因素

根据4.3所确定的因素体系并结合园地的利用性质确定园地的地价影响因素。在确定园地的地价影响因素时，要注意土壤厚度、土壤有机质含量、地下水埋深、园艺设施状况、距城市远近、独特的小气候以及特殊土壤等因素对地价的影响。

7.2.2 评估方法

园地地价评估根据其利用状况和所处地区条件，可采用收益还原法、市场比较法和成本逼近法等；如果是新开发的园地，可采用成本逼近法；如果是待开发的园地，可采用剩余法。

7.2.3 评估技术要点

园地地价评估的技术要点如下：

a) 在评估园地价格时，首先准确界定估价对象是否包括果树及有关设施等，如果包括就需要充分考虑包括后对园地价格的影响；

b) 适当考虑特殊的土壤及气候条件对园地利用产生的垄断收益及垄断价格；

c) 对于果园用地还要适当考虑其区位条件，如距消费地的距离、路网状况等；对具有景观及旅游价值的园地，则需要充分考虑景观及旅游价值对土地价格的影响；

d) 用收益还原法评估果园用地地价时，需要尽量消除大小年对纯收益的影响，其收益及费用数据可采用最近连续3年～5年的客观平均值；

e) 采用市场比较法评估园地地价时，需要注意比较案例交易对象与评估对象的构成是否一致，即交易对象是否包括地上果树、园林设施等，如果不一致则要进行一致性调整。比较案例的果树类别及利用方式需与评估对象一致。

7.3 林地地价的评估

7.3.1 影响因素

根据4.3所确定的因素体系并结合林地的利用性质确定林地的地价影响因素。在确定林地的地价影响因素时，要注意立地条件、砾石含量、地形坡度、林业设施状况、林木经营结构、交通运输条件等因素对地价的影响。

7.3.2 评估方法

林地地价评估根据其利用状况和所处地区条件，可采用市场比较法、成本逼近法和收益还原法等。

7.3.3 评估技术要点

林地地价评估的技术要点如下：

a) 在评估林地价格时，首先准确界定估价对象是否包括林木及有关林业设施等，如果包括就需要充分考虑包括后对林地价格的影响；

b) 采用市场比较法评估林地地价时，比较案例的林木类别及林地开发经营方式与评估对象的一致，即交易对象是否包括地上林木、林业设施等，如果不一致则要进行一致性调整；

c) 用收益还原法评估林地价格时，宜以林木生长期和采伐期为周期计算年平均总收益和总费用；

d) 对具有生态及旅游价值的林地，还要考虑生态及旅游价值对土地价格的影响。

7.4 草地地价的评估

7.4.1 影响因素

根据4.3所确定的因素体系并结合草地的利用性质确定草地的地价影响因素。在确定草地的地价影响因素时，要注意土壤沙化程度、草场经营方式、草场设施状况等因素对于地价的影响。

7.4.2 评估方法

草地地价评估根据其利用状况和所处地区条件，可采用评分估价法、收益还原法和市场比较法等。

7.4.3 评估技术要点

草地地价评估的技术要点如下：

a) 在评估草地价格时，要考虑草地的经营方式和草种结构，区分圈养和单独经营草场等不同方式；

b) 采用收益还原法进行评估时，对于用于圈养的草场，其经营收益来源于牲畜的出售收益，在测算总收益时要考虑出栏率和牲畜生长期，收益和费用数据一般宜采用连续3年～5年的客观平均值；对于只进行草场经营的草地，其经营收益主要是草场经营使用费及大草的出售收益，计算纯收益时可采用近3年的收益和费用数据客观平均值；

c) 采用市场比较法评估草地地价时，比较案例的草场类型及利用方式需与评估对象的一致；

d) 对草地价格评估时还要考虑其生态价值。

7.5 未利用地价格的评估

7.5.1 适用范围

未利用地是农用地重要的后备土地资源，当未利用地用于开发为农用地（包括耕地、园地、林地、草地和其他农用地）时，按照农用地估价方法的要求进行估价。

7.5.2 评估方法

在进行未利用地价格评估时，首先根据未利用地的规划要求或土地的开发利用计划，确定土地利用类型和土地利用方式，然后选择适当的方法进行评估。

未利用地价格的评估方法，可根据实际情况采用剩余法和市场比较法进行评估。

7.5.3 评估技术要点

未利用地地价评估的技术要点如下：

a) 未利用地价格评估时，首先要确定未利用地的开发利用方式，包括未利用地的开发用途、开发利用率等。确定的依据主要是未利用地本身的自然条件、有关规划的要求及开发者的实际开发计划等；

b) 未利用地价格评估时要适当考虑未利用地开发后的价格增值，并充分考虑未利用地的可利用与未利用程度；

c) 采用剩余法评估时，按照所确定的未利用地开发利用方式调查和评估开发后的买卖价格，要求有可比较的市场交易案例；

d) 采用市场比较法评估时，需要调查当地类似条件的未利用地拍卖等市场价格。

8 不同估价目的的农用地估价

8.1 承包农用地价格评估

承包农用地价格是指在正常条件下承包年期内的农用地的价格。

承包农用地的价格评估需要综合考虑农用地的土壤质量、收益水平、土地承包经营期限、有无其他经营或权利限制、农田基础设施状况与水平等方面因素。

承包农用地价格评估方法可采用收益还原法、市场比较法和基准地价修正法等。

还原利率可根据估价对象权利内容确定。

承包农用地价格评估同时评估许多宗地时，评估报告需要作适当归并。

8.2 转包农用地价格评估

转包农用地价格是指在正常市场条件下转包期内农用地收益的现值之和。

农用地转包最高年限不能超过农用地的剩余承包年限。

农用地转包价格需要综合考虑农用地的土壤质量、土地收益水平、土地转包经营期限、有无其他经营或权利限制、农田基础设施状况与水平等方面进行评估。

农用地转包价格的评估方法可采用收益还原法、市场比较法等。

用收益还原法进行农用地转包价格评估时，还原利率可根据估价对象权利内容确定。

8.3 农用地租金评估

农用地租金标准要与该宗地的正常地价标准相均衡。租金标准的评估可通过该宗地的正常土地使用权价格标准折算，也可采用市场比较法等直接评估。

8.4 荒地拍卖底价评估

荒地拍卖的年限不可超过国家规定的最高年限。

荒地拍卖估价，可依据《中华人民共和国拍卖法》及《中华人民共和国土地管理法》等有关规定进行。

荒地拍卖估价，可采用剩余法和市场比较法确定其价格。但要在估价报告中说明未来市场变化风险和预期强制处分等因素对拍卖价格的影响。

8.5 荒地抵押价格评估

荒地抵押估价是指在将荒地作为抵押债权担保而设定抵押权时对荒地进行的价格评估。

荒地抵押评估的是有限年期荒地价格。

荒地抵押估价，可依据《中华人民共和国担保法》及《中华人民共和国土地管理法》等有关规定进行。

荒地抵押估价，可采用市场比较法、剩余法和成本逼近法确定其价格。但要在估价报告中说明未来市场变化风险和预期强制处分等因素对抵押价格的影响。

在进行荒地抵押估价时，要区分抵押物的权利状况，按照其相应的权利评估确定其相应的价格。

荒地抵押价格评估需掌握前三年荒地价格的变化状况，预测未来三年的地价变动趋势，并考虑抵押风险和强制处分等因素。

9 农用地基准地价评估

9.1 评估对象

农用地基准地价评估对象是县(市)行政区内现有农用地和宜农未利用地。

9.2 技术路线

农用地基准地价评估有以下三条技术路线：

a) 样点地价平均法：在农用地定级基础上，用投入产出样点资料和市场交易样点资料评估并确定基准地价；

b) 定级指数模型法：在农用地定级基础上，根据定级指数、农用地市场交易资料和投入产出资料，建立地价测算模型，评估并确定基准地价；

c) 基准地块评估法：通过设置基准地块，并评估基准地块价格，根据基准地块价格评估并确定基准地价。

在农用地基准地价评估中，可根据本地农用地市场状况、基础资料及技术条件，选择其中一条技术路线进行评估。

9.3 工作程序

农用地基准地价评估的工程程序如下：

a) 准备工作；

b) 确定基准地价评估的技术路线；

c) 界定基准地价的内涵；

d) 资料调查与整理；

e) 评估基准地价；

f) 成果整理与验收。

9.4 准备工作

包括以下几个方面：

a) 收集和准备基准地价评估的基本资料；

b) 确定基准地价评估区域范围；

c) 确定工作底图；

d) 编写农用地基准地价评估任务书；

e) 制定基准地价评估所需调查表格，基本表格见附录 B 。

9.5 农用地基准地价内涵界定

农用地基准地价内涵界定包括土地权利、土地权利年期、用地类型、耕作制度、农田基本设施状况、基准日等方面，具体如下：

a) 土地权利：一般界定为农用地使用权价格。

b) 土地权利年期：可设定为 30 年和无限年期两种。

c) 用地类型：农用地利用类型主要包括耕地、园地、林地、草地及其他农用地等，在基准地价评估中可根据当地主要用地类型的实际情况进行适当确定。未利用地可按照可开发利用方式确定用地类型。

d) 耕作制度：主要是熟制问题，可以按照 GB/T 28407 中规定的标准耕作制度确定，也可以根据当地实际情况具体确定。

e) 农田基本设施状况：在基准地价评估中，按照各级别的农田基本设施的平均状况确定。

f) 基准日：基准日就是估价对象在评估确定的时点上的价值，这个时点就是评估基准日，精确到某年某月某日。在基准地价评估中要明确设定农用地基准地价的基准日。

9.6 样点地价平均法

9.6.1 评估步骤

采用样点地价平均法评估基准地价，是在农用地定级基础上，调查农用地投入产出样点资料和市场交易样点资料，并计算样点地价，以各样点地价的平均值评估并确定农用地基准地价。具体评估步骤如下：

a) 资料调查；

b) 按农用地级别确定农用地的土地利用类型；

c) 投入产出资料抽样调查；

d) 利用投入产出资料分析计算土地利用纯收益，并以此计算样点地价；

e) 利用市场交易案例资料，计算样点地价；

f) 根据所测算的样点地价资料，计算各级别基准地价。

9.6.2 资料调查的内容和要求

9.6.2.1 资料调查的内容

样点地价平均法收集资料的内容如下：

a) 农用地定级成果资料：包括农用地级别图、农用地定级工作报告和技术报告、其他能用于农用地估价的定级成果及资料；

b) 农用地承包、转包、出租、拍卖、联营入股等交易资料；

c) 社会经济及土地利用资料：包括当地农村经济发展状况资料，农业和社会经济发展统计资料，土地利用总体规划资料，基本农田保护区资料等；

d) 其他资料：如农用地历史地价资料，农业开发和农业生产的政策资料等。

9.6.2.2 资料调查的一般要求

样点地价平均法资料调查的一般要求如下：

a) 资料调查以农用地级别为单位进行，按农用地级别或行政区域进行归类整理；

b) 调查、收集资料中选择的样点地块要按实地位置标注到估价工作底图上，并建立样点资料数据库；

c) 农用地承包、转包、出租、拍卖、抵押、联营入股等交易资料和农用地收益资料中的价格指标均以元为单位，面积指标均以平方米为单位，指标数值准确到小数点后一位；

d) 样点调查要符合数理统计要求。

9.6.3 确定土地利用类型

根据土地利用现状分区同时考虑土地利用总体规划的土地利用分区及土地用途管制的土地利用类型要求，确定各级别的主要用地类型。

9.6.4 投入产出样点和市场交易资料调查

农用地投入产出样点资料调查采用抽样调查方式。市场交易样点资料调查，在市场资料充足的情况下，采用抽样调查；在市场资料不足的情况下，采用全面调查。

9.6.4.1 调查样点的要求

样点单位可以是一定面积的地块，也可以是某一农户种植的相同用地类型的地块，地块面积要适中。

样点抽样采用分类抽样调查，即按用地类型分别进行抽样调查。

样点要有代表性，样点分布要均匀，样点数据可调查最近的连续三年的资料。

样点单位总数、调查样点单位总数、各类样点单位数及调查样点单位数按式(19)计算：

$$E_{ni}/E_{n}=E_{Ni}/E_{N} \quad \cdots\cdots(19)$$

式中：

E_{ni}——第 i 类用地抽取的样点单位数；

E_{n}——各类用地抽取的样点单位总数；

E_{Ni}——第 i 类用地的样点单位数；

E_{N}——各类用地的样点单位总数。

9.6.4.2 样点资料的整理

样点资料补充完善或剔除：对所有调查的样点资料均要逐表审查，对主要数据不全或不准确的，则需进行补充调查，完善内容；将缺少主要项目、填报数据不符合要求和数据明显偏离正常情况而又不容易补充的样点进行剔除。

样点资料归类：将初步审查合格的样点资料，分别按农用地级别、土地用途、用地效益等进行归类，当样点数量少于规定要求时需要进行样点的补充调查。

9.6.5 投入产出资料和市场交易资料分析计算

9.6.5.1 投入产出样点资料的分析计算

样点地价的计算方法见5.1。

9.6.5.2 市场交易样点资料的分析计算

根据样点类型，采用本标准相应的估价方法计算市场交易样点地价。

9.6.6 样点地价的修正及样点地价处理

样点地价的修正主要是把样点地价修正成为基准地价内涵条件下的正常地价，主要包括年期修正、期日修正及其他修正等。样点地价处理是指绘制样点地价图及进行样点数据检验等。

9.6.6.1 样点地价的年期修正

不同年期的样点地价资料要修正到基准地价的无限年期，按式(20)计算：

$$P_{m}=P_{m_i}/[1-1/(1+r_{d})^{m_i}] \quad \cdots\cdots(20)$$

式中：

P_{m}——修正后的土地价格；

m_i——样点地价的实际年期；

P_{m_i}——样点地价；

r_d ——土地还原率。

9.6.6.2 样点地价的期日修正

不同交易时间的样点地价，只有修正到基准地价估价期日的地价，才能用于基准地价评估。修正过程中可区别不同土地用途，计算地价的变化幅度。在已建立地价指数系统的地区，可利用地价指数进行修正。

按式(21)计算：

$$K_{ij}=P_{is}/P_{ij} \quad \cdots\cdots(21)$$

式中：

K_{ij}——第 i 类用地第 j 期地价修正到基准地价估价期日的系数；

P_{is}——第 i 类用地基准地价估价期日土地交易平均价(或地价指数)；

P_{ij}——第 i 类用地第 j 期土地交易平均价(或地价指数)。

对不同时期发生的交易地价修正到估价期日的地价按式(22)计算：

$$P_{ls}=K_{ij}\times P_{ji} \quad \cdots\cdots(22)$$

式中：

P_{ls}——修正为基准地价评估期日的宗地价格；

P_{ji}——第 j 期、第 i 类宗地的实际成交地价。

9.6.6.3 样点地价的其他修正

样点地价的其他修正如下：

a) 交易情况修正：把交易情况不正常的样点地价，修正到正常条件下的交易地价；
b) 农用地开发程度修正：在不同农田基本设施配套程度下的样点地价，可修正到基准地价评估所设定的农田基本设施配套程度下的地价。基准地价评估中的农田基本设施配套程度，可按各级农田基本设施配套现状程度的平均水平设定；
c) 权利修正：是指对承包、转包、出租、拍卖、抵押、联营入股等不同权利状况的修正。

9.6.6.4 样点数据检验

样点数据检验要求如下：

a) 同一土地级别中，同一交易方式计算的样点地价要通过样点同一性检验。同一级别中样点数量不能满足总体检验的需要时，需对级别进行差别判别归类，按类进行样点总体同一性检验。
b) 同一土地级别中，不同交易方式计算的样点地价，也要通过样点总体同一性检验；
c) 用 t 检验法或均值-方差法对样点进行异常值剔除。当检验后的数据不能满足需要时，可增加抽样数据，按以上方式重新进行数据检验。

9.6.6.5 样点地价分布图的绘制

所调查和计算出的样点地价，要在工作底图上绘制样点地价分布图。绘制要求如下：

a) 按不同用途分别绘制样点资料分布图；
b) 土地级别界线要反映在图上；
c) 直接在图上表示样点地价，样点地价资料多时，采用分级图例表示地价点标准；
d) 样点资料要有编码，编码要反映不同用地类型、样点类型和样点序号等。

9.6.6.6 数据整理

将经过修正及样点数据处理以后的样点，按土地级别、用地类型和交易方式顺序进行整理，并填入相应的表格。

9.6.7 计算级别基准地价

样点数量的确定。合格样点量要符合数理统计要求。

基准地价计算。以级别为单位,按不同用途采用样点地价的简单算术平均值、加权算术平均值、中位数、众数等作为该级别的基准地价。

9.7 定级指数模型法

9.7.1 评估步骤

采用定级指数模型评估基准地价,是在农用地定级基础上,根据定级单元定级指数、市场交易地价资料和投入产出资料,建立定级指数与地价关系模型,并利用该模型评估级别基准地价。具体步骤如下:

a) 资料调查;

b) 按农用地级别确定农用地的土地利用类型;

c) 按土地利用类型进行样点地价调查、计算与整理;

d) 测算有样点地价定级单元的平均地价;

e) 选择确定有样点地价定级单元的指数;

f) 建立定级单元平均地价与定级指数关系模型;

g) 计算各级别基准地价。

9.7.2 资料调查的内容和要求

见 9.6.2。

9.7.3 确定土地利用类型

见 9.6.3。

9.7.4 样点地价的调查、计算与修正

见 9.6.4~9.6.6。

9.7.5 测算有样点地价定级单元的平均地价

对于有样点地价的定级单元,如果单元内样点数量有 3 个以上且样点条件能代表定级单元的一般条件,可采用平均法计算定级单元的平均地价;如果样点数量为 3 个以下,或虽样点数量为 3 个以上,但样点不具有代表性,则采用比较法修正并计算定级单元地价,计算方法按照市场比较法的要求进行。

9.7.6 选择确定有样点地价定级单元的指数

根据定级单元的指数图和表格,将有样点地价的定级单元及其指数选择出来,作为建立模型的基本数据。

9.7.7 建立定级指数与定级单元地价关系模型

9.7.7.1 基本模型

用于分析定级指数和定级单元地价之间关系的基本模型见式(23)~式(27):

a) 线性模型

$$Y = aX + b \qquad (23)$$

b) 对数模型

$$Y = a \times \ln(x) + b \qquad (24)$$

c) 乘幂模型

$$Y = aX^b \qquad (25)$$

d) 指数模型

$$Y = ae^{bx} \qquad (26)$$

e) 多项式模型

$$Y = \sum_{i=0}^{n} a_i X^i \qquad (27)$$

式中：

Y ——评估单元地价；

X ——评估单元定级指数；

a、b、c、a_i ——为常数；

$n \geqslant 2$；

e ——自然对数的底。

9.7.7.2 模型的确定

方法和步骤如下：

a) 绘制评估单元地价与评估单元定级指数的二维散点图来初步确定选择线性回归模型还是非线性回归模型。

b) 如果二维散点图能够反映二者的线性关系，则选择线性回归模型，并对模型进行经济、统计和计量检验，按检验结果确定模型。有关线性回归模型的检验要求见本标准9.7.7.3。

c) 如果二维散点图样点数据的分布不呈线性时，可引入非线性回归模型。在选择非线性回归模型时，要对各模型的判定系数 R^2 的大小和二维散点图本身进行比较，直至确定最佳模型。

9.7.7.3 线性回归模型的检验

线性回归模型需对以下结果进行说明：

a) 描述性统计结果，包括变量 Y 与 X 的均值、标准差、样点数；

b) 相关分析结果，包括相关系数 R、判定系数 R^2、调整判定系数 R^2、单项显著性检验 P 值、回归系数95%的置信区间；

c) 对全部观察单位进行回归诊断的结果；

d) 残差统计结果；

e) 残差的直方图，判断标准化残差是否服从正态分布；

f) 观察值的累加概率图。

9.7.7.4 因素系数估计值的经济意义检验

一般从符号和值域两个方面检验。符号检验主要是根据模型中变量设计所要达到的条件进行检验；值域检验是根据现实经济条件加以具体限定。

9.7.8 计算各级别基准地价

利用上述建立的定级指数与单元地价关系模型，计算所有定级单元地价，并利用定级单元地价采用简单算术平均值、加权算术平均值、中位数、众数等作为级别基准地价。

9.8 基准地块评估法

9.8.1 评估步骤

采用基准地块评估基准地价，是指根据农用地土地质量条件划分农用地均质地域，然后在均质地域内选定若干地块作为基准地块，依据农用地市场交易资料和投入产出资料评估基准地块价格，再将同一均质地域内基准地块的平均地价作为该均质地域的基准地价。具体评估步骤如下：

a） 调查和收集资料；
b） 划分均质地域；
c） 选定基准地块；
d） 评估基准地块价格；
e） 核定基准地块价格水平；
f） 计算均质地域基准地价。

9.8.2 资料调查的内容及要求

9.8.2.1 资料调查的内容

基准地块评估法的资料调查内容如下：

a） 农用地自然条件资料：包括气候条件、地貌、土壤条件、水文状况、农田基本建设等资料；
b） 农用地社会经济资料：包括人均耕地、农产品市场供求、土地利用规划、交通条件等资料；
c） 农用地承包、转包、出租、拍卖、抵押等市场交易资料；
d） 其他资料：如农用地历史地价资料等。

9.8.2.2 资料调查的一般要求

见 9.6.2.2。

9.8.3 划分均质地域

9.8.3.1 确定农用地地价影响因素

根据评估区域的具体条件，见 4.2 确定农用地地价影响因素体系。

9.8.3.2 确定影响因素权重

影响因素权重的确定可采用特尔斐法、层次分析法、因素成对比较法等方法。

9.8.3.3 划分均质地域单元

均质地域单元的划分满足下列条件：

a） 同一单元内用地类型、耕作制度的一致性；
b） 同一单元内的土地质量的一致性。

9.8.3.4 测算各单元各影响因素分值

各单元各影响因素分值的计算，可采用特尔斐法或因素分值定量测算的方法进行。

a） 特尔斐法

选择当地的农业、土地利用专家及有关专业人士作为专家，设计打分表，由专家进行打分。

b） 因素分值定量测算法

按照评分估价法中的因素分值计算方法进行测算。

9.8.3.5 各单元影响因素综合分值计算

计算出各单元各影响因素的分值后，按照式(28)计算各单元影响因素综合分值：

$$F_j = \sum_{i=1}^{n} W_i \cdot f_{ij} \quad \cdots\cdots (28)$$

式中：

F_j ——j 单元综合分值；

W_i ——i 因素权重；

n ——因素个数；

f_{ij} ——j 单元 i 因素分值。

9.8.3.6 划分基准地价均质地域

按上述得到单元影响因素综合分值后，采用总分数轴确定法、总分频率曲线法等划分均质地域。

9.8.4 选定基准地块

在各均质地域内，根据土壤、日照、灌溉、排水、面积、形状及耕作制度等方面条件，选择具有普遍性的一定数量的宗地作为基准地块。具体选择过程中主要考虑下列条件：

a) 日照的时间、田面的干湿、保水、排水、旱地的坡度等自然条件属于一般的；
b) 耕作距离、距市场的远近、交通条件等属于一般的；
c) 面积、形状、土壤条件属于一般的；
d) 在标准耕作制度下，土地利用程度、单产水平等一般的；
e) 灾害条件属于一般的。

均质地域内每类农用地基准地块数量不少于3块。

9.8.5 评估基准地块价格

利用市场交易资料，按照市场比较法要求评估基准地块价格。具体评估过程按本标准市场比较法的有关规定执行。若基准地块在近三年内发生过市场交易行为，可直接通过对其进行交易方式、交易期日等修正，求取其在正常市场条件下的土地价格；利用基准地块本身的投入产出资料，采用收益还原法求取基准地块的价格；利用农用地开发资料采用成本逼近法评估基准地块价格；基准地块价格评估要采用两种以上方法进行。

9.8.6 核定基准地块价格水平

对各均质地域基准地块价格加以比较检查，并作必要的调整。

9.8.7 计算均质地域基准地价

按照调整后均质地域内各基准地块地价，采用简单算术平均法或加权算术平均法求取各均质地域的平均地价，并作为该均质地域基准地价。

9.9 基准地价的确定

对所采用的技术路线计算出的基准地价结果，与实际情况进行比较、验证后，进行适当调整，确定各级别(均质地域)不同类型农用地基准地价。

9.10 基准地价修正系数表的编制

9.10.1 编制步骤

编制步骤如下：

a) 宗地地价影响因素选择；

b) 确定各影响因素的权重；

c) 各因素影响地价修正幅度值的计算；

d) 计算并编制基准地价修正系数表；

e) 编制宗地地价影响因素指标说明表。

9.10.2 宗地地价影响因素的选择

宗地地价影响因素选择范围：在各级别(均质地域)内对宗地地价影响较大的自然因素、社会经济因素和特殊因素。

宗地地价影响因素选择的原则：

a) 考虑不同用途选择不同的影响因素；

b) 考虑宗地条件与级别条件之间的差异。

各类型用地具体的因素选择可根据各类农用地估价的有关规定确定。

9.10.3 确定各影响因素的权重

可采用特尔斐法、层次分析法、因素成对比较法等，按各因素对地价的影响程度，确定各因素的权重值。

9.10.4 基准地价修正幅度值的计算

以级别或均质地域为单位，调查各级别或均质地域中正常土地收益的上限、下限值等，分别与该级别或均质地域的基准地价折算的土地收益相减，得到上调或下调的最高值。

上调幅度按式(29)计算：

$$F_1 = (I_{nh} - I_{lb})/I_{lb} \times 100\% \qquad \cdots\cdots (29)$$

下调幅度按式(30)计算：

$$F_2 = (I_{lb} - I_{nl})/I_{lb} \times 100\% \qquad \cdots\cdots (30)$$

式中：

F_1——基准地价上调最大幅度；

F_2——基准地价下调最大幅度；

I_{lb}——基准地价折算的土地收益；

I_{nh}——级别或均质地域正常土地收益的最高值；

I_{nl}——级别或均质地域正常土地收益的最低值。

在确定上调、下调幅度的情况下，内插修正值，将宗地地价修正幅度划分成优、较优、一般、较劣、劣五个档次。

9.10.5 计算并编制基准地价修正系数表

根据9.10.3所确定的各因素的权重，按式(31)和式(32)计算各因素的修正幅度：

$$F_{1i} = F_1 \times W_i \qquad \cdots\cdots (31)$$

$$F_{2i} = F_2 \times W_i \qquad \cdots\cdots (32)$$

式中：

F_{1i}——某一因素的上调幅度；

F_{2i}——某一因素的下调幅度；

W_i——某一因素对宗地地价的影响权重。

以基准地价为一般水平，其修正幅度为零。在一般水平与上限价格之间，内插条件较优的修正幅度，通常为 $F_{1i}/2$，同时确定较优条件下的地价水平；在一般水平与下限价格之间，内插条件较劣的修正幅度，通常为 $F_{2i}/2$，同时确定较劣条件上的地价水平。在此基础上按优、较优、一般、较劣、劣确定各种地价水平下的因素修正系数，通过已有地价样点检验、校核，编制各级别（均质地域）基准地价修正系数表。修正系数表的格式见附录 B。

9.10.6 编制宗地地价影响因素指标说明表

根据 9.10.2 确定的宗地地价影响因素体系，以各级别（均质地域）对应基准地价因素条件为一般条件，比一般条件好的分优、较优，比一般条件差的分较劣、劣，分因素进行描述，编制各级别（均质地域）宗地地价影响因素指标说明表。宗地地价影响因素指标说明表的格式见附录 B。

9.10.7 其他

基准地价评估中所采用的定级指数模型，经实践检验，有效性和可操作性强，可直接用于农用地宗地地价评估，不必编制基准地价修正系数表。

采用基准地块评估基准地价时，建立了较丰富的基准地块数据档案库，不必编制基准地价修正系数表。

9.11 成果整理

9.11.1 基准地价图的整理

9.11.1.1 内容及表示方法

基准地价图的内容及表示方法：

a) 基准地价图要直观反映不同级别（均质地域）各类农用地基准地价及界线、位置和与地价高低有关的道路、居民点及土地用途等。

b) 编图前，要将基准地价成果分类整理，确定编图工作程序、编绘内容和编制方法。

c) 基准地价图最小上图图斑为 $1cm^2$。

d) 将定级成果和基准地价成果用图示、符号、注记等标注在图上。具体标注方法要求如下：

   1) 级别用阿拉伯数字“1、2、3……”分别表示“一级、二级、三级……”。均质地域编号用阿拉伯数字表示。

   2) 用地类型用汉字“水、旱、菜”分别表示“水田、旱地、菜地”，字体为等线体。

   3) 基准地价额用阿拉伯数字标注在级别（均质地域）和用地类型之后，单位为元/m^2 或万元/hm^2。

   4) 级别以线径 0.4 mm 的实线表示，均质地域界线以线径 0.3 mm 的实线表示。

e) 基准地价图上要表示农村中与农用地利用有关的主要道路，等级公路用 0.5 mm 单实线，机耕道路用 0.3 mm 单实线，田间人行道用 0.2 mm 单实线表示。

f) 各地可根据需要编绘彩色基准地价图，图面以暖色为主，相邻级别（均质地域）色差不宜过大。

9.11.1.2 图面整饰

基准地价图除按要求标出级别（均质地域）、用地类型及相应基准地价外，还要按制图规范要求标出图廓、公里网、图名、指北针、图例、比例尺、制图单位、制图责任人及时间等。

9.11.2 基准地块图的整理

基准地块图的整理要求如下：

a) 基准地块图要反映基准地块位置、土地用途、相应地价及道路等，基准地块图按土地用途分别绘制；

b) 基准地块图比例尺与基准地价图比例尺一致，并保留基准地价图的主要内容；

c) 基准地块位置用直径 2 mm 的点不依比例尺表示；

d) 土地用途用正等线体汉字“水、旱、菜”分别表示水田、旱地、菜地用途；

e) 地价用阿拉伯数字表示。

9.11.3 评估报告整理

主要内容有：

a) 工作情况，包括人员组成、日程安排、经费、资料、技术、工作经验与存在问题等；

b) 估价对象的自然、经济及社会概况；

c) 阐述基准地价评估的方法与过程。包括估价原则、理论基础、资料收集、资料整理、测算方法与步骤、基准地价结果、成果检验、基准地价修正系数表的编制等；

d) 各类分析报告，包括各级(均质地域)地价分布特点与规律、同一级别(均质地域)内各类基准地价差异和同类基准地价在不同级别或均质地域上的差异原因等；

e) 成果应用方案与建议；

f) 基准地价图、基准地价表、基准地价修正系数表；

g) 用计算机系统评估基准地价时，各步骤及测算过程、测算中间结果等内容需要写入评估报告。

9.12 农用地基准地价更新

9.12.1 基准地价更新

当评估的农用地基准地价经过一段时期的使用，地价水平与实际市场状况有较大差别，或实际的农用地条件发生了较大变化等，为保证基准地价现势性，对以前基准地价的修正。更新周期根据农用地市场变化情况或影响农用地价格因素变化情况确定，一般为 3 年～6 年。

9.12.2 技术路线

农用地基准地价更新的技术路线有以下三条：

a) 以农用地定级为基础，采用投入产出资料和市场交易地价资料，用样点地价平均法更新基准地价；

b) 以农用地定级为基础，调整定级指数与地价关系模型，利用调整后的模型更新基准地价；

c) 利用设定的基准地块资料，更新基准地价。

农用地基准地价更新的技术路线和方法与基准地价评估的技术路线和方法是相似的，在基准地价更新过程中一般采用与基准地价评估相一致的技术路线，以减少更新工作量。

9.12.3 样点地价平均法更新基准地价

判断原级别范围的准确性，农用地质量发生了变化，全部更新或局部调整原级别范围。调查农用地投入产出资料和市场交易资料，并运用相应方法计算样点地价，根据样点地价更新基准地价。

9.12.4 利用定级指数模型更新基准地价

判断原级别范围的准确性,农用地质量发生了变化,全部更新或局部调整原级别范围。调查地价样点资料,调整定级指数模型。利用调整后的定级指数模型更新基准地价。

9.12.5 利用基准地块更新基准地价

判断原均质地域的准确性,农用地质量发生了变化,全部更新或局部调整均质地域。考察原基准地块的可靠性,原基准地块失去一般性,则需更换基准地块。利用市场交易地价资料重新评估基准地块地价。根据重新评估的基准地块地价更新均质地域基准地价。

9.13 成果验收

9.13.1 工作检查

为保证农用地基准地价评估工作的质量,国家、省级主管部门要组织专门人员在农用地基准地价评估工作开展期间进行检查。检查的主要内容包括:

a) 是否按照经批准的农用地基准地价评估任务书的要求开展工作;

b) 所确定的技术路线是否符合本地实际或切实可行;

c) 资料调查工作是否符合所确定的技术路线的要求,各种资料是否属实;

d) 数据整理和计算是否正确;

e) 所采用的基础图件是否符合要求或适用;

f) 其他需要检查的问题。

9.13.2 验收

为保证农用地基准地价评估成果的质量,基准地价评估或更新工作完成后,按各级主管部门的权限划分,组织对基准地价评估成果进行验收。

9.13.3 验收内容和标准

验收以本标准各项规定为准。验收内容及标准为:

a) 基准地价评估或更新工作程序和工作方法是否科学、合理。

b) 进行基础图件、准备工作、资料收集、分析、整理和地价计算检查。

c) 基准地价评定检查。检查评估或更新程序、方法是否正确,基准地价评估或更新结果是否合理。

d) 基准地价系数修正表等是否正确,是否符合当地实际情况。

e) 编图检查。检查基准地价图编制方法及图示、符号、注记、图例是否正确,与基准地价表是否一致等。

f) 基准地价评估报告检查。基准地价评估报告是否全面、论述是否清楚、对工作中的技术问题处理是否得当、对成果应用的论述是否合理等。

g) 验收部门根据需要增加的其他检查项目。

9.13.4 撰写验收报告

验收后,由验收组写出验收报告和结论,主要内容包括:

a) 验收组织单位、验收时间、参加验收人员和验收方法;

b) 各分项验收结果及成果的综合评价;

c) 不合格部分的问题类型、性质及修改意见；

d) 对成果应用意见及建议。

对不合格的成果，验收组要提出具体的修改意见，待有关负责单位重新修正后，再次进行验收。

9.13.5 成果批准

成果经验收合格后，按程序报当地市、县人民政府批准公布实施。

附 录 A
（规范性附录）
农用地价格影响因素表

农用地价格影响因素见表 A.1。

表 A.1 农用地价格影响因素表

自然因素	气候条件	日照条件
		≥10 ℃有效积温
		无霜期
		降雨量
		降雨均衡度
		湿度
		灾害性天气
	地貌	地形坡度
		坡向
		海拔高度
		侵蚀切割
	土壤条件	表层土壤质地
		有效土层厚度
		有机质含量
		酸碱度
		障碍层深度
		盐渍化程度
	水文状况	地表水状况
		地下水状况
社会经济因素	农田基本设施状况	灌溉条件
		防洪排涝条件
		田块平整度
		供电条件
		地块形状
		田块大小
	社会经济发展条件	人均收入水平
		人均土地指标
		单位土地投入劳动量
		单位土地投入资本量
		农产品市场供求
		农机应用方便度

表 A.1（续）

社会经济因素	土地使用制度	土地政策
		土地利用规划
	交通条件	道路类型
		交通通达度
		路网密度
		对外交通便利度
特殊因素	特殊的气候条件	灾害性天气
		特殊的小气候条件
	特殊的土壤条件	被污染的土壤
		有特异性质的土壤
	特殊的环境条件	居民点的影响
		工程建设的影响
	环境污染状况	环境污染状况

附 录 B
（规范性附录）
农用地估价工作附表

B.1 评分估价法（旱地）的因素体系、分级标准见表 B.1。

表 B.1 评分估价法——旱地评分表

因素体系			级别	分数	备注
自然因素	坡度	＜2°	1		
		2°～6°	2		
		6°～15°	3		
		15°～25°	4		
		＞25°	5		
	表层土壤质地	壤土	1		参考指标
		黏土	2		
		砂土	3		
		砾石土	4		
	有效土层厚度	＞100 cm	1		参考指标
		60 cm～100 cm	2		
		30 cm～60 cm	3		
		＜30 cm	4		
		＞2.0％	1		
	土壤有机质含量	1.5％～2.0％	2		参考指标
		1.0％～1.5％	3		
		0.6％～1.0％	4		
		＜0.6％	5		
	障碍层深度	60 cm～90 cm	1		参考指标
		30 cm～60 cm	2		
		＜30 cm	3		
	下层土	与上层土同质壤土	1		参考指标
		砂黏土及砂砾土	2		
		强黏土及砂砾土	3		
	土壤盐渍化状况	无盐渍化	1		
		轻微盐渍化	2		
		中度盐渍化	3		
		重度盐渍化	4		

表 B.1（续）

因素体系			级别	分数	备注
自然因素	灌溉保证率	充分满足	1		
		基本满足	2		
		一般满足	3		
		无灌溉条件	4		
	排水条件	无洪涝	1		
		丰水年有短期洪涝发生	2		
		丰水年有洪涝发生	3		
		雨季发生洪涝	4		
	面积	0.67 hm^2 以上	1		参考指标
		0.33 hm^2～0.67 hm^2	2		
		0.07 hm^2～0.33 hm^2	3		
		0.07 hm^2 以下	4		
社会经济因素	耕作难易程度	容易	1		
		中等	2		
		较困难	3		
		很困难	4		
	距城镇的远近及交通通达度	距城镇较近，且交通通达性较好			
		距城镇较近，但交通通达性较差			
		距城镇较远，但交通通达性较好			
		距城镇较远，且交通通达性较差			
特殊因素	特殊的气候条件	非常特殊小气候	1		
		比较特殊小气候	2		
		无特殊	3	0	
	特殊的土壤条件	非常特殊土壤	1		
		比较特殊土壤	2		
		无特殊	3	0	
	特殊的环境条件				
	环境污染状况				

B.2 评分估价法(水田)的因素体系、分级标准见表B.2。

表B.2 评分估价法——水田评分表

因素体系			级别	分数	备注
自然因素	日照	充分	1		
		早晚多阴影	2		
		全日阴	3		
	土壤质地	黏质壤土	1		参考指标
		壤土	2		
		壤质黏土	3		
		砂质壤土	4		
		黏土	5		
	有效土层厚度	＞100 cm	1		参考指标
		60 cm～100 cm	2		
		30 cm～60 cm	3		
		＜30 cm	4		
	土壤有机质含量	＞4.0%	1		参考指标
		4.0%～3.0%	2		
		3.0%～2.0%	3		
		2.0%～1.0%	4		
		1.0%～0.6%	5		
		＜0.6%	6		
	障碍层深度	60 cm～90 cm	1		参考指标
		30 cm～60 cm	2		
		＜30 cm	3		
	土壤盐渍化状况	无盐渍化	1		
		轻微盐渍化	2		
		中度盐渍化	3		
		盐渍化严重	4		
	灌溉	自由	1		
		插秧时水量不足	2		
		平时可能水量不足	3		
		一般水量不足	4		
		时常水量不足	5		
		经常水量不足	6		
		用水极为缺乏	7		

表 B.2（续）

因素体系			级别	分数	备注
自然因素	排水	较好	1		参考指标
		一般	2		
		积水田	3		
		偶而有洪水发生	4		
		经常发生洪水	5		
自然因素	面积	0.67 hm^2 以上	1		参考指标
		0.33 hm^2～0.67 hm^2	2		
		0.07 hm^2～0.33 hm^2	3		
		0.07 hm^2 以下	4		
社会经济因素	耕作难易程度	容易	1		
		一般	2		
		不容易	3		
	距城镇的远近及交通通达性	距城镇较近，且交通通达性较好			
		距城镇较近，但交通通达性较差			
		距城镇较远，但交通通达性较好			
		距城镇较远，且交通通达性较差			
特殊因素	特殊的土壤条件	非常特殊小气候	1		
		比较特殊小气候	2		
		无特殊	3	0	
	特殊的气候条件	非常特殊土壤	1		
		比较特殊土壤	2		
		无特殊	3	0	
	特殊的环境条件				
	环境污染状况				

B.3 农用地估价中投入—产出效益情况调查内容见表 B.3。

表 B.3 农用地投入—产出效益调查表

样本编号：　　　　土地位置：　　　　　　县(市)　　　　　乡(镇、场)　　　　　村

指标		作物 1			作物 2		
		年	年	年	年	年	年
产出	播种面积/hm^2						
	产量/(kg/hm^2)						
	市场价格/(元/kg)						
	征购价格/(元/kg)						

表 B.3（续）

样本编号：　　　　土地位置：　　　　县(市)　　　　乡(镇、场)　　　　村

<table>
<tr><th colspan="4" rowspan="2">指　标</th><th colspan="3">作物 1</th><th colspan="3">作物 2</th></tr>
<tr><th>年</th><th>年</th><th>年</th><th>年</th><th>年</th><th>年</th></tr>
<tr><td rowspan="5">产出</td><td colspan="3">平均价格/(元/kg)</td><td></td><td></td><td></td><td></td><td></td><td></td></tr>
<tr><td colspan="3">平均单产/(kg/hm²)</td><td></td><td></td><td></td><td></td><td></td><td></td></tr>
<tr><td colspan="3">副产品产量/(kg/hm²)</td><td></td><td></td><td></td><td></td><td></td><td></td></tr>
<tr><td colspan="3">副产品价格/(元/kg)</td><td></td><td></td><td></td><td></td><td></td><td></td></tr>
<tr><td colspan="3">合计总产出/元</td><td></td><td></td><td></td><td></td><td></td><td></td></tr>
<tr><td rowspan="28">物化投入</td><td colspan="2" rowspan="3">种子</td><td>数量/kg</td><td></td><td></td><td></td><td></td><td></td><td></td></tr>
<tr><td>单价/(元/kg)</td><td></td><td></td><td></td><td></td><td></td><td></td></tr>
<tr><td>总费用/元</td><td></td><td></td><td></td><td></td><td></td><td></td></tr>
<tr><td rowspan="9">肥料投入</td><td rowspan="3">农家肥</td><td>数量/kg</td><td></td><td></td><td></td><td></td><td></td><td></td></tr>
<tr><td>单价/(元/kg)</td><td></td><td></td><td></td><td></td><td></td><td></td></tr>
<tr><td>总费用/元</td><td></td><td></td><td></td><td></td><td></td><td></td></tr>
<tr><td rowspan="3">绿肥</td><td>数量/kg</td><td></td><td></td><td></td><td></td><td></td><td></td></tr>
<tr><td>单价/(元/kg)</td><td></td><td></td><td></td><td></td><td></td><td></td></tr>
<tr><td>总费用/元</td><td></td><td></td><td></td><td></td><td></td><td></td></tr>
<tr><td rowspan="3">化肥</td><td>数量/kg</td><td></td><td></td><td></td><td></td><td></td><td></td></tr>
<tr><td>单价/(元/kg)</td><td></td><td></td><td></td><td></td><td></td><td></td></tr>
<tr><td>总费用/元</td><td></td><td></td><td></td><td></td><td></td><td></td></tr>
<tr><td colspan="2">生长剂</td><td>数量/元</td><td></td><td></td><td></td><td></td><td></td><td></td></tr>
<tr><td colspan="2" rowspan="3">农药</td><td>数量/kg</td><td></td><td></td><td></td><td></td><td></td><td></td></tr>
<tr><td>单价/(元/kg)</td><td></td><td></td><td></td><td></td><td></td><td></td></tr>
<tr><td>总费用/元</td><td></td><td></td><td></td><td></td><td></td><td></td></tr>
<tr><td colspan="2" rowspan="3">用水</td><td>数量/m³</td><td></td><td></td><td></td><td></td><td></td><td></td></tr>
<tr><td>单价/(元/m³)</td><td></td><td></td><td></td><td></td><td></td><td></td></tr>
<tr><td>总费用/元</td><td></td><td></td><td></td><td></td><td></td><td></td></tr>
<tr><td colspan="2" rowspan="3">用电</td><td>数量/度</td><td></td><td></td><td></td><td></td><td></td><td></td></tr>
<tr><td>单价/(元/度)</td><td></td><td></td><td></td><td></td><td></td><td></td></tr>
<tr><td>总费用/元</td><td></td><td></td><td></td><td></td><td></td><td></td></tr>
<tr><td colspan="2" rowspan="3">塑膜</td><td>数量/kg</td><td></td><td></td><td></td><td></td><td></td><td></td></tr>
<tr><td>单价/(元/kg)</td><td></td><td></td><td></td><td></td><td></td><td></td></tr>
<tr><td>总费用/元</td><td></td><td></td><td></td><td></td><td></td><td></td></tr>
<tr><td colspan="2" rowspan="3">机械作业</td><td>数量/hm²</td><td></td><td></td><td></td><td></td><td></td><td></td></tr>
<tr><td>单价/(元/hm²)</td><td></td><td></td><td></td><td></td><td></td><td></td></tr>
<tr><td>总费用/元</td><td></td><td></td><td></td><td></td><td></td><td></td></tr>
</table>

表 B.3（续）

样本编号：　　　　土地位置：　　　　　县(市)　　　　　　乡(镇、场)　　　　　　村

<table>
<tr><td colspan="3" rowspan="2">指　　标</td><td colspan="3">作物 1</td><td colspan="3">作物 2</td></tr>
<tr><td>年</td><td>年</td><td>年</td><td>年</td><td>年</td><td>年</td></tr>
<tr><td rowspan="7">物化投入</td><td rowspan="3">牛耕作业</td><td>数量/hm²</td><td></td><td></td><td></td><td></td><td></td><td></td></tr>
<tr><td>单价/(元/hm²)</td><td></td><td></td><td></td><td></td><td></td><td></td></tr>
<tr><td>总费用/元</td><td></td><td></td><td></td><td></td><td></td><td></td></tr>
<tr><td rowspan="3">固定资产折旧</td><td>资产价值/元</td><td></td><td></td><td></td><td></td><td></td><td></td></tr>
<tr><td>资产折旧率/%</td><td></td><td></td><td></td><td></td><td></td><td></td></tr>
<tr><td>资产折旧额/元</td><td></td><td></td><td></td><td></td><td></td><td></td></tr>
<tr><td colspan="2">小农具购置及维修费/元</td><td></td><td></td><td></td><td></td><td></td><td></td></tr>
<tr><td rowspan="3">活劳动投入</td><td colspan="2">合计用工量/工日</td><td></td><td></td><td></td><td></td><td></td><td></td></tr>
<tr><td colspan="2">每工工资/(元/工日)</td><td></td><td></td><td></td><td></td><td></td><td></td></tr>
<tr><td colspan="2">工资总额/元</td><td></td><td></td><td></td><td></td><td></td><td></td></tr>
<tr><td rowspan="2">管理投入</td><td colspan="2">农业贷款利息/元</td><td></td><td></td><td></td><td></td><td></td><td></td></tr>
<tr><td colspan="2">农业保险费/元</td><td></td><td></td><td></td><td></td><td></td><td></td></tr>
<tr><td rowspan="4">效益分析</td><td colspan="2">总收益/元</td><td></td><td></td><td></td><td></td><td></td><td></td></tr>
<tr><td colspan="2">总投入/元</td><td></td><td></td><td></td><td></td><td></td><td></td></tr>
<tr><td colspan="2">纯收入/元</td><td></td><td></td><td></td><td></td><td></td><td></td></tr>
<tr><td colspan="2">每公顷纯收入/元</td><td></td><td></td><td></td><td></td><td></td><td></td></tr>
<tr><td colspan="3">农田基本设施状况：</td><td colspan="6">位置略图：</td></tr>
</table>

B.4　农用地估价中承包农用地的调查内容见表 B.4。

表 B.4　农用地承包调查表

样本编号：

<table>
<tr><td colspan="6">土地位置：　　　　县(市)　　　　　　乡(镇、场)　　　　　村</td></tr>
<tr><td>发包人(单位)</td><td></td><td>地　　址</td><td></td><td>电　　话</td><td></td></tr>
<tr><td>承包人</td><td></td><td>地　　址</td><td></td><td>电　　话</td><td></td></tr>
<tr><td>土地面积/m²</td><td></td><td>土地用途</td><td></td><td>土地级别</td><td></td></tr>
<tr><td>承包时间</td><td></td><td>承包年限</td><td></td><td>承包方式</td><td></td></tr>
<tr><td>总承包金</td><td colspan="2">万元</td><td>耕作制度</td><td colspan="2"></td></tr>
<tr><td>调整因素</td><td colspan="2"></td><td>调整后承包金</td><td colspan="2">万元</td></tr>
<tr><td colspan="3">农田基本设施状况：</td><td colspan="3">位置略图：</td></tr>
</table>

调查人：　　　　　　　调查时间：　　　　　年　　月　　E

B.5 农用地估价中转包农用地调查内容见表 B.5。

表 B.5 农用地转包调查表

样本编号：

土地位置：　　　县(市)　　　乡(镇、场)　　　村					
转 出 人		地　址		电　话	
承 包 人		地　址		电　话	
土地用途		土地面积	平方米	土地级别	
转包时间		转包年限		转包方式	
耕作制度			总转包金	万元	
调整因素			调整后转包金	万元	
农田基本设施状况：			位置略图：		

调查人：　　　　　　调查时间：　　　　年　　月　　日

B.6 农用地估价中出租农用地的调查内容见表 B.6。

表 B.6 农用地出租调查表

样本编号：

土地位置：　　　县(市)　　　乡(镇、场)　　　村					
出 租 人		地　址		电　话	
承 租 人		地　址		电　话	
土地用途		土地面积	m^2	土地级别	
出租时间		出租年限		出租方式	
耕作制度			总租金	万元	
调整因素			调整后租金	万元	
农田基本设施状况：			位置略图：		

调查人：　　　　　　调查时间：　　　　年　　月　　日

B.7 农用地估价中拍卖荒地的调查内容见表 B.7。

表 B.7 荒地拍卖调查表

样本编号：

土地位置：	县(市)		乡(镇、场)		村
卖出人(单位)		地　址		电　话	
买受人(单位)		地　址		电　话	
卖后用途		土地面积	m^2	土地级别	
拍卖日期		买卖年限		总价格	万元
调整因素			调整后价格		万元
说明：			位置略图：		

调查人：　　　　调查时间：　　　　年　　月　　日

B.8 农用地估价中抵押荒地的调查内容见表 B.8。

表 B.8 荒地抵押调查表

样本编号：

土地位置：	县(市)		乡(镇、场)		村
抵 押 人		地　址		电　话	
抵押权人		地　址		电　话	
土地用途		土地面积	m^2	土地级别	
抵押日期		抵押期限		抵押面积	m^2
评估总价格	万元		抵押贷款额		万元
调整因素	元/m^2		调整后总地价		万元
说明：			位置略图：		

调查人：　　　　调查时间：　　　　年　　月　　日

B.9 农用地估价中联营入股农用地的调查内容见表 B.9。

表 B.9 农用地联营入股调查表

样本编号：

土地位置：　　县(市)　　乡(镇、场)　　村					
出地人		地址		电话	
出资人		地址		电话	
土地用途		土地级别		联营方式	
联营日期		联营期限		耕作制度	
出地方投入土地面积	m^2	出地方所占股份比例	%		
出资方出资总金额	万元	出资方所占股份比例	%		
调整因素		调整后总地价	万元		
农田基本设施状况：			位置略图：		

调查人：　　　　调查时间：　　　年　　月　　日

B.10 农用地估价中新开发农用地的调查内容见表 B.10。

表 B.10 农用地开发调查表

样本编号：

土地位置：　　县(市)　　乡(镇、场)　　村			
开发单位		地址	
电话		开发时间	
土地用途		土地取得费	元/m^2
开发利润率		农用地开发费	元/m^2
农用地面积	m^2	农用地开发税费	元/m^2
耕作制度		开发周期	
农田基本设施状况		位置略图：	

调查人：　　　　调查时间：　　　年　　月　　日

B.11 农用地估价中各地类的基准地价统计分析内容见表B.11。

表B.11 农用地基准地价表

土地级别	基准地价			分布情况	面积/hm^2	所占比例/%
	地类	元/m^2	万元/hm^2			
Ⅰ	水田					
	旱地					
Ⅱ	水田					
	旱地					
Ⅲ	水田					
	旱地					
Ⅳ	水田					
	旱地					
Ⅴ	水田					
	旱地					
合计	—		—	—		

B.12 农用地估价中不同用途基准地价修正因素及其分级见表B.12。

表B.12 用途基准地价修正系数表

因素体系		修正系数										
		1级地					2级地					……
		优	较优	一般	较劣	劣	优	较优	一般	较劣	劣	
自然因素	日照条件			0					0			
	地形坡度			0					0			
	土壤质地			0					0			
	土层厚度			0					0			
	有机质含量			0					0			
	灌溉条件			0					0			
	地下水状况			0					0			
	地块形状			0					0			
	……			0					0			

表 B.12（续）

因素体系		修正系数										
		1级地					2级地					……
		优	较优	一般	较劣	劣	优	较优	一般	较劣	劣	
社会经济因素	经济发展水平			0					0			
	人均耕地			0					0			
	土地利用规划			0					0			
	交通通达度			0					0			
	路网密度			0					0			
	……			0					0			
特殊因素	特殊气候条件			0					0			
	特殊土壤条件			0					0			
	……			0					0			
				0					0			

B.13 农用地估价中不同用途宗地地价影响因素及其分级见表 B.13。

表 B.13 用途宗地地价影响因素指标说明表

因素体系		指标标准										
		1级地					2级地					……
		优	较优	一般	较劣	劣	优	较优	一般	较劣	劣	
自然因素	日照条件											
	地形坡度											
	土壤质地											
	土层厚度											
	有机质含量											
	灌溉条件											
	地下水状况											
	地块形状											
	……											
社会经济因素	经济发展水平											
	人均耕地											
	土地利用规划											
	交通通达度											
	路网密度											
	……											
特殊因素	特殊气候条件											
	特殊土壤条件											
	……											

附 录 C
（规范性附录）
农用地估价报告规范格式

C.1 农用地估价结果报告与农用地估价技术报告的制作要求

C.1.1 纸张

采用幅面为 210 mm×295 mm 规格的纸张（相当于 A4 纸张规格）。

C.1.2 字体与字形号

C.1.2.1 封面

“农用地估价结果报告”、“农用地估价技术报告”字体为二号标宋。其他内容为三号楷体。“农用地估价结果报告”和“农用地估价技术报告”居中排列，其他内容左端对齐后居中排列。

C.1.2.2 正文

“农用地估价结果报告”、“农用地估价技术报告”及各部分标题字体为三号标宋。其他内容为四号仿宋。正文两端对齐后居中排列。

C.1.3 农用地估价报告的制作与出具

“农用地估价结果报告”供估价机构提交给委托方使用，“农用地估价技术报告”供估价机构提交土地行政主管部门进行审查用，“农用地估价结果报告”可以采用文字或表格式，“农用地估价技术报告”只能采用文字式。

每个估价项目只能有一个“农用地估价结果报告”，但可以有多个“农用地估价技术报告”。当估价项目涉及多个市县时，以各市或县为单位出具“农用地估价技术报告”。

委托估价方在向土地行政主管部门申请对地价进行审核时，可提交“农用地估价结果报告”，但同时要提供“农用地估价技术报告”；报请各级主管部门进行地价备案时，则同时提交“农用地估价结果报告”和“农用地估价技术报告”。土地估价机构对估价过程中采用的有关技术依据（如基准地价成果、农用地市场交易资料等）要单独整理成册，供农用地估价结果的备案机构备查。

C.1.4 文字要求

“农用地估价结果报告”和“农用地估价技术报告”中对估价对象的描述和分析要客观、公正，不得带有任何恭维、诱导性或与估价过程无关的言论。

“农用地估价结果报告”和“农用地估价技术报告”以中文撰写打印，并分别以中文格式提交委托方和土地行政主管部门审查用。如需以外文出具“农用地估价报告”，其内容要与中文报告一致，并在报告中注明以中文格式为准。

C.2 农用地估价结果报告基本内容

C.2.1 封面

封面的内容和格式如下：

农用地估价结果报告

[封面标题]

项目名称：[说明估价项目的全称，内容可包括估价目的及估价对象价格类型(土地使用权或其他)等字样]

受托估价单位：[说明进行该项估价并符合估价资质的机构名称，可同时列出合作估价机构]

委托估价方：[说明委托估价的单位或个人]

估价日期：[说明所评估价格的日期，样式为××××年××月××日至××××年××月××日]

编号：[说明估价机构对该项目的编号，样式为(年度)(单位)(JG)字第××号。其中年度为提交估价报告所在年度，单位为受托估价单位，JG代表结果]

C.2.2 表格式正文

表格式正文内容和格式如下：

农用地估价结果报告

[正文标题]

一、估价项目名称____________________

二、委托估价方____________________

联系地址____________________

联系电话____________________

法人代表____________________

联系人____________________

三、受托估价方____________________

联系地址____________________

联系电话____________________

法人代表____________________

联系人____________________

四、估价目的____________________

五、估价期日××××年××××月××××日

六、估价日期××××年××××月××××日至××××年××××月××××日

七、估价对象概况

1. 土地利用状况

1.1 土地位置____________________

1.2 图号________________ 1.3 宗地号________________

1.4 土地用途________________ 1.5 土地面积________________ m^2

1.6 四至________________

1.7 土地等级________________

1.8 农田基本设施状况________________

1.9 其他地上附着物状况________________

1.10 土地利用规划说明________________

2. 土地权利状况

2.1 土地所有者________________

2.2 土地使用者________________

2.3 土地来源及其变革________________

2.4 土地权属性质及其权属变更状况________________

2.5 土地证编号________________

2.6 共有土地使用者________________

共有使用权分摊面积________________

2.7 他项权利类型________________

他项权利权利人________________他项权利义务人________________

其他________________

2.8 土地使用权取得方式________________

土地取得时间________________批准机关________________

土地批准使用年限________________已使用年限________________剩余年限________________

3. 其他________________

八、价格定义

1. 土地权利________________

2. 实际用途________________

3. 设定用途________________

4. 实际农田基本设施状况________________

5. 设定农田基本设施状况________________

6. 耕作制度________________

7. 土地使用年限________________

8. 其他________________

九、估价依据与原则

1. 估价依据

1.1 ________________

1.2 ________________

1.3 ________________

2. 估价原则

2.1 ____

2.2 ____

2.3 ____

十、估价方法

1. 估价方法____

2. 估价方法选择依据____

十一、估价结果

估价对象总面积____

单位面积地价____元/ m^2

总地价____

大写____

货币种类型

十二、说明事项

1. 估价的前提条件____

假设条件____

2. 估价结果和估价报告的使用

2.1 估价报告和估价结果的主要法律依据____

2.2 估价报告和估价结果的使用方向____

2.3 估价报告和估价结果的限制条件____

2.4 估价报告和估价结果的有效期限____

3. 其他需要特殊说明的事项____

十三、土地估价师签字

估价师姓名　　　　估价师证书号　　　　签字

十四、审核人____

十五、估价机构签章

法人代表(签字)____________________(机构公章)____________________

××××年××月××日

十六、附件

[同"农用地估价结果报告"文字式]

C.2.3 文字式正文

文字式正文内容和格式如下：

农用地估价结果报告

［正文标题］

一、估价项目名称［说明估价项目的全称，内容可包括估价目的及估价对象价格类型（土地使用权或其他）等字样］

二、委托估价方［说明委托估价的单位或个人］

三、受托估价单位［说明进行该项估价并符合估价资质的机构名称，可同时列出合作估价机构］

四、估价目的［说明该项估价是为了满足委托方的何种需要及其估价依据、估价结果的应用方向等，对估价依据则要说明文号、批准单位及批准日期等］

五、估价期日［说明所评估价格的具体时点，样式为××××年××月××日］

六、估价日期

七、估价对象概况

1. 土地利用状况［说明评估对象的土地位置、土地用途、四至、土地面积、土地等级、地上附着物状况、地号及图号等］

2. 土地权利状况［说明评估对象的土地所有权、使用权或承包经营权、共有权利状况。对评估对象存在的抵押权、担保权、地役权、租赁权等他项权利也要说明］

3. 其他［其他需要说明的事项］

八、价格定义［说明评估价格的内涵。地价的内涵是指在估价基准日、设定土地权利、土地用途、耕作制度与开发程度条件下，一定年期（或无限年期）的价格］

九、估价依据与原则［说明该项估价所依据的国家有关法律、法规、行政规章以及估价对象所在省市的有关法律规定，采用的技术规程，委托方提供的有关资料，受托估价方掌握的有关资料和估价人员实地勘察、调查所获取的资料等；说明该项估价所遵循的主要原则。各原则的具体内容见本规程］

十、估价方法［简要说明估价中采用的主要方法（收益还原法、市场比较法、成本逼近法、剩余法、评分估价法、基准地价修正法）的选择依据。这里估价方法可根据估价目的和估价对象的特点等，并与估价原则和估价依据衔接一致。要求所选方法不少于两种］

十一、估价结果[说明本次估价的结果，主要包括评估项目在估价期日的总地价、单位地价，单位为元、元/m^2。如用外币表示，注明外币与人民币的比价]

十二、说明事项[说明

1. 评估假设条件。

2. 该报告的使用方向与限制条件。

3. 没有实地确认或无法确认的资料或估价事项及资料的来源。

4. 评估中未考虑的因素及一些特殊处理，必要时说明这样做的原因或依据。

5. 土地估价结果有效的条件和结果对外提供的限制条件、要求等。

6. 技术报告归档备查编号等其他需要说明的问题。]

十三、土地估价师签字[由参加评估及符合估价资质的至少两名土地估价师签字，并注明土地资格证号]

十四、审核人[由估价机构的估价技术总负责人作为审核人并签字]

十五、估价机构签章

（机构公章）

法人代表（签字）

××××年××月××日

十六、附件

[包括委托估价函、估价对象土地使用证明复印件或土地产权证明材料、宗地位置图、有关背景材料、估价对象如设定他项权利时的有关权利人证明材料、土地估价机构资质及签字土地估价师证书复印件、委托方营业执照等]

C.3 农用地估价技术报告基本内容及其说明

C.3.1 封面

封面的内容和格式如下：

农用地估价技术报告

［封面标题］

项目名称：［说明估价项目的全称，内容可包括估价目的及估价对象价格类型（土地使用权或其他）等字样］

受托估价单位：［说明进行该项估价并符合估价资质的机构名称，可同时列出合作估价机构］

委托估价方：［说明委托估价的单位或个人］

估价日期：［说明所评估价格的日期，样式为××××年××月××日至××××年××月××日］

编号：［说明估价机构对该项目的编号，标准格式为：（年度）（单位）（JS）字第××号。其中年度为提交估价报告所在年度，单位为受托估价单位，JS代表技术］

C.3.2　正文

正文内容和格式如下：

农用地估价技术报告

［正文标题］

第一部分　总述

［分标题］

一、估价项目名称［说明估价项目的全称，内容可包括估价目的及估价对象价格类型（土地使用权或其他）等字样］

二、委托估价方［说明该项评估的委托单位、单位所在地址、法人代表或委托的个人、联系地址］

三、受托估价方［说明该项评估的受托机构、机构地址、评估机构资格证书号、法人代表］

四、估价目的［说明该项估价是为了满足委托方的何种需要及其估价依据、估价结果的应用方向等，对估价依据则要说明文号、批准单位及批准日期等］

五、估价期日［说明所评估价格的具体时点，样式为××××年××月××日］

六、估价日期

七、价格定义[说明评估价格的内涵。地价的内涵是指在估价基准日、设定土地权利、土地用途、耕作制度与开发程度条件下,一定年期的价格]

八、估价依据[说明该项估价所依据的国家有关法律、法规、行政规章以及估价对象所在省市的有关法律规定,采用的技术规程,委托方提供的有关资料,受托估价方掌握的有关资料和估价人员实地勘察、调查所获取的资料等]

九、估价结果[说明本次估价的结果,主要包括评估项目在估价期日的总地价、单位地价,单位为元、元/m^2。如用外币表示,注明外币与人民币的比价]

十、说明事项[说明

1. 评估假设条件。

2. 该报告的使用方向与限制条件。

3. 没有实地确认或无法确认的资料或估价事项及资料的来源。

4. 评估中未考虑的因素及一些特殊处理,必要时说明这样做的原因或依据。

5. 土地估价结果有效的条件和结果对外提供的限制条件、要求等。

6. 技术报告归档备查编号等其他需要说明的问题]

十一、土地估价师签字[由参加评估及符合估价资质的至少两名土地估价师签字,并注明土地资格证号]

十二、审核人[由估价机构的估价技术总负责人作为审核人并签字]

十三、估价机构签章

(机构公章)

法人代表(签字)

××××年××月××日

第二部分　估价对象描述及其地价影响因素分析

[分标题]

一、估价对象界定

1. 土地利用状况[说明评估对象的土地位置、土地用途、四至、土地面积、土地等级、地上附着物状况、地号及图号等]

2．土地权利状况[说明评估对象的土地所有权、使用权或承包经营权、共有权利状况。对评估对象存在的抵押权、担保权、地役权、租赁权等他项权利也要说明]

3．其他[其他需要说明的事项]

二、地价影响因素分析[说明影响估价对象地价水平的因素]

1．自然因素[说明宗地的≥10 ℃有效积温、无霜期、降雨量、降雨均衡度、灾害性气候状况、地形坡度、土壤质地、土层厚度、有机质含量、盐渍化程度、地块形状等因素对地价产生的影响]

2．社会经济因素[说明区域经济发展水平、人均土地指标（人均耕地、人均林地）、耕作制度、单位土地投入劳动量、单位土地投入资本量、农机应用方便度等对评估对象地价水平产生的影响]

3．特殊因素[说明特殊的气候条件、土壤条件、权利状况、居民点的影响、工程建设的影响等因素对评估对象地价水平产生的影响]

[在对地价影响因素进行分析时，通过定性与定量分析，着重分析这些因素对地价可能产生的影响程度及影响趋势，并与土地估价过程中有关方法选择、参数确定、因素分析和比较内容等相对应，要求对地价影响因素的分析与估价结果的确定联系起来，做到分析合理、参数有据、估价得当，不能前后矛盾]

第三部分　地价估算

[分标题]

一、估价原则[明确说明此次土地估价所遵循的原则，要体现出客观、公正、科学、合法的原则]

二、估价方法选择[根据估价对象宗地特点及项目的实际情况，依据本规程的规定，选取适当的评估方法。要求在一项评估中所选方法不少于两种，并说明估价方法选择的依据]

三、估价过程

（一）市场比较法

[应用此种方法估价，要按照本规程，选择相似比较实例，进行因素比较修正后，确定待估土地的价格。对比较实例选择、比较因素选择、因素条件的比较及因素修正有以下具体要求：

1．比较实例选择。要求比较实例不得少于 3 个。估价中，除要求选择的实例与估价对象属于同一供需圈、用途一致、在地域上属近邻区域或类似区域、交易时间与估价期日相差不超过 3 年。所选实例需要是实际交易实例或经土地行政主管部门审批的实例，并具体说明实例的使用单位、位置、用途、面积、土地等级、土地利用状况、土地开发程度、交易或审批时间、土地使用年限、交易方式、交易情况和交易价格等。

2．因素选择。估价时选择的比较因素包括影响地价的全部主要因素，主要是自然因素、社会经济及特殊因素。不同用途的因素选择应有所不同，具体因素选择参照本规程。以上因素与报告第二部分所分析的地价因素相一致，不得漏掉重要因素，必要时说明进行因素选择的依据。

3．因素条件说明。具体说明评估对象和比较实例的因素条件列表格式如下：

表 C.1 因素条件说明表

比较因素		待估宗地	实例一	实例二	实例三	实例四	……
交易时间							
交易情况							
自然因素	地形坡度	5°	9°	10°	2°	6°	
	盐渍化程度	无	轻度	无	轻度	较重	
	……						
社会经济因素	耕作难易程度	容易	容易	不容易	较容易	较容易	
	交通通达性	临公路 200 m	离公路 500 m	离公路 1 500 m	离公路 1 000 m	离公路 1 500 m	
	……						
特殊因素	特殊的土壤条件	轻度铅污染	无	无	无	无	
	……						

上表中描述的是比较因素的具体条件，不能使用相同、稍好、接近、较差等无具体含义的用语，能量化的一定要使用量化指标。

4. 编制比较因素条件指数表。为了在因素指标量化的基础上进行比较因素的修正，可将因素指标转化为因素条件指数，编制比较因素指数表。

表 C.2 比较因素指数表

比较因素		待估宗地	实例一	实例二	实例三	实例四	……
交易时间							
交易情况							
自然因素	地形坡度	100	97	95	102	99	
	盐渍化程度	100	90	100	91	85	
	……						
社会经济因素	耕作难易程度	100	100	80	90	91	
	交通通达性	100	95	90	98	90	
	……						
特殊因素	特殊的土壤条件	80	100	100	100	100	
	……						

5. 因素修正。在各因素条件指数表的基础上，进行比较实例估价期日修正、交易情况、因素修正及年期修正，即将评估对象的因素指数与比较实例的因素进行比较，得到比较因素修正系数表。

表 C.3 比较因素修正系数表

比较因素		待估宗地	实例一	实例二	实例三	实例四	……
交易时间							
交易情况							
自然因素	地形坡度		100/97	100/95	100/102	100/99	
	盐渍化程度		100/90	100/100	100/91	100/85	
	……						
社会经济因素	耕作难易程度		100/100	100/80	100/90	100/91	
	交通通达性		100/95	100/90	100/98	100/90	
	……						
特殊因素	特殊的土壤条件		80/100	80/100	80/100	80/100	
	……						

6. 实例修正后的地价计算。经过比较分析，求算各比较实例经因素修正后达到评估对象条件的地价，依据本规程的地价计算公式，最后确定待估土地的价格]

（二）收益还原法

[应用此方法估价，要依据本规程的程序和方法进行，技术报告中要对以下内容予以明确说明：

1. 具体说明实际总收益和客观总收益及估价时采用的收益额和相应的条件。

2. 总费用中涉及到的项目和各项标准，要具体说明其确定的依据、确定方法和各项参数的选取标准。

3. 说明纯收益的测算依据和方法。

4. 明确说明还原率的种类的确定方法、依据和具体标准。

5. 明确说明土地使用年限、收益还原法公式选取和收益价格确定]

（三）成本逼近法

[应用此方法估价，要依据本规程程序和方法进行，技术报告中要对以下内容予以明确说明：

1. 详细说明土地取得费用的各组成项目及费用标准，并说明其确定的依据。有文件依据的，要首先符合国家法律、法规等，不合理收费不可作为依据。同时说明所依据文件名称、批准机关、批准时间及文件中有关费用标准；没有文件依据的，如属于当地一般规定，要有当地土地行政主管部门或有关的政府部门证明，用到当地不同区域的费用标准，要在对在区域进行充分调查实际情况的基础上，分析后确定客观取得费用，并说明原因。

2. 明确所评估土地的开发期限、开发状况和相应的开发费用标准，并说明依据。

3. 有关税费、贷款利息及投资回报率的确定，要在报告中说明依据及其来源、分析计算过程及结果。

4. 说明土地价格的确定方法和结果]

（四）剩余法

[应用此方法估价，要依据本规程程序和方法进行，技术报告中要对以下内容予以明确说明：

1. 通过分析评估宗地的条件，考虑规划及管理等限制条件，确定土地的最佳利用方式。

2. 明确评估宗地开发完成后的利用方式及目前市场状况下估算的土地总价，并说明估算方法及依据。

3. 对计算中采用的利息、税费、开发商利润等要具体说明其选择依据和标准。

4. 说明计算公式、计算过程和结果]

（五）评分估价法

[应用此方法估价，要依据本规程程序和方法进行，技术报告中要对以下内容予以明确说明：

1. 具体说明评分系数表中各评分因素的选择原则或依据。

2. 确定的农用地单位分值价格，并对其进行必要的说明。

3. 说明采用的回归方程，并说明选择理由。

4. 说明计算公式、计算过程和结果]

（六）基准地价修正法

[应用此方法估价，要依据本规程程序和方法进行，技术报告中要对以下内容予以明确说明：

1. 具体说明采用的基准地价的公布（或制定）时间、批准文号、批准机关、基准地价内涵及利用基准地价计算宗地价格的公式等。

2. 说明宗地位置、用途及估价对象所在级别或区片。

3. 说明估价对象的各项因素具体条件。

4. 说明年期、期日及其他影响地价因素相应的修正系数。

5. 计算宗地地价]

四、地价的确定

1. 说明地价确定的方法[要求说明对不同估价方法结果进行增值或减值调整的原因。对采用众数、平均值或以其中某一价格为主确定宗地地价的，要解释其方法选择的依据]

2. 估价结果[要注明地价种类、总地价、单位面积地价、地价单位，并用大写表示地价金额。如外币表示地价，要说明估价基准日外币与人民币的比价]

第四部分　附件

[分标题]

[包括委托估价函、估价对象土地使用证明、土地承包合同及其他土地使用证明材料、地籍图、宗地位置图、评估对象照片、有关背景材料、原始资料及实地勘测数据及估价机构资质及签字土地估价师证书复印件、委托方营业执照等]

××××年×× 月×× 日